国家自然科学基金项目(No.51576207)资助出版

不可逆循环的广义热力学动态优化
——热力与化学理论循环

Generalized Thermodynamic Dynamic-Optimization of Irreversible Cycles: Thermodynamic and chemical theoretical cycles

陈林根　夏少军　著

科　学　出　版　社

北　京

内 容 简 介

基于广义热力学优化理论，本书对工程界和人类社会中广泛存在的不可逆功、热能、电能、化学能和资本等广义能量转换循环与系统开展了动态优化研究，获得了不同优化目标下的最优构型。本书汇集著者多年研究成果，第1章介绍有限时间热力学、熵产生最小化、广义热力学优化、㶲理论等各种热学优化理论的产生，并回顾与本书相关的动态优化问题的研究现状。第2~8章分别对恒温热源内可逆热机循环、变温热源热机循环、具有非均匀工质的热机性能界限、多级热力循环系统、化学机循环、多级等温化学循环系统、多级非等温不可逆化学机系统的动态优化(最优构型)问题进行研究，提出广义热力学动态优化理论，给出解决各种不可逆广义能量转换循环与系统动态优化问题的统一方法以及普适研究结果。本书在研究方法上以交叉、移植和类比为主，最大特点在于深化物理学理论研究的同时，注重多学科交叉融合研究并紧贴工程实际，在研究过程中追求物理模型的统一性、优化方法的通用性和优化结果的普适性，最终实现基于广义热力学优化理论的不可逆循环动态优化研究成果集成。

本书内容丰富、结构严谨、概念新颖、难易适中，可供能源、动力、化工、航空航天、船舶工程、电子、经济等领域的科技人员参考，也可作为高等院校能源动力类相关专业本科生和研究生的教材。

图书在版编目（CIP）数据

不可逆循环的广义热力学动态优化：热力与化学理论循环 / 陈林根，夏少军著.—北京：科学出版社，2018.1
ISBN 978-7-03-055296-9

Ⅰ. ①不⋯ Ⅱ. ①陈⋯②夏⋯ Ⅲ. ①工程热力学 – 研究 Ⅳ. ①TK123

中国版本图书馆CIP数据核字（2017）第274417号

责任编辑：陈构洪 陈 琼 武 洲 / 责任校对：桂伟利
责任印制：张 伟 / 封面设计：北京铭轩堂广告设计有限公司

科 学 出 版 社 出版
北京东黄城根北街 16 号
邮政编码：100717
http://www.sciencep.com

北京中石油彩色印刷有限责任公司 印刷
科学出版社发行 各地新华书店经销
*

2018 年 1 月第 一 版 开本：720 × 1000 1/16
2018 年 5 月第二次印刷 印张：25
字数：473 000

定价：128.00 元
（如有印装质量问题，我社负责调换）

陈林根(1964—)，男，浙江海盐人，教授，博士生导师，中国人民解放军海军工程大学动力工程学院院长，舰船动力工程军队重点实验室主任，舰船动力工程国家级实验教学示范中心主任。主要从事有限时间热力学、自然组织构形理论、叶轮机械最优设计、现代维修理论和工程研究。因教学科研和人才培养工作成绩卓著，荣立二等功 1 次，三等功 3 次。获湖北省自然科学二、三等奖 8 项，军队科技进步二、三等奖 5 项，军队教学成果二、三等奖 3 项。获首届中国科学技术协会"求是杰出青年实用工程奖"和"全国百篇优秀博士学位论文奖"。被评为全军院校教书育人优秀教师，全军优秀教师，全军优秀博士。获政府特殊津贴，中国人民解放军优秀专业技术人才一类岗位津贴。入选教育部"新世纪优秀人才支持计划"和"新世纪百千万人才工程"国家级人选。

主持国家 973 计划课题、国防 973 计划子课题、国家重点研发计划子课题、国家自然科学基金等国家级项目 10 项，军委科技委、总装备部和海军装备部项目 32 项，教育科研项目 8 项。已出版英文专著 2 部，中文专著 7 部，译著 15 部，发表学术论文 660 篇，其中，540 余篇为 SCI 摘录，580 余篇为 EI 摘录，22 篇为 ESI 高被引论文，7200 余篇次为国外学者引用，2700 余篇次为国内学者引用。入选 Elsevier 2014 年、2015 年、2016 年中国高被引学者，在能源领域高被引学者榜单中分别位列全国第一、第二、第二。入选 2016 年"全球能源科学与工程学科高被引学者"名单。

指导出站博士后 8 名、毕业博士研究生 23 名、硕士研究生 33 名。获得 2 个全国优秀博士学位论文提名指导教师奖，57 个海军、全军和湖北省优秀博士、硕士学位论文指导教师奖。

应聘担任教育部高等学校能源动力类专业教学指导委员会副主任委员，中国工程热物理学会理事，中国工程热物理学会工程热力学分会副主任委员，全国高校工程热物理学会副理事长，4 个国家和省部级重点实验室学术委员会委员，1 家国际学术刊物的主编，13 家国际学术刊物和 6 家国内学术刊物的编委。

夏少军（1986—），男，湖北仙桃人。2007 年毕业于中国人民解放军海军工程大学舰艇动力工程专业，获学士学位；2012 年毕业于中国人民解放军海军工程大学动力工程及工程热物理专业，获博士学位。现为中国人民解放军海军工程大学动力工程学院热力工程教研室讲师，主要从事现代热力学优化理论及其应用基础研究。

先后获 2013 年度全军和湖北省优秀博士学位论文奖、2015 年湖北省自然科学二等奖 1 项、2015 年军队教学成果三等奖 1 项，立三等功 2 次。主持国家自然科学基金项目 1 项、大学基金项目 3 项，参与国家 973 计划课题、国家重点研发计划子课题、国家自然科学基金项目等国家级课题 9 项。出版学术专著 3 部，发表学术论文 70 篇，41 篇发表在 Energy、J. Appl. Phys.等国际学术刊物上，14 篇发表在《中国科学》和《科学通报》中、英文版上，40 篇为 SCI 摘录，41 篇为 EI 摘录，2 篇论文入选 ESI 高被引论文，2 篇论文入选中国科技期刊 F5000 顶尖学术论文，1 篇论文获《中国科学》高引次优秀论文奖，已发表论文被 SCI 他引 280 余篇次。入选中国人民解放军海军工程大学首批"33511 人才工程"支持计划，担任中国工程热物理学会热力学青年论坛组委会委员。

前　　言

　　节能是我国国民经济可持续发展的基本国策，工程中各种节能手段与措施的实施迫切需要先进的节能理论提供指导。本书在全面系统地了解现今各种热力学优化理论和总结前人已有研究成果的基础上，基于广义热力学优化理论的思想，选定功、热能、化学能、资本等广义能量转换循环的动态优化问题为突破口，将热力学、传热传质学、流体力学、化学反应动力学、经济学、最优控制理论相结合，分析研究理论热力循环、理论化学循环、工程热力与化学循环、商业机等不可逆循环在不同优化目标下的最优构型，获得各类不可逆循环新构型，同时探索建立统一的广义热力循环物理模型，寻求统一的优化方法，获得普适的优化结果和研究结论，已有相关研究结果均为本结果的特例，有助于促进热力学优化理论成体系地向前发展和完善，可为各类能量转换系统及实际装置的优化设计与最优运行提供科学依据和理论指导。

　　本书主要由以下两个部分组成。

　　第一部分研究不可逆理论热力循环的动态优化问题。第 2 章在广义辐射传热规律$[q \propto \Delta(T^n)]$条件下，研究恒温热源内可逆热机在无定压比约束时最大功率优化、有定压比约束时最大功率优化、给定输入能约束时最大效率优化情况下循环最优构型，揭示热导率、压比、输入能等因素对热机循环最优构型的影响。第 3 章在普适的有限热源热容模型和普适传热规律条件下，研究两有限热源内可逆热机、存在热阻和旁通热漏的有限高温热源不可逆热机最大输出功优化时循环最优构型，揭示热源热容特性、传热规律和热漏对理论热机最优循环构型与最优性能的影响。第 4 章研究线性唯象传热规律$[q \propto \Delta(T^{-1})]$下具有非均匀工质的非回热不可逆热机最大功率和最大效率；进一步考虑传热和燃烧分别服从线性唯象传热规律和一类普适的反应速率方程，研究非均匀工质热机的最大功率和效率，确定线性唯象传热规律下一类非均匀工质热机最佳性能界限。第 5 章应用哈密顿-雅可比-贝尔曼(Hamilton-Jacobi-Bellman, HJB)理论研究普适传热规律$[q \propto \Delta(T^n)^m]$下多级不可逆卡诺热机和卡诺热泵的极值功率，得到牛顿和线性唯象传热规律下优化问题的解析解，应用动态规划方法得到其他传热规律下优化问题的数值解，纠正已有文献中"将高温流体末态温度取为低温热源温度分析热机最大功率输出"的错误结果，得到"存在最佳的高温流体末态温度使多级热机系统输出功率达到最大"等研究新结果，确定不同传热规律下多级正反向热力循环系统的最佳性能界限。

第二部分研究不可逆理论化学循环的动态优化问题。第 6 章研究有限势库下等温内可逆化学机、存在质阻和质漏的等温不可逆化学机、非等温内可逆化学机的最大输出功优化时循环最优构型，揭示物质库势容特性、传质规律、质漏和非等温传质对化学机最优循环构型与最优性能的影响；此外还研究多库等温内可逆化学机最大功率输出优化时循环最优构型。第 7 章应用 HJB 理论研究多级等温不可逆化学机和内可逆化学泵系统的极值功率，得到线性传质规律[$g \propto \Delta(\mu)$]下优化问题的解析解,应用动态规划方法得到扩散传质规律[$g \propto \Delta(c)$]下优化问题的数值解，确定不同传质规律下多级等温正反向化学循环系统的最佳性能界限。第 8 章分别考虑传热传质间 Lewis 相似准则和服从线性不可逆热力学的 Onsager 方程，研究单级非等温不可逆化学机和多级非等温不可逆化学机系统的最大输出功率，确定不同传热传质耦合条件下多级非等温化学机系统的最佳性能界限。

本书在写作的过程中，参考著者所在团队毕业博士研究生宋汉江、马康、李俊、戈延林等同志的博士学位论文，他们为不可逆循环的广义热力学动态优化研究作出了重要贡献，著者在此对他们的辛勤劳动和创造性贡献表示诚挚的谢意。

最后，感谢国家自然科学基金项目(No. 51576207)的支持，使得不可逆循环广义热力学动态优化的研究工作不断拓展和深化。

由于时间仓促，本书在撰写过程中难免出现一些疏漏，不当之处请批评指正。

陈林根　夏少军

2017 年 8 月

Preface

Energy saving is the basic national policy for the sustainable development of China's national economy, and the implementation of various energy-saving methods and measures in engineering needs advanced energy-saving theory to provide guidelines urgently. On the basis of understanding current various thermodynamic optimization theories and summarizing the previous research results, this book investigates the dynamic optimization problems of various generalized energy (including work, thermal energy, chemical energy, capitals and so on) conversion cycles with the idea of generalized thermodynamic optimization theory. Thermodynamics, heat and mass transfer, fluid mechanics, chemical reaction kinetics, economics and optimal control theory are combined with each other in this book. The optimal configurations of irreversible cycles such as theoretical thermodynamic cycles, theoretical chemical cycles, engineering thermodynamic and chemical cycles, and commercial engines are analyzed and investigated. New configurations of various irreversible cycles are derived. Besides, establishments of unified physical models of generalized thermodynamic cycles are explored, unified optimization methods are searched, generalized optimization results and research conclusions are obtained, and the related results obtained in previous literatures are special cases of those obtained in this book. It contributes to the systematic development and perfection of thermodynamic optimization theory, and can provide scientific bases and theoretical guidelines for optimal designs and operations of various energy conversion systems and practical devices.

It consists of the following two parts:

The first part concentrates on the dynamic optimization problems of irreversible theoretical thermodynamic cycles. Chapter 2 investigates optimal cycle configurations of endereversible heat engines with contant-temperature heat reservoirs and genealized radiative heat transfer law[$q \propto \Delta(T^n)$], three different cases including the maximum power optimization without constraint of compression ratio, the maximum power optimizaiton with fixed commpression ratio and the maximum efficiency optimizaiton with fixed input energy are considered, and effects of changes of heat conductivity, compression ratio and input energy on the optimal cycle configurations of the heat engines are also indicated. Under the conditions of both generalized finite-thermal-capacity reservoir models and generalized heat transfer laws, Chapter 3 investigates the optimal cycle configurations of heat engines with maximum work output of a two-finite-reservoir endoreversible heat engine and a finite high-temperature-reservoir irreversible heat engine with heat resistance and heat leakage, and indicates the effects of thermal capacity characteristics of heat reservoirs, heat transfer laws and heat leakage on optimal cycle configurations and optimal performances of the theoretical heat engines. Chapter 4 investigates the maximum power and maximum efficiency of irreversible non-regeneration heat engines with a non-uniform working fluid and linear phenomenological heat transfer law [$q \propto \Delta(T^{-1})$], and further investigates the maximum power and efficiency of a heat engine with the non-uniform working fluid by considering that heat transfer and combustion obey the linear phenomenological heat transfer law and a generalized chemical reaction rate equation, respectively, determines optimal performance limits of a class of heat engines with the non-uniform working fluid and the linear phenomenological heat transfer law. Chapter 5 investigates the extreme power of multistage irreversible Carnot heat engine and Carnot heat pump systems with the generalized heat transfer law [$q \propto \Delta(T^n)^m$] by applying Hamilton-Jacobi-Bellman (HJB) theory. Analytical solutions for Newtonian and linear phenomenological heat transfer laws are obtained, and numerical solutions for the other heat transfer laws are obtained by using the method of dynamic programming. Some new results such as "there is an optimal final temperature of the high-temperature fluid for the power output of the multistage heat engine system to achieve its maximum value" are also obtained, and the optimal performance limits of multistage forward and reverse thermodynamic cycle systems with different heat transfer laws are determined.

The second part concentrates on the dynamic optimization problems of irreversible theoretical chemical cycles. Chapter 6 investigates optimal cycle configurations of chemical engines, including the maximum work output of finite-potential-reservoir isothermal endoreversible chemical engine, isothermal irreversible chemical engine with mass resistance and mass leakage, and non-isothermal endoreversible chemical engine. It indicates effects of potential capacity characteristics of mass reservoirs, mass transfer laws, mass leakage and non-isothermal mass transfer on the optimal cycle configurations and optimal performances of the chemical engines.

Besides, the maximum power output of a multi-reservoir isothermal endoreversible chemical engine is also investigated. Chapter 7 investigates the extreme power of multistage isothermal irreversible chemical engine and endoreversible chemical pump systems by applying HJB theory, and derives analytical solutions of the optimization problems with linear mass transfer law [$g \propto \Delta(\mu)$]. Besides, numerical solutions of the optimization problems with diffusive mass transfer law [$g \propto \Delta(c)$] are also obtained by applying the dynamic programming method, and the optimal performance limits of multistage isothermal forward and reverse chemical cycle systems with different mass transfer laws are determined. Chapter 8 investigates the maximum power output of single-stage non-isothermal irreversible chemical engines and multistage non-isothermal irreversible chemical engine systems by considering heat and mass transfer obeying Lewis similarity criterion and Onsager equations in linear irreversible thermodynamics, respectively. It determines the optimal performance limits of multistage non-isothermal chemical engine systems with different coupling conditions of heat and mass transfer.

During the writing process of this book, the Ph. doctoral dissertations of Hangjiang Song, Kang Ma, Jun Li and Yanli Ge in the research group of the authhours of the book were consulted. They have made important contributions to the research of generalized thermodynamic dynamic-optimization of irreversible cycles, and the authors herein express the sincere gratitude for their hard work and creative contributions.

Finally, thanks to the support of the National Natural Science Foundation of China (No. 51576207), which makes the researches on the generalized thermodynamic dynamic-optimization of irreversible processes have been extended and deepened.

Due to the rush of time, there may be some errors and omissions in this book inevitably, and it is hoped that the readers will kindly point out them.

Lingen Chen, Shaojun Xia

August 2017

目　　录

Contents

第1章 绪 论

1.1 引 言

有限时间热力学(finite time thermodynamics,FTT)是20世纪70年代中期由国际物理学界芝加哥学派的Berry、Andresen、Salamon、Sieniutycz等创立的一个现代热力学分支[1-28]。它着重考虑原先经典平衡态热力学中所忽略的"时间"或"速率"因素,通过将热力学、传热学和流体力学等基础学科相结合,在"有限时间"或"有限面积"约束下,求解各类传热传质过程、热力化学循环与装置在熵产生最小、最大输出功/功率、最大热效率、最大㶲效率、最大利润率等不同性能目标时的静态优化(最优性能)[29-114]与动态优化(最优构型)[115-164]问题。与此同时,在工程学界,美国杜克大学的Bejan则导出了有限速率下传热与流动过程熵产生的统一表达式[165, 166],并提出以"熵产生最小"作为统一的目标优化各类存在有限温差传热和有限压降流动不可逆性的过程与装置性能[167],由此创立了"熵产生最小化(entropy generation minimization,EGM)"理论[166-189]。1998~1999年,本书著者等[69, 190, 191]提出把对传热过程和热机的有限时间热力学分析方法与思路拓广到自然界和工程界中各种存在广义势差和广义位移的过程、装置和系统,广泛采用"内可逆模型(endoreversible model)"[192]以突出分析主要不可逆性,建立起设计的优化理论,即"广义热力学优化(generalized thermodynamic optimization,GTO)"理论。

然而,"熵产生最小"并非总与人们所追求的装置性能目标是完全等价的,例如,在热机优化中,"熵产生最小"和"最大输出功率"两种目标并非总是一致的,与研究对象类型、系统边界划分等因素有关,具体讨论见文献[193]~[202];在换热器优化中,"熵产生减少"与"有效度增加"也并非总是正相关,对于平衡流逆流式换热器的性能分析结果表明,当有效度在[0,0.5]的区间内单调增加时,熵产生也单调增加[203],这种现象称为"熵产悖论"[166, 168, 204-207]。2003年,清华大学过增元院士等[208]指出熵是表征热功转换过程的物理量,而换热器设计中人们更关心热量传递过程的速率或效率,定义了一个表征物体热量传递能力的新物理量——"热量传递势容"。2006~2007年,过增元等[209, 210]将此物理量更名为"㶲",并建立了用于传热过程优化的"㶲耗散极值原理"和"最小当量热阻原理",由此创立了"㶲理论(entransy theory)"[211-223]。本书著者开辟了将有限时间热力学和㶲理论相结合进行研究的新方向，研究了换热器传热[224-228]、液-固相变传热[229]、节流[230]、传质[231-233]、结晶[234]等传热传质过程的动态优化问题。程雪涛和梁新刚[235, 236]进一步提出了"㶲损失"的概念，将㶲理论拓展用于热力循环性能优化[237-244]。

有限时间热力学、熵产生最小化、广义热力学优化理论和㶲理论均是近 40 年来产生与发展起来的现代热学优化理论，促进了热力学、传热学和流体力学等各学科分支及其交叉研究的发展。综合应用热力学、传热传质学、流体力学以及其他传输科学的基础理论，采用交叉、移植、类比的研究思路，将有限时间热力学与熵产生最小化、㶲理论相结合，实现各种形式能量传递过程和转换循环与系统的广义热力学优化，符合多学科交叉融合研究的发展趋势，是一个具有重要理论价值和广阔应用前景的研究方向。

有关有限时间热力学、熵产生最小化、广义热力学优化理论等热学优化理论的产生、发展、物理内涵等相关内容在本书著者 2017 年出版的《不可逆过程的广义热力学动态优化》[245]一书中已进行较为详细的阐述，故在本书中不再赘述。与文献[245]重点研究不可逆过程的优化不同，本书将基于热力学、传热传质学、流体力学、化学反应动力学以及经济学等各学科中有限势差能量转换循环与系统间的相似性，采用有限时间热力学研究思路和最优控制理论优化方法全面系统地对不可逆循环和系统进行动态优化，获得各种循环在不同优化目标下的最优构型；在此基础上，对已有研究对象和研究结果进行总结归纳，针对其中几类典型的研究对象，抽出共性，突出本质，建立其相应的广义热力学抽象物理模型，寻求统一的优化方法，获得普适的最优构型优化结果和研究结论，实现基于广义热力学优化理论的不可逆循环研究成果集成。

1.2 理论热力循环动态优化现状

1.2.1 恒温热源理论热机循环最优构型

1.2.1.1 牛顿传热规律下相关研究

Cutowicz-Krusin 等[246]证明恒温热源下所有可接受的循环中内可逆（endoreversible）卡诺循环在大压比时产生的功率最大，即此时的最优构型为 Curzon-Ahlborn 循环[247]。Rubin[192, 248]研究了牛顿传热规律[$q \propto \Delta(T)$]时不同约束下内可逆热机的最优构型，得出给定循环周期时最大功率和给定输入能时最大效率的最优构型分别为 6 分支循环和 8 分支循环[192]，并把这个结果扩展到给定压比的一类热机，得出最大输出功率时的最优构型为 8 分支循环[248]。Salamon 等[195]以最小熵产生为目标优化了各种热机循环的最优构型，结果表明对应于各种热机最小熵产生时的各循环中非绝热分支熵产率为常数。Augulo-Brown 等[249]考虑以功率和熵产率折中的生态学函数[250-252]最大为目标研究了牛顿传热规律下恒温热源往复式热机循环的最优构型。

1.2.1.2 传热规律的影响

然而实际传热过程并不总是服从牛顿传热规律,传热规律对热机循环性能有显著影响[253-268]。de Vos[269]研究了广义辐射传热规律$[q \propto \Delta(T^n)]$下内可逆卡诺热机最大功率输出时的效率问题,这里 n 为传热指数,当 $n=-1$ 时,传热服从线性唯象传热规律,此时传热系数称为动力学系数[270, 271];当 $n=1$ 时,传热服从牛顿传热规律;当 $n=2$ 时,传热服从平方传热规律,主要适用于一维范围内的热传递,其传热系数为 $\pi^2 k^2 / (6h)$,其中 h 为 Planck 常量,k 为 Stefan-Boltzmann 常数;当 $n=3$ 时,传热服从立方传热规律,主要适用于二维范围内的热传递;当 $n=4$ 时,传热服从辐射传热规律,此时传热系数与 Stefan-Boltzmann 常数有关[255, 256, 264, 269, 272]。

Orlov[273]首先研究了传热规律对恒温热源热机循环最优构型的影响,结果表明在$[q \propto \Delta(T^{-1}) + \Delta(T^{-1})^9]$传热规律下,给定输入能情况下内可逆热机最大效率时的循环最优构型包括三个等温分支和三个绝热分支,而最大输出功时的循环最优构型包括三个绝热分支和两个等温分支。本书著者等[96, 144, 274-280]研究了线性唯象传热规律$[q \propto \Delta(T^{-1})]$[144, 274, 278]、辐射传热规律$[q \propto \Delta(T^4)]$[144, 275, 277]和广义辐射传热规律$[q \propto \Delta(T^n)]$[144, 279, 280]下给定循环周期时最大功率优化[144, 274, 278, 280]、给定输入能时最大效率优化[144, 274, 277, 279]和给定压比时最大功率优化[144, 276]的内可逆热机循环最优构型,得到了与 Rubin[192, 248]不同的结果,详见本书第 2 章。Parga 等[281]以修正的生态学函数最大为目标研究了广义对流传热规律$[q \propto (\Delta T)^m]$下恒温热源热机循环最优构型。

1.2.2 变温热源理论热机循环最优构型

1.2.2.1 牛顿传热规律下相关研究

1983 年,Ondrechen 等[282]研究表明牛顿传热规律下有限热容高温热源内可逆热机输出功最大时循环最优构型为:低温侧工质温度为常数,而工质与高温侧热源温度均随时间呈指数规律变化且两者之比为常数的广义内可逆卡诺热机。文献[282]还研究了牛顿传热规律下两有限热容热源内可逆热机输出功最大时的循环最优构型。本书著者等[38, 69, 283]研究了热漏对牛顿传热规律下有限热容高温热源不可逆热机输出功最大时循环最优构型的影响。Salamon 和 Nitzan[196]分别以功率、效率、㶲效率、熵产率和利润率为目标,对牛顿传热规律下内可逆热机进行研究,结果表明所有最优工况都是在工质与热源间的热交换速率为常数时发生的,并均经过一个瞬时绝热过程。在文献[282]的基础上,杨爱波等[284]研究一类牛顿传热规律下存在热漏和高温热源热容有限的两热源热机熵产生最小与㶲损失最大时的最优构型,并与系统输出功最大时的最优构型对比,结果表明:对于无限热容高温热源,热漏是否存在并不改变循环的最优构型;而对于有限热容高温热源,以系统熵产生最小和㶲损失最大为目标的最优构型与以系统输出功最大为目标的最优构型不完全相同,无热漏时分别以熵产生最小、㶲损失最大和输出功最大为目标的最优构型均相同,而存在热漏时分别以三者为目标时的最优构型各不相同。

1.2.2.2　传热规律的影响

Yan 等[285]研究表明线性唯象传热规律下有限热容高温热源内可逆热机输出功最大时循环最优构型为:低温侧工质温度为常数,而工质与高温热源温度倒数之差为常数的另一类广义内可逆卡诺热机。本书著者等[286]研究了热漏对线性唯象传热规律下有限热容高温热源不可逆热机输出功最大时循环最优构型的影响。熊国华等[287]和本书著者等[288]分别研究了广义辐射[287]和广义对流[288]传热规律下有限高温热源内可逆热机输出功最大时循环最优构型。本书著者等[289]进一步研究了一类混合热阻形式[吸热 $q_1 \propto \Delta(T^{-n})$,放热 $q_2 \propto \Delta(T^n)$,$n=1$或-1]下两有限热容热源内可逆热机输出功最大时循环最优构型。李俊[96]和李俊等[290]研究了普适传热规律[$q \propto (\Delta(T^m))^n$]下有限热容高温热源内可逆热机输出功最大时循环最优构型。文献[38]、[69]、[196]、[282]~[290]的优化结果均是在常热源热容和具体的传热规律形式下导出的,本书在不考虑具体的热源热容和热阻模型条件下,研究了两有限热源内可逆热机和存在热漏的有限高温热源不可逆热机最大输出功时循环最优构型,详见本书第3章。

1.2.3　串接、联合和多热源理论热机循环最优构型

Rubin 和 Andresen[291]研究了两个内可逆卡诺热机联合循环输出功最大时的两子循环最优构型及它们间的最优串接问题。Amelkin 等[292, 293]研究了多个无限热容热源下工作的内可逆热机最大功率输出时循环最优构型,结果表明为获得系统的最大功率输出,一些热源必须不参与和工质的热交换,并进一步发现与热源数量无关,热机工质仅经历两个等温过程和两个绝热过程。Tsirlin 等[294]研究了牛顿传热规律下包含若干不同温度的热源、有限热容子系统和能量变换器的复杂系统的最优温度与最大功率问题。在文献[294]的基础上,本书著者等[295]进一步研究了线性唯象传热规律下该复杂系统的最优温度和最大功率问题。

1.2.4　具有非均匀工质的理论热机性能界限

1990 年，Orlov 和 Berry[296]分别建立了工质内部温度处处相等的集总参数模型(lumped-parameter model)和由一组偏微分方程组描述工质所处状态的分布式参数模型(distributed-parameter model)，研究了牛顿传热规律下具有非均匀工质的不可逆热机最大功率输出。在文献[296]的基础上，Orlov 和 Berry[297]进一步研究了牛顿传热规律下具有非均匀工质的不可逆热机最大效率，定义了三种不同的热效率，得到了比传统的集总参数模型更具实际指导意义的效率性能界限。1993 年，Orlov 和 Berry[298]建立了一类存在有限速率传热、流体流动和内部化学反应的理论热机模型，研究了其功率和效率界限，结果表明为获得更大的功率，在非传统热机设计中宜采用加热系统而不是冷却系统。文献[298]还针对一类特殊的化学反应速率方程式得到了燃烧化学反应过程熵产生下限解析解。在文献[296]~[298]的基础上，本书著者等[299-301]首先研究了线性唯象传热规律下具有非均匀工质的不可逆热机的最大功率输出[299]和最大效率[290]，然后以存在有限速率传热、流体流动和内部化学反应的理论热机为研究对象，针对一类普适的化学反应速率方程，考虑气缸内工质传热服从线性唯象传热规律，应用最优控制理论和非线性规划方法导出了其最大功率和效率[301]，得到了与文献[296]~[298]不同的研究结果，详见本书第 4 章。

1.2.5　基于 HJB 理论的多级热力循环系统动态优化

有限时间热力学研究的基本热力模型是"内可逆模型"[192]，即只考虑有限速率传热不可逆性的热力系统。严子浚[302]导出了牛顿传热规律下内可逆卡诺热机输出功率与热效率之间的最优关系，即牛顿传热规律下内可逆卡诺热机的基本优化关系。孙丰瑞和赖锡棉[303, 304]、陈文振等[305]得到了热机"全息"功率和热效率谱，形成了牛顿传热规律下内可逆卡诺热机参数选择的有限时间热力学准则。Blanchard[306]最早将 Curzon-Ahlborn[247]的研究方法引入热泵循环研究，导出了牛顿传热规律下内可逆卡诺热泵给定供热率时的供热系数界限。Goth 和 Feidt[307]则导出了牛顿传热规律下内可逆卡诺热泵供热率与供热系数的最优关系，即牛顿传热规律下内可逆卡诺热泵的基本优化关系。孙丰瑞等[308, 309]建立了内可逆卡诺热泵的性能全息谱，得到了两热源热泵参数选择的有限时间热力学优化准则。一些学者进一步研究了传热规律、工质内部耗散和旁通热漏等因素对卡诺热机[257-268, 310-315]与卡诺热泵[316-333]性能的影响。然而，上述研究仅属于单级稳态系统的静态优化研究，所用优化方法也很简单。自 20 世纪 90 年代中期以来，应用现代最优控制理论，特别是 HJB 方程和动态规划优化方法，对复杂多级热力循环系统进行动态优化，一直是有限时间热力学非常重要的研究方向之一。

1.2.5.1 牛顿传热规律下相关研究

Sieniutycz[334-339]、Sieniutycz 和 Spakovsky[340]、Szwast 和 Sieniutycz[341]应用 HJB 理论与变分法导出了牛顿传热规律下有限高温流体热源多级连续和离散内可逆卡诺热机与热泵系统的极值功率，结果表明多级内可逆热机系统最大输出功率等于其可逆系统输出功率与一个耗散项之差，多级内可逆热泵系统最小耗功率等于其可逆系统耗功率与一个耗散项之和，高温流体热源温度随无量纲时间呈指数规律变化。Sieniutycz 和 Szwast[342]、Sieniutycz[343, 344]进一步研究了牛顿传热规律下有限高温流体热源存在有限速率传热和工质内部耗散等不可逆性损失的多级不可逆卡诺热机与热泵系统极值功率优化。李俊[96]和李俊等[345, 346]进一步考虑高、低温侧均为有限热容流体热源，应用变分法研究了牛顿传热规律下多级连续内可逆[345]和不可逆[346]卡诺热机与热泵系统的极值功率优化。

1.2.5.2 传热规律的影响

Kuran[135]、Sieniutycz 和 Kuran[347, 348]、Sieniutycz[349-352]、Sieniutycz 和 Jezowski[146]考虑辐射量子效应，研究了辐射传热规律下有限高温流体热源多级连续不可逆卡诺热机和热泵系统的极值功率。由于辐射传热规律下优化问题不存在解析解，文献[135]、[146]、[348]~[352]采用传热系数 $\alpha(T^3)$ 与高温流体温度的立方成正比的牛顿传热规律即伪牛顿(pseudo-Newtonian)传热规律[$q \propto \alpha(T^3)(\Delta T)$]近似代替辐射传热规律给出了优化问题的解析解。Sieniutycz[353]进一步研究了一类非线性传热规律[$q \propto \alpha(T^n)(\Delta T)$]即传热系数 $\alpha(T^n)$ 与高温流体温度的 n 次方成正比的牛顿传热规律下有限高温流体热源多级连续不可逆卡诺热机系统的最大功率输出。李俊[96]和李俊等[354]应用变分法研究了伪牛顿传热规律下高、低温侧均为有限热容流体热源时多级连续内可逆卡诺热机和热泵系统的极值功率。在文献[135]、[146]、[347]~[353]的基础上，本书著者等[355]将伪牛顿传热规律和辐射传热规律下多级热机系统最大功率输出时的优化结果进行了比较。本书著者等[356-360]还考虑热源与工质间传热服从广义对流传热规律[356, 360]和普适传热规律[$q \propto (\Delta(T^n))^m$][357,358]，应用 HJB 理论进一步研究多级内可逆[356, 357]和不可逆[358-360]卡诺热机与热泵系统的极值功率优化，并基于普适的优化结果，导出牛顿传热规律($m=1$, $n=1$)下精确解析解和线性唯象传热规律($m=1$, $n=-1$)下的近似解析解；对于其他传热规律，将连续 HJB 控制方程离散化并应用动态规划方法获得了优化问题的数值解，纠正了以往文献"将高温流体末态温度取为低温侧热源温度分析多级热机系统的最大功率输出"的错误结果，得到了"存在最佳的高温流体

末态温度使多级热机系统输出功率取最大值"等一系列研究新结果,详见本书第
5 章。

1.3 理论化学循环动态优化现状

质量和热量传递是具有很多相似规律的两种现象,傅里叶导热规律和菲克扩
散传质规律都是反映扩散过程的规律,即在热量和质量传递过程中,广延量的传
递量都与相应的强度量的梯度呈正比关系。这就意味着质量和热量传递这两种现
象之间具有类比性。因此,对于传热过程和热力循环动态优化的研究思路与方法
也可推广到传质过程和化学循环动态优化研究。

1.3.1 等温化学循环最优构型

1991~2008 年,de Vos[361-367]最先将仅考虑工质与热源间传热损失的内可逆热
机循环模型拓广成"考虑库与工质间传热和传质损失的内可逆发动机模型",据此
研究了有限温差传热和有限化学势差传质的化学反应、太阳能电池等太阳能转换
过程和装置的有限时间热力学性能。1993 年,Gordon[368]研究了无限多个序接等
温化学机从一个有限化学势库获取最大功问题。同年,Gordon 和 Orlov[369]进一步
研究了两无限势库等温内可逆化学机平均输出功率最大时的循环最优构型,结果
表明内可逆等温化学机最优构型包含两个等化学势分支和两个瞬时等质流分支。
Gordon 和 Orlov[369]还用一"常数项"表示高势库的化学势容,研究了线性传质规
律下有限高势库内可逆化学机最大输出功时循环最优构型。本书著者等[28, 69, 370-373]
进一步导出了线性传质规律下单个[38, 69, 370]和联合[38, 69, 371]内可逆等温化学机基本优
化关系即输出功率和效率最优关系,并分析了质漏对其最优性能的影响[38, 69, 372, 373]。
林国星[78]和林国星等[374]导出了线性传质规律下存在有限速率传质、质漏和工质内
部耗散等多种不可逆损失的广义不可逆等温化学机基本优化关系。夏丹[98]、本书
著者等[375-379]则进一步导出了扩散传质规律[$g \propto \Delta(\mu/RT)$] [$g \propto \Delta(\mu/RT)$ 和
$g \propto \Delta(c)$ 是同一种传质规律的不同数学表述,详见 6.2.3.3 节]下内可逆[375]和广义
不可逆[376]等温化学机基本优化关系和内可逆与不可逆等温化学机的生态学最优
性能[377-379]。在文献[292]和[293]研究多源内可逆热机最大功率输出循环最优构型
的基础上,本书著者等[380]进一步研究了线性传质规律[$g \propto \Delta\mu$]下多无限势库等温
内可逆化学机最大功率输出时循环最优构型,详见本书 6.4 节。

文献[369]虽然研究了有限化学势库下等温内可逆化学机最优构型,但其采
用一"常数项"表征有限高势库的化学势容,对于有限化学势库的建模及其与化
学机工质间的传质机理研究不够深入,所得研究结果未能反映有限势库等温内可

逆化学机循环最优构型的本质。2009 年，类比于热机高、低温侧各存在一套换热器，本书著者等[381, 382]考虑等温化学机高、低化学势侧各存在一套质量交换器，研究了线性传质规律[$g \propto \Delta \mu$]下有限高势库等温内可逆化学机最大输出功时循环最优构型[381]，并进一步研究了传质规律[382]和高、低化学势库间直接质漏对等温化学机循环最优构型的影响，详见本书 6.2 节和 6.3 节。

热机的逆循环为制冷机和热泵，化学机的逆循环为化学泵。林国星[78]、林国星和陈金灿[383]导出了线性传质规律下两库内可逆化学泵的基本优化关系即泵能率与性能系数最优关系。林比宏和林国星[384]首先导出了线性传质规律下存在有限速率传质和质漏等不可逆性损失的两库不可逆化学泵基本优化关系，并进一步导出了扩散传质规律下存在有限速率传质和质漏等不可逆性损失的不可逆化学泵的泵能率与性能系数间一般关系。林国星[78]和林国星等[385]导出了线性传质规律下存在有限速率传质、质漏和工质内部耗散等多种损失的两库广义不可逆化学泵基本优化关系。夏丹[98]和夏丹等[386, 387]则分别导出了扩散传质规律下两库内可逆以及广义不可逆等温化学泵基本优化关系和生态学最优性能。

夏丹[98]和本书著者等[388-400]还分别研究了线性传质规律和扩散传质规律下内可逆与不可逆三库化学泵、三库化学势变换器、四库化学泵和四库化学势变换器的循环基本最优性能。在有限势库内可逆化学机最大输出功循环最优构型[381, 382]研究的基础上，夏丹[98]和本书著者等[401]在循环总时间和高化学势物质库传递能量一定的条件下，以输出能最大为优化目标，分别研究了线性传质规律和扩散传质规律下内可逆两库化学泵、内可逆三库化学泵、内可逆三库化学势变换器、内可逆四库化学泵与内可逆四库化学势变换器[98]的循环最优构型，并得到线性传质规律下各种等温内可逆化学循环的统一描述[401]。

1.3.2 非等温化学机循环最优构型

de Vos[361-367]首先建立了非等温内可逆化学机物理模型，给出了基于热力学第一定律、热力学第二定律和质量守恒定律的 3 个基本方程，但没考虑具体的传热传质规律及传热传质相互间的耦合机理。Sieniutycz 和 Kubiak[402]、Sieniutycz[403]基于 Lewis 相似准则研究了传热和传质分别服从牛顿传热规律和扩散传质规律下两无限势库非等温内可逆化学机的最优性能，并进一步研究了传热传质服从线性不可逆热力学中的 Onsager 方程下两无限势库非等温内可逆化学机的最优性能。但文献[402]和[403]仅定性分析了传热和传质耦合因素对非等温内可逆化学机性能的影响，既没有导出单级非等温内可逆化学机的输出功率及相应矢量效率的解析解，也未考虑非等温化学机内部的化学反应(在文献[402]和[403]中，本书讨论的非等温内可逆化学机称为 "generalized endoreversible engine" 即广义内可逆机)。

Sieniutycz[404-409]还定性分析了工质内部耗散对单级非等温不可逆化学机最优性能的影响[404, 406-409]，并研究了一类复杂化学反应条件下等温化学机的最优性能[405]。蔡燕华等[410, 411]研究了传热和传质分别服从牛顿传热规律和线性传质规律下非等温内可逆化学机最大功率输出。但文献[410]和[411]仅将传热和传质过程进行简单叠加，既未考虑传热与传质间的耦合作用，也未考虑非等温化学机存在一个矢量效率[146, 158, 162, 361-367, 402-409, 412-425]。本书著者基于线性不可逆热力学建立了有限高势库非等温内可逆化学机物理模型，应用最优控制理论导出了其循环最大输出功时的最优性条件，所得结果包含线性唯象传热规律下内可逆热机和线性传质规律下等温内可逆化学机等特例的优化结果，详见本书 6.5 节。

1.3.3　基于 HJB 理论的多级等温化学机循环系统动态优化

2007~2012 年，Sieniutycz 等将 HJB 理论优化的研究对象从多级热力循环系统进一步拓展到多级等温化学循环系统[146, 404-409, 412-417]。Sieniutycz 和 Jezowski[146, 158]、Sieniutycz 等[146, 162, 404-409, 412-417]应用变分法导出了扩散传质规律下多级连续等温内可逆化学机最大功率输出时的最优性条件，由于优化问题不存在解析解，所以文献[146]、[158]、[162]、[404]~[409]、[412]~[417]仅对研究结果进行了定性的分析。本书著者等[426-428]进一步考虑有限速率传质和工质内部耗散等不可逆性损失，应用 HJB 理论研究了多级等温不可逆化学机系统的最大功率输出，得到了线性传质规律下多级连续和离散系统优化问题的解析解，应用动态规划方法得到了扩散传质规律下优化问题的数值解；此外本书著者等[429]还研究了线性传质规律下多级等温内可逆化学泵系统耗功率最小优化，并与多级等温化学机系统最大功率输出的优化结果进行了比较，详见本书第 7 章。

1.3.4　基于 HJB 理论的多级非等温化学机循环系统动态优化

1999 年，Sieniutycz[403]在基于 Lewis 相似的单级非等温内可逆化学机最优性能研究基础上，初步地研究了多级非等温内可逆化学机系统最大功率输出。但文献[403]没有导出单级非等温内可逆化学机的输出功率及相应矢量效率的解析解，所以仅对多级非等温内可逆化学机系统最大功率输出进行了定性的分析。在文献[146]、[158]、[162]、[402]~[409]、[413]~[417]的基础上，本书著者分别基于 Lewis 相似和线性不可逆热力学，考虑有限速率传热传质和工质内部耗散等不可逆性损失，首先研究了单级非等温不可逆化学机的最大功率输出，得到了其功率输出及相应矢量效率的解析解；然后将单级非等温不可逆化学机的研究结果应用于多级非等温不可逆化学机系统的功率输出最大化，详见本书第 8 章。

1.4　本书的主要工作及章节安排

本书在全面系统地了解有限时间热力学、熵产生最小化、广义热力学优化理论等热学优化理论与总结前人现有的研究成果的基础上，基于广义热力学优化理论的思想，选定功、热能、化学能和资本等广义能量转换循环与系统的动态优化问题为突破口，将热力学、传热传质学、流体力学、化学反应动力学、经济学和最优控制理论相结合，分析研究理论热力循环、理论化学循环、工程热力与化学循环、商业机等不可逆循环的最优构型。研究方法以交叉、移植和类比为主，注重新的数学方法在广义热力学优化研究中的拓展和应用，由浅入深，从简单的纯传热和纯传质到传热传质同时进行，从内可逆循环装置到不可逆循环装置，从线性传输规律到非线性传输规律，从无限热容热源和无限化学势库到有限热容热源和有限化学势库，从简单的单级循环到复杂的多级循环系统，从理论模型到贴近工程实际的装置模型，逐步细化，深入研究，侧重于发现新现象、探索新规律，最大的特点在于深化物理学理论研究的同时，注重多学科交叉融合研究，追求物理模型的统一性、优化方法的通用性和优化结果的普适性，最终实现基于广义热力学优化理论的动态优化研究成果集成。本书主要包括如下内容：第一部分由第2~5章组成，重点研究热力循环的动态优化；第二部分由第6~8章组成，重点研究化学循环的动态优化。

本书各章主要内容如下。

第 1 章对有限时间热力学、熵产生最小化理论、广义热力学优化理论和㶲理论的产生与发展进行简单的介绍，然后对理论热力循环、理论化学循环、工程热力与化学循环、商业机循环等各类不可逆循环的动态优化研究现状进行全面回顾，其内容安排形成一个较为完整的体系，所引重点文献反映 40 多年来不可逆循环动态优化领域研究工作的全貌。

第 2 章研究恒温热源内可逆热机循环动态优化问题。研究广义辐射传热规律下恒温热源内可逆热机在无定压比约束下最大功率优化、给定压比约束下最大功率优化以及给定输入能约束下最大效率优化时的循环最优构型，讨论传热规律、热导率、压比、输入能等各种因素对优化结果的影响。

第 3 章研究变温热源热机循环动态优化问题。研究两有限热源内可逆热机和存在旁通热漏的有限高温热源不可逆热机最大输出功时循环最优构型，讨论传热规律、热源热容(包括无限热容、有限常热容和有限变热容)和旁通热漏等各种因素对优化结果的影响。

第 4 章研究具有非均匀工质热机的性能界限。研究线性唯象传热规律下具有非均匀工质的一类非回热不可逆热机最大功率输出和最大效率，进一步考虑传热和燃烧分别服从线性唯象传热规律和一类普适的反应速率方程，研究一类具有非均匀工质的理论热机最大功率和效率，并均与前人的优化结果相比较。

第 5 章研究多级热力循环系统动态优化问题。应用 HJB 理论首先研究普适传热规律下存在有限速率传热和工质内部耗散等不可逆性损失的多级不可逆卡诺热机系统最大功率输出，纠正了已有文献中"将高温流体末态温度取为低温热源温度分析热机最大功率输出"的错误结果，然后研究普适传热规律下多级不可逆卡诺热泵系统的耗功率最小优化。

第 6 章研究化学机循环的动态优化问题。研究普适传质规律下有限高势库等温内可逆化学机和存在旁通质漏的等温不可逆化学机最大输出功时的循环最优构型，并讨论传质规律、物质库势容和质漏对优化结果的影响；研究多库等温内可逆化学机最大功率输出时的循环最优构型；基于线性不可逆热力学研究有限高势库非等温内可逆化学机最大输出功时的循环最优构型。

第 7 章研究多级等温化学循环系统动态优化问题。研究线性传质规律和扩散传质规律下多级等温不可逆化学机系统的最大功率输出；研究线性传质规律下多级等温内可逆化学泵系统的耗功率最小优化。

第 8 章研究多级非等温不可逆化学机系统动态优化问题。分别基于 Lewis 相似准则和线性不可逆热力学研究单级非等温不可逆化学机最大功率输出，并将研究结果进一步应用于多级非等温不可逆化学机系统的功率输出最大化。

第 9 章对全书工作进行总结，归纳其主要思想、发现和结论。

第2章 恒温热源内可逆热机循环动态优化

2.1 引 言

Rubin[192, 248]研究了牛顿传热规律下考虑不同约束时内可逆热机的最优构型，得到给定循环周期时最大功率和给定输入能时最大效率的最优构型分别为六分支循环和八分支循环[192]，并把这个结果扩展到给定压比的一类热机，得出最大功率输出时的最优构型也为八分支循环[248]。然而实际传热过程并不总是服从牛顿传热规律，传热规律对热机循环性能有很大影响[253-268]。de Vos[269]研究了广义辐射传热规律[$q \propto \Delta(T^n)$]下内可逆卡诺热机最大功率输出时的效率问题，这里 n 为传热指数，当 $n = -1$ 时，传热服从线性唯象规律，此时传热系数称为动力学系数[270, 271]；当 $n = 1$ 时，传热服从牛顿规律；当 $n = 2$ 时，传热服从平方规律，主要适用于一维范围内的热传递，其传热系数为 $\pi^2 k^2 / (6h)$，其中 h 为 Planck 常量，k 为 Stefan-Boltzmann 常数；当 $n = 3$ 时，传热服从立方规律，主要适用于二维范围内的热传递；当 $n = 4$ 时，传热服从辐射规律，此时传热系数与 Stefan-Boltzmann 常数有关[255, 256, 264, 269, 272]。本章将以文献[192]和[248]中 Rubin 所建立的模型为基础，进一步考虑工质与热源之间的传热服从广义辐射传热规律[$q \propto \Delta(T^n)$]，分别求出内可逆热机在无压比约束下最大功率输出、给定压比时最大功率输出和给定输入能时最大效率时的循环最优构型。

2.2 广义辐射传热规律下无压比约束下内可逆热机最大输出功率

2.2.1 物理模型

热机模型如图 2.1 所示，它由下列条件定义。

(1)热机是内可逆的。

(2)工质与热源间的热导率为 k，其值可取下列区域中的任意值为

$$0 \leqslant k \leqslant k_0 \tag{2.2.1}$$

(3)传热规律为广义辐射传热规律，传热率为

$$q = k(T_R^n - T^n)\,\text{sign}(n) \tag{2.2.2}$$

式中，$\text{sign}(n)$ 为符号函数，当 $n > 0$ 时，$\text{sign}(n) = 1$，当 $n < 0$ 时，$\text{sign}(n) = -1$；T 为工质的热力学温度；T_R 为热源热力学温度，为恒值，且有

$$T_L \leqslant T_R \leqslant T_H \tag{2.2.3}$$

其中，T_L、T_H 分别为热源温度的最低、最高值。

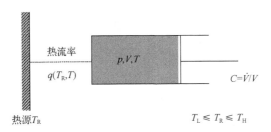

图 2.1　恒温热源内可逆热机模型

(4) 每循环的输出功为

$$W = \int_0^\tau p\dot{V}\mathrm{d}t \tag{2.2.4}$$

式中，p、V 分别为工质的压力和体积；$\dot{V}$ 为体积的时间导数；τ 为循环的周期，且工质为理想气体。

为了把式 (2.2.2) 和式 (2.2.4) 转化为有用的形式，引入理想气体的热力学第一定律方程，于是有

$$C_V\dot{T} + C_V(\kappa - 1)T\frac{\dot{V}}{V} = q \tag{2.2.5}$$

式中，C_V 为定容热容；κ 为比热比；$\dot{T} = \mathrm{d}T/\mathrm{d}t$，参数上带点表示该参数对时间求导。将式 (2.2.2) 代入式 (2.2.5) 并定义一些新变量，有

$$\dot{T} = -CT + \hat{k}(T_R^n - T^n)\text{sign}(n) \tag{2.2.6}$$

$$\dot{\beta} = C \tag{2.2.7}$$

$$\beta = (\kappa - 1)\ln(V/V_0) \tag{2.2.8}$$

式中，$\hat{k} = k/C_V$；V_0 为参考体积，是常数；C 为气缸容积的变化率；β 为压比。用这些变量，式 (2.2.4) 就变为

$$W = C_V \int_0^\tau CT \mathrm{d}t \tag{2.2.9}$$

显然采用 β 和 C 这两个变量是为了更有利于用最优控制理论求解所面临的问题。

此时所求的问题就变为求出最大功率输出时的 $\hat{k}(t)$、$T_R(t)$ 和 $C(t)$，为了保证 C 有物理意义，必须将其限制为

$$-C_m \leqslant C \leqslant C_M \tag{2.2.10}$$

式中，C_m、C_M 为任意正数。由这一模型就可得到最大功率时的最佳循环。

循环效率为

$$\eta = \frac{W}{Q_1} \tag{2.2.11}$$

式中，

$$Q_1 = C_V \int_0^\tau \hat{k}(T_R^n - T^n)\mathrm{sign}(n)\theta[(T_R^n - T^n)\mathrm{sign}(n)]\mathrm{d}t \tag{2.2.12}$$

为输入的能量，$\theta(x)$ 为赫维赛德（Heaviside）函数，当 $x > 0$ 时，$\theta = 1$；当 $x < 0$ 时，$\theta = 0$。

2.2.2　优化方法

周期 τ 固定，因此功率输出最大也就是式（2.2.9）最大。取 W/C_V 作为性能指标，由式（2.2.6）、式（2.2.7）、式（2.2.9）构造哈密顿函数（Hamiltonian function）（此时 T、β 为状态变量，T_R、$\hat{k}$、C 为控制变量）：

$$H = CT + \psi_1 F_1 + \psi_2 F_2 \tag{2.2.13}$$

式中，

$$F_1 = -CT + \hat{k}(T_R^n - T^n)\mathrm{sign}(n) \tag{2.2.14}$$

$$F_2 = C \tag{2.2.15}$$

于是式（2.2.13）可化为

$$H = [(1 - \psi_1)T + \psi_2]C + \psi_1 \hat{k}(T_R^n - T^n)\mathrm{sign}(n) \tag{2.2.16}$$

对应的协态方程为

$$\dot{\psi_1} = -\partial H / \partial T = -C(1 - \psi_1) + n\hat{k}\psi_1 T^{n-1} \tag{2.2.17}$$

$$\dot{\psi}_2 = -\partial H / \partial \beta = 0 \tag{2.2.18}$$

以上各式中

$$0 \leqslant k \leqslant \hat{k}_0, \quad \hat{k}_0 = \frac{k_0}{C_V} \tag{2.2.19}$$

下面用最大值原理求解。

2.2.2.1　最大值原理应用

定义

$$\Delta H = H[\vec{x}^*(t), \vec{u}^*(t), \vec{\psi}^*(t)] - H[\vec{x}^*(t), \vec{u}, \vec{\psi}^*(t)] \tag{2.2.20}$$

式中，$\vec{u}$ 为一个容许解。对于一个最大值需要 $\Delta H \geqslant 0$，故有

$$\Delta H = [(1-\psi_1^*)T^* + \psi_2^*](C^* - C) + \psi_1^*[\hat{k}^*(T_R^{*n} - T^{*n})\mathrm{sign}(n) \\ - \hat{k}(T_R^n - T^{*n})\mathrm{sign}(n)] \geqslant 0 \tag{2.2.21}$$

式中，$0 \leqslant \hat{k} \leqslant \hat{k}_0$，$T_L \leqslant T_R \leqslant T_H$，$-C_m \leqslant C \leqslant C_M$，"*" 表示最优的。

接下来分别考虑各种情况得到最优解，根据这些最优解就可得到内可逆热机循环的最优构型。

首先假定 $\hat{k} = \hat{k}^*$，$T_R = T_R^*$，则式（2.2.21）的第二项为零，为了保证 $\Delta H \geqslant 0$，需要

$$C^* = \begin{cases} C_M, & (1-\psi_1^*)T^* + \psi_2^* > 0 \\ -C_m, & (1-\psi_1^*)T^* + \psi_2^* < 0 \\ \text{不确定}, & (1-\psi_1^*)T^* + \psi_2^* = 0 \end{cases} \tag{2.2.22}$$

最后一种情况对应于奇异控制情况。

其次假定 $C = C^*$，$T_R = T_R^*$，则式（2.2.21）化为

$$\Delta H = \psi_1^*(T_R^{*n} - T^{*n})\mathrm{sign}(n)(\hat{k}^* - \hat{k}) \geqslant 0 \tag{2.2.23}$$

对应地，需要

$$\hat{k}^* = \begin{cases} \hat{k}_0, & \psi_1^*(T_R^{*n} - T^{*n})\mathrm{sign}(n) > 0 \\ 0, & \psi_1^*(T_R^{*n} - T^{*n})\mathrm{sign}(n) < 0 \\ \text{不确定}, & \psi_1^*(T_R^{*n} - T^{*n})\mathrm{sign}(n) = 0 \end{cases} \tag{2.2.24}$$

最后一种情况仍对应于奇异控制情况。当 $\psi_1^*(T_R^{*n} - T^{*n})\mathrm{sign}(n) = 0$ 时，可知 $\psi_1^* = 0$ 或者 $T_R^* = T^*$，前一种情况使得热力学第一定律约束不满足，显然不正确；后一种情况时的工质温度与热源温度相等，则不存在热交换，显然也不正确。

最后假定 $C = C^*$，$\hat{k} = \hat{k}^*$，则式 (2.2.21) 化为

$$\Delta H = \psi_1^* \hat{k}^*(T_R^{*n} - T_R^n)\mathrm{sign}(n) \geqslant 0 \tag{2.2.25}$$

因为 $\hat{k}^*$ 是非负数，故有

$$T_R^* = \begin{cases} T_H, & \psi_1^*\mathrm{sign}(n) > 0 \\ T_L, & \psi_1^*\mathrm{sign}(n) < 0 \end{cases} \tag{2.2.26}$$

前面已经证明 $\psi_1^* = 0$ 的奇异情况应予以排除。如果 $\hat{k}^* = 0$，$C = C^*$，则式 (2.2.21) 变成

$$\Delta H = -\psi_1^* \hat{k}^*(T_R^n - T^{*n})\mathrm{sign}(n) \geqslant 0 \tag{2.2.27}$$

由式 (2.2.27) 可以看出如果 $\psi_1^*\mathrm{sign}(n) > 0$，则 $T^* \geqslant T_H$；如果 $\psi_1^*\mathrm{sign}(n) < 0$，则 $T^* \leqslant T_L$，即绝热分支发生在其工质温度位于热源温度之外的范围，所以此时的最优构型中并不包括绝热分支（$\hat{k}^* = 0$）。

2.2.2.2　最优解

现在可得到各种可能的最优解，并由此解求解正则方程可得最优策略。下面所有的函数都是最优的，为便利起见，去掉符号上的"$*$"号。

（1）$\hat{k} = 0$，$C = C_M$ 或 $-C_m$（绝热分支）。

$$T(t) = T(t_0)\mathrm{e}^{-C(t-t_0)}, \beta(t) = \beta(t_0) + C(t-t_0) \tag{2.2.28}$$

$$\psi_1(t) = 1 - [1 - \psi_1(t_0)]\mathrm{e}^{C(t-t_0)}, \psi_2 = 常数 \tag{2.2.29}$$

$$H = \{[1-\psi_1(t)]T + \psi_2\}C = \{[1-\psi_1(t_0)]T(t_0) + \psi_2\}C \tag{2.2.30}$$

和所需要的一致，H 为常数；C 的值由式 (2.2.22) 确定；t_0 为分支的起始时间。

（2）$\hat{k} = \hat{k}_0$，$T_R = T_H$ 或 T_L，$C = C_M$ 或 $-C_m$（最大功率分支）。

$$\dot{T} = -CT + \hat{k}_0(T_R^n - T^n)\mathrm{sign}(n), \beta(t) = \beta(t_0) + C(t-t_0) \tag{2.2.31}$$

$$\dot{\psi}_1 = -C(1-\psi_1) + n\hat{k}_0\psi_1 T^{n-1}, \psi_2(t) = 常数 \tag{2.2.32}$$

式中，C 由式 (2.2.22) 确定；T_R 由式 (2.2.26) 确定；t_0 为分支的起始时间。由于微分方程的存在，不可能得到解析解，所以只能通过数值方法求解。

(3) $\hat{k} = \hat{k}_0$，$T_R = T_H$ 或 T_L，$(1-\psi_1)T + \psi_2 = 0$ (等温分支)。

$$T = T_r, \beta(t) = \beta(t_0) + C_r(t - t_0), C_r = \frac{\hat{k}_0(T_R^n - T_r^n)}{T_r} \operatorname{sign}(n) \qquad (2.2.33)$$

$$\psi_1 = \frac{T_r^n - T_R^n}{(1-n)T_r^n - T_R^n}, \qquad \psi_2 = \frac{nT_r^{n+1}}{(1-n)T_r^n - T_R^n} \qquad (2.2.34)$$

式中，T_r 为常数。对 $(1-\psi_1)T + \psi_2 = 0$ 求导并用式 (2.2.18) 消去时间的导数很容易证明 C、T 和 ψ_1 必须都为常数。

T_r 下标 r 对应 R，即如果 $T_R = T_H$，则 r = h，如果 $T_R = T_L$，则 r = 1，式 (2.2.26) 确定了 T_R 的值。而由式 (2.2.33) 可见，如果 $T_R = T_H$，$\psi_{1h} > 0$，则有 $T_H > T_h$，如果 $T_R = T_L$，$\psi_{1l} < 0$，则有 $T_L < T_1$，这就导出 $C_h > 0$ 和 $C_1 < 0$，并容易证明

$$H = \hat{k}_0 \frac{(T_R^n - T_r^n)^2}{T_R^n - (1-n)T_r^n} \operatorname{sign}(n) \qquad (2.2.35)$$

为正。由于循环周期 τ 给定，由边界条件得 H 在整个循环中为常数。

后面将会看到两个等温分支是最优策略的一部分。由此及 ψ_2 和 H 为常数，可得

$$\frac{(T_H^n - T_h^n)^2}{T_H^n - (1-n)T_h^n} = \frac{(T_L^n - T_1^n)^2}{T_L^n - (1-n)T_1^n}, \frac{T_h^{n+1}}{T_H^n - (1-n)T_h^n} = \frac{T_1^{n+1}}{T_L^n - (1-n)T_1^n} \qquad (2.2.36)$$

由式 (2.2.36) 可以求出 T_h 和 T_1，将其代入 C_r 的表达式可得

$$C_h = \frac{\hat{k}_0(T_H^n - T_h^n)}{T_h} \operatorname{sign}(n), C_1 = \frac{\hat{k}_0(T_L^n - T_1^n)}{T_1} \operatorname{sign}(n) \qquad (2.2.37)$$

因此有八个相异的最优解，以 $1^\pm$、$2_H^\pm$、$2_L^\pm$、3_H 和 3_L 表示，其中正号对应于 $C = C_M$，负号对应于 $C = -C_m$，H 和 L 对应于 T_R 的下标。

为了确定实际最优策略，必须考察常数 H 及一对最优解间转换点 (或称开关) 处状态变量和共态变量的连续性。

2.2.2.3　转换点

在最优控制理论中，状态变量空间中状态变量变化不连续的面称为转换面。

有关本问题的转换点汇总于表 2.1。

首先看到，情况 1 和 3 之间的转换是不允许的，原因是 $(1-\psi_1)T+\psi_2$ 是连续的且在情况 3 下为零，但式 (2.2.30) 表明，当 t 从情况 1 侧到达转换时间时 H 需要为零。

情况 1 和 2 之间的转换在 $\psi_1=0$ 时是允许的，这可由比较式 (2.2.30) 和式 (2.2.16) 得到。注意 ψ_1 可以在某一时刻为零，但并不是在整个时间间隔内都为零，在这个转换时因为 H 不等于零，故 C 必须保持不变。

表 2.1　转换点

情形	1	2	3
1	①	②	①
2	②	②或③	③
3	①	③	①

注：①禁止的转换；
②允许的转换：$\Delta C=0$，$\psi_1=0$；
③允许的转换：$\Delta T_R=0$，$(1-\psi_1)T+\psi_2=0$

在 $(1-\psi_1)T+\psi_2$ 为零的瞬间允许在情况 2 和 3 之间转换，由于在转换的瞬间 T_R 的变化需要 $\psi_1=0$，故在这个转换时 T_R 必须为常数。而对情况 2，$\psi_1\neq0$，故由于其连续性这一转换点消失。

其次如果在 1^+ 和 1^- 之间有转换点，式 (2.2.22) 需要 $(1-\psi_1)T+\psi_2$ 为零，而此时式 (2.2.30) 将会得 $H=0$。考虑 1^+ 和 1^- 之间不可能有转换点，同样，由于 ψ_1 的连续性，在 3_H 和 3_L 之间也不可能有转换点。但在情况 2 下，$T_R=T_H$ 和 $T_R=T_L$ 之间可能有转换，此时 C 保持为常数，ψ_1 在转换瞬间通过 0。在 $-C_m$ 和 C_M 之间也可能有转换，此时 T_R 不变，$(1-\psi_1)T+\psi_2$ 为零。但是 T_R 和 C 不可能连续变化，因为这时要求 $H=0$。

类似的分析可以推导出表 2.1 中的其他结论。前面已经分析过，最优策略中没有绝热分支。各分支的转换条件如下，其中 t_1、t_2、t_3、t_4、t_5 和 t_6 为各个分支相互转换的转换点时间。

(1) 3_H 到 2_H^+ 的转换条件为 $[1-\psi_1(t_1)]T(t_1)+\psi_2(t_1)=0$。

(2) 2_H^+ 到 2_L^+ 的转换条件为 $\psi_1(t_2)=0$。

(3) 2_L^+ 到 3_L 的转换条件为 $[1-\psi_1(t_3)]T(t_3)+\psi_2(t_3)=0$。

(4) 3_L 到 2_L^- 的转换条件为 $[1-\psi_1(t_4)]T(t_4)+\psi_2(t_4)=0$。

(5) 2_L^- 到 2_H^- 的转换条件为 $\psi_1(t_5)=0$。

2.2.2.4　最优控制和策略

因为本章研究的是自激系统，即相对时间平移时保持不变，所以可顺着最优策略取任意一点作为起始点。假定从 3_H 分支开始，即 $0 \leqslant t \leqslant t_1$ 时从 $T_R = T_H$，$T = T_h$ 开始，唯一允许的转换是到 2_H^+ 分支，即 $T_R = T_H$，$C = C_M$。当 t 在 t_1、t_2 之间时 ψ_1 减小，而 $(1-\psi_1)T + \psi_2$ 从零开始增加，因此唯一的转换发生在 ψ_1 为零的 t_2，并且得到 2_L^+ 分支。本来有可能转换到绝热分支 1^+，但已经指出这是不能发生的。

从 t_2 到 t_3，ψ_1 继续减小，$(1-\psi_1)T + \psi_2$ 也减小直至为零，此时就可有另一转换。在 t_3 时得到一等温分支 3_L 并一直沿续到 t_4，此时转换到 2_L^-。沿着这一分支 $(1-\psi_1)T + \psi_2$ 从零开始减小，而 ψ_1 则增加直至在 t_5 时为零。这时转换到 2_H^- 分支直至循环的终点 $t_6 = \tau$ 时，$(1-\psi_1)T + \psi_2$ 重新回到零。同样在 2_L^- 和 2_H^- 两个分支之间可以有绝热分支，但这不是最优分支的一部分。这样，整个最优控制问题的解就可以写出来了。

对 $0 \leqslant t \leqslant t_1$，

$$T = T_h, C = C_h, \beta = C_h t, \hat{k} = \hat{k}_0, T_R = T_H \tag{2.2.38}$$

$$\psi_1 = (T_h^n - T_H^n)\big/[(1-n)T_h^n - T_H^n], \psi_2 = nT_h^{n+1}\big/[(1-n)T_h^n - 3T_H^n] \tag{2.2.39}$$

式中，T_h 由式 (2.2.36) 得到。

对 $t_1 \leqslant t \leqslant t_2$，将 $T(t)$ 在 t_1 处一阶泰勒级数展开，得

$$T(t) = T(t_1) + \dot{T}(t_1)(t - t_1) + O(t - t_1) \tag{2.2.40}$$

当过程时间足够短时，可以去掉 $(t - t_1)$ 的高阶无穷小 $O(t - t_1)$，则有近似表达式

$$T(t) \approx T(t_1) + \dot{T}(t_1)(t - t_1) \tag{2.2.41}$$

由 $T(t)$ 的连续性有 $T(t_1) = T_h$，又由

$$\dot{T}(t) = -C_M T(t) + \hat{k}_0[T_H^n - T^n(t)]\mathrm{sign}(n) \tag{2.2.42}$$

所以有

$$T(t) \approx T_h + [-C_M T_h + \hat{k}_0(T_H^n - T_h^n)\mathrm{sign}(n)](t - t_1) \tag{2.2.43}$$

同理，将 $\psi_1(t)$ 在 t_1 处一阶泰勒级数展开，又由 $\psi_1(t)$ 的连续性及式 (2.2.17) 可得

$$\psi_1(t) \approx \frac{T_h^n - T_H^n}{(1-n)T_h^n - T_H^n} + \left[\frac{nC_M T_h^n + n\hat{k}_0 T_h^{n-1}(T_h^n - T_H^n)\mathrm{sign}(n)}{(1-n)T_h^n - T_H^n}\right](t - t_1) \tag{2.2.44}$$

所以对 $t_1 \leqslant t \leqslant t_2$，有

$$T(t) \approx T_{\mathrm{h}} + [-C_{\mathrm{M}}T_{\mathrm{h}} + \hat{k}_0(T_{\mathrm{H}}^n - T_{\mathrm{h}}^n)\mathrm{sign}(n)](t - t_1) \tag{2.2.45}$$

$$\psi_1(t) \approx \frac{T_{\mathrm{h}}^n - T_{\mathrm{H}}^n}{(1-n)T_{\mathrm{h}}^n - T_{\mathrm{H}}^n} + \left[\frac{nC_{\mathrm{M}}T_{\mathrm{h}}^n + n\hat{k}_0 T_{\mathrm{h}}^{n-1}(T_{\mathrm{h}}^n - T_{\mathrm{H}}^n)\mathrm{sign}(n)}{(1-n)T_{\mathrm{h}}^n - T_{\mathrm{H}}^n}\right](t - t_1) \tag{2.2.46}$$

$$\beta = C_{\mathrm{M}}(t - t_1) + C_{\mathrm{h}}t_1, C = C_{\mathrm{M}}, \hat{k} = \hat{k}_0, T_{\mathrm{R}} = T_{\mathrm{H}} \tag{2.2.47}$$

按照上述方法，可以求出最优构型各个分支参数的解析解表达式。

广义辐射传热规律下内可逆热机功率优化最优循环中各个分支协态与状态变量的表达式如下。

对 $0 \leqslant t \leqslant t_1$，

$$T = T_{\mathrm{h}}, C = C_{\mathrm{h}}, \beta = C_{\mathrm{h}}t, \hat{k} = \hat{k}_0, T_{\mathrm{R}} = T_{\mathrm{H}} \tag{2.2.48}$$

$$\psi_1 = (T_{\mathrm{h}}^n - T_{\mathrm{H}}^n) / [(1-n)T_{\mathrm{h}}^n - T_{\mathrm{H}}^n], \psi_2 = nT_{\mathrm{h}}^{n+1} / [(1-n)T_{\mathrm{h}}^n - 3T_{\mathrm{H}}^n) \tag{2.2.49}$$

对 $t_1 \leqslant t \leqslant t_2$，

$$T(t) \approx T_{\mathrm{h}} + [-C_{\mathrm{M}}T_{\mathrm{h}} + \hat{k}_0(T_{\mathrm{H}}^n - T_{\mathrm{h}}^n)\mathrm{sign}(n)](t - t_1) \tag{2.2.50}$$

$$\psi_1(t) \approx \frac{T_{\mathrm{h}}^n - T_{\mathrm{H}}^n}{(1-n)T_{\mathrm{h}}^n - T_{\mathrm{H}}^n} + [\frac{nC_{\mathrm{M}}T_{\mathrm{h}}^n + n\hat{k}_0 T_{\mathrm{h}}^{n-1}(T_{\mathrm{h}}^n - T_{\mathrm{H}}^n)\mathrm{sign}(n)}{(1-n)T_{\mathrm{h}}^n - T_{\mathrm{H}}^n}](t - t_1) \tag{2.2.51}$$

$$\beta = C_{\mathrm{M}}(t - t_1) + C_{\mathrm{h}}t_1, C = C_{\mathrm{M}}, \hat{k} = \hat{k}_0, T_{\mathrm{R}} = T_{\mathrm{H}} \tag{2.2.52}$$

对 $t_2 \leqslant t \leqslant t_3$，

$$\begin{aligned} T(t) \approx T_{\mathrm{h}} &+ [-C_{\mathrm{M}}T_{\mathrm{h}} + \hat{k}_0(T_{\mathrm{H}}^n - T_{\mathrm{h}}^n)\mathrm{sign}(n)](t_2 - t_1) + \{-C_{\mathrm{M}}T(t_2) \\ &+ \hat{k}_0[T_{\mathrm{L}}^n - T^n(t_2)]\}(t - t_2) \end{aligned} \tag{2.2.53}$$

$$\psi_1(t) \approx \psi_1(t_2) + \{-C_{\mathrm{M}}[1 - \psi_1(t_2)] + n\hat{k}_0\psi_1(t_2)T^{n-1}(t_2)\mathrm{sign}(n)\}(t - t_2) \tag{2.2.54}$$

$$\beta = C_{\mathrm{M}}(t - t_1) + C_{\mathrm{h}}t_1, C = C_{\mathrm{M}}, \hat{k} = \hat{k}_0, T_{\mathrm{R}} = T_{\mathrm{L}} \tag{2.2.55}$$

式中，

$$T(t_2) \approx T_{\mathrm{h}} + [-C_{\mathrm{M}}T_{\mathrm{h}} + \hat{k}_0(T_{\mathrm{H}}^n - T_{\mathrm{h}}^n)\mathrm{sign}(n)](t_2 - t_1) \tag{2.2.56}$$

$$\psi_1(t_2) \approx \frac{T_{\mathrm{h}}^n - T_{\mathrm{H}}^n}{(1-n)T_{\mathrm{h}}^n - T_{\mathrm{H}}^n} + \left[\frac{nC_{\mathrm{M}}T_{\mathrm{h}}^n + n\hat{k}_0 T_{\mathrm{h}}^{n-1}(T_{\mathrm{h}}^n - T_{\mathrm{H}}^n)\mathrm{sign}(n)}{(1-n)T_{\mathrm{h}}^n - T_{\mathrm{H}}^n}\right](t_2 - t_1)$$

$$\tag{2.2.57}$$

对 $t_3 \leqslant t \leqslant t_4$，

$$T = T_1, C = C_1, \beta = C_M(t_3 - t_1) + C_h t_1 + C_1(t - t_3), \hat{k} = \hat{k}_0, T_R = T_L \qquad (2.2.58)$$

$$\psi_1 = \frac{T_1^n - T_L^n}{(1-n)T_1^n - T_L^n} \qquad (2.2.59)$$

对 $t_4 \leqslant t \leqslant t_5$，

$$T(t) \approx T_1 + [C_m T_1 + \hat{k}_0(T_L^n - T_1^n)\mathrm{sign}(n)](t - t_4) \qquad (2.2.60)$$

$$\psi_1(t) \approx \frac{T_1^n - T_L^n}{(1-n)T_1^n - T_L^n} + \left[\frac{-nC_m T_1^n + n\hat{k}_0 T_1^{n-1}(T_1^n - T_L^n)\mathrm{sign}(n)}{(1-n)T_1^n - T_L^n} \right](t - t_4)$$

$$(2.2.61)$$

$$\beta = C_M(t_3 - t_1) + C_h t_1 + C_1(t_4 - t_3) - C_m(t - t_4), C = -C_m, \hat{k} = \hat{k}_0, T_R = T_L$$

$$(2.2.62)$$

对 $t_5 \leqslant t \leqslant t_6 = \tau$，

$$T(t) \approx T_1 + [C_m T_1 + \hat{k}_0(T_L^n - T_1^n)\mathrm{sign}(n)](t_5 - t_4) + \{C_M T(t_5) \\ + \hat{k}_0[T_H^n - T^n(t_5)]\}(t - t_5) \qquad (2.2.63)$$

$$\psi_1(t) \approx \psi_1(t_5) + \{C_m[1 - \psi_1(t_5)] + n\hat{k}_0 \psi_1(t_5) T^{n-1}(t_5)\mathrm{sign}(n)\}(t - t_5) \quad (2.2.64)$$

$$\beta = C_M(t_3 - t_1) + C_h t_1 + C_1(t_4 - t_3) - C_m(t - t_4), C = -C_m, \hat{k} = \hat{k}_0, T_R = T_H$$

$$(2.2.65)$$

式中，

$$T(t_5) \approx T_1 + [C_m T_1 + \hat{k}_0(T_L^n - T_1^n)\mathrm{sign}(n)](t_5 - t_4) \qquad (2.2.66)$$

$$\psi_1(t_5) \approx \frac{T_1^n - T_L^n}{(1-n)T_1^n - T_L^n} + \left[\frac{-nC_m T_1^n + n\hat{k}_0 T_1^{n-1}(T_1^n - T_L^n)\mathrm{sign}(n)}{(1-n)T_1^n - T_L^n} \right](t_5 - t_4)$$

$$(2.2.67)$$

由循环的连续性有

$$T(t_6) = T(0), \beta(t_6) = \beta(0) = 0 \tag{2.2.68}$$

即

$$T(t_5) + \{C_{\mathrm{m}}T(t_5) + \hat{k}_0[T_{\mathrm{H}}^n - T^n(t_5)]\mathrm{sign}(n)\}(t_6 - t_5) \approx T_{\mathrm{h}} \tag{2.2.69}$$

$$C_{\mathrm{M}}(t_3 - t_2) + C_{\mathrm{M}}(t_2 - t_1) + C_{\mathrm{h}}t_1 + C_1(t_4 - t_3) - C_{\mathrm{m}}(t_6 - t_5) \\ -C_{\mathrm{m}}(t_5 - t_4) = 0 \tag{2.2.70}$$

式中，

$$T(t_5) \approx T_1 + [C_{\mathrm{m}}T_1 + \hat{k}_0(T_{\mathrm{L}}^n - T_1^n)\mathrm{sign}(n)](t_5 - t_4) \tag{2.2.71}$$

由转换点条件

$$\psi_1(t_2) = 0, [1 - \psi_1(t_3)]T(t_3) + \psi_2 = 0, \psi_1(t_5) = 0 \tag{2.2.72}$$

即

$$\frac{T_{\mathrm{h}}^n - T_{\mathrm{H}}^n}{(1-n)T_{\mathrm{h}}^n - T_{\mathrm{H}}^n} + \left[\frac{nC_{\mathrm{M}}T_{\mathrm{h}}^n + n\hat{k}_0 T_{\mathrm{h}}^{n-1}(T_{\mathrm{h}}^n - T_{\mathrm{H}}^n)\mathrm{sign}(n)}{(1-n)T_{\mathrm{h}}^n - T_{\mathrm{H}}^n}\right](t_2 - t_1) \approx 0 \tag{2.2.73}$$

$$[1 + C_{\mathrm{M}}(t_3 - t_2)]\{T_{\mathrm{h}} + [-C_{\mathrm{M}}T_{\mathrm{h}} + \hat{k}_0(T_{\mathrm{H}}^n - T_{\mathrm{h}}^n)\mathrm{sign}(n)](t_2 - t_1) \\ + [-C_{\mathrm{M}}t_2 + \hat{k}_0(T_{\mathrm{L}}^n - T^n(t_2))\mathrm{sign}(n)](t_3 - t_2)\} = \frac{nT_{\mathrm{h}}^{n+1}}{(1-n)T_{\mathrm{h}}^n - 3T_{\mathrm{H}}^n} \tag{2.2.74}$$

$$\frac{T_1^n - T_{\mathrm{L}}^n}{(1-n)T_1^n - T_{\mathrm{L}}^n} + \left[\frac{-nC_{\mathrm{m}}T_1^n + n\hat{k}_0 T_1^{n-1}(T_1^n - T_{\mathrm{L}}^n)\mathrm{sign}(n)}{(1-n)T_1^n - T_{\mathrm{L}}^n}\right](t_5 - t_4) \approx 0 \tag{2.2.75}$$

由式(2.2.73)可得

$$t_2 - t_1 \approx \frac{T_{\mathrm{H}}^n - T_{\mathrm{h}}^n}{nC_{\mathrm{M}}T_{\mathrm{h}}^n + n\hat{k}_0\mathrm{sign}(n)T_{\mathrm{h}}^{n-1}(T_{\mathrm{h}}^n - T_{\mathrm{H}}^n)} \tag{2.2.76}$$

将式(2.2.76)代入式(2.2.50)，可得

$$T(t_2) \approx T_{\mathrm{h}} + [-C_{\mathrm{M}}T_{\mathrm{h}} + \hat{k}_0(T_{\mathrm{H}}^n - T_{\mathrm{h}}^n)\mathrm{sign}(n)](t_2 - t_1) \tag{2.2.77}$$

由式(2.2.75)可得

$$t_5 - t_4 \approx \frac{T_1^n - T_L^n}{n C_m T_1^n - n \hat{k}_0 \mathrm{sign}(n) T_1^{n-1}(T_1^n - T_L^n)} \tag{2.2.78}$$

将式 (2.2.78) 代入式 (2.2.60) 可得

$$T(t_5) \approx T_1 + [C_m T_1 + \hat{k}_0 (T_L^n - T_1^n)\mathrm{sign}(n)](t_5 - t_4) \tag{2.2.79}$$

将式 (2.2.79) 代入式 (2.2.69) 中，可得

$$t_6 - t_5 \approx \frac{T_h - T(t_5)}{C_m T(t_5) + \hat{k}_0 [T_H^n - T^n(t_5)]\mathrm{sign}(n)} \tag{2.2.80}$$

在 T_H、T_L、C_M、C_m 及 $\hat{k}_0$ 已知的情况下，由式 (2.2.74)、式 (2.2.76) 和式 (2.2.77) 可以算出 $(t_3 - t_2)$ 的一正一负两个数值解，保留其正值。

又由总循环时间一定可得

$$t_1 + (t_2 - t_1) + (t_3 - t_2) + (t_4 - t_3) + (t_5 - t_4) + (t_6 - t_5) = \tau \tag{2.2.81}$$

联立式 (2.2.81) 和式 (2.2.70)，就可以算出 t_1 和 $(t_4 - t_3)$ 的数值解。

至此，各分支的过程时间在 T_H、T_L、C_M、C_m 和 $\hat{k}_0$ 已知的情况下可全部求出其数值解，分别将其代入各分支工质温度的表达式，就可以算出转换点时的工质温度的数值解，最大输出功率也可利用数值算法得到。

2.2.3　特例分析

2.2.3.1　线性唯象传热规律下的最优构型

线性唯象传热规律下，传热指数 $n = -1$，符号函数 $\mathrm{sign}(n) = -1$。

1. 方程组

线性唯象传热规律下内可逆热机功率优化最优循环中各个分支协态与状态变量的表达式如下。

对 $0 \leqslant t \leqslant t_1$，

$$T = T_h, C = C_h, \beta = C_h t, \hat{k} = \hat{k}_0, T_R = T_H \tag{2.2.82}$$

$$\psi_1 = \frac{T_H - T_h}{2T_H - T_h}, \psi_2 = \frac{T_H T_h}{3T_h - 2T_H} \tag{2.2.83}$$

对 $t_1 \leqslant t \leqslant t_2$，

$$T(t) \approx T_h - [C_M T_h + \hat{k}_0 (T_H^{-1} - T_h^{-1})](t - t_1) \tag{2.2.84}$$

$$\psi_1(t) \approx \frac{T_H - T_h}{2T_H - T_h} + \frac{-C_M T_H T_h^2 + \hat{k}_0 (T_H - T_h)}{T_h^2 (2T_H - T_h)} (t - t_1) \tag{2.2.85}$$

$$\beta = C_M (t - t_1) + C_h t_1, C = C_M, \hat{k} = \hat{k}_0, T_R = T_H \tag{2.2.86}$$

对 $t_2 \leqslant t \leqslant t_3$,

$$T(t) \approx T_h - [C_M T_h + \hat{k}_0 (T_H^{-1} - T_h^{-1})](t_2 - t_1) + \{-C_M T(t_2) + \hat{k}_0 [T_L^{-1} - T^{-1}(t_2)]\}(t - t_2) \tag{2.2.87}$$

$$\psi_1(t) \approx \psi_1(t_2) - \{C_M [1 - \psi_1(t_2)] - \hat{k}_0 \psi_1(t_2) T^{-2}(t_2)\}(t - t_2) \tag{2.2.88}$$

$$\beta = C_M (t - t_1) + C_h t_1, C = C_M, \hat{k} = \hat{k}_0, T_R = T_L \tag{2.2.89}$$

式中,

$$T(t_2) \approx T_h - [C_M T_h + \hat{k}_0 (T_H^{-1} - T_h^{-1})](t_2 - t_1) \tag{2.2.90}$$

$$\psi_1(t_2) \approx \frac{T_H - T_h}{2T_H - T_h} + \frac{-C_M T_H T_h^2 + \hat{k}_0 (T_H - T_h)}{T_h^2 (2T_H - T_h)} (t_2 - t_1) \tag{2.2.91}$$

对 $t_3 \leqslant t \leqslant t_4$,

$$T = T_l, C = C_l, \beta = C_M (t_3 - t_1) + C_h t_1 + C_l (t - t_3), \hat{k} = \hat{k}_0, T_R = T_L \tag{2.2.92}$$

$$\psi_1 = \frac{T_L - T_l}{2T_L - T_l} \tag{2.2.93}$$

对 $t_4 \leqslant t \leqslant t_5$,

$$T(t) \approx T_l + [C_m T_l - \hat{k}_0 (T_L^{-1} - T_l^{-1})](t - t_4) \tag{2.2.94}$$

$$\psi_1(t) \approx \frac{T_L - T_l}{2T_L - T_l} + \frac{C_m T_L T_l^2 + \hat{k}_0 (T_L - T_l)}{T_l^2 (2T_L - T_l)} (t - t_4) \tag{2.2.95}$$

$$\beta = C_M (t_3 - t_1) + C_h t_1 + C_l (t_4 - t_3) - C_m (t - t_4), C = -C_m, \hat{k} = \hat{k}_0, T_R = T_L \tag{2.2.96}$$

对 $t_5 \leqslant t \leqslant t_6 = \tau$,

$$T(t) \approx T_l + [C_m T_l - \hat{k}_0 (T_L^{-1} - T_l^{-1})](t_5 - t_4) + \{C_M T(t_5) + \hat{k}_0 [T_H^{-1} - T^{-1}(t_5)]\}(t - t_5) \tag{2.2.97}$$

$$\psi_1(t) \approx \psi_1(t_5) + \{C_m[1 - \psi_1(t_5)] + \hat{k}_0 \psi_1(t_5) T^{-2}(t_5)\}(t - t_5) \tag{2.2.98}$$

$$\beta = C_M(t_3 - t_1) + C_h t_1 + C_1(t_4 - t_3) - C_m(t - t_4), C = -C_m, \hat{k} = \hat{k}_0, T_R = T_H \tag{2.2.99}$$

式中，

$$T(t_5) \approx T_1 + [C_m T_1 - \hat{k}_0(T_L^{-1} - T_1^{-1})](t_5 - t_4) \tag{2.2.100}$$

$$\psi_1(t_5) \approx \frac{T_L - T_1}{2T_L - T_1} + \frac{C_m T_L T_1^2 + \hat{k}_0(T_L - T_1)}{T_1^2(2T_L - T_1)}(t_5 - t_4) \tag{2.2.101}$$

在 T_H、T_L、C_M、C_m、τ 和 $\hat{k}_0$ 已知的情况下，线性唯象传热规律下给定循环时间时内可逆热机功率优化最优循环的各分支间断点参数数值解可以由如下方程组求得

$$T(t_1) = T_h \tag{2.2.102}$$

$$T(t_2) \approx T_h - [C_M T_h + \hat{k}_0(T_H^{-1} - T_h^{-1})](t_2 - t_1) \tag{2.2.103}$$

$$T(t_3) = T_1 \tag{2.2.104}$$

$$T(t_4) = T_1 \tag{2.2.105}$$

$$T(t_5) \approx T_1 + [C_m T_1 - \hat{k}_0(T_L^{-1} - T_1^{-1})](t_5 - t_4) \tag{2.2.106}$$

$$T(t_6) = T_h \tag{2.2.107}$$

$$t_2 - t_1 \approx \frac{T_H^{-1} - T_h^{-1}}{-C_M T_h^{-1} + \hat{k}_0 T_h^{-2}(T_h^{-1} - T_H^{-1})} \tag{2.2.108}$$

$$[1 + C_M(t_3 - t_2)]\{T_h - [C_M T_h + \hat{k}_0(T_H^{-1} - T_h^{-1})](t_2 - t_1)$$
$$-\{C_M T(t_2) + \hat{k}_0[T_L^{-1} - T^{-1}(t_2)]\}(t_3 - t_2)\} = \frac{-1}{2T_h^{-1} - 3T_H^{-1}} \tag{2.2.109}$$

$$t_5 - t_4 \approx \frac{T_1^{-1} - T_L^{-1}}{-C_m T_1^{-1} - \hat{k}_0 T_1^{-2}(T_1^{-1} - T_L^{-1})} \tag{2.2.110}$$

$$t_6 - t_5 \approx \frac{T_h - T(t_5)}{C_m T(t_5) - \hat{k}_0[T_H^{-1} - T^{-1}(t_5)]} \tag{2.2.111}$$

$$t_1 + (t_2 - t_1) + (t_3 - t_2) + (t_4 - t_3) + (t_5 - t_4) + (t_6 - t_5) = \tau \tag{2.2.112}$$

$$C_M(t_3 - t_2) + C_M(t_2 - t_1) + C_h t_1 + C_1(t_4 - t_3) - C_m(t_6 - t_5)$$
$$- C_m(t_5 - t_4) = 0 \tag{2.2.113}$$

$$\frac{(T_H^{-1} - T_h^{-1})^2}{T_H^{-1} - 2T_h^{-1}} = \frac{(T_L^{-1} - T_1^{-1})^2}{T_L^{-1} - 2T_1^{-1}} \tag{2.2.114}$$

$$\frac{1}{T_H^{-1} - 2T_h^{-1}} = \frac{1}{T_L^{-1} - 2T_1^{-1}} \tag{2.2.115}$$

$$C_h = \frac{\hat{k}_0(T_h^{-1} - T_H^{-1})}{T_h} \tag{2.2.116}$$

$$C_1 = \frac{\hat{k}_0(T_1^{-1} - T_L^{-1})}{T_1} \tag{2.2.117}$$

2. 数值算例

设内可逆热机内含有 1kg 理想气体工质，取 $T_H = 1000K$，$T_L = 400K$，$C_M = 8s^{-1}$，$C_m = 38s^{-1}$，$\tau = 1s$，$C_V = 5kJ/(kg \cdot K)$。注意，当 $n = -1$ 时，符号函数 sign$(n) = -1$。表 2.2 给出了线性唯象传热规律下 $\hat{k}_0$ 变化时各分支的过程时间、各转换点处状态变量的值和相应的最大循环功率 P 以及所对应的效率 η，图 2.2 为线性唯象传热规律下功率优化的最优构型中状态变量随时间变化图，图 2.3 为线性唯象传热规律下功率优化最优构型的六分支循环图。

表 2.2 线性唯象传热规律下 $\hat{k}_0$ 变化时的各对应值

参数	$T_H = 1000K$，$T_L = 400K$，$C_M = 8s^{-1}$，$C_m = 38s^{-1}$，$C_V = 5kJ/(kg \cdot K)$，$\tau = 1s$								
	$\hat{k}_0 = 0.8 \times 10^7 kg \cdot K^2 / s$			$\hat{k}_0 = 10^7 kg \cdot K^2 / s$			$\hat{k}_0 = 1.2 \times 10^7 kg \cdot K^2 / s$		
	$\Delta t / s$	T / K	β	$\Delta t / s$	T / K	β	$\Delta t / s$	T / K	β
t_1	0.5079	727.27	2.0951	0.4842	727.27	2.4968	0.4309	727.27	2.6660
t_2	0.0704	528.93	2.6582	0.0959	528.93	3.2640	0.1505	528.93	3.8698
t_3	0.0268	470.59	2.8725	0.0268	470.59	3.4783	0.0268	470.59	4.0841
t_4	0.3837	470.59	0.4263	0.3816	470.59	0.4376	0.3800	470.59	0.4501
t_5	0.0056	553.63	0.2143	0.0059	553.63	0.2143	0.0062	553.63	0.2143
t_6	0.0056	727.27	0	0.0056	727.27	0	0.0056	727.27	0
P	2937.6 kW			3611.5 kW			4170.0 kW		
η	0.2978			0.2857			0.2621		

根据本算例，循环时间主要消耗在两个等温分支上。随着 $\hat{k}_0$ 的增加，t_1 与 t_4 这两个等温分支的过程时间呈递减趋势；$\hat{k}_0$ 的变化对转换点处工质的温度影响不大；同时，随着 $\hat{k}_0$ 的增加，状态量 β 和每循环最大平均循环功率 P 也均呈现递增趋势，而其对应的效率 η 却呈现递减趋势。

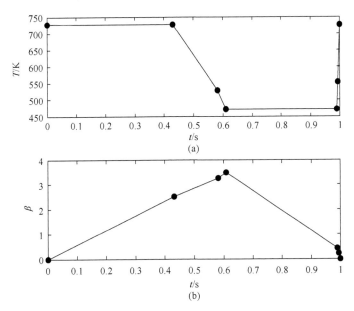

图 2.2　线性唯象传热规律下功率优化的最优构型中状态变量随时间变化图

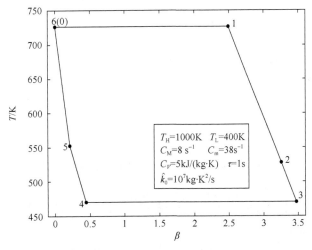

图 2.3　线性唯象传热规律下功率优化最优构型的六分支循环图

2.2.3.2　牛顿传热规律下的最优构型[192]

牛顿传热规律下，传热指数 $n=1$，符号函数 $\mathrm{sign}(n)=1$。

1. 方程组

牛顿传热规律下内可逆热机功率优化最优循环中各个分支协态与状态变量的表达式如下。

对 $0 \leqslant t \leqslant t_1$，

$$T = T_\mathrm{h}, C = C_\mathrm{h}, \beta = C_\mathrm{h}t, \hat{k} = \hat{k}_0, T_\mathrm{R} = T_\mathrm{H} \tag{2.2.118}$$

$$\psi_1 = (T_\mathrm{H} - T_\mathrm{h})/T_\mathrm{H}, \psi_2 = -T_\mathrm{h}^2/3T_\mathrm{H} \tag{2.2.119}$$

对 $t_1 \leqslant t \leqslant t_2$，

$$T(t) \approx T_\mathrm{h} + [-C_\mathrm{M}T_\mathrm{h} + \hat{k}_0(T_\mathrm{H} - T_\mathrm{h})](t - t_1) \tag{2.2.120}$$

$$\psi_1(t) \approx \frac{T_\mathrm{H} - T_\mathrm{h}}{T_\mathrm{H}} - \frac{C_\mathrm{M}T_\mathrm{h} + \hat{k}_0(T_\mathrm{h} - T_\mathrm{H})}{T_\mathrm{H}}(t - t_1) \tag{2.2.121}$$

$$\beta = C_\mathrm{M}(t - t_1) + C_\mathrm{h}t_1, C = C_\mathrm{M}, \hat{k} = \hat{k}_0, T_\mathrm{R} = T_\mathrm{H} \tag{2.2.122}$$

对 $t_2 \leqslant t \leqslant t_3$，

$$T(t) \approx T_\mathrm{h} + [-C_\mathrm{M}T_\mathrm{h} + \hat{k}_0(T_\mathrm{H} - T_\mathrm{h})](t_2 - t_1) + \{-C_\mathrm{M}T(t_2) \\ + \hat{k}_0[T_\mathrm{L} - T(t_2)]\}(t - t_2) \tag{2.2.123}$$

$$\psi_1(t) \approx \psi_1(t_2) + \{-C_\mathrm{M}[1 - \psi_1(t_2)] + \hat{k}_0\psi_1(t_2)\}(t - t_2) \tag{2.2.124}$$

$$\beta = C_\mathrm{M}(t - t_1) + C_\mathrm{h}t_1, C = C_\mathrm{M}, \hat{k} = \hat{k}_0, T_\mathrm{R} = T_\mathrm{L} \tag{2.2.125}$$

式中，

$$T(t_2) \approx T_\mathrm{h} + [-C_\mathrm{M}T_\mathrm{h} + \hat{k}_0(T_\mathrm{H} - T_\mathrm{h})](t_2 - t_1) \tag{2.2.126}$$

$$\psi_1(t_2) \approx \frac{T_\mathrm{H} - T_\mathrm{h}}{T_\mathrm{H}} - \frac{C_\mathrm{M}T_\mathrm{h} + n\hat{k}_0(T_\mathrm{h} - T_\mathrm{H})}{T_\mathrm{H}}(t_2 - t_1) \tag{2.2.127}$$

对 $t_3 \leqslant t \leqslant t_4$，

$$T = T_1, C = C_1, \beta = C_\mathrm{M}(t_3 - t_1) + C_\mathrm{h}t_1 + C_1(t - t_3), \hat{k} = \hat{k}_0, T_\mathrm{R} = T_\mathrm{L} \tag{2.2.128}$$

$$\psi_1 = \frac{T_L - T_1}{T_L} \qquad (2.2.129)$$

对 $t_4 \leqslant t \leqslant t_5$，

$$T(t) \approx T_1 + [C_m T_1 + \hat{k}_0(T_L - T_1)](t - t_4) \qquad (2.2.130)$$

$$\psi_1(t) \approx \frac{T_L - T_1}{T_L} - \frac{-C_m T_1 + \hat{k}_0(T_1 - T_L)}{T_L}(t - t_4) \qquad (2.2.131)$$

$$\beta = C_M(t_3 - t_1) + C_h t_1 + C_1(t_4 - t_3) - C_m(t - t_4), C = -C_m, \hat{k} = \hat{k}_0, T_R = T_L \qquad (2.2.132)$$

对 $t_5 \leqslant t \leqslant t_6 = \tau$，

$$\begin{aligned} T(t) &\approx T_1 + [C_m T_1 + \hat{k}_0(T_L - T_1)](t_5 - t_4) + \{C_M T(t_5) \\ &\quad + \hat{k}_0[T_H - T(t_5)]\}(t - t_5) \end{aligned} \qquad (2.2.133)$$

$$\psi_1(t) \approx \psi_1(t_5) + \{C_m[1 - \psi_1(t_5)] + \hat{k}_0 \psi_1(t_5)\}(t - t_5) \qquad (2.2.134)$$

$$\beta = C_M(t_3 - t_1) + C_h t_1 + C_1(t_4 - t_3) - C_m(t - t_4), C = -C_m, \hat{k} = \hat{k}_0, T_R = T_H \qquad (2.2.135)$$

式中，

$$T(t_5) \approx T_1 + [C_m T_1 + \hat{k}_0(T_L - T_1)](t_5 - t_4) \qquad (2.2.136)$$

$$\psi_1(t_5) \approx \frac{T_L - T_1}{T_L} - \frac{-C_m T_1 + \hat{k}_0(T_1 - T_L)}{T_L}(t_5 - t_4) \qquad (2.2.137)$$

在 T_H、T_L、C_M、C_m、τ 和 $\hat{k}_0$ 已知的情况下，牛顿传热规律下给定循环时间时内可逆热机功率优化最优循环的各分支间断点参数数值解可以由如下方程组求得

$$T(t_1) = T_h \qquad (2.2.138)$$

$$T(t_2) \approx T_h + [-C_M T_h + \hat{k}_0(T_H - T_h)](t_2 - t_1) \qquad (2.2.139)$$

$$T(t_3) = T_1 \qquad (2.2.140)$$

$$T(t_4) = T_1 \tag{2.2.141}$$

$$T(t_5) \approx T_1 + [C_m T_1 + \hat{k}_0(T_L - T_1)](t_5 - t_4) \tag{2.2.142}$$

$$T(t_6) = T_h \tag{2.2.143}$$

$$t_2 - t_1 \approx \frac{T_H - T_h}{C_M T_h + \hat{k}_0(T_h - T_H)} \tag{2.2.144}$$

$$[1 + C_M(t_3 - t_2)]\{T_h + [-C_M T_h + \hat{k}_0(T_H - T_h)](t_2 - t_1)$$
$$+ \{-C_M T(t_2) + \hat{k}_0[T_L - T(t_2)]\}(t_3 - t_2)\} = -\frac{T_h^2}{3T_H} \tag{2.2.145}$$

$$t_5 - t_4 \approx \frac{T_1 - T_L}{C_m T_1 - \hat{k}_0(T_1 - T_L)} \tag{2.2.146}$$

$$t_6 - t_5 \approx \frac{T_h - T(t_5)}{C_m T(t_5) + \hat{k}_0[T_H - T(t_5)]} \tag{2.2.147}$$

$$t_1 + (t_2 - t_1) + (t_3 - t_2) + (t_4 - t_3) + (t_5 - t_4) + (t_6 - t_5) = \tau \tag{2.2.148}$$

$$C_M(t_3 - t_2) + C_M(t_2 - t_1) + C_h t_1 + C_1(t_4 - t_3) - C_m(t_6 - t_5)$$
$$- C_m(t_5 - t_4) = 0 \tag{2.2.149}$$

$$\frac{(T_H - T_h)^2}{T_H} = \frac{(T_L - T_1)^2}{T_L} \tag{2.2.150}$$

$$\frac{T_h^2}{T_H} = \frac{T_1^2}{T_L} \tag{2.2.151}$$

$$C_h = \frac{\hat{k}_0(T_H - T_h)}{T_h} \tag{2.2.152}$$

$$C_1 = \frac{\hat{k}_0(T_L - T_1)}{T_1} \tag{2.2.153}$$

2. 数值算例

设内可逆热机内含有1kg理想气体工质，取 $T_H = 1000\text{K}$ ，$T_L = 400\text{K}$ ，$\tau = 1\text{s}$ ，$C_M = 100\text{s}^{-1}$ ，$C_m = 100\text{s}^{-1}$ ，$C_V = 5\text{kJ/(kg·K)}$ 。表 2.3 为牛顿传热规律下 $\hat{k}_0$ 变化时各分支的过程时间、各转换点处状态变量的值和相应的最大循环功率 P 以及所

对应的效率 η ，图 2.4 为牛顿传热规律下功率优化的最优构型中状态变量随时间变化图，图 2.5 为牛顿传热规律下功率优化最优构型的六分支循环图。

根据本算例，循环时间同样主要消耗在两个等温分支上，这与线性唯象传热条件下功率优化的结果相同。随着 $\hat{k}_0$ 的增加，分支的过程时间没有呈现明显的变化趋势；$\hat{k}_0$ 的变化对转换点处工质的温度影响不大；同时，随着 $\hat{k}_0$ 的增加，状态量 β 和每循环最大平均循环功率 P 也均呈现递增趋势，而其对应的效率 η 却呈现递减趋势。

表 2.3　牛顿传热规律下 $\hat{k}_0$ 变化时的各对应值

	$T_H=1000\text{K}$, $T_L=400\text{K}$, $C_M=100\text{s}^{-1}$, $C_m=100\text{s}^{-1}$, $C_V=5\text{kJ/(kg·K)}$, $\tau=1\text{s}$								
参数	$\hat{k}_0=18\text{kg/s}$			$\hat{k}_0=20\text{kg/s}$			$\hat{k}_0=22\text{kg/s}$		
	$\Delta t/\text{s}$	T/K	β	$\Delta t/\text{s}$	T/K	β	$\Delta t/\text{s}$	T/K	β
t_1	0.4291	816.22	1.7389	0.4358	816.22	1.9624	0.4413	816.22	2.1858
t_2	0.0023	632.46	1.9736	0.0024	632.46	2.1981	0.0024	632.46	2.4227
t_3	0.0078	516.23	2.7503	0.0077	516.23	2.9690	0.0077	516.23	3.1878
t_4	0.5558	516.23	0.4977	0.5492	516.23	0.4961	0.5437	516.23	0.4945
t_5	0.0023	632.46	0.2631	0.0024	632.46	0.2603	0.0024	632.46	0.2576
t_6	0.0026	816.23	0	0.0026	816.23	0	0.0026	816.23	0
P	5640.3 kW			6261.6 kW			6882.9 kW		
η	0.7812			0.7812			0.7812		

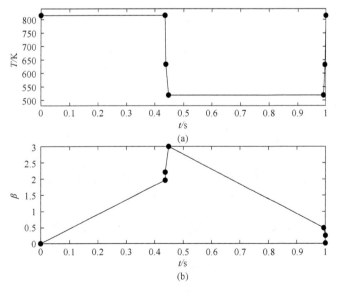

图 2.4　牛顿传热规律下功率优化的最优构型中状态变量随时间变化图

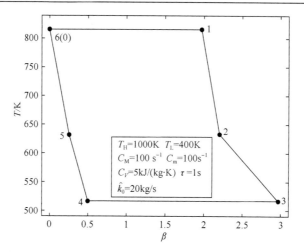

图 2.5　牛顿传热规律下功率优化最优构型的六分支循环图

2.2.3.3　平方传热规律下的最优构型

平方传热规律下，传热指数 $n=2$，符号函数 $\mathrm{sign}(n)=1$。

1. 方程组

平方传热规律下内可逆热机功率优化最优循环中各个分支协态与状态变量的表达式如下。

对 $0 \leqslant t \leqslant t_1$，

$$T = T_\mathrm{h}, C = C_\mathrm{h}, \beta = C_\mathrm{h} t, \hat{k} = \hat{k}_0, T_\mathrm{R} = T_\mathrm{H} \tag{2.2.154}$$

$$\psi_1 = \frac{T_\mathrm{H}^2 - T_\mathrm{h}^2}{T_\mathrm{h}^2 + T_\mathrm{H}^2}, \psi_2 = \frac{-2T_\mathrm{h}^3}{T_\mathrm{h}^2 + 3T_\mathrm{H}^2} \tag{2.2.155}$$

对 $t_1 \leqslant t \leqslant t_2$，

$$T(t) \approx T_\mathrm{h} + [-C_\mathrm{M} T_\mathrm{h} + \hat{k}_0 (T_\mathrm{H}^2 - T_\mathrm{h}^2)](t - t_1) \tag{2.2.156}$$

$$\psi_1(t) \approx \frac{T_\mathrm{H}^2 - T_\mathrm{h}^2}{T_\mathrm{h}^2 + T_\mathrm{H}^2} - \frac{2C_\mathrm{M} T_\mathrm{h}^2 + 2\hat{k}_0 T_\mathrm{h}(T_\mathrm{h}^2 - T_\mathrm{H}^2)}{T_\mathrm{h}^2 + T_\mathrm{H}^2}(t - t_1) \tag{2.2.157}$$

$$\beta = C_\mathrm{M}(t - t_1) + C_\mathrm{h} t_1, C = C_\mathrm{M}, \hat{k} = \hat{k}_0, T_\mathrm{R} = T_\mathrm{H} \tag{2.2.158}$$

对 $t_2 \leqslant t \leqslant t_3$，

$$T(t) \approx T_h + [-C_M T_h + \hat{k}_0(T_H^2 - T_h^2)](t_2 - t_1) + \{-C_M T(t_2) + \hat{k}_0[T_L^2 - T^2(t_2)]\}(t - t_2) \tag{2.2.159}$$

$$\psi_1(t) \approx \psi_1(t_2) + \{-C_M[1 - \psi_1(t_2)] + 2\hat{k}_0 \psi_1(t_2) T(t_2)\}(t - t_2) \tag{2.2.160}$$

$$\beta = C_M(t - t_1) + C_h t_1, C = C_M, \hat{k} = \hat{k}_0, T_R = T_L \tag{2.2.161}$$

式中，

$$T(t_2) \approx T_h + [-C_M T_h + \hat{k}_0(T_H^2 - T_h^2)](t_2 - t_1) \tag{2.2.162}$$

$$\psi_1(t_2) \approx \frac{T_H^2 - T_h^2}{T_h^2 + T_H^2} - \frac{2C_M T_h^2 + 2\hat{k}_0 T_h(T_h^2 - T_H^2)}{T_h^2 + T_H^2}(t_2 - t_1) \tag{2.2.163}$$

对 $t_3 \leqslant t \leqslant t_4$，

$$T = T_1, C = C_1, \beta = C_M(t_3 - t_1) + C_h t_1 + C_1(t - t_3), \hat{k} = \hat{k}_0, T_R = T_L \tag{2.2.164}$$

$$\psi_1 = \frac{T_L^2 - T_1^2}{T_1^2 + T_L^2} \tag{2.2.165}$$

对 $t_4 \leqslant t \leqslant t_5$，

$$T(t) \approx T_1 + [C_m T_1 + \hat{k}_0(T_L^2 - T_1^2)](t - t_4) \tag{2.2.166}$$

$$\psi_1(t) \approx \frac{T_L^2 - T_1^2}{T_1^2 + T_L^2} - \left[\frac{-2C_m T_1^2 + 2\hat{k}_0 T_1(T_1^2 - T_L^2)}{T_1^2 + T_L^2} \right](t - t_4) \tag{2.2.167}$$

$$\beta = C_M(t_3 - t_1) + C_h t_1 + C_1(t_4 - t_3) - C_m(t - t_4), C = -C_m, \hat{k} = \hat{k}_0, T_R = T_L \tag{2.2.168}$$

对 $t_5 \leqslant t \leqslant t_6 = \tau$，

$$T(t) \approx T_1 + [C_m T_1 + \hat{k}_0(T_L^2 - T_1^2)](t_5 - t_4) + \{C_M T(t_5) + \hat{k}_0[T_H^2 - T^2(t_5)]\}(t - t_5) \tag{2.2.169}$$

$$\psi_1(t) \approx \psi_1(t_5) + \{C_m[1 - \psi_1(t_5)] + 2\hat{k}_0 \psi_1(t_5) T(t_5)\}(t - t_5) \tag{2.2.170}$$

$$\beta = C_M(t_3 - t_1) + C_h t_1 + C_1(t_4 - t_3) - C_m(t - t_4), C = -C_m, \hat{k} = \hat{k}_0, T_R = T_H \tag{2.2.171}$$

式中,

$$T(t_5) \approx T_1 + [C_m T_1 + \hat{k}_0 (T_L^2 - T_1^2)](t_5 - t_4) \tag{2.2.172}$$

$$\psi_1(t_5) \approx \frac{T_L^2 - T_1^2}{T_1^2 + T_L^2} - \left[\frac{-2 C_m T_1^2 + 2 \hat{k}_0 T_1 (T_1^2 - T_L^2)}{T_1^2 + T_L^2} \right](t_5 - t_4) \tag{2.2.173}$$

在 T_H、T_L、C_M、C_m、τ 和 $\hat{k}_0$ 已知的情况下,平方传热规律下给定循环时间时内可逆热机功率优化最优循环的各分支间断点参数数值解可以由如下方程组求得

$$T(t_1) = T_h \tag{2.2.174}$$

$$T(t_2) \approx T_h + [-C_M T_h + \hat{k}_0 (T_H^2 - T_h^2)](t_2 - t_1) \tag{2.2.175}$$

$$T(t_3) = T_1 \tag{2.2.176}$$

$$T(t_4) = T_1 \tag{2.2.177}$$

$$T(t_5) \approx T_1 + [C_m T_1 + \hat{k}_0 (T_L^2 - T_1^2)](t_5 - t_4) \tag{2.2.178}$$

$$T(t_6) = T_h \tag{2.2.179}$$

$$t_2 - t_1 \approx \frac{T_H^2 - T_h^2}{2 C_M T_h^2 + 2 \hat{k}_0 T_h (T_h^2 - T_H^2)} \tag{2.2.180}$$

$$[1 + C_M(t_3 - t_2)]\{T_h + [-C_M T_h + \hat{k}_0 (T_H^2 - T_h^2)](t_2 - t_1)$$
$$+ \{-C_M T(t_2) + \hat{k}_0 [T_L^2 - T^2(t_2)]\}(t_3 - t_2)\} = \frac{-2 T_h^3}{T_h^2 + 3 T_H^2} \tag{2.2.181}$$

$$t_5 - t_4 \approx \frac{T_1^2 - T_L^2}{2 C_m T_1^2 - 2 \hat{k}_0 T_1 (T_1^2 - T_L^2)} \tag{2.2.182}$$

$$t_6 - t_5 \approx \frac{T_h - T(t_5)}{C_m T(t_5) + \hat{k}_0 [T_H^2 - T^2(t_5)]} \tag{2.2.183}$$

$$t_1 + (t_2 - t_1) + (t_3 - t_2) + (t_4 - t_3) + (t_5 - t_4) + (t_6 - t_5) = \tau \tag{2.2.184}$$

$$C_M(t_3 - t_2) + C_M(t_2 - t_1) + C_h t_1 + C_1(t_4 - t_3) - C_m(t_6 - t_5)$$
$$- C_m(t_5 - t_4) = 0 \tag{2.2.185}$$

$$\frac{(T_H^2 - T_h^2)^2}{T_H^2 + T_h^2} = \frac{(T_L^2 - T_l^2)^2}{T_L^2 + T_l^2} \tag{2.2.186}$$

$$\frac{T_h^3}{T_H^2 + T_h^2} = \frac{T_l^3}{T_L^2 + T_l^2} \tag{2.2.187}$$

$$C_h = \frac{\hat{k}_0(T_H^2 - T_h^2)}{T_h} \tag{2.2.188}$$

$$C_l = \frac{\hat{k}_0(T_L^2 - T_l^2)}{T_l} \tag{2.2.189}$$

2. 数值算例

设内可逆热机内含有1kg 理想气体工质，取 $T_H = 1000\text{K}$，$T_L = 400\text{K}$，$\tau = 1\text{s}$，$C_M = 8\text{s}^{-1}$，$C_m = 8\text{s}^{-1}$，$C_V = 5\text{kJ}/(\text{kg}\cdot\text{K})$。表 2.4 为平方传热规律下 $\hat{k}_0$ 变化时各分支的过程时间、各转换点处状态变量的值和相应的最大循环功率 P 以及所对应的效率 η，图 2.6 为平方传热规律下功率优化的最优构型中状态变量随时间变化图，图 2.7 为平方传热规律下功率优化最优构型的六分支循环图。

根据本算例，循环时间同样主要消耗在两个等温分支上。随着 $\hat{k}_0$ 的增加，各分支的过程时间没有呈现明显的变化趋势；$\hat{k}_0$ 的变化对转换点处工质的温度影响不大；同时，随着 $\hat{k}_0$ 的增加，状态量 β 和每循环最大平均循环功率 P 也均呈现递增趋势，而其对应的效率 η 却呈现递减趋势。

表 2.4　平方传热规律下 $\hat{k}_0$ 变化时的各对应值

参数	$\hat{k}_0 = 0.8\times10^{-2}\,\text{kg}/(\text{K}\cdot\text{s})$			$\hat{k}_0 = 10^{-2}\,\text{kg}/(\text{K}\cdot\text{s})$			$\hat{k}_0 = 1.2\times10^{-2}\,\text{kg}/(\text{K}\cdot\text{s})$		
	$\Delta t\,/\,\text{s}$	$T\,/\,\text{K}$	β	$\Delta t\,/\,\text{s}$	$T\,/\,\text{K}$	β	$\Delta t\,/\,\text{s}$	$T\,/\,\text{K}$	β
t_1	0.3317	852.32	0.8517	0.3434	852.32	1.1022	0.3483	852.32	1.3413
t_2	0.0347	691.85	1.1290	0.0393	691.85	1.4166	0.0454	691.85	1.7044
t_3	0.0515	549.01	1.5406	0.0468	549.01	1.7913	0.0430	549.01	2.0480
t_4	0.5248	549.01	0.4592	0.5111	549.01	0.4749	0.5010	549.01	0.4995
t_5	0.0395	677.80	0.1432	0.0432	677.80	0.1289	0.0478	677.80	0.1172
t_6	0.0179	852.32	0	0.0161	852.32	0	0.0147	852.32	0
P	2974.2 kW			3710.5 kW			4435.4 kW		
η	0.6629			0.6370			0.6177		

表内标题行：$T_H = 1000\text{K}$，$T_L = 400\text{K}$，$C_M = 8\text{s}^{-1}$，$C_m = 8\text{s}^{-1}$，$C_V = 5\text{kJ}/(\text{kg}\cdot\text{K})$，$\tau = 1\text{s}$

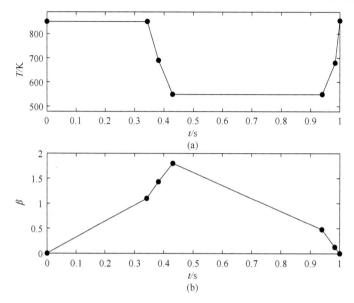

图 2.6　平方传热规律下功率优化的最优构型中状态变量随时间变化图

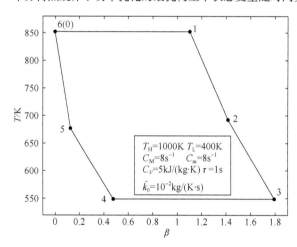

图 2.7　平方传热规律下功率优化最优构型的六分支循环图

2.2.3.4　立方传热规律下的最优构型

立方传热规律下，传热指数 $n=3$，符号函数 $\mathrm{sign}(n)=1$。

1. 方程组

立方传热规律下内可逆热机功率优化最优循环中各个分支协态与状态变量的表达式如下。

对 $0 \leqslant t \leqslant t_1$，

$$T = T_h, C = C_h, \beta = C_h t, \hat{k} = \hat{k}_0, T_R = T_H \tag{2.2.190}$$

$$\psi_1 = (T_H^3 - T_h^3)/[2T_h^3 + T_H^3], \psi_2 = -3T_h^4/(2T_h^3 + 3T_H^3) \tag{2.2.191}$$

对 $t_1 \leqslant t \leqslant t_2$，

$$T(t) \approx T_h + [-C_M T_h + \hat{k}_0(T_H^3 - T_h^3)](t - t_1) \tag{2.2.192}$$

$$\psi_1(t) \approx \frac{T_H^3 - T_h^3}{2T_h^3 + T_H^3} - \frac{3C_M T_h^3 + 3\hat{k}_0 T_h^2 (T_H^3 - T_H^3)}{2T_h^3 + T_H^3}(t - t_1) \tag{2.2.193}$$

$$\beta = C_M(t - t_1) + C_h t_1, C = C_M, \hat{k} = \hat{k}_0, T_R = T_H \tag{2.2.194}$$

对 $t_2 \leqslant t \leqslant t_3$，

$$\begin{aligned} T(t) \approx T_h + [-C_M T_h &+ \hat{k}_0(T_H^3 - T_h^3)](t_2 - t_1) + \{-C_M T(t_2) \\ &+ \hat{k}_0[T_L^3 - T^3(t_2)]\}(t - t_2) \end{aligned} \tag{2.2.195}$$

$$\psi_1(t) \approx \psi_1(t_2) + \{-C_M[1 - \psi_1(t_2)] + 3\hat{k}_0 \psi_1(t_2) T^2(t_2)\}(t - t_2) \tag{2.2.196}$$

$$\beta = C_M(t - t_1) + C_h t_1, C = C_M, \hat{k} = \hat{k}_0, T_R = T_L \tag{2.2.197}$$

式中，

$$T(t_2) \approx T_h + [-C_M T_h + \hat{k}_0(T_H^3 - T_h^3)](t_2 - t_1) \tag{2.2.198}$$

$$\psi_1(t_2) \approx \frac{T_H^3 - T_h^3}{2T_h^3 + T_H^3} - \frac{3C_M T_h^3 + 3\hat{k}_0 T_h^2 (T_H^3 - T_H^3)}{2T_h^3 + T_H^3}(t_2 - t_1) \tag{2.2.199}$$

对 $t_3 \leqslant t \leqslant t_4$，

$$T = T_1, C = C_1, \beta = C_M(t_3 - t_1) + C_h t_1 + C_1(t - t_3), \hat{k} = \hat{k}_0, T_R = T_L \tag{2.2.200}$$

$$\psi_1 = \frac{T_L^3 - T_1^3}{2T_1^3 + T_L^3} \tag{2.2.201}$$

对 $t_4 \leqslant t \leqslant t_5$，

$$T(t) \approx T_1 + [C_m T_1 + \hat{k}_0(T_L^3 - T_1^3)](t - t_4) \tag{2.2.202}$$

$$\psi_1(t) \approx \frac{T_L^3 - T_1^3}{2T_1^3 + T_L^3} - \frac{-3C_m T_1^3 + 3\hat{k}_0 T_1^2 (T_1^3 - T_L^3)}{2T_1^3 + T_L^3}(t - t_4) \tag{2.2.203}$$

$$\beta = C_M(t_3 - t_1) + C_h t_1 + C_1(t_4 - t_3) - C_m(t - t_4), C = -C_m, \hat{k} = \hat{k}_0, T_R = T_L \tag{2.2.204}$$

对 $t_5 \leqslant t \leqslant t_6 = \tau$，

$$T(t) \approx T_1 + [C_m T_1 + \hat{k}_0(T_L^3 - T_1^3)](t_5 - t_4) + \{C_M T(t_5) \\ + \hat{k}_0[T_H^3 - T^3(t_5)]\}(t - t_5) \tag{2.2.205}$$

$$\psi_1(t) \approx \psi_1(t_5) + \{C_m[1 - \psi_1(t_5)] + \hat{k}_0 \psi_1(t_5) T^2(t_5)\}(t - t_5) \tag{2.2.206}$$

$$\beta = C_M(t_3 - t_1) + C_h t_1 + C_1(t_4 - t_3) - C_m(t - t_4), C = -C_m, \hat{k} = \hat{k}_0, T_R = T_H \tag{2.2.207}$$

式中，

$$T(t_5) \approx T_1 + [C_m T_1 + \hat{k}_0(T_L^3 - T_1^3)](t_5 - t_4) \tag{2.2.208}$$

$$\psi_1(t_5) \approx \frac{T_L^3 - T_1^3}{2T_1^3 + T_L^3} - \frac{-3C_m T_1^3 + 3\hat{k}_0 T_1^2 (T_1^3 - T_L^3)}{2T_1^3 + T_L^3}(t_5 - t_4) \tag{2.2.209}$$

在 T_H、T_L、C_M、C_m、τ 和 $\hat{k}_0$ 已知的情况下，立方传热规律下给定循环时间时内可逆热机功率优化最优循环的各分支间断点参数数值解可以由如下方程组求得

$$T(t_1) = T_h \tag{2.2.210}$$

$$T(t_2) \approx T_h + [-C_M T_h + \hat{k}_0(T_H^3 - T_h^3)](t_2 - t_1) \tag{2.2.211}$$

$$T(t_3) = T_1 \tag{2.2.212}$$

$$T(t_4) = T_1 \tag{2.2.213}$$

$$T(t_5) \approx T_1 + [C_m T_1 + \hat{k}_0(T_L^3 - T_1^3)](t_5 - t_4) \tag{2.2.214}$$

$$T(t_6) = T_h \tag{2.2.215}$$

$$t_2 - t_1 \approx \frac{T_H^3 - T_h^3}{3C_M T_h^3 + 3\hat{k}_0 T_h^2 (T_h^3 - T_H^3)} \tag{2.2.216}$$

$$[1 + C_M(t_3 - t_2)]\{T_h + [-C_M T_h + \hat{k}_0 (T_H^3 - T_h^3)](t_2 - t_1) + [-C_M T(t_2) + \hat{k}_0 (T_L^3 - T^3(t_2))](t_3 - t_2)\} = \frac{-3T_h^4}{2T_h^3 + 3T_H^3} \tag{2.2.217}$$

$$t_5 - t_4 \approx \frac{T_l^3 - T_L^3}{3C_m T_l^3 - 3\hat{k}_0 T_l^2 (T_l^3 - T_L^3)} \tag{2.2.218}$$

$$t_6 - t_5 \approx \frac{T_h - T(t_5)}{C_m T(t_5) + \hat{k}_0 [T_H^3 - T^3(t_5)]} \tag{2.2.219}$$

$$t_1 + (t_2 - t_1) + (t_3 - t_2) + (t_4 - t_3) + (t_5 - t_4) + (t_6 - t_5) = \tau \tag{2.2.220}$$

$$C_M(t_3 - t_2) + C_M(t_2 - t_1) + C_h t_1 + C_l(t_4 - t_3) - C_m(t_6 - t_5) - C_m(t_5 - t_4) = 0 \tag{2.2.221}$$

$$\frac{(T_H^3 - T_h^3)^2}{T_H^3 + 2T_h^3} = \frac{(T_L^3 - T_l^3)^2}{T_L^3 + 2T_l^3} \tag{2.2.222}$$

$$\frac{T_h^4}{T_H^3 + 2T_h^3} = \frac{T_l^4}{T_L^3 + 2T_l^3} \tag{2.2.223}$$

$$C_h = \frac{\hat{k}_0 (T_H^3 - T_h^3)}{T_h} \tag{2.2.224}$$

$$C_l = \frac{\hat{k}_0 (T_L^3 - T_l^3)}{T_l} \tag{2.2.225}$$

2. 数值算例

设内可逆热机内含有 1kg 理想气体工质，取 $T_H = 1000\text{K}$，$T_L = 400\text{K}$，$C_M = 100\text{s}^{-1}$，$C_m = 100\text{s}^{-1}$，$\tau = 1\text{s}$，$C_V = 5\text{kJ/(kg·K)}$。表 2.5 为立方传热规律下 $\hat{k}_0$ 变化时各分支的过程时间、各转换点处状态变量的值和相应的最大循环功率 P 以及所对应的效率 η，图 2.8 为立方传热规律下功率优化的最优构型中状态变量随时间变化图，图 2.9 为立方传热规律下功率优化最优构型的六分支循环图。

根据本算例，循环时间主要消耗在两个等温分支上，这与前几种特殊传热条件下功率优化的结果相同。随着 $\hat{k}_0$ 的增加，分支的过程时间没有呈现明显的变化趋势；$\hat{k}_0$ 的变化对转换点处工质的温度影响不大；同时，随着 $\hat{k}_0$ 的增加，状态量 β 和每循环最大平均循环功率 P 也均呈现递增趋势，而其对应的效率 η 却呈现递减趋势。

表 2.5　立方传热规律下 $\hat{k}_0$ 变化时的各对应值

$T_H = 1000K$，$T_L = 400K$，$C_M = 100s^{-1}$，$C_m = 100s^{-1}$，$C_V = 5kJ/(kg \cdot K)$，$\tau = 1s$

参数	$\hat{k}_0 = 0.8 \times 10^{-5} kg/(K^2 \cdot s)$			$\hat{k}_0 = 10^{-5} kg/(K^2 \cdot s)$			$\hat{k}_0 = 1.2 \times 10^{-5} kg/(K^2 \cdot s)$		
	$\Delta t/s$	T/K	β	$\Delta t/s$	T/K	β	$\Delta t/s$	T/K	β
t_1	0.3414	881.59	0.9755	0.3434	881.59	1.2263	0.3412	881.59	1.4620
t_2	0.0298	746.56	1.2137	0.0346	746.56	1.5030	0.0412	746.56	1.7919
t_3	0.0308	589.34	1.4602	0.0274	589.34	1.7222	0.0246	589.34	1.9889
t_4	0.5457	589.34	0.4179	0.5407	589.34	0.4314	0.5365	589.34	0.4520
t_5	0.0376	724.37	0.1170	0.0408	724.37	0.1049	0.0446	724.37	0.0950
t_6	0.0146	881.59	0	0.0131	881.59	0	0.0119	881.59	0
P	3097.6 kW			3866.8 kW			4624.7 kW		
η	0.6038			0.5932			0.5834		

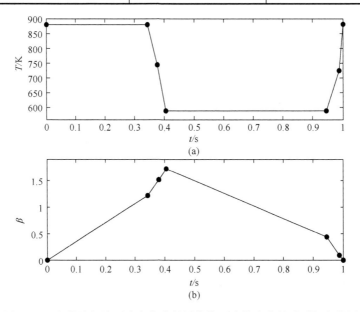

图 2.8　立方传热规律下功率优化的最优构型中状态变量随时间变化图

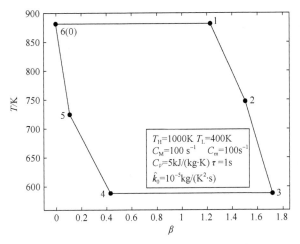

图 2.9　立方传热规律下功率优化最优构型的六分支循环图

2.2.3.5　辐射传热规律下的最优构型

辐射传热规律下，传热指数 $n=4$，符号函数 $\mathrm{sign}(n)=1$。

1. 方程组

辐射传热规律下内可逆热机功率优化最优循环中各个分支协态与状态变量的表达式如下。

对 $0\leqslant t\leqslant t_1$，

$$T=T_\mathrm{h},C=C_\mathrm{h},\beta=C_\mathrm{h}t,\hat{k}=\hat{k}_0,T_\mathrm{R}=T_\mathrm{H} \tag{2.2.226}$$

$$\psi_1=(T_\mathrm{H}^4-T_\mathrm{h}^4)\big/(3T_\mathrm{h}^4+T_\mathrm{H}^4),\psi_2=-4T_\mathrm{h}^5\big/3(T_\mathrm{h}^4+T_\mathrm{H}^4) \tag{2.2.227}$$

对 $t_1\leqslant t\leqslant t_2$，

$$T(t)\approx T_\mathrm{h}+[-C_\mathrm{M}T_\mathrm{h}+\hat{k}_0(T_\mathrm{H}^4-T_\mathrm{h}^4)](t-t_1) \tag{2.2.228}$$

$$\psi_1(t)\approx\frac{T_\mathrm{H}^4-T_\mathrm{h}^4}{3T_\mathrm{h}^4+T_\mathrm{H}^4}-\frac{4C_\mathrm{M}T_\mathrm{h}^4+4\hat{k}_0T_\mathrm{h}^3(T_\mathrm{h}^4-T_\mathrm{H}^4)}{3T_\mathrm{h}^4+T_\mathrm{H}^4}(t-t_1) \tag{2.2.229}$$

$$\beta=C_\mathrm{M}(t-t_1)+C_\mathrm{h}t_1,C=C_\mathrm{M},\hat{k}=\hat{k}_0,T_\mathrm{R}=T_\mathrm{H} \tag{2.2.230}$$

对 $t_2\leqslant t\leqslant t_3$，

$$\begin{aligned}T(t)\approx T_\mathrm{h}&+[-C_\mathrm{M}T_\mathrm{h}+\hat{k}_0(T_\mathrm{H}^4-T_\mathrm{h}^4)](t_2-t_1)+\{-C_\mathrm{M}T(t_2)\\&+\hat{k}_0[T_\mathrm{L}^4-T^4(t_2)]\}(t-t_2)\end{aligned} \tag{2.2.231}$$

$$\psi_1(t) \approx \psi_1(t_2) + \{-C_M[1-\psi_1(t_2)]+4\hat{k}_0\psi_1(t_2)T^3(t_2)\}(t-t_2) \qquad (2.2.232)$$

$$\beta = C_M(t-t_1)+C_h t_1, C=C_M, \hat{k}=\hat{k}_0, T_R=T_L \qquad (2.2.233)$$

式中,

$$T(t_2) \approx T_h + [-C_M T_h + \hat{k}_0(T_H^4 - T_h^4)](t_2-t_1) \qquad (2.2.234)$$

$$\psi_1(t_2) \approx \frac{T_H^4 - T_h^4}{3T_h^4 + T_H^4} + \frac{4C_M T_h^4 + 4\hat{k}_0 T_h^3(T_h^4 - T_H^4)}{3T_h^4 + T_H^4}(t_2-t_1) \qquad (2.2.235)$$

对 $t_3 \leqslant t \leqslant t_4$,

$$T = T_1, C = C_1, \beta = C_M(t_3-t_1)+C_h t_1+C_1(t-t_3), \hat{k}=\hat{k}_0, T_R=T_L \qquad (2.2.236)$$

$$\psi_1 = \frac{T_L^4 - T_1^4}{3T_1^4 + T_L^4} \qquad (2.2.237)$$

对 $t_4 \leqslant t \leqslant t_5$,

$$T(t) \approx T_1 + [C_m T_1 + \hat{k}_0(T_L^4 - T_1^4)](t-t_4) \qquad (2.2.238)$$

$$\psi_1(t) \approx \frac{T_L^4 - T_1^4}{3T_1^4 + T_L^4} - \frac{-4C_m T_1^4 + 4\hat{k}_0 T_1^3(T_1^4 - T_L^4)}{3T_1^4 + T_L^4}(t-t_4) \qquad (2.2.239)$$

$$\beta = C_M(t_3-t_1)+C_h t_1+C_1(t_4-t_3)-C_m(t-t_4), C=-C_m, \hat{k}=\hat{k}_0, T_R=T_L \qquad (2.2.240)$$

对 $t_5 \leqslant t \leqslant t_6 = \tau$,

$$T(t) \approx T_1 + [C_m T_1 + \hat{k}_0(T_L^4 - T_1^4)](t_5-t_4) + \{C_M T(t_5) \\ + \hat{k}_0[T_H^4 - T^4(t_5)]\}(t-t_5) \qquad (2.2.241)$$

$$\psi_1(t) \approx \psi_1(t_5) + \{C_m[1-\psi_1(t_5)]+n\hat{k}_0\psi_1(t_5)T^3(t_5)\}(t-t_5) \qquad (2.2.242)$$

$$\beta = C_M(t_3-t_1)+C_h t_1+C_1(t_4-t_3)-C_m(t-t_4), C=-C_m, \hat{k}=\hat{k}_0, T_R=T_H \qquad (2.2.243)$$

式中,

$$T(t_5) \approx T_1 + [C_{\mathrm{m}}T_1 + \hat{k}_0(T_{\mathrm{L}}^4 - T_1^4)](t_5 - t_4) \tag{2.2.244}$$

$$\psi_1(t_5) \approx \frac{T_{\mathrm{L}}^4 - T_1^4}{3T_1^4 + T_{\mathrm{L}}^4} - \frac{-4C_{\mathrm{m}}T_1^4 + 4\hat{k}_0 T_1^3(T_1^4 - T_{\mathrm{L}}^4)}{3T_1^4 + T_{\mathrm{L}}^4}(t_5 - t_4) \tag{2.2.245}$$

在 T_{H}、T_{L}、C_{M}、C_{m}、τ 和 $\hat{k}_0$ 已知的情况下，辐射传热规律下给定循环时间时内可逆热机功率优化最优循环的各分支间断点参数数值解可以由如下方程组求得

$$T(t_1) = T_{\mathrm{h}} \tag{2.2.246}$$

$$T(t_2) \approx T_{\mathrm{h}} + [-C_{\mathrm{M}}T_{\mathrm{h}} + \hat{k}_0(T_{\mathrm{H}}^4 - T_{\mathrm{h}}^4)](t_2 - t_1) \tag{2.2.247}$$

$$T(t_3) = T_1 \tag{2.2.248}$$

$$T(t_4) = T_1 \tag{2.2.249}$$

$$T(t_5) \approx T_1 + [C_{\mathrm{m}}T_1 + \hat{k}_0(T_{\mathrm{L}}^4 - T_1^4)](t_5 - t_4) \tag{2.2.250}$$

$$T(t_6) = T_{\mathrm{h}} \tag{2.2.251}$$

$$t_2 - t_1 \approx \frac{T_{\mathrm{H}}^4 - T_{\mathrm{h}}^4}{4C_{\mathrm{M}}T_{\mathrm{h}}^4 + 4\hat{k}_0 T_{\mathrm{h}}^3(T_{\mathrm{h}}^4 - T_{\mathrm{H}}^4)} \tag{2.2.252}$$

$$\begin{aligned}&[1 + C_{\mathrm{M}}(t_3 - t_2)]\{T_{\mathrm{h}} + [-C_{\mathrm{M}}T_{\mathrm{h}} + \hat{k}_0(T_{\mathrm{H}}^4 - T_{\mathrm{h}}^4)](t_2 - t_1)\\&+ [-C_{\mathrm{M}}T(t_2) + \hat{k}_0(T_{\mathrm{L}}^4 - T^4(t_2))](t_3 - t_2)\} = \frac{-4T_{\mathrm{h}}^5}{3T_{\mathrm{h}}^4 + 3T_{\mathrm{H}}^4}\end{aligned} \tag{2.2.253}$$

$$t_5 - t_4 \approx \frac{T_1^4 - T_{\mathrm{L}}^4}{4C_{\mathrm{m}}T_1^4 - 4\hat{k}_0 T_1^3(T_1^4 - T_{\mathrm{L}}^4)} \tag{2.2.254}$$

$$t_6 - t_5 \approx \frac{T_{\mathrm{h}} - T(t_5)}{C_{\mathrm{m}}T(t_5) + \hat{k}_0[T_{\mathrm{H}}^4 - T^4(t_5)]} \tag{2.2.255}$$

$$t_1 + (t_2 - t_1) + (t_3 - t_2) + (t_4 - t_3) + (t_5 - t_4) + (t_6 - t_5) = \tau \tag{2.2.256}$$

$$\begin{aligned}&C_{\mathrm{M}}(t_3 - t_2) + C_{\mathrm{M}}(t_2 - t_1) + C_{\mathrm{h}}t_1 + C_1(t_4 - t_3) - C_{\mathrm{m}}(t_6 - t_5)\\&- C_{\mathrm{m}}(t_5 - t_4) = 0\end{aligned} \tag{2.2.257}$$

$$\frac{(T_{\mathrm{H}}^4 - T_{\mathrm{h}}^4)^2}{T_{\mathrm{H}}^4 + 3T_{\mathrm{h}}^4} = \frac{(T_{\mathrm{L}}^4 - T_1^4)^2}{T_{\mathrm{L}}^4 + 3T_1^4} \tag{2.2.258}$$

$$\frac{T_h^5}{T_H^4 + 3T_h^4} = \frac{T_1^5}{T_L^4 + 3T_1^4} \tag{2.2.259}$$

$$C_h = \frac{\hat{k}_0(T_H^4 - T_h^4)}{T_h} \tag{2.2.260}$$

$$C_1 = \frac{\hat{k}_0(T_L^4 - T_1^4)}{T_1} \tag{2.2.261}$$

2. 数值算例

设内可逆热机内含有 1kg 理想气体工质，取 $T_H = 1000\mathrm{K}$ ， $T_L = 400\mathrm{K}$ ， $C_M = 8\mathrm{s}^{-1}$ ， $C_m = 5\mathrm{s}^{-1}$ ， $\tau = 1\mathrm{s}$ ， $C_V = 5\mathrm{kJ/(kg \cdot K)}$ 。表 2.6 为辐射传热规律下 $\hat{k}_0$ 变化时各分支的过程时间、各转换点处状态变量的值和相应的最大循环功率 P 以及所对应的效率 η ，图 2.10 为辐射传热规律下功率优化的最优构型中状态变量随时间变化图，图 2.11 为辐射传热规律下功率优化最优构型的六分支循环图。

表 2.6　辐射传热规律下 $\hat{k}_0$ 变化时的各对应值

$T_H = 1000\mathrm{K}$, $T_L = 400\mathrm{K}$, $C_M = 8\mathrm{s}^{-1}$, $C_m = 5\mathrm{s}^{-1}$, $C_V = 5\mathrm{kJ/(kg \cdot K)}$, $\tau = 1\mathrm{s}$

参数	$\hat{k}_0 = 0.8 \times 10^{-8}\mathrm{kg/(K^3 \cdot s)}$			$\hat{k}_0 = 10^{-8}\mathrm{kg/(K^3 \cdot s)}$			$\hat{k}_0 = 1.2 \times 10^{-8}\mathrm{kg/(K^3 \cdot s)}$		
	$\Delta t/\mathrm{s}$	T/K	β	$\Delta t/\mathrm{s}$	T/K	β	$\Delta t/\mathrm{s}$	T/K	β
t_1	0.3433	904.22	1.0070	0.3366	904.22	1.2339	0.3282	904.22	1.4437
t_2	0.0245	792.12	1.2027	0.0286	792.12	1.4628	0.0344	792.12	1.7191
t_3	0.0152	635.02	1.3246	0.0152	635.02	1.5847	0.0160	635.02	1.8475
t_4	0.5377	635.02	0.3965	0.5324	635.02	0.4360	0.5224	635.02	0.4950
t_5	0.0643	768.79	0.0748	0.0741	768.79	0.0654	0.0874	768.79	0.0581
t_6	0.0150	904.22	0	0.0131	904.22	0	0.0116	904.22	0
P	2901.0 kW			3584.9 kW			4227.9 kW		
η	0.5442			0.5429			0.5366		

根据本算例，循环时间主要消耗在两个等温分支上，这与前几种特殊传热条件下功率优化的结果相似。随着 $\hat{k}_0$ 的增加，除 t_1 与 t_4 这两个等温分支的过程时间呈递减趋势外，其余各分支的过程时间都有少量增加； $\hat{k}_0$ 的变化对转换点处工质的温度影响不大；同时，随着 $\hat{k}_0$ 的增加，状态量 β 和每循环最大平均循环功率 P 也均呈现递增趋势，而其对应的效率 η 却呈现递减趋势。

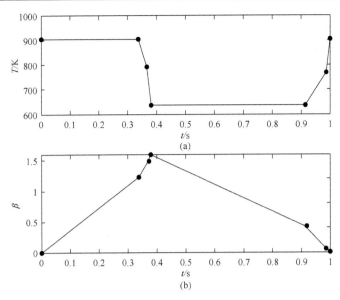

图 2.10　辐射传热规律下功率优化的最优构型中状态变量随时间变化图

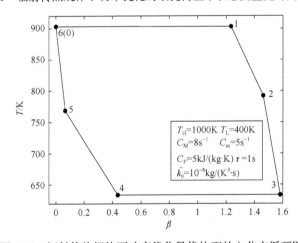

图 2.11　辐射传热规律下功率优化最优构型的六分支循环图

2.2.3.6　几种特殊传热规律下的最优构型的比较

图 2.12 为线性唯象（$\hat{k}_0 = 10^7 \text{kg} \cdot \text{K}^2 / \text{s}$）、牛顿（$\hat{k}_0 = 20 \text{kg} / \text{s}$）和辐射（$\hat{k}_0 = 10^{-8} \text{kg} / (\text{K}^3 \cdot \text{s})$）三种特殊传热规律下功率优化最优构型中工质温度 T 随时间变化图，图 2.13 为线性唯象（$\hat{k}_0 = 10^7 \text{kg} \cdot \text{K}^2 / \text{s}$）、牛顿（$\hat{k}_0 = 20 \text{kg} / \text{s}$）和辐射（$\hat{k}_0 = 10^{-8} \text{kg} / (\text{K}^3 \cdot \text{s})$）三种特殊传热规律下功率优化最优构型中工质相对体积 β 随时间变化图，图 2.14 为线性唯象（$\hat{k}_0 = 10^7 \text{kg} \cdot \text{K}^2 / \text{s}$）、牛顿（$\hat{k}_0 = 20 \text{kg} / \text{s}$）和辐

射（$\hat{k}_0 = 10^{-8}\,\mathrm{kg}/(\mathrm{K}^3 \cdot \mathrm{s})$）三种特殊传热规律下功率优化最优构型的六分支循环图。

从图 2.12 和图 2.13 可以看出，牛顿传热条件下最优构型的两个等温分支所经历的过程时间最长；而辐射传热条件下的各个转换点的工质温度明显高于其余两个传热规律下的转换点的工质温度。从图 2.14 中也可以得出类似的结论，而且可以发现虽然几种特殊传热规律下的循环最优构型均由两个等温分支和四个最大功率分支组成，而实现这种最优构型可有多种途径，其一是采用凸轮轴的机械传动（图 2.15），其二是采用电磁联轴节[509]，但是几种特殊传热规律下的两个等温分支的温度不同，四个最大功率分支的过程路径不同，几种特殊传热规律下的最优构型对应的各分支的过程时间也不相同，由于最优构型的过程路径和时间均不相同，故循环的最大平均功率和所对应的效率也不相同，可见传热规律对循环最优构型有较大影响。

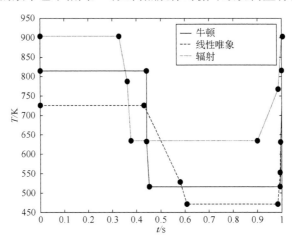

图 2.12　三种特殊传热规律下功率优化最优构型中工质温度 T 随时间变化图

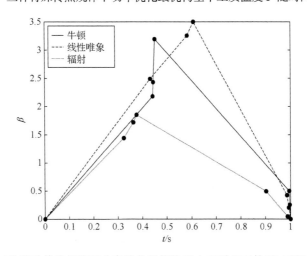

图 2.13　三种特殊传热规律下功率优化最优构型中工质相对体积 β 随时间变化图

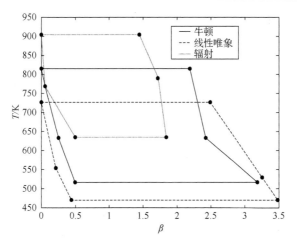

图 2.14　三种特殊传热规律下功率优化最优构型的六分支循环图

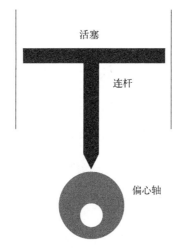

图 2.15　凸轮轴机械传动机构

2.3　广义辐射传热规律下给定压比的内可逆热机最大输出功率

2.3.1　物理模型

本节所描述的模型与 2.2.1 节所描述的模型基本相同。两者区别在于本节模型为了与实际热机更加接近，将热机的压比固定处理。根据式 (2.2.7)，将固定压比的约束写为

$$0 \leqslant \beta \leqslant \beta_{\mathrm{M}} \tag{2.3.1}$$

式中，β_M 为参考压比的最大值。

2.3.2 优化方法

建立新的函数

$$G = \beta(\beta - \beta_M) \tag{2.3.2}$$

则约束条件(2.3.1)就等价于

$$G \leqslant 0 \tag{2.3.3}$$

取 W/C_V 作为性能指标，由式(2.2.6)、式(2.2.7)、式(2.2.9)及式(2.3.2)构造哈密顿函数(此时 T、β 为状态变量，T_R、$\hat{k}$、C 为控制变量)

$$H = CT + \psi_1 F_1 + \psi_2 F_2 - \mu G \tag{2.3.4}$$

式中，

$$F_1 = -CT + \hat{k}(T_R^n - T^n)\mathrm{sign}(n) \tag{2.3.5}$$

$$F_2 = C \tag{2.3.6}$$

ψ_1 和 ψ_2 仍为协态变量，而 μ 为拉格朗日乘子。于是式(2.3.4)可化为

$$H = [(1 - \psi_1)T + \psi_2]C + \psi_1\hat{k}(T_R^n - T^n)\mathrm{sign}(n) - \mu G \tag{2.3.7}$$

对应的协态方程为

$$\dot{\psi}_1 = -\partial H/\partial T = -C(1 - \psi_1) + n\hat{k}\psi_1 T^{n-1}\mathrm{sign}(n) \tag{2.3.8}$$

$$\dot{\psi}_2 = -\partial H/\partial \beta = \mu(2\beta - \beta_M) \tag{2.3.9}$$

以上各式中

$$0 \leqslant \hat{k} \leqslant \hat{k}_0, \quad \hat{k}_0 = k_0/C_V \tag{2.3.10}$$

下面用最大值原理求解。

2.3.2.1 最大值原理应用

定义

$$\Delta H = H[\vec{x}^*(t), \vec{u}^*(t), \vec{\psi}^*(t)] - H[\vec{x}^*(t), \vec{u}, \vec{\psi}^*(t)] \tag{2.3.11}$$

式中，$\bar{u}$ 为一个容许解。对于一个最大值需要 $\Delta H \geqslant 0$，故有

$$\Delta H = [(1-\psi_1^*)T^* + \psi_2^*](C^* - C) + \text{sign}(n)\psi_1^*[\hat{k}^*(T_R^{*n} - T^{*n}) \\ - \hat{k}(T_R^n - T^{*n})] \geqslant 0 \tag{2.3.12}$$

式中，$0 \leqslant \hat{k} \leqslant \hat{k}_0$，$T_L \leqslant T_R \leqslant T_H$，$-C_m \leqslant C \leqslant C_M$，"*" 表示最优的。

接下来分别考虑各种情况得到最优解，根据这些最优解就可得到内可逆循环的最优构型。

首先假定 $\hat{k} = \hat{k}^*$，$T_R = T_R^*$，则式 (2.3.12) 的第二项为零，为了保证 $\Delta H \geqslant 0$，需要

$$C^* = \begin{cases} C_M, & (1-\psi_1^*)T^* + \psi_2^* > 0 \\ -C_m, & (1-\psi_1^*)T^* + \psi_2^* < 0 \\ \text{不确定}, & (1-\psi_1^*)T^* + \psi_2^* = 0 \end{cases} \tag{2.3.13}$$

最后一种情况对应于奇异控制情况。

其次假定 $C = C^*$，$T_R = T_R^*$，则式 (2.3.12) 化为

$$\Delta H = \psi_1^*(T_R^{*n} - T^{*n})\text{sign}(n)(\hat{k}^* - \hat{k}) \geqslant 0 \tag{2.3.14}$$

对应地，需要

$$\hat{k}^* = \begin{cases} \hat{k}_0, & \psi_1^*(T_R^{*n} - T^{*n})\text{sign}(n) > 0 \\ 0, & \psi_1^*(T_R^{*n} - T^{*n})\text{sign}(n) < 0 \\ \text{不确定}, & \psi_1^*(T_R^{*n} - T^{*n})\text{sign}(n) = 0 \end{cases} \tag{2.3.15}$$

同 2.2.2 节的分析，最后一种情况仍对应于奇异控制情况。

最后假定 $C = C^*$，$\hat{K} = \hat{K}^*$，则式 (2.3.12) 化为

$$\Delta H = \psi_1^*\hat{k}^*(T_R^{*n} - T_R^n)\text{sign}(n) \geqslant 0 \tag{2.3.16}$$

因为 $\hat{k}^*$ 是非负数，故有

$$T_R^* = \begin{cases} T_H, & \psi_1^*\text{sign}(n) > 0 \\ T_L, & \psi_1^*\text{sign}(n) < 0 \end{cases} \tag{2.3.17}$$

前面已经证明 $\psi_1^* = 0$ 的奇异情况应予以排除。如果 $\hat{k}^* = 0$，$C = C^*$，则式

(2.3.12)变成

$$\Delta H = -\psi_1^* \hat{k}^* (T_R^{\ n} - T^{*n}) \mathrm{sign}(n) \geqslant 0 \qquad (2.3.18)$$

最优构型中并不包括绝热分支。

2.3.2.2 最优解

现在可得到各种可能的最优解，并由此解求解正则方程可得最优策略。下面所有的函数都是最优的，为便利起见，去掉符号上的"*"号。

(1) $\hat{k} = 0$， $C = C_M$ 或 $-C_m$（绝热分支）。

由 2.3.2.1 节分析知，最优构型中并不包括绝热分支，所以此种情况不进行分析。

(2) $\hat{k} = \hat{k}_0$， $T_R = T_H$ 或 T_L， $C = C_M$ 或 $-C_m$（最大功率分支）。

$$\dot{T} = -CT + \hat{k}_0 (T_R^{\ n} - T^n)\mathrm{sign}(n), \beta(t) = \beta(t_0) + C(t - t_0) \qquad (2.3.19)$$

$$\dot{\psi}_1 = -C(1 - \psi_1) + n\hat{k}_0 \psi_1 T^{n-1}\mathrm{sign}(n) \qquad (2.3.20)$$

式中，C 由式(2.3.13)确定；T_R 由式(2.3.17)确定；t_0 为分支的起始时间。由于微分方程的存在，不可能得到解析解，所以只能通过数值方法求解。

(3) $\hat{k} = \hat{k}_0$， $T_R = T_H$ 或 T_L， $(1 - \psi_1)T + \psi_2 = 0$（等温分支）。

$$T = T_r, \beta(t) = \beta(t_0) + C_r(t - t_0), C_r = \frac{\hat{k}_0(T_R^{\ n} - T_r^{\ n})}{T_r}\mathrm{sign}(n) \qquad (2.3.21)$$

$$\psi_1 = \frac{T^n - T_R^{\ n}}{(1 - n)T^n - T_R^{\ n}}, \quad \psi_2 = \frac{nT^{n+1}}{(1 - n)T^n - T_R^{\ n}} \qquad (2.3.22)$$

式中，T_r 为常数，对 $(1 - \psi_1)T + \psi_2 = 0$ 求导并用式(2.2.6)消去时间的导数很容易证明 C、T 和 ψ_1 必须都为常数。

前面的下标 r 对应 R，即如果 $T_R = T_H$，则 r = h，如果 $T_R = T_L$，则 r = l，式(2.3.17)确定了 T_R 的值。而由式(2.3.21)可见，如果 $T_R = T_H$，$\psi_{1h} > 0$，则有 $T_H > T_h$，如果 $T_R = T_L$， $\psi_{1l} < 0$，则有 $T_L < T_l$，这就导出 $C_h > 0$ 和 $C_l < 0$，并容易证明

$$H = \hat{k}_0 \frac{(T_R^{\ n} - T_r^{\ n})^2}{T_R^{\ n} - (1 - n)T_r^{\ n}}\mathrm{sign}(n) \qquad (2.3.23)$$

为正。由于循环周期 τ 给定，由边界条件得 H 在整个循环中为常数。由文献

[248]的分析知，在最大功率分支和等温分支中，ψ_2 都为常数。

后面将会看到两个等温分支是最优策略的一部分。由此及 ψ_2 和 H 为常数，可得

$$\frac{(T_H^n - T_h^n)^2}{T_H^n - (1-n)T_h^n} = \frac{(T_L^n - T_l^n)^2}{T_L^n - (1-n)T_l^n}, \frac{nT_h^{n+1}}{T_H^n - (1-n)T_h^n} = \frac{nT_l^{n+1}}{T_L^n - (1-n)T_l^n} \quad (2.3.24)$$

由式(2.3.24)可以求出 T_h 和 T_l。将其代入 C_r 的表达式可得

$$C_h = \frac{\hat{k}_0(T_H^n - T_h^n)}{T_h}\mathrm{sign}(n), C_l = \frac{\hat{k}_0(T_L^n - T_l^n)}{T_l}\mathrm{sign}(n) \quad (2.3.25)$$

(4) $\hat{k} = \hat{k}_0$，$T_R = T_H$ 或 T_L，$C = 0$，$\beta = \beta_M$ 或 0（等容分支）。

$$\dot{\psi}_1 = n\hat{k}_0\psi_1 T^{n-1}\mathrm{sign}(n), \dot{T} = \hat{k}_0(T_R^n - T^n)\mathrm{sign}(n) \quad (2.3.26)$$

注意，由式(2.2.7)，当 $C = 0$ 时，β 应取极大值或极小值，所以有 $\beta = \beta_M$ 或 0。

因此有八个相异的最优解，以 $2_H^\pm$、$2_L^\pm$、3_H、3_L 以及 4_H 和 4_L 表示，其中正号对应于 $C = C_M$，负号对应于 $C = -C_m$，H 和 L 对应于 T_R 的下标。

为了确定实际最优策略，必须考察常数 H 及一对最优解间转换点（或称开关）处状态变量和共态变量的连续性。

2.3.2.3　转换点

有关本问题的转换点汇总于表 2.7。有些转换点要求 C 与 T_R 同时改变才可能发生转换，但这将导致 $H = 0$，所以这样的转换是禁止的。因为 $H \neq 0$，根据式(2.3.7)，那么 $\psi_1 = 0$ 在等温过程中就不可能发生，这就要求在等温过程所参与的转换中必须保证 T_R 为常数，如表 2.7 所示。

表 2.7　转换点

	2	3	4
2	① 或 ②	②	②
3	①	③	②
4	②	②	③

注：①允许的转换：$\Delta C = 0$，$\psi_1 = 0$；
②允许的转换：$\Delta T_R = 0$，$(1-\psi_1)T + \psi_2 = 0$；
③禁止的转换

需要注意的是，分支 2 和 4 之间的转换条件是 $(1-\psi_1)T + \psi_2 = 0$，而不是文献

[248]中所说的 $\psi_1 = 0$。这是因为在 2 分支

$$H = [(1-\psi_1)T + \psi_2]C + \psi_1\hat{k}(T_R^n - T^n)\mathrm{sign}(n) - \mu G \tag{2.3.27}$$

且 $C \neq 0$，而在 4 分支

$$H = \psi_1\hat{k}(T_R^n - T^n)\mathrm{sign}(n) - \mu G \tag{2.3.28}$$

所以如果想在两个分支之间发生转换，在转换点就必须满足 $(1-\psi_1)T + \psi_2 = 0$。还可以通过泰勒级数展开的方法来说明此处的转换点条件不是 $\psi_1 = 0$。以 t_3 时刻为例，如果此处的转换点条件为 $\psi_1 = 0$，则有 $\psi_1(t_2) = 0$ 且 $\psi_1(t_3) = 0$。将 ψ_1 在 t_3 处泰勒展开，有

$$\begin{aligned}\psi_1(t) = {}& \psi_1(t_3) + \dot{\psi}_1(t_3)(t-t_3) + \frac{1}{2}\psi_1''(t_3)(t-t_3)^2 + \cdots \\ & + \frac{1}{n!}\psi_1^{(n)}(t_3)(t-t_3)^n + O[(t-t_3)^n]\end{aligned} \tag{2.3.29}$$

又由式 (2.3.26) 及 $\psi_1(t_3) = 0$ 可知 $\dot{\psi}_1(t_3) = 0$，且 $\psi_1^{(n)}(t_3) = 0$，那么就有

$$\psi_1(t_{3'}) = 0 \tag{2.3.30}$$

而根据 ψ_1 在 $t_{3'}$ 处的连续性可知

$$\psi_1(t_{3'}) = \frac{T_1^n - T_L^n}{(1-n)T_1^n - T_L^n} \neq 0 \tag{2.3.31}$$

式 (2.3.30) 与式 (2.3.31) 显然是矛盾的。所以可以证明在 t_3 时刻，即 2_L^+ 分支与 4_L 分支的转换点上，转换条件肯定不是 $\psi_1 = 0$。同理也可以说明 2_H^- 分支与 4_H 分支之间的转换条件的结论。

类似的分析可以推导出表 2.7 中的其他结论。前面已经分析过，最优策略中没有绝热分支。各分支的转换条件如下，其中 t_1、t_2、t_3、$t_{3'}$、t_4、t_5、t_6 和 $t_{6'}$ 为各个分支相互转换的转换点时间。

(1) 3_H 到 2_H^+ 的转换条件为 $[1-\psi_1(t_1)]T(t_1) + \psi_2(t_1) = 0$。

(2) 2_H^+ 到 2_L^+ 的转换条件为 $\psi_1(t_2) = 0$。

(3) 2_L^+ 到 4_L 的转换条件为 $[1-\psi_1(t_3)]T(t_3) + \psi_2(t_3) = 0$。

(4) 4_L 到 3_L 的转换条件为 $[1-\psi_1(t_{3'})]T(t_{3'}) + \psi_2(t_{3'}) = 0$。

(5) 3_L 到 2_L^- 的转换条件为 $[1-\psi_1(t_4)]T(t_4) + \psi_2(t_4) = 0$。

（6）2_L^- 到 2_H^- 的转换条件为 $\psi_1(t_5) = 0$。

（7）2_H^- 到 4_H 的转换条件为 $[1 - \psi_1(t_6)]T(t_6) + \psi_2(t_6) = 0$。

2.3.2.4　最优控制和策略

因为研究的是自激系统，即相对时间平移时保持不变，所以可顺着最优策略取任意一点作为起始点。假定从 3_H 分支开始，即 $0 \leqslant t \leqslant t_1$ 时从 $T_R = T_H$，$T = T_h$ 开始，唯一允许的转换是到 2_H^+ 分支，即 $T_R = T_H$，$C = C_M$。当 t 在 t_1、t_2 之间时 ψ_1 减小，而 $(1 - \psi_1)T + \psi_2$ 从零开始增加，因此唯一的转换发生在 ψ_1 为零的 t_2，并且得到 2_L^+ 分支。本来有可能转换到绝热分支 1^+，但已经指出这是不能发生的。从 t_2 到 t_3，当到 $(1 - \psi_1)T + \psi_2 = 0$ 再次等于零时，得到等容分支 4_L。

从 t_3 到 $t_{3'}$，$(1 - \psi_1)T + \psi_2$ 发生非单调的变化，再次为零时，就可有另一转换。在 $t_{3'}$ 时得到一个等温分支 3_L 并一直沿续到 t_4，此时转换到 2_L^-。沿着这一分支 $(1 - \psi_1)T + \psi_2$ 从零开始减小，而 ψ_1 则增加直至在 t_5 时为零。这时转换到 2_H^- 分支，当到 $(1 - \psi_1)T + \psi_2 = 0$ 的 t_6 时，得到等容分支 4_H 直至循环的终点 $t_{6'} = \tau$ 时，$(1 - \psi_1)T + \psi_2$ 又发生非单调的变化，重新回到零。同样在 2_L^- 和 2_H^- 两个分支之间可以有绝热分支，但这不是最优分支的一部分。这样，整个最优控制问题的解就可以写出来了。

对 $0 \leqslant t \leqslant t_1$，

$$T = T_h, C = C_h, \beta = C_h t, \hat{k} = \hat{k}_0, T_R = T_H \tag{2.3.32}$$

$$\psi_1 = (T_h^n - T_H^n)/[(1-n)T_H^n - T_H^n], \psi_2 = nT_h^{n+1}/[(1-n)T_h^n - 3T_H^n] \tag{2.3.33}$$

式中，T_h 由式（2.3.24）得到。

对 $t_1 \leqslant t \leqslant t_2$，将 $T(t)$ 在 t_1 处一阶泰勒级数展开，得

$$T(t) = T(t_1) + \dot{T}(t_1)(t - t_1) + O(t - t_1) \tag{2.3.34}$$

当过程时间足够短时，可以去掉 $(t - t_1)$ 的高阶无穷小 $O(t - t_1)$，则有近似表达式

$$T(t) \approx T(t_1) + \dot{T}(t_1)(t - t_1) \tag{2.3.35}$$

由 $T(t)$ 的连续性有 $T(t_1) = T_h$，又由

$$\dot{T}(t) = -C_M T(t) + \hat{k}_0[T_H^n - T^n(t)]\text{sign}(n) \tag{2.3.36}$$

所以有

$$T(t) \approx T_h + [-C_M T_h + \hat{k}_0 (T_H^n - T_h^n) \mathrm{sign}(n)](t - t_1) \qquad (2.3.37)$$

同理，将 $\psi_1(t)$ 在 t_1 处一阶泰勒级数展开，又由 $\psi_1(t)$ 的连续性及式 (2.3.8) 可得

$$\psi_1(t) \approx \frac{T_h^n - T_H^n}{(1-n)T_h^n - T_H^n} + \left[\frac{n C_M T_h^n + n \hat{k}_0 T_h^{n-1}(T_H^n - T_h^n)\mathrm{sign}(n)}{(1-n)T_h^n - T_H^n}\right](t - t_1) \quad (2.3.38)$$

对 $t_1 \leqslant t \leqslant t_2$，有

$$T(t) \approx T_h + [-C_M T_h + \hat{k}_0 (T_H^n - T_h^n) \mathrm{sign}(n)](t - t_1) \qquad (2.3.39)$$

$$\psi_1(t) \approx \frac{T_h^n - T_H^n}{(1-n)T_h^n - T_H^n} + \left[\frac{n C_M T_h^n + n \hat{k}_0 T_h^{n-1}(T_H^n - T_h^n)\mathrm{sign}(n)}{(1-n)T_h^n - T_H^n}\right](t - t_1) \quad (2.3.40)$$

$$\beta = C_M(t - t_1) + C_h t_1, C = C_M, \hat{k} = \hat{k}_0, T_R = T_H \qquad (2.3.41)$$

按照上述方法，可以求出最优构型各个分支参数的近似解析解表达式。

广义辐射传热规律下给定压比时内可逆热机功率优化最优循环中各个分支协态与状态变量的表达式如下。

对 $0 \leqslant t \leqslant t_1$，

$$T = T_h, C = C_h, \beta = C_h t, \hat{k} = \hat{k}_0, T_R = T_H \qquad (2.3.42)$$

$$\psi_1 = (T_h^n - T_H^n)/[(1-n)T_h^n - T_H^n], \psi_2 = n T_h^{n+1}/[(1-n)T_h^n - T_H^n] \qquad (2.3.43)$$

对 $t_1 \leqslant t \leqslant t_2$，

$$T(t) \approx T_h + [-C_M T_h + \hat{k}_0 (T_H^n - T_h^n) \mathrm{sign}(n)](t - t_1) \qquad (2.3.44)$$

$$\psi_1(t) \approx \frac{T_h^n - T_H^n}{(1-n)T_h^n - T_H^n} + \left[\frac{n C_M T_h^n + n \hat{k}_0 (T_H^n - T_h^n) T_h^{n-1} \mathrm{sign}(n)}{(1-n)T_h^n - T_H^n}\right](t - t_1) \quad (2.3.45)$$

$$\beta = C_M(t - t_1) + C_h t_1, C = C_M, \hat{k} = \hat{k}_0, T_R = T_H \qquad (2.3.46)$$

对 $t_2 \leqslant t \leqslant t_3$，

$$T(t) \approx T(t_2) + \{-C_M T(t_2) + \hat{k}_0 [T_L^n - T^n(t_2)]\mathrm{sign}(n)\}(t - t_2) \qquad (2.3.47)$$

$$\psi_1(t) \approx \psi_1(t_2) + \{-C_M[1 - \psi_1(t_2)] + n \hat{k}_0 \psi_1(t_2) T^{n-1}(t_2)\mathrm{sign}(n)\}(t - t_2) \quad (2.3.48)$$

$$\beta = C_M(t - t_1) + C_h t_1, C = C_M, \hat{k} = \hat{k}_0, T_R = T_L \qquad (2.3.49)$$

式中，

$$T(t_2) \approx T_{\mathrm{h}} + [-C_{\mathrm{M}}T_{\mathrm{h}} + \hat{k}_0(T_{\mathrm{H}}^n - T_{\mathrm{h}}^n)\mathrm{sign}(n)](t_2 - t_1) \tag{2.3.50}$$

$$\psi_1(t_2) \approx 0 \tag{2.3.51}$$

对 $t_3 \leqslant t \leqslant t_{3'}$，

$$T(t) \approx T(t_3) + \hat{k}_0[T_{\mathrm{L}}^n - T^n(t_3)]\mathrm{sign}(n)(t - t_3) \tag{2.3.52}$$

$$\psi_1(t) \approx \psi_1(t_3) + n\hat{k}_0\psi_1(t_3)T^{n-1}(t_3)\mathrm{sign}(n)(t - t_3) \tag{2.3.53}$$

$$\beta = \beta_{\mathrm{M}}, C = 0, \hat{k} = \hat{k}_0, T_{\mathrm{R}} = T_{\mathrm{L}} \tag{2.3.54}$$

式中，

$$T(t_3) \approx T(t_2) + \{-C_{\mathrm{M}}T(t_2) + \hat{k}_0[T_{\mathrm{L}}^n - T^n(t_2)]\mathrm{sign}(n)\}(t_3 - t_2) \tag{2.3.55}$$

$$\psi_1(t_3) \approx -C_{\mathrm{M}}(t_3 - t_2) \tag{2.3.56}$$

对 $t_{3'} \leqslant t \leqslant t_4$，

$$T = T_1, C = C_1, \beta = \beta_{\mathrm{M}} + C_1(t - t_{3'}), \hat{k} = \hat{k}_0, T_{\mathrm{R}} = T_{\mathrm{L}} \tag{2.3.57}$$

$$\psi_1 = (T_1^n - T_{\mathrm{L}}^n)/[(1-n)T_1^n - T_{\mathrm{L}}^n], \psi_2 = nT_1^{n+1}/[(1-n)T_1^n - T_{\mathrm{L}}^n] \tag{2.3.58}$$

对 $t_4 \leqslant t \leqslant t_5$，

$$T(t) \approx T_1 + [C_{\mathrm{m}}T_1 + \hat{k}_0(T_{\mathrm{L}}^n - T_1^n)\mathrm{sign}(t)](t - t_4) \tag{2.3.59}$$

$$\psi_1(t) \approx \frac{T_1^n - T_{\mathrm{L}}^n}{(1-n)T_1^n - T_{\mathrm{L}}^n} + \left[\frac{-nC_{\mathrm{m}}T_1^n + n\hat{k}_0(T_1^n - T_{\mathrm{L}}^n)T_1^{n-1}\mathrm{sign}(n)}{(1-n)T_1^n - T_{\mathrm{L}}^n}\right](t - t_4)$$

$$\tag{2.3.60}$$

$$\beta = \beta_{\mathrm{M}} + C_1(t_4 - t_{3'}) - C_{\mathrm{m}}(t - t_4), C = -C_{\mathrm{m}}, \hat{k} = \hat{k}_0, T_{\mathrm{R}} = T_{\mathrm{L}} \tag{2.3.61}$$

对 $t_5 \leqslant t \leqslant t_6$，

$$T(t) \approx T(t_5) + \{C_{\mathrm{m}}T(t_5) + \hat{k}_0[T_{\mathrm{H}}^n - T^n(t_5)]\mathrm{sign}(n)\}(t - t_5) \tag{2.3.62}$$

$$\psi_1(t) \approx \psi_1(t_5) + \{C_{\mathrm{m}}[1 - \psi_1(t_5)] + n\hat{k}_0\psi_1(t_5)T^{n-1}(t_5)\mathrm{sign}(n)\}(t - t_5) \tag{2.3.63}$$

$$\beta = \beta_{\mathrm{M}} + C_1(t_4 - t_{3'}) - C_{\mathrm{m}}(t - t_4), C = -C_{\mathrm{m}}, \hat{k} = \hat{k}_0, T_{\mathrm{R}} = T_{\mathrm{H}} \tag{2.3.64}$$

式中，

$$T(t_5) \approx T_1 + [C_m T_1 + \hat{k}_0 (T_L^n - T_1^n) \mathrm{sign}(n)](t_5 - t_4) \tag{2.3.65}$$

$$\psi_1(t_5) \approx 0 \tag{2.3.66}$$

对 $t_6 \leqslant t \leqslant t_{6'} = \tau$，

$$T(t) \approx T(t_6) + \hat{k}_0 [T_H^n - T^n(t_6)] \mathrm{sign}(n)(t - t_6) \tag{2.3.67}$$

$$\psi_1(t) \approx \psi_1(t_6) + n\hat{k}_0 \psi_1(t_3) T^{n-1}(t_6) \mathrm{sign}(n)(t - t_6) \tag{2.3.68}$$

$$\beta = 0, C = 0, \hat{k} = \hat{k}_0, T_R = T_H \tag{2.3.69}$$

式中，

$$T(t_6) \approx T(t_5) + \{C_m T(t_5) + \hat{k}_0 [T_H^n - T^n(t_5)] \mathrm{sign}(n)\}(t_6 - t_5) \tag{2.3.70}$$

$$\psi_1(t_6) \approx C_m(t_6 - t_5) \tag{2.3.71}$$

由循环的连续性有

$$T(t_6) = T(0), \beta(t_6) = \beta(0) = 0, \psi_1(t_{6'}) = \psi_1(0) \tag{2.3.72}$$

即

$$T(t_6) + \hat{k}_0 [T_H^n - T^n(t_6)] \mathrm{sign}(n)(t_{6'} - t_6) \approx T_h \tag{2.3.73}$$

$$\beta_M + C_1(t_4 - t_{3'}) - C_m(t_5 - t_4) - C_m(t_6 - t_5) = 0 \tag{2.3.74}$$

$$C_m(t_6 - t_5) + n\hat{k}_0 C_m(t_6 - t_5) T^{n-1}(t_6) \mathrm{sign}(n)(t_{6'} - t_6) \approx \frac{T_h^n - T_H^n}{(1-n)T_h^n - T_H^n} \tag{2.3.75}$$

式中，

$$T(t_6) \approx T(t_5) + \{C_m T(t_5) + \hat{k}_0 [T_H^n - T^n(t_5)] \mathrm{sign}(n)\}(t_6 - t_5) \tag{2.3.76}$$

$$T(t_5) \approx T_1 + [C_m T_1 + \hat{k}_0 (T_L^n - T_1^n) \mathrm{sign}(n)](t_5 - t_4) \tag{2.3.77}$$

由 $\psi_1(t_{3'})$ 及 $\beta(t_3)$ 的连续性有

$$-C_M(t_3 - t_2) - n\hat{k}_0 C_M(t_3 - t_2) T^{n-1}(t_3) \mathrm{sign}(n)(t_{3'} - t_3) \approx \frac{T_1^n - T_L^n}{(1-n)T_1^n - T_L^n}$$

$$\tag{2.3.78}$$

$$\beta_M + C_1(t_4 - t_{3'}) - C_m(t_5 - t_4) - C_m(t_6 - t_5) = 0 \tag{2.3.79}$$

式中，

$$T(t_3) \approx T(t_2) + \{-C_M T(t_2) + \hat{k}_0[T_L^n - T^n(t_2)]\text{sign}(n)\}(t_3 - t_2) \tag{2.3.80}$$

$$T(t_2) \approx T_h + [-C_M T_h + \hat{k}_0(T_H^n - T_h^n)\text{sign}(n)](t_2 - t_1) \tag{2.3.81}$$

由转换点条件

$$\psi_1(t_2) = 0, \psi_1(t_5) = 0 \tag{2.3.82}$$

即

$$t_2 - t_1 \approx \frac{T_H^n - T_h^n}{nC_M T_h^n + n\hat{k}_0 \text{sign}(n)T_h^{n-1}(T_h^n - T_H^n)} \tag{2.3.83}$$

$$t_5 - t_4 \approx \frac{T_1^n - T_L^n}{nC_m T_1^n - n\hat{k}_0 \text{sign}(n)T_1^{n-1}(T_1^n - T_L^n)} \tag{2.3.84}$$

又由总循环时间一定可得

$$\begin{aligned}&t_1 + (t_2 - t_1) + (t_3 - t_2) + (t_{3'} - t_3) + (t_4 - t_{3'}) + (t_5 - t_4) + (t_6 - t_5)\\&+(t_{6'} - t_6) = \tau\end{aligned} \tag{2.3.85}$$

至此，联立式(2.3.73)~式(2.3.81)、式(2.3.83)~式(2.3.85)共 12 个方程，各分支的过程时间以及 $T(t_2)$、$T(t_3)$、$T(t_5)$、$T(t_6)$ 共 12 个未知数在 T_H、T_L、C_M、C_m、$\hat{k}_0$、τ 及 β_M 已知的情况下就可以全部求出其数值解。又由 $T(t_{6'}) = T(t_1) = T_h, T(t_{3'}) = T(t_4) = T_1$，则全部转换点温度就可以求出来，最大输出功率和对应的效率也可利用数值算法得到。

2.3.3　特例分析

2.3.3.1　线性唯象传热规律下的最优构型

线性唯象传热规律下，传热指数 $n = -1$，符号函数 $\text{sign}(n) = -1$。

1. 方程组

线性唯象传热规律下给定压比时内可逆热机功率优化最优循环中各个分支协态与状态变量的表达式如下。

对 $0 \leqslant t \leqslant t_1$，

$$T = T_h, C = C_h, \beta = C_h t, \hat{k} = \hat{k}_0, T_R = T_H \tag{2.3.86}$$

$$\psi_1 = (T_h^{-1} - T_H^{-1})/(2T_h^{-1} - T_H^{-1}), \psi_2 = -1/(2T_h^{-1} - T_H^{-1}) \tag{2.3.87}$$

对 $t_1 \leqslant t \leqslant t_2$,

$$T(t) \approx T_h - [C_M T_h + \hat{k}_0 (T_H^{-1} - T_h^{-1})](t - t_1) \tag{2.3.88}$$

$$\psi_1(t) \approx \frac{T_h^{-1} - T_H^{-1}}{2T_h^{-1} - T_H^{-1}} + \left[\frac{-C_M T_h^{-1} + \hat{k}_0 (T_h^{-1} - T_H^{-1}) T_h^{-2}}{2T_h^{-1} - T_H^{-1}} \right](t - t_1) \tag{2.3.89}$$

$$\beta = C_M(t - t_1) + C_h t_1, C = C_M, \hat{k} = \hat{k}_0, T_R = T_H \tag{2.3.90}$$

对 $t_2 \leqslant t \leqslant t_3$,

$$T(t) \approx T(t_2) - \{C_M T(t_2) + \hat{k}_0 [T_L^{-1} - T^{-1}(t_2)]\}(t - t_2) \tag{2.3.91}$$

$$\psi_1(t) \approx \psi_1(t_2) + \{-C_M[1 - \psi_1(t_2)] + \hat{k}_0 \psi_1(t_2) T^{-2}(t_2)\}(t - t_2) \tag{2.3.92}$$

$$\beta = C_M(t - t_1) + C_h t_1, C = C_M, \hat{k} = \hat{k}_0, T_R = T_L \tag{2.3.93}$$

式中,

$$T(t_2) \approx T_h - [C_M T_h + \hat{k}_0 (T_H^{-1} - T_h^{-1})](t_2 - t_1) \tag{2.3.94}$$

$$\psi_1(t_2) \approx 0 \tag{2.3.95}$$

对 $t_3 \leqslant t \leqslant t_{3'}$,

$$T(t) \approx T(t_3) - \hat{k}_0 [T_L^{-1} - T^{-1}(t_3)](t - t_3) \tag{2.3.96}$$

$$\psi_1(t) \approx \psi_1(t_3) + \hat{k}_0 \psi_1(t_3) T^{-2}(t_3)(t - t_3) \tag{2.3.97}$$

$$\beta = \beta_M, C = 0, \hat{k} = \hat{k}_0, T_R = T_L \tag{2.3.98}$$

式中,

$$T(t_3) \approx T(t_2) - \{C_M T(t_2) + \hat{k}_0 [T_L^{-1} - T^{-1}(t_2)]\}(t_3 - t_2) \tag{2.3.99}$$

$$\psi_1(t_3) \approx -C_M(t_3 - t_2) \tag{2.3.100}$$

对 $t_{3'} \leqslant t \leqslant t_4$,

$$T = T_1, C = C_1, \beta = \beta_M + C_1(t - t_{3'}), \hat{k} = \hat{k}_0, T_R = T_L \tag{2.3.101}$$

$$\psi_1 = (T_1^{-1} - T_L^{-1}) / (2T_1^{-1} - T_L^{-1}), \psi_2 = -1 / (2T_1^{-1} - T_L^{-1}) \tag{2.3.102}$$

对 $t_4 \leqslant t \leqslant t_5$，

$$T(t) \approx T_1 + [C_m T_1 - \hat{k}_0(T_L^{-1} - T_1^{-1})](t - t_4) \tag{2.3.103}$$

$$\psi_1(t) \approx \frac{T_1^{-1} - T_L^{-1}}{2T_1^{-1} - T_L^{-1}} + \frac{C_m T_1^{-1} + \hat{k}_0(T_1^{-1} - T_L^{-1})T_1^{-2}}{2T_1^{-1} - T_L^{-1}}(t - t_4) \tag{2.3.104}$$

$$\beta = \beta_M + C_1(t_4 - t_{3'}) - C_m(t - t_4), C = -C_m, \hat{k} = \hat{k}_0, T_R = T_L \tag{2.3.105}$$

对 $t_5 \leqslant t \leqslant t_6$，

$$T(t) \approx T(t_5) + \{C_m T(t_5) - \hat{k}_0[T_H^{-1} - T^{-1}(t_5)]\}(t - t_5) \tag{2.3.106}$$

$$\psi_1(t) \approx \psi_1(t_5) + \{C_m[1 - \psi_1(t_5)] + \hat{k}_0 \psi_1(t_5) T^{-2}(t_5)\}(t - t_5) \tag{2.3.107}$$

$$\beta = \beta_M + C_1(t_4 - t_{3'}) - C_m(t - t_4), C = -C_m, \hat{k} = \hat{k}_0, T_R = T_H \tag{2.3.108}$$

式中，

$$T(t_5) \approx T_1 + [C_m T_1 - \hat{k}_0(T_L^{-1} - T_1^{-1})](t_5 - t_4) \tag{2.3.109}$$

$$\psi_1(t_5) \approx 0 \tag{2.3.110}$$

对 $t_6 \leqslant t \leqslant t_{6'} = \tau$，

$$T(t) \approx T(t_6) - \hat{k}_0[T_H^{-1} - T^{-1}(t_6)](t - t_6) \tag{2.3.111}$$

$$\psi_1(t) \approx \psi_1(t_6) + \hat{k}_0 \psi_1(t_3) T^{-2}(t_6)(t - t_6) \tag{2.3.112}$$

$$\beta = 0, C = 0, \hat{k} = \hat{k}_0, T_R = T_H \tag{2.3.113}$$

式中，

$$T(t_6) \approx T(t_5) + \{C_m T(t_5) - \hat{k}_0[T_H^{-1} - T^{-1}(t_5)]\}(t_6 - t_5) \tag{2.3.114}$$

$$\psi_1(t_6) \approx C_m(t_6 - t_5) \tag{2.3.115}$$

在 T_H、T_L、C_M、C_m、$\hat{k}_0$、τ 及 β_M 已知的情况下，线性唯象传热规律下给定压

比时内可逆热机功率优化最优循环的各分支间断点参数数值解可以由如下方程组求得

$$T(t_6) - \hat{k}_0[T_H^{-1} - T^{-1}(t_6)](t_{6'} - t_6) \approx T_h \tag{2.3.116}$$

$$\beta_M + C_1(t_4 - t_{3'}) - C_m(t_5 - t_4) - C_m(t_6 - t_5) = 0 \tag{2.3.117}$$

$$C_m(t_6 - t_5) + \hat{k}_0 C_m(t_6 - t_5)T^{-2}(t_6)(t_{6'} - t_6) \approx \frac{T_h^{-1} - T_H^{-1}}{2T_h^{-1} - T_H^{-1}} \tag{2.3.118}$$

$$T(t_6) \approx T(t_5) + \left\{ C_m T(t_5) - \hat{k}_0 \left[T_H^{-1} - T^{-1}(t_5) \right] \right\}(t_6 - t_5) \tag{2.3.119}$$

$$T(t_5) \approx T_1 + [C_m T_1 - \hat{k}_0(T_L^{-1} - T_1^{-1})](t_5 - t_4) \tag{2.3.120}$$

$$-C_M(t_3 - t_2) - \hat{k}_0 C_M(t_3 - t_2)T^{-2}(t_3)(t_{3'} - t_3) \approx \frac{T_1^{-1} - T_L^{-1}}{2T_1^{-1} - T_L^{-1}} \tag{2.3.121}$$

$$\beta_M + C_1(t_4 - t_{3'}) - C_m(t_5 - t_4) - C_m(t_6 - t_5) = 0 \tag{2.3.122}$$

$$T(t_3) \approx T(t_2) - \left\{ C_M T(t_2) + \hat{k}_0 \left[T_L^{-1} - T^{-1}(t_2) \right] \right\}(t_3 - t_2) \tag{2.3.123}$$

$$T(t_2) \approx T_h - [C_M T_h + \hat{k}_0(T_H^{-1} - T_h^{-1})](t_2 - t_1) \tag{2.3.124}$$

$$t_2 - t_1 \approx \frac{T_H^{-1} - T_h^{-1}}{-C_M T_h^{-1} + \hat{k}_0 T_h^{-2}(T_h^{-1} - T_H^{-1})} \tag{2.3.125}$$

$$t_5 - t_4 \approx \frac{T_1^{-1} - T_L^{-1}}{-C_m T_1^{-1} - \hat{k}_0 T_1^{-2}(T_1^{-1} - T_L^{-1})} \tag{2.3.126}$$

$$t_1 + (t_2 - t_1) + (t_3 - t_2) + (t_{3'} - t_3) + (t_4 - t_{3'}) + (t_5 - t_4) + (t_6 - t_5) \\ + (t_{6'} - t_6) = \tau \tag{2.3.127}$$

$$T(t_{6'}) = T(t_1) = T_h \tag{2.3.128}$$

$$T(t_{3'}) = T(t_4) = T_1 \tag{2.3.129}$$

$$\frac{(T_H^{-1} - T_h^{-1})^2}{T_H^{-1} - 2T_h^{-1}} = \frac{(T_L^{-1} - T_1^{-1})^2}{T_L^{-1} - 2T_1^{-1}} \tag{2.3.130}$$

$$\frac{1}{T_{\mathrm{H}}^{-1} - 2T_{\mathrm{h}}^{-1}} = \frac{1}{T_{\mathrm{L}}^{-1} - 2T_{\mathrm{l}}^{-1}} \tag{2.3.131}$$

$$C_{\mathrm{h}} = -\frac{\hat{k}_0(T_{\mathrm{H}}^{-1} - T_{\mathrm{h}}^{-1})}{T_{\mathrm{h}}} \tag{2.3.132}$$

$$C_{\mathrm{l}} = -\frac{\hat{k}_0(T_{\mathrm{L}}^{-1} - T_{\mathrm{l}}^{-1})}{T_{\mathrm{l}}} \tag{2.3.133}$$

2. 数值算例

设内可逆热机内含有 1kg 理想气体工质，取 $T_{\mathrm{H}} = 1000\mathrm{K}$ ，$T_{\mathrm{L}} = 400\mathrm{K}$ ，$C_M = 8\mathrm{s}^{-1}$ ，$C_m = 38\mathrm{s}^{-1}$ ，$\hat{k}_0 = 10^7 \mathrm{kg \cdot K^2 / s}$ ，$C_V = 5\mathrm{kJ / (kg \cdot K)}$ ，根据上述公式可得到相应的值。注意，当 $n = -1$ 时，符号函数 $\mathrm{sign}(n) = -1$ 。表 2.8 给出了线性唯象传热规律下 β_{M} 变化时各分支的过程时间、各转换点处状态变量的值和相应的最大循环平均功率 P 以及效率 η ，图 2.16 为线性唯象传热规律下给定压比（$\beta_{\mathrm{M}} = 1$）时功率优化的最优构型中状态变量随时间的变化图，图 2.17 为相应的不给定压比时功率优化的最优构型中状态变量随时间的变化图；图 2.18 为线性唯象传热规律下给定压比（$\beta_{\mathrm{M}} = 1$）时功率优化最优构型的八分支循环图，图 2.19 为相应的不给定压比时功率优化最优构型的六分支循环图。

在本算例中，随着 β_{M} 的增加，最大平均功率 P 、效率 η 和两个等温分支的过程时间都递增，相应的 4_{L} 等容分支的过程时间递减，而对于其余各个分支的过

表 2.8 线性唯象传热规律下 β_{M} 变化时的各对应值

| 参数 | $T_{\mathrm{H}} = 1000\mathrm{K}$, $T_{\mathrm{L}} = 400\mathrm{K}$, $C_M = 8\mathrm{s}^{-1}$, $C_m = 38\mathrm{s}^{-1}$, $C_V = 5\mathrm{kJ/(kg \cdot K)}$, $\hat{k}_0 = 10^7 \mathrm{kg \cdot K^2 / s}$, $\tau = 1\mathrm{s}$ | | | | | | | | |
| | $\beta_{\mathrm{M}} = 0.8$ | | | $\beta_{\mathrm{M}} = 1$ | | | $\beta_{\mathrm{M}} = 1.2$ | | |
	$\Delta t / \mathrm{s}$	T / K	β	$\Delta t / \mathrm{s}$	T / K	β	$\Delta t / \mathrm{s}$	T / K	β
t_1	0.0050	727.27	0.0260	0.0437	727.27	0.2255	0.0824	727.27	0.4249
t_2	0.0959	528.93	0.7932	0.0959	528.93	0.9927	0.0959	528.93	1.1921
t_3	0.0008	520.21	0.8	0.0009	519.53	1	0.0010	518.74	1.2
$t_{3'}$	0.8317	470.59	0.8	0.7678	470.59	1	0.7040	470.59	1.2
t_4	0.0488	470.59	0.4110	0.0739	470.59	0.4110	0.0990	470.59	0.4110
t_5	0.0059	553.63	0.1877	0.0059	553.63	0.1877	0.0059	553.63	0.1877
t_6	0.0049	697.37	0	0.0049	697.37	0	0.0049	697.37	0
$t_{6'}$	0.0069	727.27	0	0.0069	727.27	0	0.0069	727.27	0
P	447.70 kW			703.90 kW			959.90 kW		
η	0.1390			0.1784			0.2055		

程时间、转换点处的工质温度的影响并不大。同时还可以发现，由于过程时间 $(t_3 - t_2)$ 很短，转换点温度 $T(t_2)$ 与 $T(t_3)$ 的差别也不大。其功率较未给定压比约束的情况 (见 2.2.3.1 节) 有明显的降低。

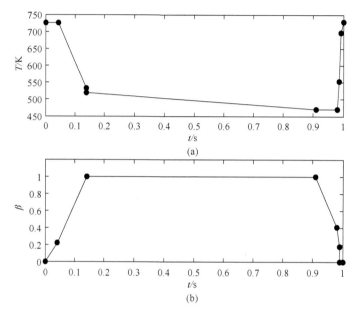

图 2.16　线性唯象传热规律下给定压比 ($\beta_M = 1$) 时功率优化的最优构型中状态变量随时间变化图

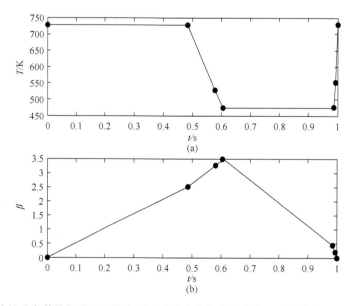

图 2.17　线性唯象传热规律下不给定压比时功率优化的最优构型中状态变量随时间变化图

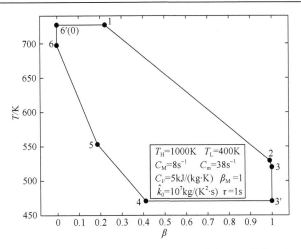

图 2.18 线性唯象传热规律下给定压比 ($\beta_M = 1$) 时功率优化最优构型的八分支循环图

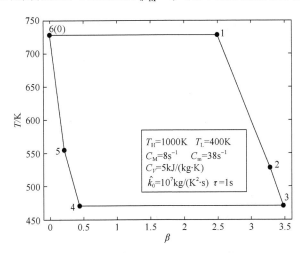

图 2.19 线性唯象传热规律下未给定压比时功率优化最优构型的六分支循环图

2.3.3.2 牛顿传热规律下的最优构型[248]

牛顿传热规律下，传热指数 $n = 1$，符号函数 $\mathrm{sign}(n) = 1$。

1. 方程组

牛顿传热规律下给定压比时内可逆热机功率优化最优循环中各个分支协态与状态变量的表达式如下。

对 $0 \leqslant t \leqslant t_1$，

$$T = T_h, C = C_h, \beta = C_h t, \hat{k} = \hat{k}_0, T_R = T_H \qquad (2.3.134)$$

$$\psi_1 = (T_H - T_h)/T_H, \psi_2 = -T_h^2/T_H \qquad (2.3.135)$$

对 $t_1 \leqslant t \leqslant t_2$，

$$T(t) \approx T_h + [-C_M T_h + \hat{k}_0(T_H - T_h)](t - t_1) \qquad (2.3.136)$$

$$\psi_1(t) \approx \frac{T_H - T_h}{T_H} - \frac{C_M T_h + \hat{k}_0(T_h - T_H)}{T_H}(t - t_1) \qquad (2.3.137)$$

$$\beta = C_M(t - t_1) + C_h t_1, C = C_M, \hat{k} = \hat{k}_0, T_R = T_H \qquad (2.3.138)$$

对 $t_2 \leqslant t \leqslant t_3$，

$$T(t) \approx T(t_2) + \{-C_M T(t_2) + \hat{k}_0[T_L - T(t_2)]\}(t - t_2) \qquad (2.3.139)$$

$$\psi_1(t) \approx \psi_1(t_2) + \{-C_M[1 - \psi_1(t_2)] + \hat{k}_0 \psi_1(t_2)\}(t - t_2) \qquad (2.3.140)$$

$$\beta = C_M(t - t_1) + C_h t_1, C = C_M, \hat{k} = \hat{k}_0, T_R = T_L \qquad (2.3.141)$$

式中，

$$T(t_2) \approx T_h + [-C_M T_h + \hat{k}_0(T_H - T_h)](t_2 - t_1) \qquad (2.3.142)$$

$$\psi_1(t_2) \approx 0 \qquad (2.3.143)$$

对 $t_3 \leqslant t \leqslant t_{3'}$，

$$T(t) \approx T(t_3) + \hat{k}_0[T_L - T(t_3)](t - t_3) \qquad (2.3.144)$$

$$\psi_1(t) \approx \psi_1(t_3) + \hat{k}_0 \psi_1(t_3)(t - t_3) \qquad (2.3.145)$$

$$\beta = \beta_M, C = 0, \hat{k} = \hat{k}_0, T_R = T_L \qquad (2.3.146)$$

式中，

$$T(t_3) \approx T(t_2) + \{-C_M T(t_2) + \hat{k}_0[T_L - T(t_2)]\}(t_3 - t_2) \qquad (2.3.147)$$

$$\psi_1(t_3) \approx -C_M(t_3 - t_2) \qquad (2.3.148)$$

对 $t_{3'} \leqslant t \leqslant t_4$，

$$T = T_1, C = C_1, \beta = \beta_M + C_1(t - t_{3'}), \hat{k} = \hat{k}_0, T_R = T_L \qquad (2.3.149)$$

$$\psi_1 = (T_L - T_1)/T_L, \psi_2 = -T_1^2/T_L \tag{2.3.150}$$

对 $t_4 \leqslant t \leqslant t_5$，

$$T(t) \approx T_1 + [C_m T_1 + \hat{k}_0(T_L - T_1)](t - t_4) \tag{2.3.151}$$

$$\psi_1(t) \approx \frac{T_L - T_1}{T_L} - \frac{-C_m T_1 + \hat{k}_0(T_1 - T_L)}{T_L}(t - t_4) \tag{2.3.152}$$

$$\beta = \beta_M + C_1(t_4 - t_{3'}) - C_m(t - t_4), C = -C_m, \hat{k} = \hat{k}_0, T_R = T_L \tag{2.3.153}$$

对 $t_5 \leqslant t \leqslant t_6$，

$$T(t) \approx T(t_5) + \{C_m T(t_5) + \hat{k}_0[T_H - T(t_5)]\}(t - t_5) \tag{2.3.154}$$

$$\psi_1(t) \approx \psi_1(t_5) + \{C_m[1 - \psi_1(t_5)] + \hat{k}_0 \psi_1(t_5)\}(t - t_5) \tag{2.3.155}$$

$$\beta = \beta_M + C_1(t_4 - t_{3'}) - C_m(t - t_4), C = -C_m, \hat{k} = \hat{k}_0, T_R = T_H \tag{2.3.156}$$

式中，

$$T(t_5) \approx T_1 + [C_m T_1 + \hat{k}_0(T_L - T_1)](t_5 - t_4) \tag{2.3.157}$$

$$\psi_1(t_5) \approx 0 \tag{2.3.158}$$

对 $t_6 \leqslant t \leqslant t_{6'} = \tau$，

$$T(t) \approx T(t_6) + \hat{k}_0[T_H - T(t_6)](t - t_6) \tag{2.3.159}$$

$$\psi_1(t) \approx \psi_1(t_6) + \hat{k}_0 \psi_1(t_3)(t - t_6) \tag{2.3.160}$$

$$\beta = 0, C = 0, \hat{k} = \hat{k}_0, T_R = T_H \tag{2.3.161}$$

式中，

$$T(t_6) \approx T(t_5) + \{C_m T(t_5) + \hat{k}_0[T_H - T(t_5)]\}(t_6 - t_5) \tag{2.3.162}$$

$$\psi_1(t_6) \approx C_m(t_6 - t_5) \tag{2.3.163}$$

在 T_H、T_L、C_M、C_m、$\hat{k}_0$、τ 及 β_M 已知的情况下，牛顿传热规律下给定压比时内可逆热机功率优化最优循环的各分支间断点参数数值解可以由如下方程组求得

$$T(t_6) + \hat{k}_0[T_H - T(t_6)](t_{6'} - t_6) \approx T_h \tag{2.3.164}$$

$$\beta_M + C_1(t_4 - t_{3'}) - C_m(t_5 - t_4) - C_m(t_6 - t_5) = 0 \tag{2.3.165}$$

$$C_m(t_6 - t_5) + \hat{k}_0 C_m(t_6 - t_5)(t_{6'} - t_6) \approx \frac{T_H - T_h}{T_H} \tag{2.3.166}$$

$$T(t_6) \approx T(t_5) + \left\{ C_m T(t_5) + \hat{k}_0 \left[T_H - T(t_5) \right] \right\}(t_6 - t_5) \tag{2.3.167}$$

$$T(t_5) \approx T_1 + [C_m T_1 + \hat{k}_0(T_L - T_1)](t_5 - t_4) \tag{2.3.168}$$

$$-C_M(t_3 - t_2) - \hat{k}_0 C_M(t_3 - t_2)(t_{3'} - t_3) \approx \frac{T_L - T_1}{T_L} \tag{2.3.169}$$

$$\beta_M + C_1(t_4 - t_{3'}) - C_m(t_5 - t_4) - C_m(t_6 - t_5) = 0 \tag{2.3.170}$$

$$T(t_3) \approx T(t_2) + \left\{ -C_M T(t_2) + \hat{k}_0 \left[T_L - T(t_2) \right] \right\}(t_3 - t_2) \tag{2.3.171}$$

$$T(t_2) \approx T_h + [-C_M T_h + \hat{k}_0(T_H - T_h)](t_2 - t_1) \tag{2.3.172}$$

$$t_2 - t_1 \approx \frac{T_H - T_h}{C_M T_h + \hat{k}_0(T_h - T_H)} \tag{2.3.173}$$

$$t_5 - t_4 \approx \frac{T_1 - T_L}{C_m T_1 - \hat{k}_0(T_1 - T_L)} \tag{2.3.174}$$

$$t_1 + (t_2 - t_1) + (t_3 - t_2) + (t_{3'} - t_3) + (t_4 - t_{3'}) + (t_5 - t_4) + (t_6 - t_5)$$
$$+ (t_{6'} - t_6) = \tau \tag{2.3.175}$$

$$T(t_{6'}) = T(t_1) = T_h \tag{2.3.176}$$

$$T(t_{3'}) = T(t_4) = T_1 \tag{2.3.177}$$

$$\frac{(T_H - T_h)^2}{T_H} = \frac{(T_L - T_1)^2}{T_L} \tag{2.3.178}$$

$$\frac{T_h^2}{T_H} = \frac{T_1^2}{T_L} \tag{2.3.179}$$

$$C_h = \frac{\hat{k}_0(T_H - T_h)}{T_h} \tag{2.3.180}$$

$$C_1 = \frac{\hat{k}_0(T_L - T_1)}{T_1} \tag{2.3.181}$$

2. 数值算例

设内可逆热机内含有 1kg 理想气体工质，取 $T_H = 1000K$，$T_L = 400K$，$C_M = 100s^{-1}$，$C_m = 100s^{-1}$，$\hat{k}_0 = 20kg/s$，$C_V = 5kJ/(kg \cdot K)$。表 2.9 给出了牛顿传热规律下 β_M 变化时各分支的过程时间、各转换点处状态变量的值和相应的最大循环平均功率 P 以及效率 η，图 2.20 为牛顿传热规律下 $\beta_M = 1$ 时功率优化的最优构型中状态变量随时间的变化图，图 2.21 为相应的不给定压比约束时功率优化的最优构型中状态变量随时间的变化图；图 2.22 为牛顿传热规律下 $\beta_M = 1$ 时功率优化最优构型的八分支循环图，图 2.23 为相应的不给定压比约束时功率优化最优构型的六分支循环图。

在本算例中，最优构型也具有上述线性唯象传热规律下给定压比时功率优化的最优构型的基本特点，随着 β_M 的增加，最大平均功率 P、效率 η 和两个等温分支的过程时间都递增，相应的 4_L 等容分支的过程时间递减，而 β_M 的变化对于其余各个分支的过程时间、转换点处的工质温度的影响并不大，其功率也较未给定压比约束的情况(见 2.2.3.2 节)有明显的降低。与文献[248]的结果相比较，也可以发现它们是吻合的。

表 2.9　牛顿传热规律下 β_M 变化时的各对应值

$T_H = 1000K$，$T_L = 400K$，$C_M = 100s^{-1}$，$C_m = 100s^{-1}$，$C_V = 5kJ/(kg \cdot K)$，$\hat{k}_0 = 20kg/s$，$\tau = 1s$

参数	$\beta_M = 0.8$			$\beta_M = 1$			$\beta_M = 1.2$		
	$\Delta t/s$	T/K	β	$\Delta t/s$	T/K	β	$\Delta t/s$	T/K	β
t_1	0.1213	816.22	0.5463	0.1653	816.22	0.7442	0.2091	816.22	0.9414
t_2	0.0024	632.46	0.7821	0.0024	632.46	0.9799	0.0024	632.46	1.1771
t_3	0.0002	620.31	0.8	0.0002	618.83	1	0.0002	616.94	1.2
$t_{3'}$	0.7622	516.23	0.8	0.6739	516.23	1	0.5856	516.23	1.2
t_4	0.0943	516.23	0.3753	0.1387	516.23	0.3753	0.1831	516.23	0.3753
t_5	0.0024	632.46	0.1395	0.0024	632.46	0.1395	0.0024	632.46	0.1395
t_6	0.0014	730.97	0	0.0014	730.97	0	0.0014	730.97	0
$t_{6'}$	0.0158	816.23	0	0.0158	816.23	0	0.0158	816.23	0
P	890.70 kW			1188.6 kW			1485.8 kW		
η	0.3302			0.3391			0.3447		

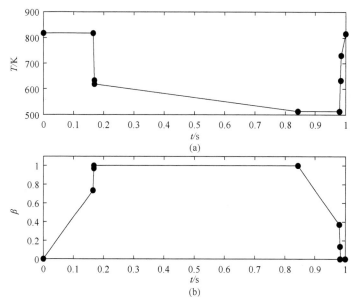

图 2.20   牛顿传热规律下给定压比 $(\beta_M = 1)$ 时功率优化的最优
构型中状态变量随时间变化图

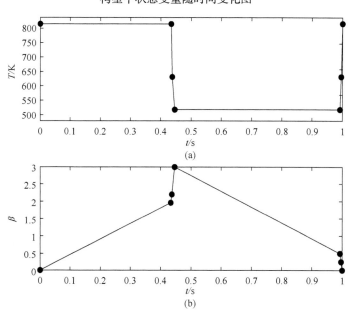

图 2.21   牛顿传热规律下未给定压比时功率优化的最优
构型中状态变量随时间变化图

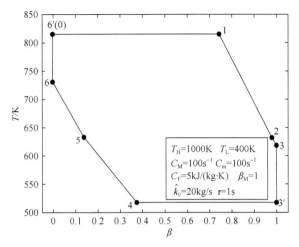

图 2.22　牛顿传热规律下给定压比 $(\beta_M = 1)$ 时功率优化最优构型的八分支循环图

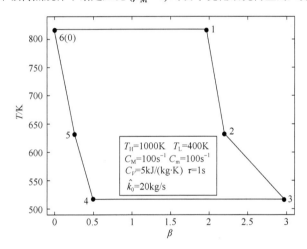

图 2.23　牛顿传热规律下未给定压比时功率优化最优构型的六分支循环图

2.3.3.3　平方传热规律下的最优构型

平方传热规律下，传热指数 $n = 2$，符号函数 $\mathrm{sign}(n) = 1$。

1. 方程组

平方传热规律下给定压比时内可逆热机功率优化最优循环中各个分支协态与状态变量的表达式如下。

对 $0 \leqslant t \leqslant t_1$，

$$T = T_h, C = C_h, \beta = C_h t, \hat{k} = \hat{k}_0, T_R = T_H \tag{2.3.182}$$

$$\psi_1 = (T_H^2 - T_h^2)/(T_h^2 + T_H^2), \psi_2 = -2T_h^3/(T_h^2 + T_H^2) \tag{2.3.183}$$

对 $t_1 \leqslant t \leqslant t_2$,

$$T(t) \approx T_h + [-C_M T_h + \hat{k}_0(T_H^2 - T_h^2)](t - t_1) \tag{2.3.184}$$

$$\psi_1(t) \approx \frac{T_H^2 - T_h^2}{T_h^2 + T_H^2} + \left[\frac{2C_M T_h^2 + 2\hat{k}_0(T_H^2 - T_h^2)T_h}{T_h^2 + T_H^2}\right](t - t_1) \tag{2.3.185}$$

$$\beta = C_M(t - t_1) + C_h t_1, C = C_M, \hat{k} = \hat{k}_0, T_R = T_H \tag{2.3.186}$$

对 $t_2 \leqslant t \leqslant t_3$,

$$T(t) \approx T(t_2) + \{-C_M T(t_2) + \hat{k}_0[T_L^2 - T^2(t_2)]\}(t - t_2) \tag{2.3.187}$$

$$\psi_1(t) \approx \psi_1(t_2) + \{-C_M[1 - \psi_1(t_2)] + 2\hat{k}_0\psi_1(t_2)T(t_2)\}(t - t_2) \tag{2.3.188}$$

$$\beta = C_M(t - t_1) + C_h t_1, C = C_M, \hat{k} = \hat{k}_0, T_R = T_L \tag{2.3.189}$$

式中,

$$T(t_2) \approx T_h + [-C_M T_h + \hat{k}_0(T_H^2 - T_h^2)](t_2 - t_1) \tag{2.3.190}$$

$$\psi_1(t_2) \approx 0 \tag{2.3.191}$$

对 $t_3 \leqslant t \leqslant t_{3'}$,

$$T(t) \approx T(t_3) + \hat{k}_0[T_L^2 - T^2(t_3)](t - t_3) \tag{2.3.192}$$

$$\psi_1(t) \approx \psi_1(t_3) + \hat{k}_0\psi_1(t_3)T(t_3)(t - t_3) \tag{2.3.193}$$

$$\beta = \beta_M, C = 0, \hat{k} = \hat{k}_0, T_R = T_L \tag{2.3.194}$$

式中,

$$T(t_3) \approx T(t_2) + \{-C_M T(t_2) + \hat{k}_0[T_L^2 - T^2(t_2)]\}(t_3 - t_2) \tag{2.3.195}$$

$$\psi_1(t_3) \approx -C_M(t_3 - t_2) \tag{2.3.196}$$

对 $t_{3'} \leqslant t \leqslant t_4$,

$$T = T_1, C = C_1, \beta = \beta_M + C_1(t - t_{3'}), \hat{k} = \hat{k}_0, T_R = T_L \tag{2.3.197}$$

$$\psi_1 = (T_L^2 - T_1^2)/(T_1^2 + T_L^2), \psi_2 = -2T_1^3/(T_1^2 + T_L^2) \tag{2.3.198}$$

对 $t_4 \leqslant t \leqslant t_5$，

$$T(t) \approx T_1 + [C_m T_1 + \hat{k}_0(T_L^2 - T_1^2)](t - t_4) \tag{2.3.199}$$

$$\psi_1(t) \approx \frac{T_L^2 - T_1^2}{T_1^2 + T_L^2} - \left[\frac{-2C_m T_1^n + 2\hat{k}_0(T_1^2 - T_L^2)T_1}{T_1^2 + T_L^2} \right](t - t_4) \tag{2.3.200}$$

$$\beta = \beta_M + C_1(t_4 - t_{3'}) - C_m(t - t_4), C = -C_m, \hat{k} = \hat{k}_0, T_R = T_L \tag{2.3.201}$$

对 $t_5 \leqslant t \leqslant t_6$，

$$T(t) \approx T(t_5) + \{C_m T(t_5) + \hat{k}_0[T_H^2 - T^2(t_5)]\}(t - t_5) \tag{2.3.202}$$

$$\psi_1(t) \approx \psi_1(t_5) + \{C_m[1 - \psi_1(t_5)] + 2\hat{k}_0 \psi_1(t_5)T(t_5)\}(t - t_5) \tag{2.3.203}$$

$$\beta = \beta_M + C_1(t_4 - t_{3'}) - C_m(t - t_4), C = -C_m, \hat{k} = \hat{k}_0, T_R = T_H \tag{2.3.204}$$

式中，

$$T(t_5) \approx T_1 + [C_m T_1 + \hat{k}_0(T_L^2 - T_1^2)](t_5 - t_4) \tag{2.3.205}$$

$$\psi_1(t_5) \approx 0 \tag{2.3.206}$$

对 $t_6 \leqslant t \leqslant t_{6'} = \tau$，

$$T(t) \approx T(t_6) + \hat{k}_0[T_H^2 - T^2(t_6)](t - t_6) \tag{2.3.207}$$

$$\psi_1(t) \approx \psi_1(t_6) + 2\hat{k}_0 \psi_1(t_3)T(t_6)(t - t_6) \tag{2.3.208}$$

$$\beta = 0, C = 0, \hat{k} = \hat{k}_0, T_R = T_H \tag{2.3.209}$$

式中，

$$T(t_6) \approx T(t_5) + \{C_m T(t_5) + \hat{k}_0[T_H^2 - T^2(t_5)]\}(t_6 - t_5) \tag{2.3.210}$$

$$\psi_1(t_6) \approx C_m(t_6 - t_5) \tag{2.3.211}$$

在 T_H、T_L、C_M、C_m、$\hat{k}_0$、τ 及 β_M 已知的情况下，平方传热规律下给定压比时内可逆热机功率优化最优循环的各分支间断点参数数值解可以由如下方程组求得

$$T(t_6) + \hat{k}_0[T_H^2 - T^2(t_6)](t_{6'} - t_6) \approx T_h \qquad (2.3.212)$$

$$\beta_M + C_1(t_4 - t_{3'}) - C_m(t_5 - t_4) - C_m(t_6 - t_5) = 0 \qquad (2.3.213)$$

$$C_m(t_6 - t_5) + 2\hat{k}_0 C_m(t_6 - t_5)T(t_6)(t_{6'} - t_6) \approx \frac{T_H^2 - T_h^2}{T_h^2 + T_H^2} \qquad (2.3.214)$$

$$T(t_6) \approx T(t_5) + \left\{ C_m T(t_5) + \hat{k}_0 \left[T_H^2 - T^2(t_5) \right] \right\}(t_6 - t_5) \qquad (2.3.215)$$

$$T(t_5) \approx T_1 + [C_m T_1 + \hat{k}_0(T_L^2 - T_1^2)](t_5 - t_4) \qquad (2.3.216)$$

$$-C_M(t_3 - t_2) - 2\hat{k}_0 C_M(t_3 - t_2)T(t_3)(t_{3'} - t_3) \approx \frac{T_L^2 - T_1^2}{T_1^2 + T_L^2} \qquad (2.3.217)$$

$$\beta_M + C_1(t_4 - t_{3'}) - C_m(t_5 - t_4) - C_m(t_6 - t_5) = 0 \qquad (2.3.218)$$

$$T(t_3) \approx T(t_2) + \left\{ -C_M T(t_2) + \hat{k}_0 \left[T_L^2 - T^2(t_2) \right] \right\}(t_3 - t_2) \qquad (2.3.219)$$

$$T(t_2) \approx T_h + [-C_M T_h + \hat{k}_0(T_H^2 - T_h^2)](t_2 - t_1) \qquad (2.3.220)$$

$$t_2 - t_1 \approx \frac{T_H^2 - T_h^2}{2C_M T_h^2 + 2\hat{k}_0 T_h(T_h^2 - T_H^2)} \qquad (2.3.221)$$

$$t_5 - t_4 \approx \frac{T_1^2 - T_L^2}{2C_m T_1^2 - 2\hat{k}_0 T_1(T_1^2 - T_L^2)} \qquad (2.3.222)$$

$$t_1 + (t_2 - t_1) + (t_3 - t_2) + (t_{3'} - t_3) + (t_4 - t_{3'}) + (t_5 - t_4) + (t_6 - t_5)$$
$$+ (t_{6'} - t_6) = \tau \qquad (2.3.223)$$

$$T(t_{6'}) = T(t_1) = T_h \qquad (2.3.224)$$

$$T(t_{3'}) = T(t_4) = T_1 \qquad (2.3.225)$$

$$\frac{(T_H^2 - T_h^2)^2}{T_H^2 + T_h^2} = \frac{(T_L^2 - T_1^2)^2}{T_L^2 + T_1^2} \qquad (2.3.226)$$

$$\frac{T_h^3}{T_H^2 + T_h^2} = \frac{T_1^3}{T_L^2 + T_1^2} \qquad (2.3.227)$$

$$C_h = \frac{\hat{k}_0(T_H^2 - T_h^2)}{T_h} \tag{2.3.228}$$

$$C_l = \frac{\hat{k}_0(T_L^2 - T_l^2)}{T_l} \tag{2.3.229}$$

2. 数值算例

设内可逆热机内含有 1kg 理想气体工质，取 $T_H = 1000K$，$T_L = 400K$，$C_M = 8s^{-1}$，$C_m = 8s^{-1}$，$\hat{k}_0 = 10^{-2} kg/(K \cdot s)$，$C_V = 5kJ/(kg \cdot K)$。表 2.10 给出了平方传热规律下 β_M 变化时各分支的过程时间、各转换点处状态变量的值和相应的最大循环平均功率 P 以及效率 η，图 2.24 为平方传热规律下 $\beta_M = 1$ 时功率优化的最优构型中状态变量随时间的变化图，图 2.25 为相应的不给定压比约束时功率优化的最优构型中状态变量随时间的变化图；图 2.26 为平方传热规律下 $\beta_M = 1$ 时功率优化最优构型的八分支循环图，图 2.27 为相应的不给定压比约束时功率优化最优构型的六分支循环图。

在本算例中，其最优构型也具有上述线性唯象和牛顿传热规律下给定压比时功率优化的最优构型的基本特点，随着 β_M 的增加，功率 P、效率 η 和两个等温分支的过程时间都递增，其功率也较未给定压比约束的情况（见 2.2.3.3 节）有明显的降低。

表 2.10　平方传热规律下 β_M 变化时的各对应值

$T_H = 1000K$，$T_L = 400K$，$C_M = 8s^{-1}$，$C_m = 8s^{-1}$，$C_V = 5kJ/(kg \cdot K)$，$\hat{k}_0 = 10^{-2} kg/(K \cdot s)$，$\tau = 1s$

参数	$\beta_M = 0.8$			$\beta_M = 1$			$\beta_M = 1.2$		
	$\Delta t/s$	T/K	β	$\Delta t/s$	T/K	β	$\Delta t/s$	T/K	β
t_1	0.1407	852.32	0.4515	0.2006	852.32	0.6437	0.2586	852.32	0.8300
t_2	0.0393	691.85	0.7659	0.0393	692.019	0.9578	0.0393	691.85	1.1444
t_3	0.0043	654.66	0.8	0.0047	650.60	1	0.0069	631.52	1.2
$t_{3'}$	0.6218	549.01	0.8	0.4761	549.01	1	0.3451	549.01	1.2
t_4	0.1271	549.01	0.4725	0.2028	549.01	0.4776	0.2827	549.01	0.4718
t_5	0.0432	677.81	0.1266	0.0427	676.29	0.1356	0.0432	677.78	0.1259
t_6	0.0158	849.21	0	0.0159	848.57	0	0.0158	848.49	0
$t_{6'}$	0.0011	852.32	0	0.0014	852.32	0	0.0014	852.32	0
P	809.17 kW			1117.0 kW			1393.0 kW		
η	0.2642			0.2873			0.2977		

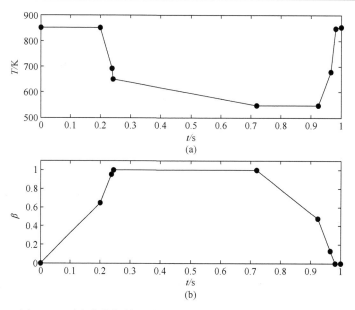

图 2.24　平方传热规律下给定压比 $(\beta_M = 1)$ 时功率优化的最优
构型中状态变量随时间变化图

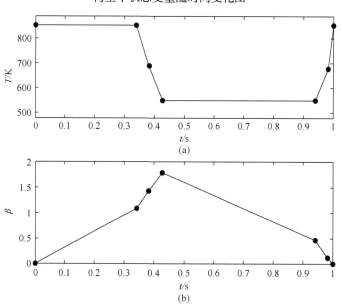

图 2.25　平方传热规律下未给定压比时功率优化的最优
构型中状态变量随时间变化图

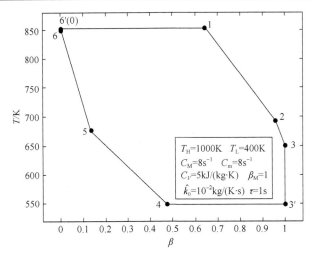

图 2.26　平方传热规律下给定压比 $(\beta_{\mathrm{M}}=1)$ 时功率优化最优构型的八分支循环图

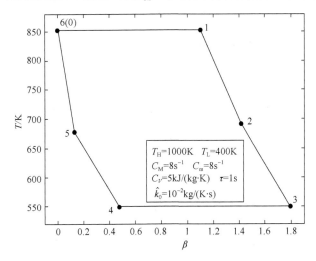

图 2.27　平方传热规律下未给定压比时功率优化最优构型的六分支循环图

2.3.3.4　立方传热规律下的最优构型

立方传热规律下，传热指数 $n=3$，符号函数 $\mathrm{sign}(n)=1$。

1. 方程组

立方传热规律下给定压比时内可逆热机功率优化最优循环中各个分支协态与状态变量的表达式如下。

对 $0 \leqslant t \leqslant t_1$，

$$T = T_{\mathrm{h}}, C = C_{\mathrm{h}}, \beta = C_{\mathrm{h}}t, \hat{k} = \hat{k}_0, T_{\mathrm{R}} = T_{\mathrm{H}} \tag{2.3.230}$$

$$\psi_1 = (T_H^3 - T_h^3) / (2T_h^3 + T_H^3), \psi_2 = -3T_H^4 / (2T_h^3 + T_H^3) \tag{2.3.231}$$

对 $t_1 \leqslant t \leqslant t_2$,

$$T(t) \approx T_h + [-C_M T_h + \hat{k}_0 (T_H^3 - T_h^3)](t - t_1) \tag{2.3.232}$$

$$\psi_1(t) \approx \frac{T_H^3 - T_h^3}{2T_h^3 + T_H^3} - \frac{3C_M T_h^3 + 3\hat{k}_0 (T_H^3 - T_h^3) T_h^2}{2T_h^3 + T_H^3}(t - t_1) \tag{2.3.233}$$

$$\beta = C_M(t - t_1) + C_h t_1, C = C_M, \hat{k} = \hat{k}_0, T_R = T_H \tag{2.3.234}$$

对 $t_2 \leqslant t \leqslant t_3$,

$$T(t) \approx T(t_2) + \{-C_M T(t_2) + \hat{k}_0 [T_L^3 - T^3(t_2)]\}(t - t_2) \tag{2.3.235}$$

$$\psi_1(t) \approx \psi_1(t_2) + \{-C_M [1 - \psi_1(t_2)] + 3\hat{k}_0 \psi_1(t_2) T^2(t_2)\}(t - t_2) \tag{2.3.236}$$

$$\beta = C_M(t - t_1) + C_h t_1, C = C_M, \hat{k} = \hat{k}_0, T_R = T_L \tag{2.3.237}$$

式中,

$$T(t_2) \approx T_h + [-C_M T_h + \hat{k}_0 (T_H^3 - T_h^3)](t_2 - t_1) \tag{2.3.238}$$

$$\psi_1(t_2) \approx 0 \tag{2.3.239}$$

对 $t_3 \leqslant t \leqslant t_{3'}$,

$$T(t) \approx T(t_3) + \hat{k}_0 [T_L^3 - T^3(t_3)](t - t_3) \tag{2.3.240}$$

$$\psi_1(t) \approx \psi_1(t_3) + 3\hat{k}_0 \psi_1(t_3) T^2(t_3)(t - t_3) \tag{2.3.241}$$

$$\beta = \beta_M, C = 0, \hat{k} = \hat{k}_0, T_R = T_L \tag{2.3.242}$$

式中,

$$T(t_3) \approx T(t_2) + \{-C_M T(t_2) + \hat{k}_0 [T_L^3 - T^3(t_2)]\}(t_3 - t_2) \tag{2.3.243}$$

$$\psi_1(t_3) \approx -C_M(t_3 - t_2) \tag{2.3.244}$$

对 $t_{3'} \leqslant t \leqslant t_4$,

$$T - T_1, C = C_1, \beta = \beta_M + C_1(t - t_{3'}), \hat{k} = \hat{k}_0, T_R = T_L \tag{2.3.245}$$

$$\psi_1 = (T_L^3 - T_1^3)\big/(2T_1^3 + T_L^3), \psi_2 = -3T_1^4\big/(2T_1^3 + T_L^3) \tag{2.3.246}$$

对 $t_4 \leqslant t \leqslant t_5$ ，

$$T(t) \approx T_1 + [C_m T_1 + \hat{k}_0(T_L^3 - T_1^3)](t - t_4) \tag{2.3.247}$$

$$\psi_1(t) \approx \frac{T_L^3 - T_1^3}{2T_1^3 + T_L^3} - \frac{-3C_m T_1^3 + 3\hat{k}_0(T_1^3 - T_L^3)T_1^2}{2T_1^3 + T_L^3}(t - t_4) \tag{2.3.248}$$

$$\beta = \beta_M + C_1(t_4 - t_{3'}) - C_m(t - t_4), C = -C_m, \hat{k} = \hat{k}_0, T_R = T_L \tag{2.3.249}$$

对 $t_5 \leqslant t \leqslant t_6$ ，

$$T(t) \approx T(t_5) + \{C_m T(t_5) + \hat{k}_0[T_H^3 - T^3(t_5)]\}(t - t_5) \tag{2.3.250}$$

$$\psi_1(t) \approx \psi_1(t_5) + \{C_m[1 - \psi_1(t_5)] + 3\hat{k}_0\psi_1(t_5)T^2(t_5)\}(t - t_5) \tag{2.3.251}$$

$$\beta = \beta_M + C_1(t_4 - t_{3'}) - C_m(t - t_4), C = -C_m, \hat{k} = \hat{k}_0, T_R = T_H \tag{2.3.252}$$

式中，

$$T(t_5) \approx T_1 + [C_m T_1 + \hat{k}_0(T_L^3 - T_1^3)](t_5 - t_4) \tag{2.3.253}$$

$$\psi_1(t_5) \approx 0 \tag{2.3.254}$$

对 $t_6 \leqslant t \leqslant t_{6'} = \tau$ ，

$$T(t) \approx T(t_6) + \hat{k}_0[T_H^3 - T^3(t_6)](t - t_6) \tag{2.3.255}$$

$$\psi_1(t) \approx \psi_1(t_6) + 3\hat{k}_0\psi_1(t_3)T^2(t_6)(t - t_6) \tag{2.3.256}$$

$$\beta = 0, C = 0, \hat{k} = \hat{k}_0, T_R = T_H \tag{2.3.257}$$

式中，

$$T(t_6) \approx T(t_5) + \{C_m T(t_5) + \hat{k}_0[T_H^3 - T^3(t_5)]\}(t_6 - t_5) \tag{2.3.258}$$

$$\psi_1(t_6) \approx C_m(t_6 - t_5) \tag{2.3.259}$$

在 T_H、T_L、C_M、C_m、$\hat{k}_0$、τ 及 β_M 已知的情况下，立方传热规律下给定压比时内可逆热机功率优化最优循环的各分支间断点参数数值解可以由如下方程组求得

$$T(t_6) + \hat{k}_0[T_H^3 - T^3(t_6)](t_{6'} - t_6) \approx T_h \tag{2.3.260}$$

$$\beta_M + C_1(t_4 - t_{3'}) - C_m(t_5 - t_4) - C_m(t_6 - t_5) = 0 \tag{2.3.261}$$

$$C_m(t_6 - t_5) + 3\hat{k}_0 C_m(t_6 - t_5)T^2(t_6)(t_{6'} - t_6) \approx \frac{T_H^3 - T_h^3}{2T_h^3 + T_H^3} \tag{2.3.262}$$

$$T(t_6) \approx T(t_5) + \left\{ C_m T(t_5) + \hat{k}_0 \left[T_H^3 - T^3(t_5) \right] \right\}(t_6 - t_5) \tag{2.3.263}$$

$$T(t_5) \approx T_1 + [C_m T_1 + \hat{k}_0(T_L^3 - T_1^3)](t_5 - t_4) \tag{2.3.264}$$

$$-C_M(t_3 - t_2) - 3\hat{k}_0 C_M(t_3 - t_2)T^2(t_3)(t_{3'} - t_3) \approx \frac{T_L^3 - T_1^3}{2T_1^3 + T_L^3} \tag{2.3.265}$$

$$\beta_M + C_1(t_4 - t_{3'}) - C_m(t_5 - t_4) - C_m(t_6 - t_5) = 0 \tag{2.3.266}$$

$$T(t_3) \approx T(t_2) + \left\{ -C_M T(t_2) + \hat{k}_0 \left[T_L^3 - T^3(t_2) \right] \right\}(t_3 - t_2) \tag{2.3.267}$$

$$T(t_2) \approx T_h + [-C_M T_h + \hat{k}_0(T_H^3 - T_h^3)](t_2 - t_1) \tag{2.3.268}$$

$$t_2 - t_1 \approx \frac{T_H^3 - T_h^3}{3C_M T_h^3 + 3\hat{k}_0 T_h^2(T_H^3 - T_H^3)} \tag{2.3.269}$$

$$t_5 - t_4 \approx \frac{T_1^3 - T_L^3}{3C_m T_1^3 - 3\hat{k}_0 T_1^2(T_1^3 - T_L^3)} \tag{2.3.270}$$

$$t_1 + (t_2 - t_1) + (t_3 - t_2) + (t_{3'} - t_3) + (t_4 - t_{3'}) + (t_5 - t_4) + (t_6 - t_5) \\ + (t_{6'} - t_6) = \tau \tag{2.3.271}$$

$$T(t_{6'}) = T(t_1) = T_h \tag{2.3.272}$$

$$T(t_{3'}) = T(t_4) = T_1 \tag{2.3.273}$$

$$\frac{(T_H^3 - T_h^3)^2}{T_H^3 + 2T_h^3} = \frac{(T_L^3 - T_1^3)^2}{T_L^3 + 2T_1^3} \tag{2.3.274}$$

$$\frac{3T_h^4}{T_H^3 + 2T_h^3} = \frac{3T_1^4}{T_L^3 + 2T_1^3} \tag{2.3.275}$$

$$C_h = \frac{\hat{k}_0 (T_H^3 - T_h^3)}{T_h} \qquad (2.3.276)$$

$$C_l = \frac{\hat{k}_0 (T_L^3 - T_l^3)}{T_l} \qquad (2.3.277)$$

2. 数值算例

设内可逆热机内含有 1kg 理想气体工质，取 $T_H = 1000\mathrm{K}$，$T_L = 400\mathrm{K}$，$C_M = 100\mathrm{s}^{-1}$，$C_m = 100\mathrm{s}^{-1}$，$\hat{k}_0 = 10^{-5}\,\mathrm{kg/(K^2 \cdot s)}$，$C_V = 5\mathrm{kJ/(kg \cdot K)}$。表 2.11 给出了立方传热规律下 β_M 变化时各分支的过程时间、各转换点处状态变量的值和相应的最大循环平均功率 P 以及效率 η，图 2.28 为立方传热规律下 $\beta_M = 1$ 时功率优化的最优构型中状态变量随时间的变化图，图 2.29 为相应的不给定压比约束时功率优化的最优构型中状态变量随时间的变化图；图 2.30 为立方传热规律下 $\beta_M = 1$ 时功率优化最优构型的八分支循环图，图 2.31 为相应的不给定压比约束时功率优化最优构型的六分支循环图。

在本算例中，其最优构型也具有上述线性唯象、牛顿和平方传热规律下给定压比时功率优化的最优构型的基本特点，随着 β_M 的增加，功率 P、效率 η 和两个等温分支的过程时间都递增，相应的 4_L 等容分支的过程时间递减，其功率也较未给定压比约束的情况（见 2.2.3.4 节）有明显的降低。

表 2.11　立方传热规律下 β_M 变化时的各对应值

$T_H = 1000\mathrm{K}$，$T_L = 400\mathrm{K}$，$C_M = 100\mathrm{s}^{-1}$，$C_m = 100\mathrm{s}^{-1}$，$C_V = 5\mathrm{kJ/(kg \cdot K)}$，$\hat{k}_0 = 10^{-5}\,\mathrm{kg/(K^2 \cdot s)}$，$\tau = 1\mathrm{s}$

参数	$\beta_M = 0.8$			$\beta_M = 1$			$\beta_M = 1.2$		
	$\Delta t/\mathrm{s}$	T/K	β	$\Delta t/\mathrm{s}$	T/K	β	$\Delta t/\mathrm{s}$	T/K	β
t_1	0.1717	881.59	0.6133	0.2256	881.59	0.8056	0.2779	881.59	0.9924
t_2	0.0016	746.56	0.7721	0.0016	746.56	0.9644	0.0016	746.56	1.1513
t_3	0.0003	724.75	0.8	0.0004	718.76	1	0.0005	708.46	1.2
$t_{3'}$	0.6124	589.34	0.8	0.4747	589.34	1	0.3385	589.34	1.2
t_4	0.1944	589.34	0.3358	0.2782	589.34	0.3358	0.3620	589.34	0.3358
t_5	0.0023	724.37	0.1011	0.0023	724.37	0.1011	0.0023	724.37	0.1011
t_6	0.0010	803.88	0	0.0010	803.88	0	0.0010	803.88	0
$t_{6'}$	0.0162	881.59	0	0.0162	881.59	0	0.0162	881.59	0
P	927.42 kW			1213.5 kW			1494.7 kW		
η	0.2999			0.3080			0.3138		

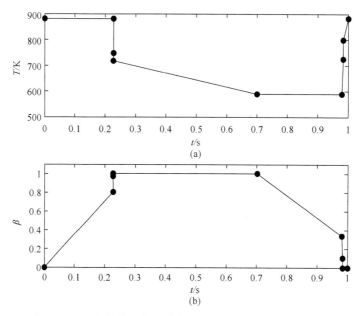

图 2.28 立方传热规律下给定压比 ($\beta_M = 1$) 时功率优化的
最优构型中状态变量随时间变化图

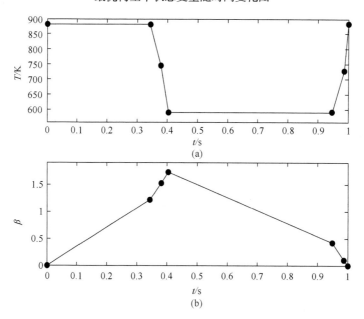

图 2.29 立方传热规律下未给定压比时功率优化的
最优构型中状态变量随时间变化图

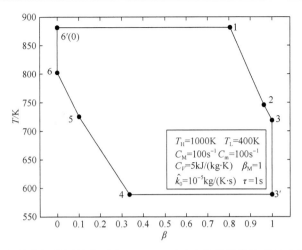

图 2.30　立方传热规律下给定压比 ($\beta_M = 1$) 时功率优化最优构型的八分支循环图

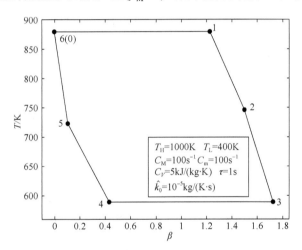

图 2.31　立方传热规律下未给定压比时功率优化最优构型的六分支循环图

2.3.3.5　辐射传热规律下的最优构型

辐射传热规律下，传热指数 $n = 4$，符号函数 $\mathrm{sign}(n) = 1$。

1. 方程组

辐射传热规律下给定压比时内可逆热机功率优化最优循环中各个分支协态与状态变量的表达式如下。

对 $0 \leqslant t \leqslant t_1$，

$$T = T_\mathrm{h}, C = C_\mathrm{h}, \beta = C_\mathrm{h}t, \hat{k} = \hat{k}_0, T_\mathrm{R} = T_\mathrm{H} \tag{2.3.278}$$

$$\psi_1 = (T_{\mathrm{H}}^4 - T_{\mathrm{h}}^4)\big/(3T_{\mathrm{h}}^4 + T_{\mathrm{H}}^4), \psi_2 = -4T_{\mathrm{h}}^5\big/(3T_{\mathrm{h}}^4 + T_{\mathrm{H}}^4) \tag{2.3.279}$$

对 $t_1 \leqslant t \leqslant t_2$ ，

$$T(t) \approx T_{\mathrm{h}} + [-C_{\mathrm{M}}T_{\mathrm{h}} + \hat{k}_0(T_{\mathrm{H}}^4 - T_{\mathrm{h}}^4)](t - t_1) \tag{2.3.280}$$

$$\psi_1(t) \approx \frac{T_{\mathrm{H}}^4 - T_{\mathrm{h}}^4}{3T_{\mathrm{h}}^4 + T_{\mathrm{H}}^4} - \left[\frac{4C_{\mathrm{M}}T_{\mathrm{h}}^4 + 4\hat{k}_0(T_{\mathrm{h}}^4 - T_{\mathrm{H}}^4)T_{\mathrm{h}}^3}{3T_{\mathrm{h}}^4 + T_{\mathrm{H}}^4} \right](t - t_1) \tag{2.3.281}$$

$$\beta = C_{\mathrm{M}}(t - t_1) + C_{\mathrm{h}}t_1, C = C_{\mathrm{M}}, \hat{k} = \hat{k}_0, T_{\mathrm{R}} = T_{\mathrm{H}} \tag{2.3.282}$$

对 $t_2 \leqslant t \leqslant t_3$ ，

$$T(t) \approx T(t_2) + \{-C_{\mathrm{M}}T(t_2) + \hat{k}_0[T_{\mathrm{L}}^4 - T^4(t_2)]\}(t - t_2) \tag{2.3.283}$$

$$\psi_1(t) \approx \psi_1(t_2) + \{-C_{\mathrm{M}}[1 - \psi_1(t_2)] + 4\hat{k}_0\psi_1(t_2)T^3(t_2)\}(t - t_2) \tag{2.3.284}$$

$$\beta = C_{\mathrm{M}}(t - t_1) + C_{\mathrm{h}}t_1, C = C_{\mathrm{M}}, \hat{k} = \hat{k}_0, T_{\mathrm{R}} = T_{\mathrm{L}} \tag{2.3.285}$$

式中，

$$T(t_2) \approx T_{\mathrm{h}} + [-C_{\mathrm{M}}T_{\mathrm{h}} + \hat{k}_0(T_{\mathrm{H}}^4 - T_{\mathrm{h}}^4)](t_2 - t_1) \tag{2.3.286}$$

$$\psi_1(t_2) \approx 0 \tag{2.3.287}$$

对 $t_3 \leqslant t \leqslant t_{3'}$ ，

$$T(t) \approx T(t_3) + \hat{k}_0[T_{\mathrm{L}}^4 - T^4(t_3)](t - t_3) \tag{2.3.288}$$

$$\psi_1(t) \approx \psi_1(t_3) + 4\hat{k}_0\psi_1(t_3)T^3(t_3)(t - t_3) \tag{2.3.289}$$

$$\beta = \beta_{\mathrm{M}}, C = 0, \hat{k} = \hat{k}_0, T_{\mathrm{R}} = T_{\mathrm{L}} \tag{2.3.290}$$

式中，

$$T(t_3) \approx T(t_2) + \{-C_{\mathrm{M}}T(t_2) + \hat{k}_0[T_{\mathrm{L}}^4 - T^4(t_2)]\}(t_3 - t_2) \tag{2.3.291}$$

$$\psi_1(t_3) \approx -C_{\mathrm{M}}(t_3 - t_2) \tag{2.3.292}$$

对 $t_{3'} \leqslant t \leqslant t_4$

$$T = T_1, C = C_1, \beta = \beta_{\mathrm{M}} + C_1(t - t_{3'}), \hat{k} = \hat{k}_0, T_{\mathrm{R}} = T_{\mathrm{L}} \tag{2.3.293}$$

$$\psi_1 = (T_L^4 - T_1^4)\big/(3T_1^4 + T_L^4), \psi_2 = -4T_1^5\big/(3T_1^4 + T_L^4) \quad (2.3.294)$$

对 $t_4 \leqslant t \leqslant t_5$,

$$T(t) \approx T_1 + [C_m T_1 + \hat{k}_0 (T_L^4 - T_1^4)](t - t_4) \quad (2.3.295)$$

$$\psi_1(t) \approx \frac{T_L^4 - T_1^4}{3T_1^4 + T_L^4} - \left[\frac{-4C_m T_1^4 + 4\hat{k}_0 (T_1^4 - T_L^4) T_1^3}{3T_1^4 + T_L^4} \right](t - t_4) \quad (2.3.296)$$

$$\beta = \beta_M + C_1(t_4 - t_{3'}) - C_m(t - t_4), C = -C_m, \hat{k} = \hat{k}_0, T_R = T_L \quad (2.3.297)$$

对 $t_5 \leqslant t \leqslant t_6$,

$$T(t) \approx T(t_5) + \{C_m T(t_5) + \hat{k}_0 [T_H^4 - T^4(t_5)]\}(t - t_5) \quad (2.3.298)$$

$$\psi_1(t) \approx \psi_1(t_5) + \{C_m [1 - \psi_1(t_5)] + 4\hat{k}_0 \psi_1(t_5) T^3(t_5)\}(t - t_5) \quad (2.3.299)$$

$$\beta = \beta_M + C_1(t_4 - t_{3'}) - C_m(t - t_4), C = -C_m, \hat{k} = \hat{k}_0, T_R = T_H \quad (2.3.300)$$

式中，

$$T(t_5) \approx T_1 + [C_m T_1 + \hat{k}_0 (T_L^4 - T_1^4)](t_5 - t_4) \quad (2.3.301)$$

$$\psi_1(t_5) \approx 0 \quad (2.3.302)$$

对 $t_6 \leqslant t \leqslant t_{6'} = \tau$,

$$T(t) \approx T(t_6) + \hat{k}_0 [T_H^4 - T^4(t_6)](t - t_6) \quad (2.3.303)$$

$$\psi_1(t) \approx \psi_1(t_6) + 4\hat{k}_0 \psi_1(t_3) T^3(t_6)(t - t_6) \quad (2.3.304)$$

$$\beta = 0, C = 0, \hat{k} = \hat{k}_0, T_R = T_H \quad (2.3.305)$$

式中，

$$T(t_6) \approx T(t_5) + \{C_m T(t_5) + \hat{k}_0 [T_H^4 - T^4(t_5)]\}(t_6 - t_5) \quad (2.3.306)$$

$$\psi_1(t_6) \approx C_m(t_6 - t_5) \quad (2.3.307)$$

在 T_H、T_L、C_M、C_m、$\hat{k}_0$、τ 及 β_M 已知的情况下，辐射传热规律下给定压比时内可逆热机功率优化最优循环的各分支间断点参数数值解可以由如下方程组求得

$$T(t_6) + \hat{k}_0[T_H^4 - T^4(t_6)](t_{6'} - t_6) \approx T_h \tag{2.3.308}$$

$$\beta_M + C_1(t_4 - t_{3'}) - C_m(t_5 - t_4) - C_m(t_6 - t_5) = 0 \tag{2.3.309}$$

$$C_m(t_6 - t_5) + 4\hat{k}_0 C_m(t_6 - t_5)T^3(t_6)(t_{6'} - t_6) \approx \frac{T_H^4 - T_h^4}{3T_h^4 + T_H^4} \tag{2.3.310}$$

$$T(t_6) \approx T(t_5) + \left\{ C_m T(t_5) + \hat{k}_0 \left[T_H^4 - T^4(t_5) \right] \right\}(t_6 - t_5) \tag{2.3.311}$$

$$T(t_5) \approx T_1 + [C_m T_1 + \hat{k}_0(T_L^4 - T_1^4)](t_5 - t_4) \tag{2.3.312}$$

$$-C_M(t_3 - t_2) - 4\hat{k}_0 C_M(t_3 - t_2)T^3(t_3)(t_{3'} - t_3) \approx \frac{T_L^4 - T_1^4}{3T_1^4 + T_L^4} \tag{2.3.313}$$

$$\beta_M + C_1(t_4 - t_{3'}) - C_m(t_5 - t_4) - C_m(t_6 - t_5) = 0 \tag{2.3.314}$$

$$T(t_3) \approx T(t_2) + \left\{ -C_M T(t_2) + \hat{k}_0 \left[T_L^4 - T^4(t_2) \right] \right\}(t_3 - t_2) \tag{2.3.315}$$

$$T(t_2) \approx T_h + [-C_M T_h + \hat{k}_0(T_H^4 - T_h^4)](t_2 - t_1) \tag{2.3.316}$$

$$t_2 - t_1 \approx \frac{T_H^4 - T_h^4}{4C_M T_h^4 + 4\hat{k}_0 T_h^3(T_h^4 - T_H^4)} \tag{2.3.317}$$

$$t_5 - t_4 \approx \frac{T_1^4 - T_L^4}{4C_m T_1^4 - 4\hat{k}_0 T_1^3(T_1^4 - T_L^4)} \tag{2.3.318}$$

$$t_1 + (t_2 - t_1) + (t_3 - t_2) + (t_{3'} - t_3) + (t_4 - t_{3'}) + (t_5 - t_4) + (t_6 - t_5) + (t_{6'} - t_6) = \tau \tag{2.3.319}$$

$$T(t_{6'}) = T(t_1) = T_h \tag{2.3.320}$$

$$T(t_{3'}) = T(t_4) = T_1 \tag{2.3.321}$$

$$\frac{(T_H^4 - T_h^4)^2}{T_H^4 + 3T_h^4} = \frac{(T_L^4 - T_1^4)^2}{T_L^4 + 3T_1^4} \tag{2.3.322}$$

$$\frac{T_h^5}{T_H^4 + 3T_h^4} = \frac{T_1^5}{T_L^4 + 3T_1^4} \tag{2.3.323}$$

$$C_{\mathrm{h}} = \frac{\hat{k}_0(T_{\mathrm{H}}^4 - T_{\mathrm{h}}^4)}{T_{\mathrm{h}}} \tag{2.3.324}$$

$$C_{\mathrm{l}} = \frac{\hat{k}_0(T_{\mathrm{L}}^4 - T_{\mathrm{l}}^4)}{T_{\mathrm{l}}} \tag{2.3.325}$$

2. 数值算例

设内可逆热机内含有 1kg 理想气体工质，取 $T_{\mathrm{H}} = 1000\mathrm{K}$，$T_{\mathrm{L}} = 400\mathrm{K}$，$C_{\mathrm{M}} = 8\mathrm{s}^{-1}$，$C_{\mathrm{m}} = 5\mathrm{s}^{-1}$，$\hat{k}_0 = 10^{-8}\,\mathrm{kg}/(\mathrm{K}^3 \cdot \mathrm{s})$，$C_V = 5\mathrm{kJ}/(\mathrm{kg} \cdot \mathrm{K})$。表 2.12 给出了辐射传热规律下 β_{M} 变化时各分支的过程时间、各转换点处状态变量的值和相应的最大循环平均功率 P 以及效率 η，图 2.32 为辐射传热规律下 $\beta_{\mathrm{M}} = 1$ 时功率优化的最优构型中状态变量随时间的变化图，图 2.33 为相应的不给定压比约束时功率优化最优构型中的状态变量随时间的变化图；图 2.34 为辐射传热规律下 $\beta_{\mathrm{M}} = 1$ 时功率优化最优构型的八分支循环图，图 2.35 为相应的不给定压比约束时功率优化最优构型的六分支循环图。

表 2.12　辐射传热规律下 β_{M} 变化时的各对应值

$T_{\mathrm{H}} = 1000\mathrm{K}$，$T_{\mathrm{L}} = 400\mathrm{K}$，$C_{\mathrm{M}} = 8\mathrm{s}^{-1}$，$C_{\mathrm{m}} = 5\mathrm{s}^{-1}$，$C_V = 5\mathrm{kJ}/(\mathrm{kg} \cdot \mathrm{K})$，$\hat{k}_0 = 10^{-8}\,\mathrm{kg}/(\mathrm{K}^3 \cdot \mathrm{s})$，$\tau = 1\mathrm{s}$

参数	$\beta_{\mathrm{M}} = 0.8$			$\beta_{\mathrm{M}} = 1$			$\beta_{\mathrm{M}} = 1.2$		
	$\Delta t/\mathrm{s}$	T/K	β	$\Delta t/\mathrm{s}$	T/K	β	$\Delta t/\mathrm{s}$	T/K	β
t_1	0.1493	904.22	0.5474	0.2011	904.22	0.7371	0.2505	904.22	0.9184
t_2	0.0286	792.12	0.7762	0.0286	792.12	0.9659	0.0286	792.12	1.1473
t_3	0.0030	761.89	0.8	0.0043	749.46	1	0.0066	726.09	1.2
$t_{3'}$	0.5502	635.03	0.8	0.4049	635.03	1	0.2603	635.03	1.2
t_4	0.1700	635.03	0.4332	0.2625	635.02	0.4337	0.3552	635.02	0.4337
t_5	0.0741	768.79	0.0626	0.0741	768.79	0.0631	0.0741	768.79	0.0631
t_6	0.0126	899.38	0	0.0126	899.51	0	0.0126	899.48	0
$t_{6'}$	0.0014	904.22	0	0.0014	904.22	0	0.0014	904.22	0
P	810.90 kW			1072.3 kW			1326.0 kW		
η	0.230 7			0.245 3			0.255 4		

在本算例中，最优构型也具有上几种传热条件下给定压比时功率优化的最优构型的基本特点。同时，在与辐射传热条件下未给定压比时功率优化的最优构型（见 2.2.3.5 节）的比较中可知，最优构型由六分支变为八分支，压比约束的给定对

各个转换点温度的影响并不大，但对各个分支的过程时间产生了较大的影响。给定压比后，最大功率也有了明显的降低，这主要是因为等容过程消耗了过多的时间，但是却没有产生功率。

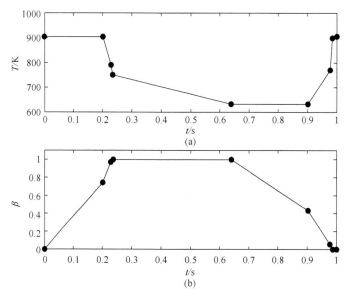

图 2.32 辐射传热规律下给定压比 ($\beta_M = 1$) 时功率优化的最优构型中状态变量随时间变化图

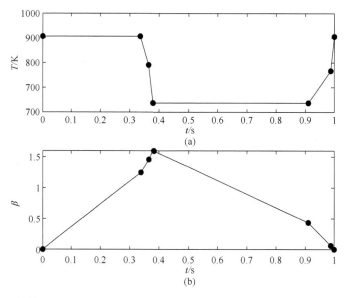

图 2.33 辐射传热规律下未给定压比时功率优化的最优构型中状态变量随时间变化图

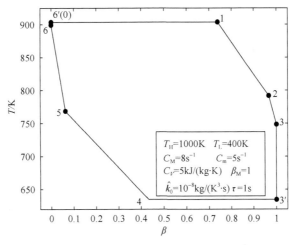

图 2.34　辐射传热规律下给定压比 ($\beta_M = 1$) 时功率优化最优构型的八分支循环图

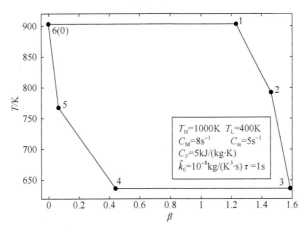

图 2.35　辐射传热规律下未给定压比时功率优化最优构型的六分支循环图

2.3.3.6　几种特殊传热规律下的最优构型的比较

为使观察更为清晰，仅选择线性唯象、牛顿和辐射三种特殊传热条件下的最优构型进行比较。图 2.36 为 $\beta_M = 1$ 时三种特殊传热规律下最优循环中工质温度 T 随时间的变化图，图 2.37 为 $\beta_M = 1$ 时三种特殊传热规律下最优循环中工质相对体积 β 随时间的变化图，图 2.38 为 $\beta_M = 1$ 时三种特殊传热规律下功率优化的最优构型循环图。

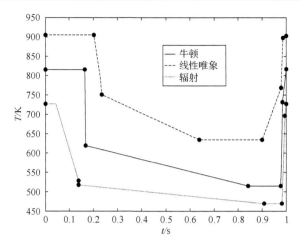

图 2.36　$\beta_M = 1$时三种特殊传热规律下给定压比时功率优化的最优构型中
工质温度 T 随时间变化图

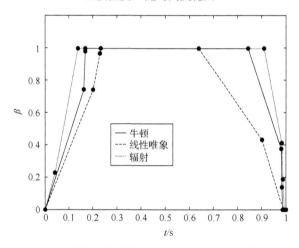

图 2.37　$\beta_M = 1$时三种特殊传热规律下给定压比时功率优化的最优构型中
工质相对体积 β 随时间变化图

从图 2.36 和图 2.37 可以看出，线性唯象传热条件下最优构型的两个等温分支所经历的过程时间最长，其次是牛顿传热条件下的等温分支，而辐射传热条件下的等温分支所经历的时间最短，但是其 4_L 等容分支的所经历过程时间却是最长的；而且线性唯象传热条件下的各个转换点的工质温度也明显高于其余两个传热规律下的转换点的工质温度。从图 2.38 中也可以得出类似的结论，而且可以发现虽然几种特殊传热规律下的循环最优构型均由两个等温分支、四个最大功率分支和两个等容分支组成，但几种传热规律下的两个等温分支的温度不同，四个最大功率分支和两个等容分支的过程路径不同，几种最优构型对应的各分支的过程时间也不相同，由于最优构型的过程路径和时间均不相同，故循环的最大功率输出也不相同，可见传热规律对循环最优构型有较大影响。

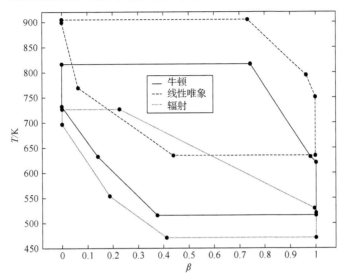

图 2.38　三种特殊传热规律下给定压比 $(\beta_M = 1)$ 时功率优化的最优构型循环图

2.4　广义辐射传热规律下给定输入能的内可逆热机最大效率

2.4.1　物理模型

本节所描述的模型与 2.2.1 节所描述的模型的区别在于增加了给定的固定输入能的约束条件，即

$$Q_1 = C_V \int_0^\tau \hat{k}(T_R^n - T^n)\,\mathrm{sign}(n)\theta[(T_R^n - T^n)\,\mathrm{sign}(n)]\mathrm{d}t \qquad (2.4.1)$$

式中，Q_1 为输入的能量；$\theta(x)$ 为赫维赛德函数，当 $x > 0$ 时，$\theta = 1$，当 $x < 0$ 时，$\theta = 0$，并将优化目标由最大功率输出变为最大效率：

$$\eta = W/Q_1 \qquad (2.4.2)$$

2.4.2　优化方法

在固定的循环周期内给定输入能 Q_1 时求最大效率的最佳循环，也就是求出使 $W - \mu Q_1$ 最大的最优循环，这里 μ 是拉格朗日乘子。μ 的存在使得问题复杂化，

可以证明 $\mu = \partial W_{max}/\partial Q_1$，即 μ 是 W_{max} 对 $Q_1 =$ 常数约束的微小变化的灵敏度的标志。μ 可以是正值也可以是负值，当最大功率输出时 μ 为零。为了简化，总是假定 $\mu \geqslant 0$。

取 $(W - \mu Q_1)/C_V$ 作为性能指标，由式(2.2.5)、式(2.2.8)及 $W - \mu Q_1$ 构造哈密顿函数(此时 T、β 为状态变量，T_R、$\hat{k}(t)$、C 为控制变量)

$$H = CT - \mu\hat{k}(T_R^n - T^n)\text{sign}(n) \cdot \theta[(T_R^n - T^n)\text{sign}(n)] + \psi_1 F_1 + \psi_2 F_2 \quad (2.4.3)$$

式中，

$$F_1 = -CT + \hat{k}(T_R^n - T^n)\text{sign}(n) \quad (2.4.4)$$

$$F_2 = C \quad (2.4.5)$$

于是式(2.4.3)可化为

$$H = [(1 - \psi_1)T + \psi_2]C + (\psi_1 - \mu\theta)\hat{k}(T_R^n - T^n)\text{sign}(n) \quad (2.4.6)$$

对应的协态方程为

$$\dot{\psi}_1 = -\partial H/\partial T = -C(1 - \psi_1) + n\hat{k}T^{n-1}(\psi_1 - \mu\theta) \quad (2.4.7)$$

$$\dot{\psi}_2 = -\partial H/\partial \beta = 0 \quad (2.4.8)$$

以上各式中

$$0 \leqslant \hat{k} \leqslant \hat{k}_0, \quad \hat{k}_0 = \frac{k_0}{C_V} \quad (2.4.9)$$

下面用最大值原理求解。

2.4.2.1　最大值原理应用

定义

$$\Delta H = H[\vec{x}^*(t), \vec{u}^*(t), \vec{\psi}^*(t)] - H[\vec{x}^*(t), \vec{u}, \vec{\psi}^*(t)] \quad (2.4.10)$$

式中，$\vec{u}$ 为一个容许解。对于一个最大值，需要 $\Delta H \geqslant 0$，故有

$$\Delta H = [(1 - \psi_1^*)T^* + \psi_2^*](C^* - C) + \left\{\psi_1^* - \mu^*\theta\left[(T_R^{*n} - T^{*n})\text{sign}(n)\right]\right\}$$
$$\cdot \hat{k}^*(T_R^{*n} - T^{*n})\text{sign}(n) - \left\{\psi_1^* - \mu\theta\left[(T_R^n - T^{*n})\text{sign}(n)\right]\right\} \quad (2.4.11)$$
$$\cdot \hat{k}(T_R^n - T^{*n})\text{sign}(n) \geqslant 0$$

式中，$0 \leqslant \hat{k} \leqslant \hat{k}_0$，$T_L \leqslant T_R \leqslant T_H$，$-C_m \leqslant C \leqslant C_M$，"*"表示最优的。

接下来分别考虑各种情况得到最优解，根据这些最优解就可得到内可逆循环的最优构型。

首先假定 $\hat{k} = \hat{k}^*$，$T_R = T_R^*$，则式 (2.4.11) 的第二项为零，为了保证 $\Delta H \geqslant 0$，需要

$$C^* = \begin{cases} C_M, & (1-\psi_1^*)T^* + \psi_2^* > 0 \\ -C_m, & (1-\psi_1^*)T^* + \psi_2^* < 0 \\ \text{不确定}, & (1-\psi_1^*)T^* + \psi_2^* = 0 \end{cases} \quad (2.4.12)$$

最后一种情况对应于奇异控制情况，对本问题，不难得到对应于策略 C^* 的奇异部分是常数。

其次假定 $C = C^*$，$T_R = T_R^*$，则式 (2.4.11) 化为

$$\Delta H = \left\{ \psi_1^* - \mu^* \theta \left[(T_R^{*n} - T^{*n}) \mathrm{sign}(n) \right] \right\} (T_R^{*n} - T^{*n}) \mathrm{sign}(n)(\hat{k}^* - \hat{k}) \geqslant 0$$

$$(2.4.13)$$

对应地，需要

$$\hat{k}^* = \begin{cases} \hat{k}_0, & \left\{ \psi_1^* - \mu^* \theta \left[(T_R^{*n} - T^{*n}) \mathrm{sign}(n) \right] \right\} (T_R^{*n} - T^{*n}) \mathrm{sign}(n) > 0 \\ 0, & \left\{ \psi_1^* - \mu^* \theta \left[(T_R^{*n} - T^{*n}) \mathrm{sign}(n) \right] \right\} (T_R^{*n} - T^{*n}) \mathrm{sign}(n) > 0 \\ \text{不确定}, & \left\{ \psi_1^* - \mu^* \theta \left[(T_R^{*n} - T^{*n}) \mathrm{sign}(n) \right] \right\} (T_R^{*n} - T^{*n}) \mathrm{sign}(n) = 0 \end{cases}$$

$$(2.4.14)$$

最后一种情况仍对应于奇异控制情况，因为它需要 $\psi_1 = \mu = 1$，进而使 $H^* = 0$，不符合 $H^* > 0$ 的要求，故排除这种可能性。

最后假定 $C = C^*$，$\hat{k} = \hat{k}^*$，则式 (2.4.11) 化为

$$\Delta H = \begin{cases} \hat{k}^*(\psi_1^* - \mu^*)(T_R^{*n} - T_R^n) \mathrm{sign}(n), & T_R^* > T^* \\ \hat{k}^* \psi_1^* (T_R^{*n} - T_R^n) \mathrm{sign}(n), & T_R^* \leqslant T^* \end{cases} \quad (2.4.15)$$

从式 (2.4.14) 知，$\hat{k}^* = \hat{k}_0$ 需要 $T_R^* > T^*$，$\psi_1^* > \mu$ 或 $T_R^* < T^*$，$\psi_1^* < 0$。首先考虑 $T_R^* > T^*$，在 $[T^*, T_H]$ 内的 T_R，发现为了 $\Delta H > 0$，须有 $T_R^* = T_H$，由此可有 T_R 在

$[T_L, T^*]$ 内时 $\Delta H \geqslant 0$（因为 $\mu^* \geqslant 0$）。类似可有当 $T_R^* < T^*$ 时，由 $\Delta H \geqslant 0$ 可得 $T_R^* = T_L$，故有

$$T_R^* = \begin{cases} T_H, & \psi_1^* \geqslant \mu^* \\ T_L, & \psi_1^* < 0 \end{cases} \tag{2.4.16}$$

当 $\mu^* > 0$ 时，如果 $\hat{k}^* = 0, C^* = C$，式 (2.4.11) 可变为

$$\Delta H = -\left\{ \psi_1^* - \mu^* \theta \left[(T_R^n - T^{*n}) \operatorname{sign}(n) \right] \right\} \hat{k} (T_R^n - T^{*n}) \operatorname{sign}(n) \geqslant 0 \tag{2.4.17}$$

从式 (2.4.16) 和式 (2.4.17) 可以看出，如果 $\psi_1^* > \mu^*$，则 $T^* > T_H$；如果 $\psi_1^* < 0$，则 $T^* < T_L$，所以此时绝热分支是不存在的。当 $0 \leqslant \psi_1^* \leqslant \mu^*$ 时，T^* 是可能位于 T_H 和 T_L 之间的，所以此时可能发生绝热分支。综上所述，当 $\mu^* > 0$ 时，在最优构型中绝热分支是可能存在的。如果 $\mu^* = 0$，则变为最大功率的情况，此时绝热分支消失，则与 2.2 节研究的情况相同；当 $\mu^* < 0$ 时，求式 (2.4.16) 将变得更加复杂，此时可能没有绝热分支。

2.4.2.2 最优解

现在可得到各种可能的最优解，并由此解求解正则方程可得最优策略。后面所有的函数都是最优的，为便利起见，去掉符号上的"*"号。

(1) $\hat{k} = 0$，$C = C_M$ 或 $-C_m$（绝热分支）。

$$T(t) = T(t_0) e^{-C(t-t_0)}, \beta(t) = \beta(t_0) + C(t - t_0) \tag{2.4.18}$$

$$\psi_1(t) = 1 - [1 - \psi_1(t_0)] e^{C(t-t_0)}, \psi_2 = \text{常数} \tag{2.4.19}$$

$$H = \left\{ [1 - \psi_1(t)] T + \psi_2 \right\} C = \left\{ [1 - \psi_1(t_0)] T(t_0) + \psi_2 \right\} C \tag{2.4.20}$$

和所需要的一致，H 为常数；C 的值由式 (2.4.12) 确定；t_0 为分支的起始时间。

(2) $\hat{k} = \hat{k}_0$，$T_R = T_H$ 或 T_L，$C = C_M$ 或 $-C_m$（最大效率分支）。

$$\dot{T} = -CT + \hat{k}_0 (T_R^n - T^n) \operatorname{sign}(n), \beta(t) = \beta(t_0) + C(t - t_0) \tag{2.4.21}$$

$$\dot{\psi}_1 = -C(1 - \psi_1) + n\hat{k}_0 \left\{ \psi_1 - \mu \theta \left[(T_R^n - T^n) \operatorname{sign}(n) \right] \right\} T^{n-1}, \psi_2(t) = \text{常数}$$

$$\tag{2.4.22}$$

式中，C 由式 (2.4.12) 确定；T_R 由式 (2.4.16) 确定；t_0 为分支的起始时间。由于微分方程的存在，不可能得到解析解，所以只能通过数值方法求解。

(3) $\hat{k} = \hat{k}_0$，$T_R = T_H$ 或 T_L，$(1 - \psi_1)T + \psi_2 = 0$ (等温分支)。

$$T = T_r, \beta(t) = \beta(t_0) + C_r(t - t_0), C_r = \frac{\hat{k}_0(T_R^{\ n} - T_r^{\ n})\mathrm{sign}(n)}{T_r} \tag{2.4.23}$$

$$\psi_1 = \frac{T_R^{\ n} + T_r^{\ n}\left\{n\mu\theta\left[(T_R^{\ n} - T_r^{\ n})\mathrm{sign}(n)\right] - 1\right\}}{T_R^n - (1-n)T_r^n}$$

$$\psi_2 = \frac{-n\left\{1 - \mu\theta\left[(T_R^{\ n} - T_r^{\ n})\mathrm{sign}(n)\right]\right\}T_r^{\ n+1}}{T_R^n - (1-n)T_r^n} \tag{2.4.24}$$

式中，T_r 为常数。对 $(1 - \psi_1)T + \psi_2 = 0$ 求导并用式 (2.2.6) 消去时间的导数很容易证明 C、T 和 ψ_1 必须都为常数。

前面的下标 r 对应 R，即如果 $T_R = T_H$，则 r = h，如果 $T_R = T_L$，则 r = l，式 (2.4.16) 确定了 T_R 的值，并容易证明

$$H = \hat{k}_0 \frac{(T_R^n - T_r^n)^2\left\{1 - \mu\theta\left[(T_R^{\ n} - T_r^{\ n})\mathrm{sign}(n)\right]\right\}}{T_R^n - (1-n)T_r^n}\mathrm{sign}(n) \tag{2.4.25}$$

为正。由于循环周期 τ 给定，则由边界条件得 H 在整个循环中为常数。

后面将会看到两个等温分支是最优策略的一部分。由此及 ψ_2 和 H 为常数，可得

$$\frac{(T_H^n - T_h^n)^2(1-\mu)}{T_H^n - (1-n)T_h^n} = \frac{(T_L^n - T_l^n)^2}{T_L^n - (1-n)T_l^n}, \frac{T_h^{n+1}(1-\mu)}{T_H^n - (1-n)T_h^n} = \frac{T_l^{n+1}}{T_L^n - (1-n)T_l^n} \tag{2.4.26}$$

将 T_h 和 T_l 代入 C_r 的表达式可得

$$C_h = \frac{\hat{k}_0(T_H^n - T_h^n)}{T_h}\mathrm{sign}(n), C_l = \frac{\hat{k}_0(T_L^n - T_l^n)}{T_l}\mathrm{sign}(n) \tag{2.4.27}$$

因此有八个相异的最优解，以 $1^\pm$、$2_H^\pm$、$2_L^\pm$、3_H 和 3_L 表示，其中正号对应于 $C = C_M$，负号对应于 $C = -C_m$，H 和 L 对应于 T_R 的下标。

为了确定实际最优策略，必须考察常数 H 及一对最优解间转换点 (或称开关) 处状态变量和共态变量的连续性。

2.4.2.3 转换点

有关本问题的转换汇总于表 2.13。如果在 1^+ 和 1^- 之间有转换点，式(2.4.12)需要 $(1-\psi_1)T+\psi_2$ 为零，而此时式(2.4.20)将会得 $H=0$。考虑 1^+ 和 1^- 之间不可能有转换点，同样，由于 ψ_1 的连续性，在 3_H 和 3_L 之间也不可能有转换点。但在情况 2 下，$T_R=T_H$ 和 $T_R=T_L$ 之间可能有转换，此时 C 保持为常数，ψ_1 在转换瞬间通过 0。在 $-C_m$ 和 C_M 之间也可能有转换，此时 T_R 不变，$(1-\psi_1)T+\psi_2$ 为零。但是 T_R 和 C 不可能连续变化，因为这时要求 $H=0$。

表 2.13　转换点

	1	2	3
1	①	②或③	①
2	②或③	④	④
3	①	④	①

注：①禁止的转换；
②允许的转换点：$\Delta C=0$ 且 $\psi_1=0$；
③允许的转换点：$\Delta C=0$ 且 $\psi_1=\mu$；
④允许的转换点：$\Delta T_R=0$，$(1-\psi_1)T+\psi_2=0$

由表 2.13 可见从 1^+ 到 2_H^+ 的转换条件为 ψ_1 增加并通过 μ 值，而从 1^+ 到 2_L^+ 的转换条件为 ψ_1 下降并通过零点，其他可类似分析。各分支转换条件如下，其中 t_1、t_2、$t_{2'}$、t_3、t_4、$t_{5'}$、t_5 和 t_6 为各个分支相互转换的转换点时间。

(1) 3_H 到 2_H^+ 的转换条件为 $[1-\psi_1(t_1)]T(t_1)+\psi_2(t_1)=0$。

(2) 2_H^+ 到 1^+ 的转换条件为 $\psi_1(t_2)=\mu$。

(3) 1^+ 到 2_L^+ 的转换条件为 $\psi_1(t_{2'})=0$。

(4) 2_L^+ 到 3_L 的转换条件为 $[1-\psi_1(t_3)]T(t_3)+\psi_2(t_3)=0$。

(5) 3_L 到 2_L^- 的转换条件为 $[1-\psi_1(t_4)]T(t_4)+\psi_2(t_4)=0$。

(6) 2_L^- 到 1^- 的转换条件为 $\psi_1(t_{5'})=0$。

(7) 1^- 到 2_H^- 的转换条件为 $\psi_1(t_5)=\mu$。

2.4.2.4　最优控制和策略

因为本章研究的是自激系统，即相对时间平移时保持不变，所以可顺着最优策略取任意一点作为起始点。假定从 3_H 分支开始，即 $0\leqslant t\leqslant t_1$ 时 $T_R=T_H$，$T=T_h$ 开始，唯一允许的转换是到 2_H^+ 分支，即 $T_R=T_H$，$C=C_M$。当 t 在 t_1、t_2 之间时 ψ_1 减小，而 $(1-\psi_1)T+\psi_2$ 从零开始增加，因此唯一的转换发生在 ψ_1 为零的 t_2，并且

得到 2_L^+ 分支。注意，在 2_H^+ 和 2_L^+ 分支之间有一个绝热分支 1^+，经历时间段为 $t_2 \leqslant t \leqslant t_{2'}$，这是不同于辐射条件下给定周期时最大功率的最优构型的。

从 $t_{2'}$ 到 t_3，ψ_1 继续减小，$(1-\psi_1)T+\psi_2$ 也减小直至为零，此时就可有另一转换。在 t_3 时得到一等温分支 3_L，并一直沿续到 t_4，此时转换到 2_L^-。沿着这一分支 $(1-\psi_1)T+\psi_2$ 从零开始减小，而 ψ_1 则增加直至在 $t_{5'}$ 时为零。同样，在 2_L^- 和 2_H^- 分支之间也有一个绝热分支 1^-，经历时间段为 $t_{5'} \leqslant t \leqslant t_5$。这时转换到 2_H^- 分支直至循环的终点 $t_6=\tau$ 时，$(1-\psi_1)T+\psi_2$ 重新回到零。这样，整个最优控制问题的解就可以写出来了。

对 $0 \leqslant t \leqslant t_1$，

$$T=T_h, C=C_h, \beta=C_h t, T_R=T_H, \hat{k}=\hat{k}_0 \tag{2.4.28}$$

$$\psi_1(t)=\frac{T_H{}^n+T_h{}^n(n\mu-1)}{T_H^n-(1-n)T_h^n}, \psi_2(t)=\frac{n(\mu-1)T_h{}^{n+1}}{T_H^n-(1-n)T_h^n} \tag{2.4.29}$$

对 $t_1 \leqslant t \leqslant t_2$，将 $T(t)$ 在 t_1 处泰勒展开，得

$$T(t)=T(t_1)+\dot{T}(t_1)(t-t_1)+O(t-t_1) \tag{2.4.30}$$

去掉 $(t-t_1)$ 的高阶无穷小 $O(t-t_1)$，则

$$T(t)\approx T(t_1)+\dot{T}(t_1)(t-t_1) \tag{2.4.31}$$

由 $T(t)$ 的连续性，有 $T(t_1)=T_h$。又由

$$\dot{T}(t)=-C_M T(t)+\hat{k}_0[T_H{}^n(t)-T^n(t)]\text{sign}(n) \tag{2.4.32}$$

所以

$$T(t)\approx T_h+[-C_M T_h+\hat{k}_0(T_H{}^n-T_h{}^n)\text{sign}(n)](t-t_1) \tag{2.4.33}$$

将 $\psi(t)$ 在 t_1 处泰勒展开，得

$$\psi_1(t)=\psi_1(t_1)+\dot{\psi}_1(t_1)(t-t_1)+O(t-t_1) \tag{2.4.34}$$

由 $\psi_1(t)$ 的连续性，有 $\psi_1(t)=\dfrac{T_H{}^n+T_h{}^n(n\mu-1)}{T_H^n-(1-n)T_h^n}$。又由

$$\dot{\psi}_1(t)=-C_M[1-\psi_1(t)]+n\hat{k}_0 T^{n-1}(t)[\psi_1(t)-\mu] \tag{2.4.35}$$

所以

$$\psi_1(t) \approx \frac{T_H{}^n + T_h{}^n(n\mu - 1)}{T_H^n - (1-n)T_h^n}$$
$$+ \frac{[-nC_M T_h{}^n + n\hat{k}_0 T_h{}^{n-1}(T_H{}^n - T_h{}^n)\mathrm{sign}(n)](1-\mu)}{T_H^n - (1-n)T_h^n}(t - t_1) \tag{2.4.36}$$

所以对 $t_1 \leqslant t \leqslant t_2$，有

$$T(t) \approx T_h + [-C_M T_h + \hat{k}_0(T_H{}^n - T_h{}^n)\mathrm{sign}(n)](t - t_1) \tag{2.4.37}$$

$$\psi_1(t) \approx \frac{T_H{}^n + T_h{}^n(n\mu - 1)}{T_H^n - (1-n)T_h^n}$$
$$+ \frac{[-nC_M T_h{}^n + n\hat{k}_0 T_h{}^{n-1}(T_H{}^n - T_h{}^n)\mathrm{sign}(n)](1-\mu)}{T_H^n - (1-n)T_h^n}(t - t_1) \tag{2.4.38}$$

$$\beta = C_M(t - t_1) + C_h t_1, T_R = T_H, \hat{k} = \hat{k}_0, C = C_M \tag{2.4.39}$$

按照上述方法，可以求出最优构型各个分支参数的数值解。

广义辐射传热规律下给定输入能时内可逆热机效率优化最优循环中各分支的协态与状态变量的表达式如下。

对 $0 \leqslant t \leqslant t_1$，

$$T = T_h, C = C_h, \beta = C_h t, T_R = T_H, \hat{k} = \hat{k}_0 \tag{2.4.40}$$

$$\psi_1(t) = \frac{T_H{}^n + T_h{}^n(n\mu - 1)}{T_H^n - (1-n)T_h^n}, \psi_2(t) = \frac{n(\mu-1)T_h{}^{n+1}}{T_H^n - (1-n)T_h^n} \tag{2.4.41}$$

对 $t_1 \leqslant t \leqslant t_2$，

$$T(t) \approx T_h + [-C_M T_h + \hat{k}_0(T_H{}^n - T_h{}^n)\mathrm{sign}(n)](t - t_1) \tag{2.4.42}$$

$$\psi_1(t) \approx \frac{T_H{}^n + T_h{}^n(n\mu - 1)}{T_H^n - (1-n)T_h^n}$$
$$+ \frac{[-nC_M T_h{}^n + n\hat{k}_0 T_h{}^{n-1}(T_H{}^n - T_h{}^n)\mathrm{sign}(n)](1-\mu)}{T_H^n - (1-n)T_h^n}(t - t_1) \tag{2.4.43}$$

$$\beta = C_M(t - t_1) + C_h t_1, T_R - T_H, \hat{k} = \hat{k}_0, C = C_M \tag{2.4.44}$$

对 $t_2 \leqslant t \leqslant t_{2'}$，

$$T(t) = T(t_2)\mathrm{e}^{-C_\mathrm{M}(t-t_2)}, \beta = C_\mathrm{M}(t-t_1) + C_\mathrm{h}t_1$$
$$\psi_1(t) = 1 - (1-\mu)\mathrm{e}^{C_\mathrm{M}(t-t_2)}, C = C_\mathrm{M}, \hat{k} = 0 \tag{2.4.45}$$

式中，

$$T(t_2) \approx T_\mathrm{h} + [-C_\mathrm{M}T_\mathrm{h} + \hat{k}_0(T_\mathrm{H}{}^n - T_\mathrm{h}{}^n)\mathrm{sign}(n)](t_2 - t_1) \tag{2.4.46}$$

对 $t_{2'} \leqslant t \leqslant t_3$，

$$T(t) \approx T(t_2)\mathrm{e}^{-C_\mathrm{M}(t_{2'}-t_2)} + \left\{\hat{k}_0\left[T_\mathrm{L}{}^n - T^n(t_2)\mathrm{e}^{-nC_\mathrm{M}(t_{2'}-t_2)}\right]\mathrm{sign}(n)\right.$$
$$\left. - C_\mathrm{M}T(t_2)\mathrm{e}^{-C_\mathrm{M}(t_{2'}-t_2)}\right\}(t-t_{2'}) \tag{2.4.47}$$

$$\beta = C_\mathrm{M}(t-t_1) + C_\mathrm{h}t_1, \psi_1(t) \approx -C_\mathrm{M}(t-t_{2'}), T_\mathrm{R} = T_\mathrm{L}, \hat{k} = \hat{k}_0, C = C_\mathrm{M} \tag{2.4.48}$$

对 $t_3 \leqslant t \leqslant t_4$，

$$T = T_1, \beta = C_\mathrm{M}(t_3 - t_1) + C_\mathrm{h}t_1 + C_1(t - t_3) \tag{2.4.49}$$

$$\psi_1 = \frac{T_\mathrm{L}{}^n - T_1^n}{T_\mathrm{L}{}^n - (1-n)T_1^n}, T_\mathrm{R} = T_\mathrm{L}, \quad \hat{k} = \hat{k}_0, C = C_1 \tag{2.4.50}$$

对 $t_4 \leqslant t \leqslant t_{5'}$，

$$T(t) \approx T_1 + [C_\mathrm{m}T_1 + \hat{k}_0(T_\mathrm{L}{}^n - T_1^n)\mathrm{sign}(n)](t - t_4) \tag{2.4.51}$$

$$\psi_1(t) \approx \frac{T_\mathrm{L}{}^n - T_1^n}{T_\mathrm{L}{}^n - (1-n)T_1^n} + \frac{nC_\mathrm{m}T_1^n + n\hat{k}_0(T_\mathrm{L}{}^n - T_1^n)T_1^{n-1}\mathrm{sign}(n)}{T_\mathrm{L}{}^n - (1-n)T_1^n}(t - t_4) \tag{2.4.52}$$

$$\beta = C_1(t_4 - t_3) + C_\mathrm{M}(t_3 - t_1) + C_\mathrm{h}t_1 - C_\mathrm{m}(t - t_4), T_\mathrm{R} = T_\mathrm{L}, \hat{k} = \hat{k}_0, C = -C_\mathrm{m} \tag{2.4.53}$$

对 $t_{5'} \leqslant t \leqslant t_5$，

$$T(t) = T(t_{5'})\mathrm{e}^{C_\mathrm{m}(t-t_{5'})}, \beta = C_\mathrm{M}(t_3 - t_1) + C_\mathrm{h}t_1 + C_1(t_4 - t_3) - C_\mathrm{m}(t - t_4)$$
$$\psi_1(t) = 1 - \mathrm{e}^{-C_\mathrm{m}(t-t_{5'})}, \hat{k} = 0, C = -C_\mathrm{m} \tag{2.4.54}$$

式中，

$$T(t_{5'}) \approx T_1 + [C_{\mathrm{m}}T_1 + \hat{k}_0(T_{\mathrm{L}}{}^n - T_1{}^n)\mathrm{sign}(n)](t_{5'} - t_4) \tag{2.4.55}$$

对 $t_5 \leqslant t \leqslant t_6 = \tau$，

$$\begin{aligned}
T(t) &= T(t_{5'})\mathrm{e}^{C_{\mathrm{m}}(t_5 - t_{5'})} + \{C_{\mathrm{m}}T(t_{5'})\mathrm{e}^{C_{\mathrm{m}}(t_5 - t_{5'})} \\
&\quad + \hat{k}_0[T_{\mathrm{H}}{}^n - T^n(t_{5'})\mathrm{e}^{nC_{\mathrm{m}}(t_5 - t_{5'})}]\mathrm{sign}(n)\}(t - t_5)
\end{aligned} \tag{2.4.56}$$

$$\begin{aligned}
\beta &= C_{\mathrm{M}}(t_3 - t_1) + C_{\mathrm{h}}t_1 + C_1(t_4 - t_3) - C_{\mathrm{m}}(t - t_4) \\
\psi_1 &\approx \mu + C_{\mathrm{m}}(1 - \mu)(t - t_5), T_{\mathrm{R}} = T_{\mathrm{H}}, \hat{k} = \hat{k}_0, C = -C_{\mathrm{m}}
\end{aligned} \tag{2.4.57}$$

由循环的连续性，有

$$T(t_6) = T(0), \psi_1(t_6) = \psi_1(0), \beta(t_6) = \beta(0) = 0 \tag{2.4.58}$$

由转换点条件

$$\psi_1(t_2) = \mu, \psi_1(t_{2'}) = 0, \psi_1(t_{5'}) = 0, \psi_1(t_5) = \mu \tag{2.4.59}$$

由总循环时间一定可得

$$t_1 + (t_4 - t_3) = \tau - (\tau - t_5) - (t_5 - t_{5'}) - (t_{5'} - t_4) - (t_3 - t_{2'}) - (t_{2'} - t_2) - (t_2 - t_1) \tag{2.4.60}$$

由输入能一定，有

$$Q_1 = C_V \int_0^\tau \hat{k}(T_{\mathrm{R}}^n - T^n)\mathrm{sign}(n)\theta[(T_{\mathrm{R}}^n - T^n)\mathrm{sign}(n)]\mathrm{d}t = \mathrm{const} \tag{2.4.61}$$

至此，联立式(2.4.26)、式(2.4.27)、式(2.4.58)~式(2.4.61)共 13 个方程，就可以求出各分支的过程时间 t_1、$(t_2 - t_1)$、$(t_{2'} - t_2)$、$(t_3 - t_{2'})$、$(t_4 - t_3)$、$(t_{5'} - t_4)$、$(t_5 - t_{5'})$、$(\tau - t_5)$、T_{h}、T_1、C_{h}、C_1 以及拉格朗日乘子 μ 的数值解，再分别将其代入 $T(t)$ 在各个分支的表达式，就可以求出各分支的节点温度的数值解。

最大效率的表达式由

$$\eta = \frac{W}{Q_1} = \frac{C_V \int_0^\tau CT\mathrm{d}t}{Q_1} \tag{2.4.62}$$

给出。

2.4.3 特例分析

2.4.3.1 线性唯象传热规律下的最优构型

线性唯象传热规律下，传热指数 $n=-1$，符号函数 $\text{sign}(n)=-1$。

1. 方程组

线性唯象传热规律下给定输入能时内可逆热机效率优化最优循环中各分支的协态与状态变量的表达式如下。

对 $0 \leqslant t \leqslant t_1$，

$$T = T_{\mathrm{h}}, C = C_{\mathrm{h}}, \beta = C_{\mathrm{h}} t, T_{\mathrm{R}} = T_{\mathrm{H}}, \hat{k} = \hat{k}_0 \tag{2.4.63}$$

$$\psi_1 = [T_{\mathrm{H}}(1+\mu) + T_{\mathrm{L}}(2\mu-1)] / 2(T_{\mathrm{H}}+T_{\mathrm{L}}), \psi_2 = (\mu-2)T_{\mathrm{H}}T_{\mathrm{L}} / (T_{\mathrm{H}}+T_{\mathrm{L}}) \tag{2.4.64}$$

对 $t_1 \leqslant t \leqslant t_2$，

$$\begin{aligned} T(t) &\approx \frac{2T_{\mathrm{H}}T_{\mathrm{L}}(2-\mu)}{(1-\mu)T_{\mathrm{H}} + (3-2\mu)T_{\mathrm{L}}} + \left\{ \hat{k}_0 \left[\frac{(1-\mu)T_{\mathrm{H}} + (3-2\mu)T_{\mathrm{L}}}{2T_{\mathrm{H}}T_{\mathrm{L}}(2-\mu)} - \frac{1}{T_{\mathrm{H}}} \right] \right. \\ &\left. - C_{\mathrm{M}} \frac{2T_{\mathrm{H}}T_{\mathrm{L}}(2-\mu)}{(1-\mu)T_{\mathrm{H}} + (3-2\mu)T_{\mathrm{L}}} \right\} (t-t_1) \end{aligned} \tag{2.4.65}$$

$$\begin{aligned} \psi_1(t) &\approx \frac{T_{\mathrm{H}}(1+\mu) + T_{\mathrm{L}}(2\mu-1)}{2(T_{\mathrm{H}}+T_{\mathrm{L}})} + \left\{ -C_{\mathrm{M}} \left[1 - \frac{T_{\mathrm{H}}(1+\mu) + T_{\mathrm{L}}(2\mu-1)}{2(T_{\mathrm{H}}+T_{\mathrm{L}})} \right] + \right. \\ &\left. \hat{k}_0 \left[\frac{(1-\mu)T_{\mathrm{H}} + (3-2\mu)T_{\mathrm{L}}}{2T_{\mathrm{H}}T_{\mathrm{L}}(2-\mu)} \right]^2 \left[\frac{T_{\mathrm{H}}(1+\mu) + T_{\mathrm{L}}(2\mu-1)}{2(T_{\mathrm{H}}+T_{\mathrm{L}})} - \mu \right] \right\} (t-t_1) \end{aligned} \tag{2.4.66}$$

$$\beta = C_{\mathrm{M}}(t-t_1) + C_{\mathrm{h}} t_1, T_{\mathrm{R}} = T_{\mathrm{H}}, \hat{k} = \hat{k}_0, C = C_{\mathrm{M}} \tag{2.4.67}$$

对 $t_2 \leqslant t \leqslant t_{2'}$，

$$T(t) = T(t_2) \mathrm{e}^{-C_{\mathrm{M}}(t-t_2)}, \beta = C_{\mathrm{M}}(t-t_1) + C_{\mathrm{h}} t_1$$
$$\psi_1(t) = 1 - (1-\mu)\mathrm{e}^{C_{\mathrm{M}}(t-t_2)}, C = C_{\mathrm{M}}, \hat{k} = 0 \tag{2.4.68}$$

式中，

$$T(t_2) \approx \frac{2T_H T_L(2-\mu)}{(1-\mu)T_H + (3-2\mu)T_L} + \left\{ \hat{k}_0 \left[\frac{(1-\mu)T_H + (3-2\mu)T_L}{2T_H T_L(2-\mu)} - \frac{1}{T_H} \right] \right.$$
$$\left. -C_M \frac{2T_H T_L(2-\mu)}{(1-\mu)T_H + (3-2\mu)T_L} \right\}(t_2 - t_1) \qquad (2.4.69)$$

对 $t_{2'} \le t \le t_3$，

$$T(t) \approx T(t_2)e^{-C_M(t_{2'}-t_2)} - \left\{ C_M T(t_2)e^{-C_M(t_{2'}-t_2)} + \hat{k}_0 \left[T_L^{-1} - T^{-1}(t_2)e^{C_M(t_{2'}-t_2)} \right] \right\}(t - t_{2'})$$

$$(2.4.70)$$

$$\beta = C_M(t - t_1) + C_h t_1, \psi_1(t) \approx -C_M(t - t_{2'}), T_R = T_L, \hat{k} = \hat{k}_0, C = C_M \qquad (2.4.71)$$

对 $t_3 \le t \le t_4$，

$$T = T_1, \beta = C_M(t_3 - t_1) + C_h t_1 + C_1(t - t_3) \qquad (2.4.72)$$

$$\psi_1 = [T_L + T_H(\mu - 1)]/[2(T_H + T_L)], T_R = T_L, \hat{k} = \hat{k}_0, C = C_1 \qquad (2.4.73)$$

对 $t_4 \le t \le t_{5'}$，

$$T(t) \approx \frac{2T_H T_L(2-\mu)}{T_L + T_H(3-\mu)} + \left\{ C_m \frac{2T_H T_L(2-\mu)}{T_L + T_H(3-\mu)} + \hat{k}_0 \left[\frac{T_L + T_H(3-\mu)}{2T_H T_L(2-\mu)} - \frac{1}{T_L} \right] \right\}(t - t_4)$$

$$(2.4.74)$$

$$\psi_1(t) \approx \frac{T_L + T_H(\mu - 1)}{2(T_H + T_L)} + \left\{ C_m \left[1 - \frac{T_L + T_H(\mu - 1)}{2(T_H + T_L)} \right] \right.$$
$$\left. + \hat{k}_0 \left[\frac{T_L + T_H(3-\mu)}{2T_H T_L(2-\mu)} \right]^2 \frac{T_L + T_H(\mu - 1)}{2(T_H + T_L)} \right\}(t - t_4) \qquad (2.4.75)$$

$$\beta = C_1(t_4 - t_3) + C_M(t_3 - t_1) + C_h t_1 - C_m(t - t_4), T_R = T_L, \hat{k} = \hat{k}_0, C = -C_m$$

$$(2.4.76)$$

对 $t_{5'} \le t \le t_5$，

$$T(t) = T(t_{5'})e^{C_m(t-t_{5'})}, \beta = C_M(t_3 - t_1) + C_h t_1 + C_1(t_4 - t_3) - C_m(t - t_4)$$
$$\psi_1(t) = 1 - e^{-C_m(t-t_{5'})}, \hat{k} = 0, C = -C_m \qquad (2.4.77)$$

式中，

$$T(t_{5'}) \approx \frac{2T_H T_L (2 - \mu)}{T_L + T_H (3 - \mu)} + \left\{ C_m \frac{2T_H T_L (2 - \mu)}{T_L + T_H (3 - \mu)} \right.$$
$$\left. + \hat{k}_0 \left[\frac{T_L + T_H (3 - \mu)}{2T_H T_L (2 - \mu)} - \frac{1}{T_L} \right] \right\} (t_{5'} - t_4) \tag{2.4.78}$$

对 $t_5 \leqslant t \leqslant t_6 = \tau$，

$$T(t) = T(t_5) + \{ C_m T(t_5) + \hat{k}_0 [T^{-1}(t_5) - T_H^{-1}] \}(t - t_5) \tag{2.4.79}$$

$$\beta = C_M(t_3 - t_1) + C_h t_1 + C_1(t_4 - t_3) - C_m(t - t_4) \tag{2.4.80}$$
$$\psi_1 \approx \mu + C_m(1 - \mu)(t - t_5), T_R = T_H, \hat{k} = \hat{k}_0, C = -C_m$$

在 T_H、T_L、C_M、C_m、τ、$\hat{k}_0$ 和 Q_1 已知的情况下，线性唯象传热规律下给定输入能时内可逆热机效率优化最优循环的各分支间断点参数数值解可以由如下方程组求得

$$T_h \approx T(t_{5'})e^{C_m(t_5 - t_{5'})} + \{ C_m T(t_{5'})e^{C_m(t_5 - t_{5'})} - \hat{k}_0 [T_H^{-1} - T^{-1}(t_{5'})e^{-C_m(t_5 - t_{5'})}] \}(t_6 - t_5) \tag{2.4.81}$$

$$\mu + C_m(1 - \mu)(t_6 - t_5) \approx [T_H^{-1} - T_h^{-1}(\mu + 1)] / (T_H^{-1} - 2T_h^{-1}) \tag{2.4.82}$$

$$C_M(t_3 - t_{2'}) + C_M(t_{2'} - t_2) + C_M(t_2 - t_1) + C_h t_1 + C_1(t_4 - t_3) \\ - C_m(t_6 - t_5) - C_m(t_5 - t_{5'}) - C_m(t_{5'} - t_4) = 0 \tag{2.4.83}$$

$$\mu \approx \frac{T_H^{-1} - T_h^{-1}(\mu + 1)}{T_H^{-1} - 2T_h^{-1}} + \frac{[C_M T_h^{-1} + \hat{k}_0 T_h^{-2}(T_H^{-1} - T_h^{-1})](1 - \mu)}{T_H^{-1} - 2T_h^{-1}}(t_2 - t_1) \tag{2.4.84}$$

$$1 - (1 - \mu)e^{C_M(t_{2'} - t_2)} = 0 \tag{2.4.85}$$

$$0 \approx \frac{T_L^{-1} - T_1^{-1}}{T_L^{-1} - 2T_1^{-1}} + \frac{-C_m T_1^{-1} + \hat{k}_0(T_L^{-1} - T_1^{-1})T_1^{-2}}{T_L^{-1} - 2T_1^{-1}}(t_{5'} - t_4) \tag{2.4.86}$$

$$1 - e^{-C_m(t_5 - t_{5'})} = \mu \tag{2.4.87}$$

$$t_1 + (t_4 - t_3) = \tau - (\tau - t_5) - (t_5 - t_{5'}) - (t_{5'} - t_4) - (t_3 - t_{2'}) - (t_{2'} - t_2) - (t_2 - t_1)$$
$$\tag{2.4.88}$$

$$Q_1 = -C_V \int_0^\tau \hat{k}(T_R^{-1} - T^{-1})\theta[-(T_R^{-1} - T^{-1})]\mathrm{d}t = \mathrm{const} \tag{2.4.89}$$

$$C_h = -\frac{\hat{k}_0(T_H^{-1} - T_h^{-1})}{T_h} \tag{2.4.90}$$

$$C_1 = -\frac{\hat{k}_0(T_L^{-1} - T_1^{-1})}{T_1} \tag{2.4.91}$$

$$\frac{(T_H^{-1} - T_h^{-1})^2(1-\mu)}{T_H^{-1} - 2T_h^{-1}} = \frac{(T_L^{-1} - T_1^{-1})^2}{T_L^{-1} - 2T_1^{-1}} \tag{2.4.92}$$

$$\frac{(1-\mu)}{T_H^{-1} - 2T_h^{-1}} = \frac{1}{T_L^{-1} - 2T_1^{-1}} \tag{2.4.93}$$

2. 数值算例

设内可逆热机内含有 1kg 理想气体工质，取 $T_H = 1000\mathrm{K}$，$T_L = 400\mathrm{K}$，$C_M = 8\mathrm{s}^{-1}$，$C_m = 38\mathrm{s}^{-1}$，$\hat{k}_0 = 10^7\,\mathrm{kg \cdot K^2/s}$，$\tau = 1\mathrm{s}$，$C_V = 5\mathrm{kJ/(kg \cdot K)}$，根据上述公式可得到相应的值。注意，当 $n = -1$ 时，符号函数 $\mathrm{sign}(n) = -1$。表 2.14 给出

表 2.14　线性唯象传热规律下 Q_1 变化时的各对应值

$T_H = 1000\mathrm{K}$，$T_L = 400\mathrm{K}$，$C_M = 8\mathrm{s}^{-1}$，$C_m = 38\mathrm{s}^{-1}$，$C_V = 5\mathrm{kJ/(kg \cdot K)}$，$\hat{k}_0 = 10^7\,\mathrm{kg \cdot K^2/s}$，$\tau = 1\mathrm{s}$

参数	$Q_1 = 8000\mathrm{kJ}$			$Q_1 = 10000\mathrm{kJ}$			$Q_1 = 12000\mathrm{kJ}$		
	$\Delta t/\mathrm{s}$	T/K	β	$\Delta t/\mathrm{s}$	T/K	β	$\Delta t/\mathrm{s}$	T/K	β
t_1	0.2862	730.00	1.5362	0.3944	730.00	2.1167	0.5025	730.00	2.6971
t_2	0.0887	540.03	2.2460	0.0887	540.03	2.8264	0.0887	540.03	3.4069
$t_{2'}$	0.0034	525.44	2.2734	0.0034	525.44	2.8538	0.0034	525.44	3.4343
t_3	0.1850	467.95	3.7530	0.0949	467.95	3.6128	0.0048	467.95	3.4726
t_4	0.4246	467.95	0.4590	0.4065	467.95	0.4590	0.3885	467.95	0.4590
$t_{5'}$	0.0056	547.45	0.2455	0.0056	547.45	0.2455	0.0056	547.45	0.2455
t_5	0.0007	562.64	0.2181	0.0007	562.64	0.2181	0.0007	562.64	0.2181
t_6	0.0057	730.00	0	0.0057	730.00	0	0.0057	730.00	0
μ	0.0270			0.0270			0.0270		
P	2578.3 kW			3235.3 kW			3892.2 kW		
η	0.3223			0.3235			0.3244		

了线性唯象传热规律下输入能 Q_1 变化时各分支的过程时间、各转换点处状态变量的值、相应的最大效率 η 以及对应的循环平均功率 P，图 2.39 为线性唯象传热规律下 $Q_1 = 10000\text{kJ}$ 时内可逆热机效率优化最优构型中状态变量随时间的变化图，图 2.40 为线性唯象传热规律下 $Q_1 = 10000\text{kJ}$ 时内可逆热机效率优化最优构型的八分支循环图。

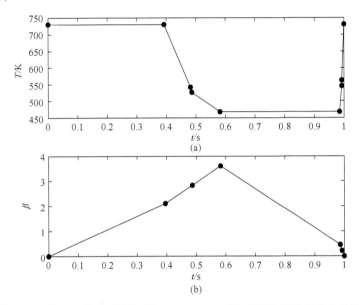

图 2.39　线性唯象传热规律下 $Q_1 = 10000\text{kJ}$ 时内可逆热机效率优化最优
构型中状态变量随时间的变化图

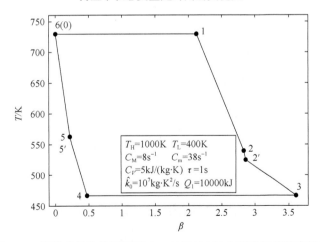

图 2.40　线性唯象传热规律下 $Q_1 = 10000\text{kJ}$ 时内可逆热机效率优化
最优构型的八分支循环图

根据本算例，循环时间主要分布在两个等温分支上，输入能 Q_1 的改变对两个等温分支的过程时间及 2_L^+ 分支的过程时间有较大影响，而对其他分支的过程时间、全部转换点处的工质温度以及拉格朗日系数 μ 的影响不大。随着 Q_1 的增加，循环平均功率 P 与最大效率 η 以及 3_H 分支的过程时间都增加了，而 3_L 分支的过程时间减少了。

2.4.3.2　牛顿传热规律下的最优构型[192]

牛顿传热规律下，传热指数 $n=1$，符号函数 $\mathrm{sign}(n)=1$。

1. 方程组

牛顿传热规律下给定输入能时内可逆热机效率优化最优循环中各分支的协态与状态变量的表达式如下。

对 $0 \leqslant t \leqslant t_1$，

$$T = T_h, C = C_h, \beta = C_h t, T_R = T_H, \hat{k} = \hat{k}_0 \tag{2.4.94}$$

$$\psi_1(t) = \frac{T_H + T_h(\mu - 1)}{T_H}, \psi_2(t) = \frac{(\mu - 1)T_h^2}{T_H} \tag{2.4.95}$$

对 $t_1 \leqslant t \leqslant t_2$，

$$T(t) \approx T_h + [-C_M T_h + \hat{k}_0(T_H - T_h)](t - t_1) \tag{2.4.96}$$

$$\psi_1(t) \approx \frac{T_H + T_h(\mu - 1)}{T_H} + \frac{[-C_M T_h + \hat{k}_0(T_H - T_h)](1 - \mu)}{T_H}(t - t_1) \tag{2.4.97}$$

$$\beta = C_M(t - t_1) + C_h t_1, T_R = T_H, \hat{k} = \hat{k}_0, C = C_M \tag{2.4.98}$$

对 $t_2 \leqslant t \leqslant t_{2'}$，

$$T(t) = T(t_2)\mathrm{e}^{-C_M(t - t_2)}, \beta = C_M(t - t_1) + C_h t_1$$
$$\psi_1(t) = 1 - (1 - \mu)\mathrm{e}^{C_M(t - t_2)}, C = C_M, \hat{k} = 0 \tag{2.4.99}$$

式中，

$$T(t_2) \approx T_h + [-C_M T_h + \hat{k}_0(T_H - T_h)](t_2 - t_1) \tag{2.4.100}$$

对 $t_{2'} \leqslant t \leqslant t_3$，

$$T(t) \approx T(t_2)e^{-C_M(t_{2'}-t_2)} + \{-C_M T(t_2)e^{-C_M(t_{2'}-t_2)}$$
$$+\hat{k}_0\left[T_L - T(t_2)e^{-C_M(t_{2'}-t_2)}\right]\}(t-t_{2'}) \tag{2.4.101}$$

$$\beta = C_M(t-t_1) + C_h t_1, \psi_1(t) \approx -C_M(t-t_{2'}), T_R = T_L, \hat{k} = \hat{k}_0, C = C_M \tag{2.4.102}$$

对 $t_3 \leqslant t \leqslant t_4$,

$$T = T_1, \beta = C_M(t_3 - t_1) + C_h t_1 + C_1(t-t_3) \tag{2.4.103}$$

$$\psi_1 = \frac{T_L - T_1}{T_L}, T_R = T_L, \quad \hat{k} = \hat{k}_0, C = C_1 \tag{2.4.104}$$

对 $t_4 \leqslant t \leqslant t_{5'}$,

$$T(t) \approx T_1 + [C_m T_1 + \hat{k}_0(T_L - T_1)](t-t_4) \tag{2.4.105}$$

$$\psi_1(t) \approx \frac{T_L - T_1}{T_L} + \frac{C_m T_1 + \hat{k}_0(T_L - T_1)}{T_L}(t-t_4) \tag{2.4.106}$$

$$\beta = C_1(t_4 - t_3) + C_M(t_3 - t_1) + C_h t_1 - C_m(t-t_4), T_R = T_L, \hat{k} = \hat{k}_0, C = -C_m$$
$$\tag{2.4.107}$$

对 $t_{5'} \leqslant t \leqslant t_5$,

$$T(t) = T(t_{5'})e^{C_m(t-t_{5'})}, \beta = C_M(t_3 - t_1) + C_h t_1 + C_1(t_4 - t_3) - C_m(t-t_4)$$
$$\psi_1(t) = 1 - e^{-C_m(t-t_{5'})}, \hat{k} = 0, C = -C_m$$
$$\tag{2.4.108}$$

式中,

$$T(t_{5'}) \approx T_1 + [C_m T_1 + \hat{k}_0(T_L - T_1)](t_{5'} - t_4) \tag{2.4.109}$$

对 $t_5 \leqslant t \leqslant t_6 = \tau$,

$$T(t) = T(t_{5'})e^{C_m(t_5 - t_{5'})} + \{C_m T(t_{5'})e^{C_m(t_5 - t_{5'})} + \hat{k}_0[T_H - T(t_{5'})e^{C_m(t_5 - t_{5'})}]\}(t-t_5)$$
$$\tag{2.4.110}$$

$$\beta = C_M(t_3 - t_1) + C_h t_1 + C_1(t_4 - t_3) - C_m(t-t_4)$$
$$\psi_1 \approx \mu + C_m(1-\mu)(t-t_5), T_R = T_H, \hat{k} = \hat{k}_0, C = -C_m \tag{2.4.111}$$

在 T_H、T_L、C_M、C_m、τ、$\hat{k}_0$ 和 Q_1 已知的情况下，牛顿传热规律下给定输入能时内可逆热机效率优化最优循环的各分支间断点参数数值解可以由如下方程组求得

$$T_h \approx T(t_{5'})e^{C_m(t_5-t_{5'})} + \{C_m T(t_{5'})e^{C_m(t_5-t_{5'})} + \hat{k}_0[T_H - T(t_{5'})e^{C_m(t_5-t_{5'})}]\}(t_6-t_5)$$

$$(2.4.112)$$

$$\mu + C_m(1-\mu)(t_6-t_5) \approx [T_H + T_h(\mu-1)]/T_H \qquad (2.4.113)$$

$$\begin{aligned}&C_M(t_3-t_{2'}) + C_M(t_{2'}-t_2) + C_M(t_2-t_1) + C_h t_1 + C_1(t_4-t_3)\\&-C_m(t_6-t_5) - C_m(t_5-t_{5'}) - C_m(t_{5'}-t_4) = 0\end{aligned} \qquad (2.4.114)$$

$$\mu \approx \frac{T_H + T_h(\mu-1)}{T_H} + \frac{[-C_M T_h + \hat{k}_0(T_H - T_h)](1-\mu)}{T_H}(t_2-t_1) \qquad (2.4.115)$$

$$1-(1-\mu)e^{C_M(t_{2'}-t_2)} = 0 \qquad (2.4.116)$$

$$0 \approx \frac{T_L - T_1}{T_L} + \frac{C_m T_1 + \hat{k}_0(T_L - T_1)}{T_L}(t_{5'}-t_4) \qquad (2.4.117)$$

$$1-e^{-C_m(t_5-t_{5'})} = \mu \qquad (2.4.118)$$

$$t_1 + (t_4-t_3) = \tau - (\tau-t_5) - (t_5-t_{5'}) - (t_{5'}-t_4) - (t_3-t_{2'}) - (t_{2'}-t_2) - (t_2-t_1)$$

$$(2.4.119)$$

$$Q_1 = C_V \int_0^\tau \hat{k}(T_R - T)\theta[(T_R - T)]\mathrm{d}t = \mathrm{const} \qquad (2.4.120)$$

$$C_h = \frac{\hat{k}_0(T_H - T_h)}{T_h} \qquad (2.4.121)$$

$$C_1 = \frac{\hat{k}_0(T_L - T_1)}{T_1} \qquad (2.4.122)$$

$$\frac{(T_H - T_h)^2(1-\mu)}{T_H} = \frac{(T_L - T_1)^2}{T_L} \qquad (2.4.123)$$

$$\frac{T_h^2(1-\mu)}{T_H} = \frac{T_1^2}{T_L} \qquad (2.4.124)$$

2. 数值算例

设内可逆热机内含有1kg 理想气体工质，取 $T_H = 1000K$ ， $T_L = 400K$ ， $C_M = 12.5s^{-1}$ ， $C_m = 3s^{-1}$ ， $\hat{k}_0 = 20kg/s$ ， $\tau = 1s$ ， $C_V = 5kJ/(kg \cdot K)$ 。表 2.15 给出了牛顿传热规律下输入能 Q_1 变化时各分支的过程时间、各转换点处状态变量的值、相应的最大效率 η 以及对应的循环平均功率 P ，图 2.41 为牛顿传热规律下 $Q_1 = 6500kJ$ 时内可逆热机效率优化最优构型中状态变量随时间的变化图，图 2.42 为牛顿传热规律下 $Q_1 = 6500kJ$ 时内可逆热机效率优化最优构型的八分支循环图。

表 2.15　牛顿传热规律下 Q_1 变化时的各对应值

| 参数 | $T_H = 1000K$, $T_L = 400K$, $C_M = 12.5s^{-1}$, $C_m = 3s^{-1}$, $C_V = 5kJ/(kg \cdot K)$, $\hat{k}_0 = 20kg/s$, $\tau = 1s$ | | | | | | | | |
| | $Q_1 = 6450kJ$ | | | $Q_1 = 6500kJ$ | | | $Q_1 = 6550kJ$ | | |
	$\Delta t/s$	T/K	β	$\Delta t/s$	T/K	β	$\Delta t/s$	T/K	β
t_1	0.3080	931.53	0.4269	0.3082	931.53	0.4272	0.3084	931.53	0.4276
t_2	0.0219	706.18	0.7011	0.0219	706.18	0.7014	0.0219	706.18	0.7017
$t_{2'}$	0.0248	518.16	1.0107	0.0248	518.16	1.0110	0.0248	518.16	1.0113
t_3	0.0139	431.73	1.1844	0.0139	431.73	1.1841	0.0138	431.73	1.1839
t_4	0.5440	431.73	0.4308	0.5438	431.73	0.4308	0.5436	431.73	0.4308
$t_{5'}$	0.0555	468.42	0.2642	0.0555	468.42	0.2642	0.0555	468.42	0.2642
t_5	0.0275	508.66	0.1818	0.0275	508.66	0.1818	0.0275	508.66	0.1818
t_6	0.0210	931.53	0	0.0212	931.53	0	0.0215	931.53	0
μ	0.4630			0.4630			0.4630		
P	2042.8 kW			2043.2 kW			2044.6 kW		
η	0.3119			0.3142			0.3165		

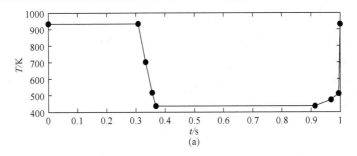

(a)

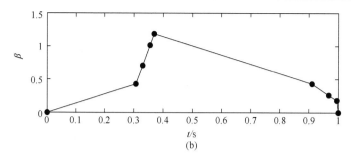

图 2.41　牛顿传热规律下 $Q_1 = 6500\text{kJ}$ 时内可逆热机效率优化最优构型中
状态变量随时间的变化图

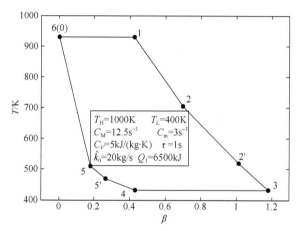

图 2.42　牛顿传热规律下 $Q_1 = 6500\text{kJ}$ 时内可逆热机效率优化最优构型的八分支循环图

根据本算例，循环时间仍然主要分布在两个等温分支上，输入能 Q_1 的改变对各个分支的过程时间、全部转换点处的工质温度以及拉格朗日系数 μ 总体影响不大，但随着 Q_1 的增加，循环平均功率 P 和最大效率 η 都呈递增趋势。

2.4.3.3　平方传热规律下的最优构型

平方传热规律下，传热指数 $n = 2$，符号函数 $\text{sign}(n) = 1$。

1. 方程组

平方传热规律下给定输入能时内可逆热机效率优化最优循环中各分支的协态与状态变量的表达式如下。

对 $0 \leqslant t \leqslant t_1$，

$$T = T_\text{h}, C = C_\text{h}, \beta = C_\text{h}t, T_\text{R} = T_\text{H}, \hat{k} = \hat{k}_0 \tag{2.4.125}$$

$$\psi_1(t) = \frac{T_H^2 + T_h^2(2\mu - 1)}{T_H^2 + T_h^2}, \psi_2(t) = \frac{2(\mu - 1)T_h^3}{T_H^2 + T_h^2} \tag{2.4.126}$$

对 $t_1 \leqslant t \leqslant t_2$，

$$T(t) \approx T_h + [-C_M T_h + \hat{k}_0(T_H^2 - T_h^2)](t - t_1) \tag{2.4.127}$$

$$
\begin{aligned}
\psi_1(t) &\approx \frac{T_H^2 + T_h^2(2\mu - 1)}{T_H^2 + T_h^2} \\
&+ \frac{[-2C_M T_h^2 + 2\hat{k}_0 T_h(T_H^2 - T_h^2)](1 - \mu)}{T_H^2 + T_h^2}(t - t_1)
\end{aligned}
\tag{2.4.128}
$$

$$\beta = C_M(t - t_1) + C_h t_1, T_R = T_H, \hat{k} = \hat{k}_0, C = C_M \tag{2.4.129}$$

对 $t_2 \leqslant t \leqslant t_{2'}$，

$$
\begin{aligned}
&T(t) = T(t_2) e^{-C_M(t - t_2)}, \beta = C_M(t - t_1) + C_h t_1 \\
&\psi_1(t) = 1 - (1 - \mu) e^{C_M(t - t_2)}, C = C_M, \hat{k} = 0
\end{aligned}
\tag{2.4.130}
$$

式中，

$$T(t_2) \approx T_h + [-C_M T_h + \hat{k}_0(T_H^2 - T_h^2)](t_2 - t_1) \tag{2.4.131}$$

对 $t_{2'} \leqslant t \leqslant t_3$，

$$
\begin{aligned}
T(t) &\approx T(t_2) e^{-C_M(t_{2'} - t_2)} + \{-C_M T(t_2) e^{-C_M(t_{2'} - t_2)} \\
&+ \hat{k}_0[T_L^2 - T^2(t_2) e^{-2C_M(t_{2'} - t_2)}]\}(t - t_{2'})
\end{aligned}
\tag{2.4.132}
$$

$$\beta = C_M(t - t_1) + C_h t_1, \psi_1(t) \approx -C_M(t - t_{2'}), T_R = T_L, \hat{k} = \hat{k}_0, C = C_M \tag{2.4.133}$$

对 $t_3 \leqslant t \leqslant t_4$，

$$T = T_1, \beta = C_M(t_3 - t_1) + C_h t_1 + C_1(t - t_3) \tag{2.4.134}$$

$$\psi_1 = \frac{T_L^2 - T_1^2}{T_L^2 + T_1^2}, T_R = T_L, \quad \hat{k} = \hat{k}_0, C = C_1 \tag{2.4.135}$$

对 $t_4 \leqslant t \leqslant t_{5'}$，

$$T(t) \approx T_1 + [C_m T_1 + \hat{k}_0(T_L^2 - T_1^2)](t - t_4) \tag{2.4.136}$$

$$\psi_1(t) \approx \frac{T_L^2 - T_1^2}{T_L^2 + T_1^2} + \frac{2C_m T_1^2 + 2\hat{k}_0(T_L^2 - T_1^2)T_1}{T_L^2 + T_1^2}(t - t_4) \tag{2.4.137}$$

$$\beta = C_1(t_4 - t_3) + C_M(t_3 - t_1) + C_h t_1 - C_m(t - t_4), T_R = T_L, \hat{k} = \hat{k}_0, C = -C_m \tag{2.4.138}$$

对 $t_{5'} \leqslant t \leqslant t_5$,

$$T(t) = T(t_{5'})e^{C_m(t - t_{5'})}, \beta = C_M(t_3 - t_1) + C_h t_1 + C_1(t_4 - t_3) - C_m(t - t_4)$$
$$\psi_1(t) = 1 - e^{-C_m(t - t_{5'})}, \hat{k} = 0, C = -C_m$$

$$\tag{2.4.139}$$

式中,

$$T(t_{5'}) \approx T_1 + [C_m T_1 + \hat{k}_0(T_L^2 - T_1^2)](t_{5'} - t_4) \tag{2.4.140}$$

对 $t_5 \leqslant t \leqslant t_6 = \tau$,

$$T(t) = T(t_{5'})e^{C_m(t_5 - t_{5'})} + \{C_m T(t_{5'})e^{C_m(t_5 - t_{5'})} + \hat{k}_0[T_H^2 - T^2(t_{5'})e^{2C_m(t_5 - t_{5'})}]\}(t - t_5)$$

$$\tag{2.4.141}$$

$$\beta = C_M(t_3 - t_1) + C_h t_1 + C_1(t_4 - t_3) - C_m(t - t_4)$$
$$\psi_1 \approx \mu + C_m(1 - \mu)(t - t_5), T_R = T_H, \hat{k} = \hat{k}_0, C = -C_m \tag{2.4.142}$$

在 T_H、T_L、C_M、C_m、τ、$\hat{k}_0$ 和 Q_1 已知的情况下,平方传热规律下给定输入能时内可逆热机效率优化最优循环的各分支间断点参数数值解可以由如下方程组求得

$$T_h \approx T(t_{5'})e^{C_m(t_5 - t_{5'})} + \{C_m T(t_{5'})e^{C_m(t_5 - t_{5'})} + \hat{k}_0[T_H^2 - T^2(t_{5'})e^{2C_m(t_5 - t_{5'})}]\}(t_6 - t_5)$$

$$\tag{2.4.143}$$

$$\mu + C_m(1 - \mu)(t_6 - t_5) \approx [T_H^2 + T_h^2(2\mu - 1)] / (T_H^2 + T_h^2) \tag{2.4.144}$$

$$C_M(t_3 - t_{2'}) + C_M(t_{2'} - t_2) + C_M(t_2 - t_1) + C_h t_1 + C_1(t_4 - t_3)$$
$$-C_m(t_6 - t_5) - C_m(t_5 - t_{5'}) - C_m(t_{5'} - t_4) = 0 \tag{2.4.145}$$

$$\mu \approx \frac{T_{\mathrm{H}}^2 + T_{\mathrm{h}}^2(2\mu - 1)}{T_{\mathrm{H}}^2 + T_{\mathrm{h}}^2} + \frac{[-2C_{\mathrm{M}}T_{\mathrm{h}}^2 + 2\hat{k}_0 T_{\mathrm{h}}(T_{\mathrm{H}}^2 - T_{\mathrm{h}}^2)](1-\mu)}{T_{\mathrm{H}}^2 + T_{\mathrm{h}}^2}(t_2 - t_1) \quad (2.4.146)$$

$$1 - (1-\mu)\mathrm{e}^{C_{\mathrm{M}}(t_{2'} - t_2)} = 0 \quad (2.4.147)$$

$$0 \approx \frac{T_{\mathrm{L}}^2 - T_{\mathrm{l}}^2}{T_{\mathrm{L}}^2 + T_{\mathrm{l}}^2} + \frac{2C_{\mathrm{m}}T_{\mathrm{l}}^2 + 2\hat{k}_0(T_{\mathrm{L}}^2 - T_{\mathrm{l}}^2)T_{\mathrm{l}}}{T_{\mathrm{L}}^2 + T_{\mathrm{l}}^2}(t_{5'} - t_4) \quad (2.4.148)$$

$$1 - \mathrm{e}^{-C_{\mathrm{m}}(t_5 - t_{5'})} = \mu \quad (2.4.149)$$

$$t_1 + (t_4 - t_3) = \tau - (\tau - t_5) - (t_5 - t_{5'}) - (t_{5'} - t_4) - (t_3 - t_{2'}) - (t_{2'} - t_2) - (t_2 - t_1)$$

$$(2.4.150)$$

$$Q_1 = C_V \int_0^\tau \hat{k}(T_{\mathrm{R}}^2 - T^2)\theta[(T_{\mathrm{R}}^2 - T^2)]\mathrm{d}t = \mathrm{const} \quad (2.4.151)$$

$$C_{\mathrm{h}} = \frac{\hat{k}_0(T_{\mathrm{H}}^2 - T_{\mathrm{h}}^2)}{T_{\mathrm{h}}} \quad (2.4.152)$$

$$C_{\mathrm{l}} = \frac{\hat{k}_0(T_{\mathrm{L}}^2 - T_{\mathrm{l}}^2)}{T_{\mathrm{l}}} \quad (2.4.153)$$

$$\frac{(T_{\mathrm{H}}^2 - T_{\mathrm{h}}^2)^2(1-\mu)}{T_{\mathrm{H}}^2 + T_{\mathrm{h}}^2} = \frac{(T_{\mathrm{L}}^2 - T_{\mathrm{l}}^2)^2}{T_{\mathrm{H}}^2 + T_{\mathrm{h}}^2} \quad (2.4.154)$$

$$\frac{T_{\mathrm{h}}^3(1-\mu)}{T_{\mathrm{H}}^2 + T_{\mathrm{h}}^2} = \frac{T_{\mathrm{l}}^3}{T_{\mathrm{L}}^2 + T_{\mathrm{l}}^2} \quad (2.4.155)$$

2. 数值算例

设内可逆热机内含有 1kg 理想气体工质,取 $T_{\mathrm{H}} = 1000\mathrm{K}$, $T_{\mathrm{L}} = 400\mathrm{K}$, $C_{\mathrm{M}} = 12.5\mathrm{s}^{-1}$, $C_{\mathrm{m}} = 3\mathrm{s}^{-1}$, $\hat{k}_0 = 3 \times 10^{-2}\mathrm{kg}/(\mathrm{K} \cdot \mathrm{s})$, $\tau = 1\mathrm{s}$, $C_V = 5\mathrm{kJ}/(\mathrm{kg} \cdot \mathrm{K})$。表 2.16 给出了平方传热规律下输入能 Q_1 变化时各分支的过程时间、各转换点处状态变量的值、相应的最大效率 η 以及对应的循环平均功率 P,图 2.43 为平方传热规律下 $Q_1 = 6500\mathrm{kJ}$ 时内可逆热机效率优化最优构型中状态变量随时间的变化图,图 2.44 为平方传热规律下 $Q_1 = 6500\mathrm{kJ}$ 时内可逆热机效率优化最优构型的八分支循环图。

表 2.16　平方传热规律下 Q_1 变化时的各对应值

$T_H = 1000K$，$T_L = 400K$，$C_M = 12.5s^{-1}$，$C_m = 3s^{-1}$，$C_V = 5kJ/(kg \cdot K)$，$\hat{k}_0 = 3 \times 10^{-2} kg/(K \cdot s)$，$\tau = 1s$

参数	$Q_1 = 6450kJ$			$Q_1 = 6500kJ$			$Q_1 = 6550kJ$		
	$\Delta t / s$	T / K	β	$\Delta t / s$	T / K	β	$\Delta t / s$	T / K	β
t_1	0.2770	929.31	0.8864	0.2611	927.23	0.8859	0.2632	927.90	0.8999
t_2	0.0069	877.51	0.9725	0.0091	860.30	0.9992	0.0112	844.45	1.0403
$t_{2'}$	0.0419	519.56	1.4966	0.0407	517.16	1.5081	0.0411	505.31	1.5539
t_3	0.0409	444.99	2.0073	0.0403	447.01	2.0119	0.0366	447.01	2.0117
t_4	0.0211	444.99	1.9629	0.0375	447.01	1.9280	0.0085	447.01	1.9925
$t_{5'}$	0.5153	545.23	0.4169	0.5142	522.36	0.3855	0.5397	526.02	0.3736
t_5	0.0964	728.07	0.1277	0.0970	698.76	0.0946	0.1015	713.26	0.0691
t_6	0.0126	929.31	0	0.0143	927.23	0	0.0142	927.90	0
μ	0.5942			0.5446			0.5424		
P	2520.3 kW			2565.7 kW			2592.1 kW		
η	0.3848			0.3978			0.3988		

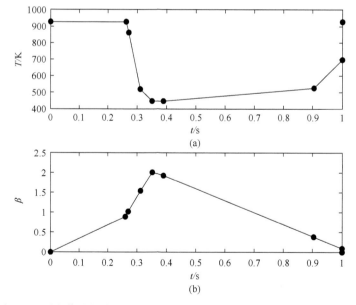

图 2.43　平方传热规律下 $Q_1 = 6500kJ$ 时内可逆热机效率优化最优构型中
状态变量随时间的变化图

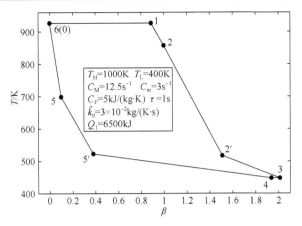

图 2.44 平方传热规律下 $Q_1 = 6500\text{kJ}$ 时内可逆热机效率优化最优构型的八分支循环图

根据本算例，循环时间主要消耗在 3_H 等温分支以及 2_L^- 最大效率分支上。随着输入能 Q_1 的增加，循环平均功率 P 和最大效率 η 都呈递增趋势，各个分支的过程时间、转换点处的工质温度以及拉格朗日乘子 μ 也有明显变化。这一差异一是由于传热规律的变化；二是由于在不同的传热规律下传热系数的取值有很大的区别，在平方传热规律下，传热系数是与 Planck 常量和 Stefan- Boltzmann 常数有关的[255, 256, 264, 269, 272]。

2.4.3.4 立方传热规律下的最优构型

立方传热规律下，传热指数 $n = 3$，符号函数 $\mathrm{sign}(n) = 1$。

1. 方程组

立方传热规律下给定输入能时内可逆热机效率优化最优循环中各分支的协态与状态变量的表达式如下。

对 $0 \leqslant t \leqslant t_1$，

$$T = T_\mathrm{h}, C = C_\mathrm{h}, \beta = C_\mathrm{h}t, T_\mathrm{R} = T_\mathrm{H}, \hat{k} = \hat{k}_0 \tag{2.4.156}$$

$$\psi_1(t) = \frac{T_\mathrm{H}^3 + T_\mathrm{h}^3(3\mu - 1)}{T_\mathrm{H}^3 + 2T_\mathrm{h}^3}, \psi_2(t) = \frac{3(\mu - 1)T_\mathrm{h}^4}{T_\mathrm{H}^3 + 2T_\mathrm{h}^3} \tag{2.4.157}$$

对 $t_1 \leqslant t \leqslant t_2$，

$$T(t) \approx T_\mathrm{h} + [-C_\mathrm{M}T_\mathrm{h} + \hat{k}_0(T_\mathrm{H}^3 - T_\mathrm{h}^3)](t - t_1) \tag{2.4.158}$$

$$\psi_1(t) \approx \frac{T_{\mathrm{H}}^3 + T_{\mathrm{h}}^3(3\mu-1)}{T_{\mathrm{H}}^3 + 2T_{\mathrm{h}}^3} + \frac{[-3C_{\mathrm{M}}T_{\mathrm{h}}^3 + 3\hat{k}_0 T_{\mathrm{h}}^2 (T_{\mathrm{H}}^3 - T_{\mathrm{h}}^3)](1-\mu)}{T_{\mathrm{H}}^3 + 2T_{\mathrm{h}}^3}(t-t_1)$$

$$(2.4.159)$$

$$\beta = C_{\mathrm{M}}(t-t_1) + C_{\mathrm{h}}t_1, T_{\mathrm{R}} = T_{\mathrm{H}}, \hat{k} = \hat{k}_0, C = C_{\mathrm{M}} \qquad (2.4.160)$$

对 $t_2 \leqslant t \leqslant t_{2'}$，

$$T(t) = T(t_2)\mathrm{e}^{-C_{\mathrm{M}}(t-t_2)}, \beta = C_{\mathrm{M}}(t-t_1) + C_{\mathrm{h}}t_1$$
$$\psi_1(t) = 1 - (1-\mu)\mathrm{e}^{C_{\mathrm{M}}(t-t_2)}, C = C_{\mathrm{M}}, \hat{k} = 0 \qquad (2.4.161)$$

式中，

$$T(t_2) \approx T_{\mathrm{h}} + [-C_{\mathrm{M}}T_{\mathrm{h}} + \hat{k}_0(T_{\mathrm{H}}^3 - T_{\mathrm{h}}^3)](t_2-t_1) \qquad (2.4.162)$$

对 $t_{2'} \leqslant t \leqslant t_3$，

$$T(t) \approx T(t_2)\mathrm{e}^{-C_{\mathrm{M}}(t_{2'}-t_2)} + \{-C_{\mathrm{M}}T(t_2)\mathrm{e}^{-C_{\mathrm{M}}(t_{2'}-t_2)}$$
$$+ \hat{k}_0[T_{\mathrm{L}}^3 - T^3(t_2)\mathrm{e}^{-3C_{\mathrm{M}}(t_{2'}-t_2)}]\}(t-t_{2'}) \qquad (2.4.163)$$

$$\beta = C_{\mathrm{M}}(t-t_1) + C_{\mathrm{h}}t_1, \psi_1(t) \approx -C_{\mathrm{M}}(t-t_{2'}), T_{\mathrm{R}} = T_{\mathrm{L}}, \hat{k} = \hat{k}_0, C = C_{\mathrm{M}} \quad (2.4.164)$$

对 $t_3 \leqslant t \leqslant t_4$，

$$T = T_{\mathrm{l}}, \quad \beta = C_{\mathrm{M}}(t_3-t_1) + C_{\mathrm{h}}t_1 + C_{\mathrm{l}}(t-t_3) \qquad (2.4.165)$$

$$\psi_1 = \frac{T_{\mathrm{L}}^3 - T_{\mathrm{l}}^3}{T_{\mathrm{L}}^3 + 2T_{\mathrm{l}}^n}, T_{\mathrm{R}} = T_{\mathrm{L}}, \quad \hat{k} = \hat{k}_0, C = C_{\mathrm{l}} \qquad (2.4.166)$$

对 $t_4 \leqslant t \leqslant t_{5'}$，

$$T(t) \approx T_{\mathrm{l}} + [C_{\mathrm{m}}T_{\mathrm{l}} + \hat{k}_0(T_{\mathrm{L}}^3 - T_{\mathrm{l}}^3)](t-t_4) \qquad (2.4.167)$$

$$\psi_1(t) \approx \frac{T_{\mathrm{L}}^3 - T_{\mathrm{l}}^3}{T_{\mathrm{L}}^3 + 2T_{\mathrm{l}}^3} + \frac{3C_{\mathrm{m}}T_{\mathrm{l}}^3 + 3\hat{k}_0(T_{\mathrm{L}}^3 - T_{\mathrm{l}}^3)T_{\mathrm{l}}^2}{T_{\mathrm{L}}^3 + 2T_{\mathrm{l}}^3}(t-t_4) \qquad (2.4.168)$$

$$\beta = C_{\mathrm{l}}(t_4-t_3) + C_{\mathrm{M}}(t_3-t_1) + C_{\mathrm{h}}t_1 - C_{\mathrm{m}}(t-t_4), T_{\mathrm{R}} = T_{\mathrm{L}}, \hat{k} = \hat{k}_0, C = -C_{\mathrm{m}}$$

$$(2.4.169)$$

对 $t_{5'} \leqslant t \leqslant t_5$，

$$T(t) = T(t_{5'})e^{C_m(t-t_{5'})}, \beta = C_M(t_3 - t_1) + C_h t_1 + C_1(t_4 - t_3) - C_m(t - t_4)$$

$$\psi_1(t) = 1 - e^{-C_m(t-t_{5'})}, \hat{k} = 0, C = -C_m$$

$$(2.4.170)$$

式中,

$$T(t_{5'}) \approx T_1 + [C_m T_1 + \hat{k}_0(T_L^3 - T_1^3)](t_{5'} - t_4) \qquad (2.4.171)$$

对 $t_5 \leqslant t \leqslant t_6 = \tau$,

$$T(t) = T(t_{5'})e^{C_m(t_5-t_{5'})} + \{C_m T(t_{5'})e^{C_m(t_5-t_{5'})} + \hat{k}_0[T_H^3 - T^3(t_{5'})e^{3C_m(t_5-t_{5'})}]\}(t - t_5)$$

$$(2.4.172)$$

$$\beta = C_M(t_3 - t_1) + C_h t_1 + C_1(t_4 - t_3) - C_m(t - t_4)$$

$$\psi_1 \approx \mu + C_m(1 - \mu)(t - t_5), T_R = T_H, \hat{k} = \hat{k}_0, C = -C_m \qquad (2.4.173)$$

在 T_H、T_L、C_M、C_m、τ、$\hat{k}_0$ 和 Q_1 已知的情况下, 立方传热规律下给定输入能时内可逆热机效率优化最优循环的各分支间断点参数数值解可以由如下方程组求得

$$T_h \approx T(t_{5'})e^{C_m(t_5-t_{5'})} + \{C_m T(t_{5'})e^{C_m(t_5-t_{5'})} + \hat{k}_0[T_H^3 - T^3(t_{5'})e^{3C_m(t_5-t_{5'})}]\}(t_6 - t_5)$$

$$(2.4.174)$$

$$\mu + C_m(1 - \mu)(t_6 - t_5) \approx [T_H^3 + T_h^3(3\mu - 1)] / (T_H^3 + 2T_h^3) \qquad (2.4.175)$$

$$C_M(t_3 - t_{2'}) + C_M(t_{2'} - t_2) + C_M(t_2 - t_1) + C_h t_1 + C_1(t_4 - t_3)$$

$$-C_m(t_6 - t_5) - C_m(t_5 - t_{5'}) - C_m(t_{5'} - t_4) = 0 \qquad (2.4.176)$$

$$\mu \approx \frac{T_H^3 + T_h^3(3\mu - 1)}{T_H^3 + 2T_h^3} + \frac{[-3C_M T_h^3 + 3\hat{k}_0 T_h^2(T_H^3 - T_h^3)](1 - \mu)}{T_H^3 + 2T_h^3}(t_2 - t_1) \quad (2.4.177)$$

$$1 - (1 - \mu)e^{C_M(t_{2'} - t_2)} = 0 \qquad (2.4.178)$$

$$0 \approx \frac{T_L^3 - T_1^3}{T_L^3 + 2T_1^3} + \frac{3C_m T_1^3 + 3\hat{k}_0(T_L^3 - T_1^3)T_1^2}{T_L^3 + 2T_1^3}(t_{5'} - t_4) \qquad (2.4.179)$$

$$1 - e^{-C_m(t_5 - t_{5'})} = \mu \qquad (2.4.180)$$

$$t_1 + (t_4 - t_3) = \tau - (\tau - t_5) - (t_5 - t_{5'}) - (t_{5'} - t_4) - (t_3 - t_{2'}) - (t_{2'} - t_2) - (t_2 - t_1)$$
$$(2.4.181)$$

$$Q_1 = C_V \int_0^\tau \hat{k}(T_R^3 - T^3)\theta[(T_R^3 - T^3)]dt = \text{const} \qquad (2.4.182)$$

$$C_h = \frac{\hat{k}_0(T_H^3 - T_h^3)}{T_h} \qquad (2.4.183)$$

$$C_l = \frac{\hat{k}_0(T_L^3 - T_l^3)}{T_l} \qquad (2.4.184)$$

$$\frac{(T_H^3 - T_h^3)^2(1 - \mu)}{T_H^3 + 2T_h^3} = \frac{(T_L^3 - T_l^3)^2}{T_H^3 + 2T_h^3} \qquad (2.4.185)$$

$$\frac{T_h^4(1 - \mu)}{T_H^3 + 2T_h^3} = \frac{T_l^4}{T_L^3 + 2T_l^3} \qquad (2.4.186)$$

2. 数值算例

设内可逆热机内含有1kg 理想气体工质，取 $T_H = 1000\text{K}$ ， $T_L = 400\text{K}$ ， $C_M = 12.5\text{s}^{-1}$ ， $C_m = 3\text{s}^{-1}$ ， $\hat{k}_0 = 10^{-5}\text{kg}/(\text{K}^2 \cdot \text{s})$ ， $\tau = 1\text{s}$ ， $C_V = 5\text{kJ}/(\text{kg} \cdot \text{K})$ 。表 2.17 给出了立方传热规律下输入能 Q_1 变化时各分支的过程时间、各转换点处状态

表 2.17　立方传热规律下 Q_1 变化时的各对应值

参数	$T_H = 1000\text{K}$, $T_L = 400\text{K}$, $C_M = 12.5\text{s}^{-1}$, $C_m = 3\text{s}^{-1}$, $C_V = 5\text{kJ}/(\text{kg} \cdot \text{K})$, $\hat{k}_0 = 10^{-5}\text{kg}/(\text{K}^2 \cdot \text{s})$, $\tau = 1\text{s}$								
	$Q_1 = 6450\text{kJ}$			$Q_1 = 6500\text{kJ}$			$Q_1 = 6550\text{kJ}$		
	$\Delta t / \text{s}$	T / K	β	$\Delta t / \text{s}$	T / K	β	$\Delta t / \text{s}$	T / K	β
t_1	0.2803	853.96	1.2367	0.2865	855.72	1.2484	0.2913	857.27	1.2550
t_2	0.0329	626.56	1.6485	0.0326	628.87	1.6557	0.0299	647.71	1.6284
$t_{2'}$	0.0054	585.53	1.7163	0.0038	599.401	1.7037	0.0074	590.68	1.7206
t_3	0.0424	586.38	2.2463	0.0355	582.30	2.1469	0.0319	574.87	2.1194
t_4	0.3332	586.38	1.1016	0.3195	582.30	1.0740	0.3153	574.87	1.0826
$t_{5'}$	0.2873	696.41	0.2396	0.2998	705.95	0.1747	0.2916	710.40	0.2079
t_5	0.0112	720.17	0.2061	0.0147	737.73	0.1306	0.0260	767.94	0.1300
t_6	0.0072	853.96	0	0.0076	855.72	0	0.0132	857.27	0
μ	0.3604			0.3717			0.4098		
P	1992.7 kW			2040.0 kW			2239.0 kW		
η	0.3042			0.3138			0.3471		

变量的值、相应的最大效率 η 以及对应的循环平均功率 P，图 2.45 为立方传热规律下 $Q_1 = 6500\text{kJ}$ 时内可逆热机效率优化最优构型中状态变量随时间的变化图，图 2.46 为立方传热规律下 $Q_1 = 6500\text{kJ}$ 时内可逆热机效率优化最优构型的八分支循环图。

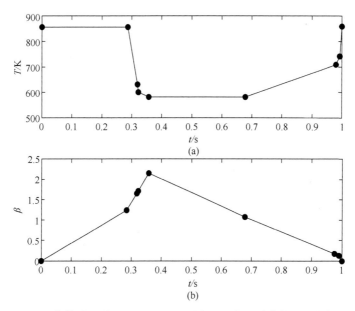

图 2.45　立方传热规律下 $Q_1 = 6500\text{kJ}$ 时内可逆热机效率优化最优构型中状态变量随时间的变化图

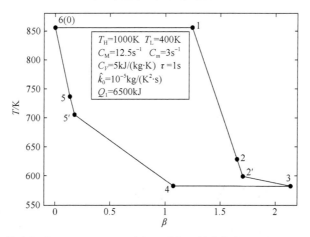

图 2.46　立方传热规律下 $Q_1 = 6500\text{kJ}$ 时内可逆热机效率优化最优构型的八分支循环图

根据本算例，循环时间主要消耗在两个等温分支以及 2_L^- 最大效率分支上，其余结论与平方传热规律下内可逆热机效率优化的最优构型的数值算例的结论相似。

2.4.3.5　辐射传热规律下的最优构型

辐射传热规律下，传热指数 $n=4$，符号函数 $\mathrm{sign}(n)=1$。

1. 方程组

辐射传热规律下给定输入能时内可逆热机效率优化最优循环中各分支的协态与状态变量的表达式如下。

对 $0 \leqslant t \leqslant t_1$，

$$T = T_\mathrm{h}, C = C_\mathrm{h}, \beta = C_\mathrm{h}t, T_\mathrm{R} = T_\mathrm{H}, \hat{k} = \hat{k}_0 \tag{2.4.187}$$

$$\psi_1(t) = \frac{T_\mathrm{H}^4 + T_\mathrm{h}^4(4\mu-1)}{T_\mathrm{H}^4 + 3T_\mathrm{h}^4}, \psi_2(t) = \frac{4(\mu-1)T_\mathrm{h}^5}{T_\mathrm{H}^4 + 3T_\mathrm{h}^4} \tag{2.4.188}$$

对 $t_1 \leqslant t \leqslant t_2$，

$$T(t) \approx T_\mathrm{h} + [-C_\mathrm{M}T_\mathrm{h} + \hat{k}_0(T_\mathrm{H}^4 - T_\mathrm{h}^4)](t-t_1) \tag{2.4.189}$$

$$\psi_1(t) \approx \frac{T_\mathrm{H}^4 + T_\mathrm{h}^4(4\mu-1)}{T_\mathrm{H}^4 + 3T_\mathrm{h}^4} + \frac{[-4C_\mathrm{M}T_\mathrm{h}^4 + 4\hat{k}_0 T_\mathrm{h}^3(T_\mathrm{H}^4 - T_\mathrm{h}^4)](1-\mu)}{T_\mathrm{H}^4 + 3T_\mathrm{h}^4}(t-t_1)$$

$$\tag{2.4.190}$$

$$\beta = C_\mathrm{M}(t-t_1) + C_\mathrm{h}t_1, T_\mathrm{R} = T_\mathrm{H}, \hat{k} = \hat{k}_0, C = C_\mathrm{M} \tag{2.4.191}$$

对 $t_2 \leqslant t \leqslant t_{2'}$，

$$T(t) = T(t_2)\mathrm{e}^{-C_\mathrm{M}(t-t_2)}, \beta = C_\mathrm{M}(t-t_1) + C_\mathrm{h}t_1$$
$$\psi_1(t) = 1 - (1-\mu)\mathrm{e}^{C_\mathrm{M}(t-t_2)}, C = C_\mathrm{M}, \hat{k} = 0 \tag{2.4.192}$$

式中，

$$T(t_2) \approx T_\mathrm{h} + [-C_\mathrm{M}T_\mathrm{h} + \hat{k}_0(T_\mathrm{H}^4 - T_\mathrm{h}^4)](t_2-t_1) \tag{2.4.193}$$

对 $t_{2'} \leqslant t \leqslant t_3$，

$$T(t) \approx T(t_2)\mathrm{e}^{-C_\mathrm{M}(t_{2'}-t_2)} + \{-C_\mathrm{M}T(t_2)\mathrm{e}^{-C_\mathrm{M}(t_{2'}-t_2)}$$
$$+ \hat{k}_0\left[T_\mathrm{L}^4 - T^4(t_2)\mathrm{e}^{-4C_\mathrm{M}(t_{2'}-t_2)}\right]\}(t-t_{2'}) \tag{2.4.194}$$

$$\beta = C_{\mathrm{M}}(t - t_1) + C_{\mathrm{h}}t_1, \psi_1(t) \approx -C_{\mathrm{M}}(t - t_{2'}), T_{\mathrm{R}} = T_{\mathrm{L}}, \hat{k} = \hat{k}_0, C = C_{\mathrm{M}} \quad (2.4.195)$$

对 $t_3 \leqslant t \leqslant t_4$,

$$T = T_1, \beta = C_{\mathrm{M}}(t_3 - t_1) + C_{\mathrm{h}}t_1 + C_1(t - t_3) \quad (2.4.196)$$

$$\psi_1 = \frac{T_{\mathrm{L}}^4 - T_1^4}{T_{\mathrm{L}}^4 + 3T_1^4}, T_{\mathrm{R}} = T_{\mathrm{L}}, \quad \hat{k} = \hat{k}_0, C = C_1 \quad (2.4.197)$$

对 $t_4 \leqslant t \leqslant t_{5'}$,

$$T(t) \approx T_1 + [C_{\mathrm{m}}T_1 + \hat{k}_0(T_{\mathrm{L}}^4 - T_1^4)](t - t_4) \quad (2.4.198)$$

$$\psi_1(t) \approx \frac{T_{\mathrm{L}}^4 - T_1^4}{T_{\mathrm{L}}^4 + 3T_1^4} + \frac{4C_{\mathrm{m}}T_1^4 + 4\hat{k}_0(T_{\mathrm{L}}^4 - T_1^4)T_1^3}{T_{\mathrm{L}}^4 + 3T_1^4}(t - t_4) \quad (2.4.199)$$

$$\beta = C_1(t_4 - t_3) + C_{\mathrm{M}}(t_3 - t_1) + C_{\mathrm{h}}t_1 - C_{\mathrm{m}}(t - t_4), T_{\mathrm{R}} = T_{\mathrm{L}}, \hat{k} = \hat{k}_0, C = -C_{\mathrm{m}}$$

$$(2.4.200)$$

对 $t_{5'} \leqslant t \leqslant t_5$,

$$T(t) = T(t_{5'})\mathrm{e}^{C_{\mathrm{m}}(t - t_{5'})}, \beta = C_{\mathrm{M}}(t_3 - t_1) + C_{\mathrm{h}}t_1 + C_1(t_4 - t_3) - C_{\mathrm{m}}(t - t_4)$$

$$\psi_1(t) = 1 - \mathrm{e}^{-C_{\mathrm{m}}(t - t_{5'})}, \hat{k} = 0, C = -C_{\mathrm{m}}$$

$$(2.4.201)$$

式中,

$$T(t_{5'}) \approx T_1 + [C_{\mathrm{m}}T_1 + \hat{k}_0(T_{\mathrm{L}}^4 - T_1^4)](t_{5'} - t_4) \quad (2.4.202)$$

对 $t_5 \leqslant t \leqslant t_6 = \tau$,

$$T(t) = T(t_{5'})\mathrm{e}^{C_{\mathrm{m}}(t_5 - t_{5'})} + \{C_{\mathrm{m}}T(t_{5'})\mathrm{e}^{C_{\mathrm{m}}(t_5 - t_{5'})} + \hat{k}_0[T_{\mathrm{H}}^4 - T^4(t_{5'})\mathrm{e}^{4C_{\mathrm{m}}(t_5 - t_{5'})}]\}(t - t_5)$$

$$(2.4.203)$$

$$\beta = C_{\mathrm{M}}(t_3 - t_1) + C_{\mathrm{h}}t_1 + C_1(t_4 - t_3) - C_{\mathrm{m}}(t - t_4)$$

$$\psi_1 \approx \mu + C_{\mathrm{m}}(1 - \mu)(t - t_5), T_{\mathrm{R}} = T_{\mathrm{H}}, \hat{k} = \hat{k}_0, C = -C_{\mathrm{m}} \quad (2.4.204)$$

在 T_{H}、T_{L}、C_{M}、C_{m}、τ、$\hat{k}_0$ 和 Q_1 已知的情况下, 辐射传热规律下给定输入能时内可逆热机效率优化最优循环的各分支间断点参数数值解可以由如下方程

组求得

$$T_{\mathrm{h}} \approx T(t_{5'})\mathrm{e}^{C_{\mathrm{m}}(t_5-t_{5'})} + \{C_{\mathrm{m}}T(t_{5'})\mathrm{e}^{C_{\mathrm{m}}(t_5-t_{5'})} + \hat{k}_0[T_{\mathrm{H}}^4 - T^4(t_{5'})\mathrm{e}^{4C_{\mathrm{m}}(t_5-t_{5'})}]\}(t_6-t_5)$$

$$(2.4.205)$$

$$\mu + C_{\mathrm{m}}(1-\mu)(t_6-t_5) \approx [T_{\mathrm{H}}^4 + T_{\mathrm{h}}^4(4\mu-1)]/(T_{\mathrm{H}}^4 + 3T_{\mathrm{h}}^4) \tag{2.4.206}$$

$$\begin{aligned} &C_{\mathrm{M}}(t_3-t_{2'}) + C_{\mathrm{M}}(t_{2'}-t_2) + C_{\mathrm{M}}(t_2-t_1) + C_{\mathrm{h}}t_1 + C_{\mathrm{l}}(t_4-t_3) \\ &-C_{\mathrm{m}}(t_6-t_5) - C_{\mathrm{m}}(t_5-t_{5'}) - C_{\mathrm{m}}(t_{5'}-t_4) = 0 \end{aligned} \tag{2.4.207}$$

$$\mu \approx \frac{T_{\mathrm{H}}^4 + T_{\mathrm{h}}^4(4\mu-1)}{T_{\mathrm{H}}^4 + 3T_{\mathrm{h}}^4} + \frac{[-4C_{\mathrm{M}}T_{\mathrm{h}}^4 + 4\hat{k}_0 T_{\mathrm{h}}^3(T_{\mathrm{H}}^4-T_{\mathrm{h}}^4)](1-\mu)}{T_{\mathrm{H}}^4 + 3T_{\mathrm{h}}^4}(t_2-t_1) \tag{2.4.208}$$

$$1 - (1-\mu)\mathrm{e}^{C_{\mathrm{M}}(t_{2'}-t_2)} = 0 \tag{2.4.209}$$

$$0 \approx \frac{T_{\mathrm{L}}^4 - T_{\mathrm{l}}^4}{T_{\mathrm{L}}^4 + 3T_{\mathrm{l}}^4} + \frac{4C_{\mathrm{m}}T_{\mathrm{l}}^4 + 4\hat{k}_0(T_{\mathrm{L}}^4-T_{\mathrm{l}}^4)T_{\mathrm{l}}^3}{T_{\mathrm{L}}^4 + 3T_{\mathrm{l}}^4}(t_{5'}-t_4) \tag{2.4.210}$$

$$1 - \mathrm{e}^{-C_{\mathrm{m}}(t_5-t_{5'})} = \mu \tag{2.4.211}$$

$$t_1 + (t_4-t_3) = \tau - (\tau-t_5) - (t_5-t_{5'}) - (t_{5'}-t_4) - (t_3-t_{2'}) - (t_{2'}-t_2) - (t_2-t_1)$$

$$(2.4.212)$$

$$Q_1 = C_V \int_0^\tau \hat{k}(T_{\mathrm{R}}^4 - T^4)\theta[(T_{\mathrm{R}}^4 - T^4)]\mathrm{d}t = \mathrm{const} \tag{2.4.213}$$

$$C_{\mathrm{h}} = \frac{\hat{k}_0(T_{\mathrm{H}}^4 - T_{\mathrm{h}}^4)}{T_{\mathrm{h}}} \tag{2.4.214}$$

$$C_{\mathrm{l}} = \frac{\hat{k}_0(T_{\mathrm{L}}^4 - T_{\mathrm{l}}^4)}{T_{\mathrm{l}}} \tag{2.4.215}$$

$$\frac{(T_{\mathrm{H}}^4 - T_{\mathrm{h}}^4)^2(1-\mu)}{T_{\mathrm{H}}^4 + 3T_{\mathrm{h}}^4} = \frac{(T_{\mathrm{L}}^4 - T_{\mathrm{l}}^4)^2}{T_{\mathrm{L}}^4 + 3T_{\mathrm{l}}^4} \tag{2.4.216}$$

$$\frac{T_{\mathrm{h}}^5(1-\mu)}{T_{\mathrm{H}}^4 + 3T_{\mathrm{h}}^4} = \frac{T_{\mathrm{l}}^5}{T_{\mathrm{L}}^4 + 3T_{\mathrm{l}}^4} \tag{2.4.217}$$

2. 数值算例

设内可逆热机内含有 1kg 理想气体工质，取 $T_H = 1000\text{K}$，$T_L = 400\text{K}$，$C_M = 12.5\text{s}^{-1}$，$C_m = 3\text{s}^{-1}$，$\tau = 1\text{s}$，$\hat{k}_0 = 10^{-8}\text{kg/(K}^3 \cdot \text{s})$，$C_V = 5\text{kJ/(kg} \cdot \text{K})$。表 2.18 给出了辐射传热规律下输入能 Q_1 变化时各分支的过程时间、各转换点处状态变量的值、相应的最大效率 η 以及对应的循环平均功率 P，图 2.47 为辐射传热规律下 $Q_1 = 6500\text{kJ}$ 时内可逆热机效率优化最优构型中状态变量随时间的变化图，图 2.48 为辐射传热规律下 $Q_1 = 6500\text{kJ}$ 时内可逆热机效率优化最优构型的八分支循环图。

表 2.18　辐射传热规律下 Q_1 变化时的各对应值

$T_H = 1000\text{K}$，$T_L = 400\text{K}$，$C_M = 12.5\text{s}^{-1}$，$C_m = 3\text{s}^{-1}$，$C_V = 5\text{kJ/(kg} \cdot \text{K})$，$\hat{k}_0 = 10^{-8}\text{kg/(K}^3 \cdot \text{s})$，$\tau = 1\text{s}$

参数	$Q_1 = 6450\text{kJ}$			$Q_1 = 6500\text{kJ}$			$Q_1 = 6550\text{kJ}$		
	$\Delta t / \text{s}$	T / K	β	$\Delta t / \text{s}$	T / K	β	$\Delta t / \text{s}$	T / K	β
t_1	0.3378	904.00	1.2385	0.3382	904.00	1.2400	0.3386	904.00	1.2414
t_2	0.0166	771.66	1.4458	0.0173	765.71	1.4566	0.0181	759.82	1.4673
$t_{2'}$	0.0143	645.35	1.6246	0.0143	640.38	1.6354	0.0143	635.45	1.6461
t_3	0.0152	634.00	1.8146	0.0152	634.00	1.8254	0.0152	634.00	1.8361
t_4	0.5324	634.00	0.6658	0.5324	634.00	0.6766	0.5324	634.00	0.6873
$t_{5'}$	0.0370	654.08	0.5548	0.0370	654.07	0.5656	0.0370	654.06	0.5763
t_5	0.0369	730.72	0.4440	0.0369	730.63	0.4549	0.0369	730.54	0.4657
t_6	0.0151	904.00	0	0.0158	904.00	0	0.0165	904.00	0
μ	0.0137			0.0137			0.0137		
P	3139.3 kW			3166.8 kW			3193.8 kW		
η	0.4867			0.4872			0.4876		

根据本算例，循环时间主要消耗在两个等温分支上。随着输入能 Q_1 的增加，循环平均功率 P 和最大效率 η 都呈递增趋势，而对于各个分支的过程时间、转换点处的工质温度以及拉格朗日乘子 μ 的影响并不大。这一差异一是由于传热规律的变化；二是由于在不同的传热规律下传热系数的取值有很大的区别，在辐射传热规律下，传热系数是与 Stefan-Boltzmann 常数有关的[255, 256, 264, 269, 272]。

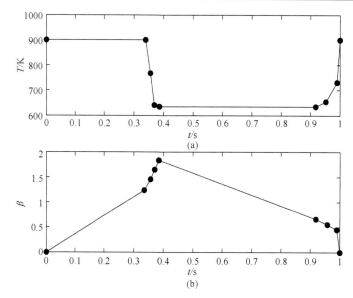

图 2.47　辐射传热规律下 $Q_1 = 6500\text{kJ}$ 时内可逆热机效率优化最优构型中
状态变量随时间的变化图

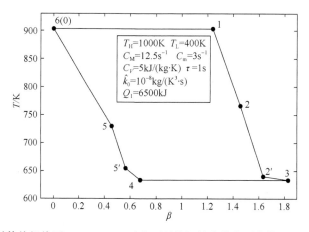

图 2.48　辐射传热规律下 $Q_1 = 6500\text{kJ}$ 时内可逆热机效率优化最优构型的八分支循环图

2.4.3.6　几种特殊传热规律下的最优构型的比较

图 2.49 为输入能 $Q_1 = 6500\text{kJ}$ 时线性唯象、牛顿和辐射三种特殊传热规律下内可逆热机效率优化最优构型中工质温度 T 随时间变化图，图 2.50 为输入能 $Q_1 = 6500\text{kJ}$ 时线性唯象、牛顿和辐射三种特殊传热规律下内可逆热机效率优化最优构型中工质相对体积 β 随时间变化图，图 2.51 为输入能 $Q_1 = 6500\text{kJ}$ 时线性唯象、牛顿和辐射三种特殊传热规律下内可逆热机效率优化最优构型的八分支循环图。

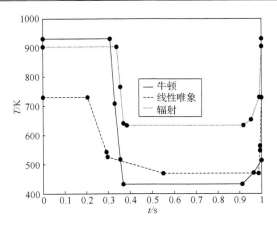

图 2.49　三种特殊传热规律下内可逆热机效率优化最优构型中工质温度 T 随时间变化图

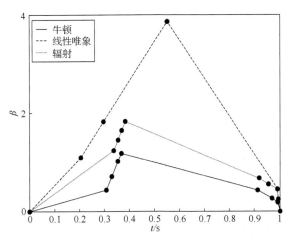

图 2.50　三种特殊传热规律下内可逆热机效率优化最优构型中工质相对体积 β 随时间变化图

从图 2.49 和图 2.50 中可以看出，三种特殊传热规律下给定输入能的内可逆热机最大效率的最优构型都由八个分支组成，其中包括两个等温分支、四个最大效率分支和两个绝热分支，但三种特殊传热规律下的两个等温分支的温度不同，四个最大效率分支和两个绝热分支的过程路径不同，三种最优构型对应的各分支的过程时间也不相同，可见传热规律对循环最优构型有较大影响。另外，将本节结果与 2.2 节给定循环周期无压比约束下内可逆热机最大功率输出时的最优构型相比较，可知拉格朗日乘子 μ 的引入使得问题变得复杂，即使在相同的传热条件下，最优构型也由原来的六分支循环变为八分支循环，且各分支的路径和时间也与六分支情况下明显不同。只有当 $\mu=0$ 时，其最优构型才与相同传热规律下六分支的构型完全相同。

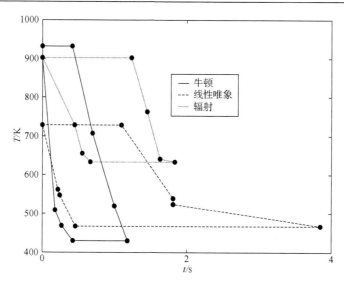

图 2.51　三种特殊传热规律下内可逆热机效率优化最优构型的八分支循环图

2.5　本章小结

本章建立了广义辐射传热规律下内可逆热机模型,应用最优控制理论分别对无压比约束的内可逆热机最大功率输出、固定压比时内可逆热机最大功率输出、给定输入能的内可逆热机最大效率时的循环最优构型进行了研究,利用泰勒级数展开的方法得出了各分支过程的时间和热源及工质温度的近似表达式,给出了数值算例,并将几种特殊传热规律下的最优构型进行了比较。本章主要结论如下。

(1)广义辐射传热规律下无压比约束的内可逆热机最大功率输出时的最优构型由六个分支组成,其中包括两个等温分支和四个最大功率分支,最优构型中不包括绝热分支;广义辐射传热规律下固定压比的内可逆热机最大功率输出时的最优构型由八个分支组成,其中包括两个等温分支、四个最大功率分支和两个等容分支,最优构型中并不包括绝热分支;广义辐射传热规律下给定输入能的内可逆热机最大效率时的最优构型由八个分支组成,其中包括两个等温分支、四个最大效率分支和两个绝热分支。

(2)将几种特殊传热规律下无压比约束的内可逆热机最大功率输出循环最优构型进行了研究比较,可知它们之间有显著不同:虽然几种特殊传热规律下的循环最优构型均由两个等温分支和四个最大功率分支组成,但几种特殊传热规律下的两个等温分支的温度不同,四个最大功率分支的过程路径不同,几种特殊传热规律下的最优构型对应的各分支的过程时间也不相同,由于最优构型的过程路径和时间均不相同，故循环的最大平均功率和所对应的效率也不相同，可见传热规律对循环最优构型有较大影响。同时，数值计算结果还表明在几种特殊传热规律下，热导率对最优构型中转换点处的工质温度影响并不大，但随着热导率的增加，循环的最大平均功率增加，而所对应的效率却减小。

(3)将几种特殊传热规律下固定压比时内可逆热机最大功率输出的循环最优构型进行了研究比较，可知它们之间有显著不同：虽然几种特殊传热规律下的循环最优构型均由两个等温分支、四个最大功率分支和两个等容分支组成，但几种传热规律下的两个等温分支的温度不同，四个最大功率分支和两个等容分支的过程路径不同，几种最优构型对应的各分支的过程时间也不相同，由于最优构型的过程路径和时间均不相同，故循环的最大功率输出也不相同，可见传热规律对循环最优构型有较大影响。根据转换点分析，最大功率分支和等容分支之间的转换条件是 $(1-\psi_1)T+\psi_2=0$，而不是文献[248]中所说的 $\psi_1=0$。同时，数值计算结果表明：在与无固定压比的内可逆热机最大功率输出时的最优构型的比较中可以发现，压比的给定，使得输出功率有明显的降低，这是因为等容过程消耗了过多的时间，但是没有产生功率；随着压比的增加，最大输出功率和对应的效率都会增加。

(4)将几种特殊传热规律下给定输入能的内可逆热机最大效率时的循环最优构型进行了研究比较，可知它们之间有显著不同：虽然几种特殊传热规律下的循环最优构型均由两个等温分支、四个最大效率分支和两个绝热分支组成，但几种传热规律下的两个等温分支的温度不同，四个最大效率分支和两个绝热分支的过程路径不同，几种最优构型对应的各分支的过程时间也不相同，由于最优构型的过程路径和时间均不相同，故循环的最大效率也不相同，可见传热规律对循环最优构型有较大影响。在与无压比约束的内可逆热机最大功率输出时的最优构型相比较中可以发现，拉格朗日乘子 μ 的引入使得问题变得复杂，即使在相同的传热条件下，最优构型也由原来的六分支循环变为八分支循环，且各分支的路径和时间也与六分支情况下明显不同，只有当 $\mu=0$ 时，其最优构型才与相同传热规律下六分支的构型完全相同。同时数值计算结果还表明，随着输入能的增加，内可逆热机最大效率和对应的循环平均功率都会增加。

(5)本章采用一阶泰勒级数展开的方法得出了各分支过程的时间和热源及工质温度的近似表达式，给出了数值算例。循环的过程时间越短，泰勒级数展开的阶数越高，计算的精度就越高。

第3章　变温热源热机循环动态优化

3.1　引　　言

Ondrechen 等[282]研究表明牛顿传热规律下有限热容高温热源内可逆热机最大输出功时的循环最优构型为：低温侧工质温度为常数，而工质与高温侧热源温度均随时间呈指数规律变化且两者之比为常数的广义卡诺热机。文献[282]还研究了牛顿传热规律下两有限热容热源内可逆热机输出功最大时的循环最优构型。本书著者等[38, 49, 283]进一步研究了热漏对牛顿传热规律下有限热容高温热源不可逆热机最大输出功循环最优构型的影响。Yan 等[285]研究表明线性唯象传热规律下有限热容高温热源内可逆热机最大输出功时的循环最优构型为：低温侧工质温度为常数，高温热源与工质两者温度倒数之差也为常数的另一类广义卡诺热机。本书著者等[286]进一步研究了热漏对线性唯象传热规律下有限热容高温热源不可逆热机最优构型的影响。熊国华等[287]和本书著者等[288]分别研究了广义辐射传热规律[287]和广义对流传热规律[288]下有限热容高温热源内可逆热机最大输出功时的循环最优构型。本书著者等[289]进一步得到了一类混合热阻条件[吸热 $q_1 \propto \Delta(T^{-n})$，放热 $q_2 \propto \Delta(T^n)$，$n = 1$ 或 -1]下两有限热容热源内可逆热机最大输出功时的循环最优构型。李俊[96]和李俊等[290]研究了普适传热规律[$q \propto (\Delta(T^n))^m$]下有限热容高温热源内可逆热机输出功最大时循环最优构型[96, 290]，并研究了热漏对热机循环最优构型的影响[96]。

上述文献对于热机最优构型的研究均是基于常热源热容和具体的传热规律，本章将在不考虑具体的热源热容和热阻模型的条件下，分别研究两有限热容热源内可逆热机和存在热漏的有限高温热源不可逆热机的最大输出功最优构型。

3.2　两有限热容热源内可逆热机最大输出功

3.2.1　物理模型

考虑如图 3.1 所示的两有限热容热源内可逆热机模型，满足以下条件：工质与有限热容高温热源和有限热容低温热源交替接触，热机循环周期为给定的时间 τ，高、低温热源的温度分别为 $T_1(t)$ 和 $T_2(t)$，其热容分别为 C_{T_1} 和 C_{T_2}，均假定为相应热源温度的函数。内可逆热机对应于高、低温热源侧的工质工作温度分别为

$T_{1'}$ 和 $T_{2'}$。不考虑高、低温热源与工质的传热流率 $q_1(T_1,T_{1'})$ 和 $q_2(T_{2'},T_2)$ 具体的传热规律表达式，假定 $q(T_i,T_{i'})$ 满足条件：①当 $T_i > T_{i'}$ 时，$q(T_i,T_{i'}) > 0$；②当 $T_i < T_{i'}$ 时，$q(T_i,T_{i'}) < 0$；③当 $T_i = T_{i'}$ 时，$q(T_i,T_{i'}) = 0$。工质与高、低温热源间接触的转换过程为可逆绝热过程。假设绝热过程时间可忽略不计，即工质温度的变化是不连续的。

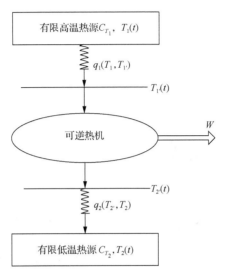

图 3.1　两有限热容热源内可逆热机模型

令热机与高、低温热源间的传热量分别为 Q_1 和 Q_2，则有

$$Q_1 = \int_0^\tau \theta_1(t) q_1(T_1,T_{1'})\,\mathrm{d}t \tag{3.2.1}$$

$$Q_2 = \int_0^\tau \theta_2(t) q_2(T_{2'},T_2)\,\mathrm{d}t \tag{3.2.2}$$

式中，$\theta_1(t)$ 和 $\theta_2(t)$ 为内可逆热机工质吸热和放热开关函数，分别为

$$\theta_1(t) = \begin{cases} 1, & 0 \leqslant t \leqslant t_1 \\ 0, & t_1 \leqslant t < \tau \end{cases} \tag{3.2.3}$$

$$\theta_2(t) = \begin{cases} 0, & 0 \leqslant t \leqslant t_1 \\ 1, & t_1 \leqslant t < \tau \end{cases} \tag{3.2.4}$$

式中，t_1 为内可逆热机吸热过程进行的时间。高、低温热源热容均为有限的，则有

$$C_{T_1}\mathrm{d}T_1 / \mathrm{d}t = -\theta_1(t) q_1(T_1,T_{1'}) \tag{3.2.5}$$

$$C_{T_2} dT_2 / dt = \theta_2(t) q_2(T_{2'}, T_2) \tag{3.2.6}$$

热机循环是内可逆的，工质经历一个循环后熵变为零，即

$$\int_0^\tau [\theta_1(t) q_1(T_1, T_{1'}) / T_{1'} - \theta_2(t) q_2(T_{2'}, T_2) / T_{2'}] dt = 0 \tag{3.2.7}$$

内可逆热机的循环输出功为

$$W = Q_1 - Q_2 = \int_0^\tau [\theta_1(t) q_1(T_1, T_{1'}) - \theta_2(t) q_2(T_{2'}, T_2)] dt \tag{3.2.8}$$

3.2.2　优化方法

现在的问题是在给定的循环周期 τ 下求热机输出功最大时循环最优构型，即在式 (3.2.5)~式 (3.2.7) 的约束下，求式 (3.2.8) 中 W 的最大值。建立变更的拉格朗日函数 L 如下：

$$\begin{aligned} L = {} & \theta_1(t) q_1(T_1, T_{1'}) - \theta_2(t) q_2(T_{2'}, T_2) + \lambda \left[\frac{\theta_1(t) q_1(T_1, T_{1'})}{T_{1'}} - \frac{\theta_2(t) q_2(T_{2'}, T_2)}{T_{2'}} \right] \\ & + u_1(t) \left[C_{T_1} dT_1 / dt + \theta_1(t) q_1(T_1, T_{1'}) \right] + u_2(t) \left[C_{T_2} dT_2 / dt - \theta_2(t) q_2(T_{2'}, T_2) \right] \end{aligned} \tag{3.2.9}$$

式中，λ 为拉格朗日常数；$u_1(t)$ 和 $u_2(t)$ 为时间相关函数。式 (3.2.9) 取极值的必要条件为如下的欧拉-拉格朗日方程组成立：

$$\frac{\partial L}{\partial T_i} - \frac{d}{dt} \frac{\partial L}{\partial (dT_i / dt)} = 0, \qquad \frac{\partial L}{\partial T_{i'}} - \frac{d}{dt} \frac{\partial L}{\partial (dT_{i'} / dt)} = 0 \tag{3.2.10}$$

式中，$i = 1, 2$。将式 (3.2.9) 代入式 (3.2.10) 得

$$\frac{\partial q_1}{\partial T_1} \left(1 + \frac{\lambda}{T_{1'}} \right) + u_1 \frac{\partial q_1}{\partial T_1} - C_{T_1} \frac{du_1}{dt} = 0, \qquad 0 \leqslant t \leqslant t_1 \tag{3.2.11}$$

$$u_1 = -1 - \frac{\lambda}{T_{1'}} + \frac{\lambda q_1}{T_{1'}^2} \bigg/ \frac{\partial q_1}{\partial T_{1'}}, \qquad 0 \leqslant t \leqslant t_1 \tag{3.2.12}$$

$$u_2 = -1 - \frac{\lambda}{T_{2'}} + \frac{\lambda q_2}{T_{2'}^2} \bigg/ \frac{\partial q_2}{\partial T_{2'}}, \qquad t_1 \leqslant t \leqslant \tau \tag{3.2.13}$$

$$-\frac{\partial q_2}{\partial T_2} (T_{2'} + \lambda) - u_2 \frac{\partial q_2}{\partial T_2} - C_{T_2} \frac{du_2}{dt} = 0, \qquad t_1 \leqslant t < \tau \tag{3.2.14}$$

将 $u_1(t)$ 对时间 t 求导得

$$\frac{\mathrm{d}u_1}{\mathrm{d}t} = \frac{\partial u_1}{\partial t} + \frac{\partial u_1}{\partial T_1}\frac{\mathrm{d}T_1}{\mathrm{d}t} + \frac{\partial u_1}{\partial T_{1'}}\frac{\mathrm{d}T_{1'}}{\mathrm{d}t}, \qquad 0 \leqslant t \leqslant t_1 \qquad (3.2.15)$$

由于式 (3.2.5)、式 (3.2.7) 和式 (3.2.8) 均不显含时间 t，所以 $\partial u_1 / \partial t = 0$。将式 (3.2.5) 和式 (3.2.15) 代入式 (3.2.11) 得

$$\left\{ \frac{\partial}{\partial T_1}\left[q_1\left(1 + \frac{\lambda}{T_{1'}} + u_1\right)\right]\right\}\frac{\mathrm{d}T_1}{\mathrm{d}t} + q_1\frac{\partial u_1}{\partial T_{1'}}\frac{\mathrm{d}T_{1'}}{\mathrm{d}t} = 0, \qquad 0 \leqslant t \leqslant t_1 \qquad (3.2.16)$$

将式 (3.2.12) 代入式 (3.2.16) 化简得

$$\frac{\partial}{\partial T_1}\left(\frac{q_1^2}{T_{1'}^2}\middle/\frac{\partial q_1}{\partial T_{1'}}\right)\frac{\mathrm{d}T_1}{\mathrm{d}t} + \frac{\partial}{\partial T_1}\left(\frac{q_1^2}{T_{1'}^2}\middle/\frac{\partial q_1}{\partial T_{1'}}\right)\frac{\mathrm{d}T_{1'}}{\mathrm{d}t} = 0, \quad 0 \leqslant t \leqslant t_1 \qquad (3.2.17)$$

由于 q_1 和 $T_{1'}$ 均不显含时间 t，由式 (3.2.17) 进一步得

$$\frac{q_1^2}{T_{1'}^2}\middle/\frac{\partial q_1}{\partial T_{1'}} = \mathrm{const}, \quad 0 \leqslant t \leqslant t_1 \qquad (3.2.18)$$

同样的，将 $u_2(t)$ 对时间 t 求导得

$$\frac{\mathrm{d}u_2}{\mathrm{d}t} = \frac{\partial u_2}{\partial t} + \frac{\partial u_2}{\partial T_{2'}}\frac{\mathrm{d}T_{2'}}{\mathrm{d}t} + \frac{\partial u_2}{\partial T_2}\frac{\mathrm{d}T_2}{\mathrm{d}t}, \qquad t_1 \leqslant t \leqslant \tau \qquad (3.2.19)$$

由于式 (3.2.6)~式 (3.2.8) 均不显含时间 t，所以 $\partial u_2 / \partial t = 0$。将式 (3.2.6) 和式 (3.2.19) 代入式 (3.2.14) 得

$$\left\{ \frac{\partial}{\partial T_2}\left[q_2\left(1 + \frac{\lambda}{T_{2'}} + u_2\right)\right]\right\}\frac{\mathrm{d}T_2}{\mathrm{d}t} + q_2\frac{\partial u_1}{\partial T_{2'}}\frac{\mathrm{d}T_{2'}}{\mathrm{d}t} = 0, \qquad t_1 \leqslant t \leqslant \tau \qquad (3.2.20)$$

将式 (3.2.13) 代入式 (3.2.20) 化简得

$$\frac{\partial}{\partial T_2}\left(\frac{q_2^2}{T_{2'}^2}\middle/\frac{\partial q_2}{\partial T_{2'}}\right)\frac{\mathrm{d}T_2}{\mathrm{d}t} + \frac{\partial}{\partial T_{2'}}\left(\frac{q_2^2}{T_{2'}^2}\middle/\frac{\partial q_2}{\partial T_{2'}}\right)\frac{\mathrm{d}T_{2'}}{\mathrm{d}t} = 0, \quad t_1 \leqslant t \leqslant \tau \qquad (3.2.21)$$

由于 q_2 和 $T_{2'}$ 均不显含时间 t，由式 (3.2.21) 进一步得

$$\frac{q_2^2}{T_{2'}^2}\middle/\frac{\partial q_2}{\partial T_{2'}} = \mathrm{const}, \quad t_1 \leqslant t \leqslant \tau \qquad (3.2.22)$$

式(3.2.18)和式(3.2.22)确定了两有限热容热源内可逆热机最大输出功时的循环最优构型，将具体的传热规律 $q_1(T_1,T_{1'})$ 和 $q_2(T_{2'},T_2)$ 代入式(3.2.18)和式(3.2.22)，联立式(3.2.5)~式(3.2.8)求解得循环最大输出功 W_{max} 以及对应的热源温度 T_i ($i=1$, 2) 和工质温度 $T_{i'}$ ($i=1$, 2) 随时间 t 变化的最优路径。由式(3.2.5)、式(3.2.6)、式(3.2.18) 和式(3.2.22)可见，热源热容 C_{T_i} 不影响热机最大输出功时热源温度 T_i 和相应侧热机工质温度 $T_{i'}$ 的最优关系，但热容 C_{T_i} 影响热源温度 T_i 和相应侧热机工质温度 $T_{i'}$ 随时间变化最优路径。值得指出的是，若热源热容为无限大即 $C_{T_i} \to \infty$，此时热源温度随时间保持为常数即 $T_i(t) = \text{const}$，式(3.2.18)或式(3.2.22)为关于相应侧热机工质温度 $T_{i'}$ 的代数方程，此时热机工质温度 $T_{i'}(t) = \text{const}$，这表明若热源为无限热容热源，那么与其进行热交换的相应侧工质温度也为常数。

3.2.3　特例分析与讨论

3.2.3.1　常热容和普适传热规律$[q \propto (\Delta(T^n))^m]$下的最优构型

高、低温热源热容为常数，此时 $C_{T_1} = C_1$ 和 $C_{T_2} = C_2$。热源与热机工质间传热服从普适传热规律$[q \propto (\Delta(T^n))^m]$，将 $q_1 = k_1(T_1^{n_1} - T_{1'}^{n_1})^{m_1}$ 和 $q_2 = k_2(T_{2'}^{n_2} - T_2^{n_2})^{m_2}$ 分别代入式(3.2.18)和式(3.2.22)得

$$(T_1^{n_1} - T_{1'}^{n_1}) / T_{1'}^{(n_1+1)/(m_1+1)} = a_1, \quad 0 \leqslant t \leqslant t_1 \tag{3.2.23}$$

$$(T_{2'}^{n_2} - T_2^{n_2}) / T_{2'}^{(n_2+1)/(m_2+1)} = a_2, \quad t_1 \leqslant t \leqslant \tau \tag{3.2.24}$$

式中，a_1 和 a_2 均为待定积分常数。上述优化问题仅在极少数传热规律情形存在解析解，对于其他大多数情形只能求其数值解。对于数值计算，由式(3.2.23)和式(3.2.24)进一步得

$$T_1 = (a_1 T_{1'}^{(n_1+1)/(m_1+1)} + T_{1'}^{n_1})^{1/n_1}, \quad 0 \leqslant t \leqslant t_1 \tag{3.2.25}$$

$$T_2 = (T_{2'}^{n_2} - a_2 T_{2'}^{(n_2+1)/(m_2+1)})^{1/n_2}, \quad t_1 \leqslant t \leqslant \tau \tag{3.2.26}$$

将式(3.2.25)和式(3.2.26)分别代入式(3.2.5)和式(3.2.6)得

$$\frac{dT_{1'}}{dt} = \frac{-n_1 k_1 a_1^{m_1} T_{1'}^{m_1(n_1+1)/(m_1+1)} (T_{1'}^{n_1} + a_1 T_{1'}^{(n_1+1)/(m_1+1)})^{(n_1-1)/n_1} / C_1}{n_1 T_{1'}^{n_1-1} + a_1(n_1+1) T_{1'}^{(n_1-m_1)/(m_1+1)} / (m_1+1)}, \quad 0 \leqslant t \leqslant t_1 \tag{3.2.27}$$

$$\frac{dT_{2'}}{dt} = \frac{n_2 k_2 a_2^{m_2} T_{2'}^{m_2(n_2+1)/(m_2+1)} (T_{2'}^{n_2} - a_2 T_{2'}^{(n_2+1)/(m_2+1)})^{(n_2-1)/n_2} / C_2}{n_2 T_{2'}^{n_2-1} - a_2(n_2+1) T_{2'}^{(n_2-m_2)/(m_2+1)} / (m_2+1)}, \quad t_1 \leqslant t \leqslant \tau \tag{3.2.28}$$

(1) 当 $m_1 = m_2$ 且 $n_1 = n_2$ 时，式 (3.2.25)~式 (3.2.28) 为文献[96]和[290]中普适传热规律[$q \propto (\Delta(T^n))^m$]下对称热阻内可逆热机最大输出功时的优化结果。

(2) 当 $m_1 \neq m_2$ 或 $n_1 \neq n_2$ 时，式 (3.2.25)~式 (3.2.28) 为普适传热规律[$q \propto (\Delta\ (T^n))^m$]下混合热阻内可逆热机最大输出功时的优化结果。

(3) 当 $m_1 = m_2 = 1$ 时，即热源与工质间传热服从广义辐射传热规律[$q \propto (\Delta(T^n))$]，由式 (3.2.25)~式 (3.2.28) 得

$$\begin{cases} T_1(t) = (a_1 T_{1'}^{(n_1+1)/2} + T_{1'}^{n_1})^{1/n_1} \\ \dfrac{\mathrm{d}T_{1'}}{\mathrm{d}t} = \dfrac{-n_1 k_1 a_1 T_{1'}^{(n_1+1)/2}(T_{1'}^{n_1} + a_1 T_{1'}^{(n_1+1)/2})^{(n_1-1)/n_1} / C_1}{n_1 T_{1'}^{n_1-1} + a_1(n_1+1)T_{1'}^{(n_1-1)/2}/2}, \quad 0 \leqslant t \leqslant t_1 \end{cases} \quad (3.2.29)$$

$$\begin{cases} \dfrac{\mathrm{d}T_{2'}}{\mathrm{d}t} = \dfrac{n_2 k_2 a_2 T_{2'}^{(n_2+1)/2}(T_{2'}^{n_2} - a_2 T_{2'}^{(n_2+1)/2})^{(n_2-1)/n_2} / C_2}{n_2 T_{2'}^{n_2-1} - a_2(n_2+1)T_{2'}^{(n_2-1)/2}/2}, \quad t_1 \leqslant t \leqslant \tau \\ T_2(t) = (T_{2'}^{n_2} - a_2 T_{2'}^{(n_2+1)/2})^{1/n_2} \end{cases} \quad (3.2.30)$$

式 (3.2.29) 和式 (3.2.30) 为广义辐射传热规律下两有限热源内可逆热机最大输出功时的优化结果。若进一步有 $C_2 \to \infty$，式 (3.2.29) 和式 (3.2.30) 变为文献[287]中广义辐射传热规律下有限高温热源内可逆热机最大输出功时的优化结果；若进一步有 $n_1 = n_2 = 1$，式 (3.2.29) 和式 (3.2.30) 变为文献[282]和[289]中牛顿传热规律下两有限热容热源内可逆热机最大输出功时的优化结果；若进一步有 $n_1 = n_2 = 1$ 且 $C_2 \to \infty$，式 (3.2.29) 和式 (3.2.30) 变为文献[38]、[69]、[96]、[282]、[283]、[287]~[290]中牛顿传热规律下有限热容高温热源内可逆热机最大输出功时的优化结果；若进一步有 $n_1 = n_2 = -1$，式 (3.2.29) 和式 (3.2.30) 变为文献[289]中线性唯象传热规律下两有限热源内可逆热机最大输出功时的优化结果；若进一步有 $n_1 = n_2 = -1$ 且 $C_2 \to \infty$，式 (3.2.29) 和式 (3.2.30) 变为文献[285]和[289]中线性唯象传热规律下有限热容高温热源内可逆热机最大输出功时的优化结果；若进一步有 $n_1 = -n_2 = 1$ 或 $n_1 = -n_2 = -1$，式 (3.2.29) 和式 (3.2.30) 变为文献[289]中混合热阻条件下两有限热源内可逆热机最大输出功时的优化结果。

(4) 当 $n_1 = n_2 = 1$ 时，即热源与工质间传热服从广义对流传热规律[$q \propto (\Delta T)^m$]。由式 (3.2.25)~式 (3.2.28) 得

$$\begin{cases} T_1 = a_1 T_{1'}^{2/(m_1+1)} + T_{1'} \\ \dfrac{\mathrm{d}T_{1'}}{\mathrm{d}t} = \dfrac{-k_1 a_1^{m_1} T_{1'}^{2m_1/(m_1+1)} / C_1}{1 + 2a_1 T_{1'}^{(1-m_1)/(m_1+1)} / (m_1+1)}, \quad 0 \leqslant t \leqslant t_1 \end{cases} \quad (3.2.31)$$

$$\begin{cases} \dfrac{\mathrm{d}T_{2'}}{\mathrm{d}t} = \dfrac{n_2 k_2 a_2^{m_2} T_{2'}^{2m_2/(m_2+1)} / C_2}{1 - 2a_2 T_{2'}^{(1-m_2)/(m_2+1)} / (m_2+1)}, \quad t_1 \leqslant t \leqslant \tau \\ T_2 = T_{2'} - a_2 T_{2'}^{2/(m_2+1)} \end{cases} \qquad (3.2.32)$$

式(3.2.31)和式(3.2.32)为广义对流传热规律下两有限常热容热源内可逆热机最大输出功时的优化结果。若进一步有 $C_2 \to \infty$，式(3.2.31)和式(3.2.32)变为文献[288]中广义对流传热规律下有限高温热源内可逆热机最大输出功时的优化结果。

3.2.3.2　变热容和普适传热规律[$q \propto (\Delta(T^n))^m$]下的最优构型

热源热容为温度的函数，此时 $C_{T_1} = C_1(T_1)$ 和 $C_{T_2} = C_2(T_2)$。实际情形热源热容随温度的变化关系较为复杂，但基本公式与前述一样，只需将式(3.2.27)和式(3.2.28)的热容 C_i 替换为 $C_i(T_i)$。为了便于说明变热容对优化结果的影响，本节的讨论仅限于牛顿传热规律和线性唯象传热规律下线性变热容情形即 $C_i(T_i) = C_i' + \gamma_i T_i$ ($i = 1$，2)。

(1) 当 $m_1 = m_2 = n_1 = n_2 = 1$ 时，即热源与工质间传热服从牛顿传热规律[$q \propto \Delta(T)$]，式(3.2.25)~式(3.2.28)变为

$$\begin{cases} T_1 = (a_1 + 1)T_{1'} \\ \mathrm{d}[C_1' \ln T_{1'} + \gamma_1(a_1+1)T_{1'}] / \mathrm{d}t = -k_1 a_1 / (1 + a_1) \end{cases}, \quad 0 \leqslant t \leqslant t_1 \qquad (3.2.33)$$

$$\begin{cases} \mathrm{d}[C_2' \ln T_{2'} + \gamma_2(1-a_2)T_{2'}] / \mathrm{d}t = k_2 a_2 / (1 - a_2) \\ T_2 = (1 - a_2)T_{2'} \end{cases}, \quad t_1 \leqslant t \leqslant \tau \qquad (3.2.34)$$

由式(3.2.33)和式(3.2.34)可见，牛顿传热规律下两线性变热容 $C_i(T_i) = C_i' + \gamma_i T_i$ ($i = 1$，2)热源内可逆热机最大输出功时的循环最优构型为：关于高、低温侧热机工质温度的函数 $y_1(T_{1'}) = C_1' \ln T_{1'} + \gamma_1(a_1+1)T_{1'}$ 和 $y_2(T_{2'}) = C_2' \ln T_{2'} + \gamma_2(1-a_2)T_{2'}$ 两者均随时间呈线性规律变化，且热机工质温度与相应侧热源温度之比为常数的内可逆热机。

(2) 当 $m_1 = m_2 = -n_1 = -n_2 = 1$ 时，即热源与工质间传热服从线性唯象传热规律[$q \propto \Delta(T^{-1})$]，式(3.2.25)~式(3.2.28)变为

$$\begin{cases} \mathrm{d}[C_1' T_1 + \gamma_1 T_1^2 / 2] / \mathrm{d}t = -k_1 a_1 \\ T_{1'}^{-1} - T_1^{-1} = -a_1 \end{cases}, \quad 0 \leqslant t \leqslant t_1 \qquad (3.2.35)$$

$$\begin{cases} T_{2'}^{-1} - T_2^{-1} = a_2 \\ \mathrm{d}[C_2' T_2 + \gamma_2 T_2^2 / 2] / \mathrm{d}t = k_2 a_2 / C_2 \end{cases}, \quad t_1 \leqslant t \leqslant \tau \qquad (3.2.36)$$

由式(3.2.35)和式(3.2.36)可见，线性唯象传热规律下线性变热容 $C_i(T_i) = C_i' + \gamma_i T_i$ $(i=1, 2)$ 热源内可逆热机最大输出功时的循环最优构型为：关于高、低温热源温度的多项式 $y_i(T_i) = C_i' T_i + \gamma_i T_i^2 / 2$ $(i=1, 2)$ 随时间呈线性规律变化，且热源温度与相应侧热机工质温度倒数之差为常数的内可逆热机。

3.2.3.3　无限热容和普适传热规律 $[q \propto (\Delta(T^n))^m]$ 下的最优构型

当两侧均为无限热容热源时，热机循环最优构型为恒温热源内可逆卡诺热机循环。式(3.2.1)、式(3.2.2)和式(3.2.7)分别变为

$$Q_1 = k_1 (T_1^{n_1} - T_{1'}^{n_1})^{m_1} t_1 \tag{3.2.37}$$

$$Q_2 = k_2 (T_{2'}^{n_2} - T_2^{n_2})^{m_2} t_2 \tag{3.2.38}$$

$$k_1 (T_1^{n_1} - T_{1'}^{n_1})^{m_1} t_1 / T_{1'} = k_2 (T_{2'}^{n_2} - T_2^{n_2})^{m_2} t_2 / T_{2'} \tag{3.2.39}$$

令 $m_1 = m_2 = m$ 和 $n_1 = n_2 = n$，由式(3.2.37)~式(3.2.39)得热机循环输出功 W 和热效率 η 之间的最优关系为[96, 263, 268, 290]

$$W = \frac{k_1 \tau \eta \{T_1^n - [T_2 / (1-\eta)]^n\}^m}{[1 + (k_1 / k_2)^{1/(m+1)} (1-\eta)^{(1-mn)/(m+1)}]^{m+1}} \tag{3.2.40}$$

3.2.3.4　有限热容和对流-辐射复合传热规律下的最优构型

考虑高、低温侧传热过程均服从对流-辐射复合传热规律 $\{q \propto [(\Delta T)^m + \Delta(T^4)]\}$，将 $q_1 = k_{c1}(T_1 - T_{1'})^{m_1} + k_{r1}(T_1^4 - T_{1'}^4)$ 和 $q_2 = k_{c2}(T_{2'} - T_2)^{m_2} + k_{r2}(T_{2'}^4 - T_2^4)$ 分别代入式(3.2.18)和式(3.2.22)得

$$\frac{[k_{c1}(T_1 - T_{1'})^{m_1} + k_{r1}(T_1^4 - T_{1'}^4)]^2}{T_{1'}^2 [m_1 k_{c1}(T_1 - T_{1'})^{m_1-1} + 4k_{r1}T_{1'}^3]} = \text{const}, \quad 0 \leqslant t \leqslant t_1 \tag{3.2.41}$$

$$\frac{[k_{c2}(T_{2'} - T_2)^{m_2} + k_{r2}(T_{2'}^4 - T_2^4)]^2}{T_{2'}^2 [k_{c2}(T_{2'} - T_2)^{m_2-1} + 4k_{r2}T_{2'}^3]} = \text{const}, \quad t_1 \leqslant t \leqslant \tau \tag{3.2.42}$$

式中，k_{ci} 和 k_{ri} $(i=1, 2)$ 分别为对流传热项和辐射传热项的热导率。由式(3.2.41)和式(3.2.42)可见，对流-辐射复合传热规律下内可逆热机最大输出功时热源温度和相应侧工质温度的最优关系既不同于单纯的广义对流传热规律下的优化结果，也不同于单纯的辐射传热规律下的优化结果，两者满足式(3.2.41)和式(3.2.42)的复杂函数关系。

3.3　存在热漏的有限高温热源不可逆热机最大输出功

3.3.1　物理模型

在 3.2.1 节两有限热容热源热机模型的基础上，本节考虑如图 3.2 所示的有限热容高温热源和无限热容低温热源间工作的不可逆热机模型。本节除低温热源热容为无限大和存在热漏 $q_3(T_1,T_2)$ 外，其他条件与 3.2.1 节相同，因此式(3.2.1)~式(3.2.4)、式(3.2.7)和式(3.2.8)对于本节也是适用的。令高、低温热源间直接热漏为 Q_3，则有

$$Q_3 = \int_0^\tau \theta_3(t)q_3(T_1,T_2)\mathrm{d}t \tag{3.3.1}$$

式中，$\theta_3(t)$ 为热漏开关函数，当 $0 \leqslant t \leqslant \tau$ 时，$\theta_3(t)=1$。高温热源热容为有限的，由热力学第一定律可得

$$C_{T_1}\mathrm{d}T_1/\mathrm{d}t = -\theta_1(t)q_1(T_1,T_{1'}) - \theta_3(t)q_3(T_1,T_2) \tag{3.3.2}$$

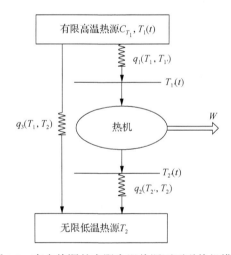

图 3.2　存在热漏的有限高温热源不可逆热机模型

3.3.2　优化方法

现在的问题是在给定的循环周期 τ 下求热机输出功最大时的循环最优构型，即在式(3.2.7)和式(3.3.2)的约束下求式(3.2.8)中 W 的最大值，可与 3.2.2 节一样通过建立变更的拉格朗日函数，然后求解欧拉-拉格朗日方程组。限于本节优化问

题的特殊性，可通过将此最优控制问题转化为一类平均最优控制问题进行求解从而简化问题的求解过程。由式(3.3.2)得

$$\mathrm{d}t = -\frac{C_{T_1}\mathrm{d}T_1}{\theta_1(t)q_1(T_1,T_{1'}) + \theta_3(t)q_3(T_1,T_2)} \tag{3.3.3}$$

将式(3.3.3)分别代入式(3.2.7)和式(3.2.8)得

$$\int_{T_1(0)}^{T_1(t)} -\frac{C_{T_1}q_1(T_1,T_{1'})}{T_{1'}[q_1(T_1,T_{1'}) + q_3(T_1,T_2)]}\mathrm{d}T_1 - \int_{T_1(t_1)}^{T_1(\tau)}\frac{C_{T_1}q_2(T_{2'},T_2)}{T_{2'}q_3(T_1,T_2)}\mathrm{d}T_1 = 0 \tag{3.3.4}$$

$$W = \int_{T_1(0)}^{T_1(t)} -\frac{C_{T_1}q_1(T_1,T_{1'})}{[q_1(T_1,T_{1'}) + q_3(T_1,T_2)]}\mathrm{d}T_1 - \int_{T_1(t_1)}^{T_1(\tau)}\frac{C_{T_1}q_2(T_{2'},T_2)}{q_3(T_1,T_2)}\mathrm{d}T_1 \tag{3.3.5}$$

优化问题可进一步分为两个子问题。

(1)当 $0 < t \leqslant t_1$ 时，在式(3.3.3)和式(3.3.4)的约束下求式(3.3.5)中 W 的最大值，建立变更的拉格朗日函数如下：

$$L_1 = -\frac{C_{T_1}}{[q_1(T_1,T_{1'}) + q_3(T_1,T_2)]}\left[q_1(T_1,T_{1'})\left(1 + \frac{\lambda_2}{T_{1'}}\right) + \lambda_1\right] \tag{3.3.6}$$

式中，λ_1 和 λ_2 均为待定常数，由极值条件 $\partial L_1/\partial T_{1'} = 0$ 得

$$\frac{q_1^2}{T_{1'}^2}\bigg/\frac{\partial q_1}{\partial T_{1'}} + q_3\left[\left(\frac{q_1}{T_{1'}^2}\bigg/\frac{\partial q_1}{\partial T_{1'}}\right) - \left(\frac{1}{\lambda_2} + \frac{1}{T_{1'}}\right)\right] = \frac{\lambda_1}{\lambda_2}, \qquad 0 \leqslant t \leqslant t_1 \tag{3.3.7}$$

(2)当 $0 < t \leqslant t_1$ 时，在式(3.3.3)和式(3.3.4)的约束下求式(3.3.5)中 W 的最大值，建立变更的拉格朗日函数如下：

$$L_2 = -\frac{C_{T_1}q_2(T_{2'},T_2)}{q_3(T_1,T_2)} - \lambda_3\frac{C_{T_1}}{q_3(T_1,T_2)} - \lambda_4\frac{C_{T_1}q_2(T_{2'},T_2)}{T_{2'}q_3(T_1,T_2)} \tag{3.3.8}$$

式中，λ_3 和 λ_4 均为待定常数，由极值条件 $\partial L_2/\partial T_{2'} = 0$ 得

$$\frac{\partial q_2}{\partial T_{2'}}\left(\frac{1}{\lambda_4} + \frac{1}{T_{2'}}\right) - \frac{q_2}{T_{2'}^2} = 0, \qquad t_1 \leqslant t \leqslant \tau \tag{3.3.9}$$

式(3.3.7)和式(3.3.9)确定了存在热漏的有限热容高温热源不可逆热机最大输出功时循环最优构型，将具体的传热规律 $q_1(T_1,T_{1'})$、$q_2(T_{2'},T_2)$ 和 $q_3(T_1,T_2)$ 代入式(3.3.7)

和式(3.3.9)，联立式(3.2.7)、式(3.2.8)和式(3.3.2)求解得循环最大输出功$W_{\max}$以及对应的热源温度T_1和工质温度$T_{i'}$（$i=1，2$）随时间t变化的最优路径。由式(3.3.2)、式(3.3.7)和式(3.3.9)可见，热源热容C_{T_1}不影响热机最大输出功时热源温度T_1和相应侧热机工质温度$T_{1'}$的最优关系，但影响热源温度T_i和相应侧热机工质温度$T_{i'}$随时间变化最优路径。值得指出的是，低温热源温度随时间保持为常数即$T_2(t)=\text{const}$，式(3.3.9)为关于低温侧热机工质温度$T_{2'}$的代数方程，此时热机工质温度$T_{2'}(t)=\text{const}$。若无热漏即$q_3=0$，式(3.3.7)可变为

$$\frac{q_1^2}{T_{1'}^2}\bigg/\frac{\partial q_1}{\partial T_{1'}}=\frac{\lambda_1}{\lambda_2}，\qquad 0\leqslant t\leqslant t_1 \tag{3.3.10}$$

式(3.3.10)为本书3.2.2节有限热容高温热源内可逆热机最大输出功时的优化结果即式(3.2.18)。对比式(3.3.7)和式(3.3.10)可见，热漏影响不可逆热机最大输出功时高温侧热源温度和相应侧工质温度的最优关系，有热漏与无热漏的热机最大输出功时的循环构型是显著不同的。

3.3.3 特例分析与讨论

3.3.3.1 常热容和普适传热规律[$q\propto(\Delta(T^n))^m$]下的最优构型

高温热源热容为常数，此时$C_{T_1}=C_1$。热源与热机工质间传热过程和高、低温热源间热漏服从普适传热规律[$q\propto(\Delta(T^n))^m$]，将$q_1=k_1(T_1^{n_1}-T_{1'}^{n_1})^{m_1}$、$q_2=k_2(T_{2'}^{n_2}-T_2^{n_2})^{m_2}$和$q_3=k_3(T_1^{n_3}-T_2^{n_3})^{m_3}$分别代入式(3.3.2)、式(3.3.7)和式(3.3.9)，当$0\leqslant t\leqslant t_1$时，有

$$\begin{cases} C_1\dfrac{\mathrm{d}T_1}{\mathrm{d}t}=-k_1(T_1^{n_1}-T_{1'}^{n_1})^{m_1}-k_3(T_1^{n_3}-T_2^{n_3})^{m_3} \\[2mm] \dfrac{k_1(T_1^{n_1}-T_{1'}^{n_1})^{m_1+1}}{m_1n_1T_{1'}^{n_1+1}}+k_3(T_1^{n_3}-T_2^{n_3})^{m_3}\left(\dfrac{T_1^{n_1}}{m_1n_1T_{1'}^{n_1+1}}-\dfrac{1}{m_1n_1T_{1'}}+\dfrac{1}{\lambda_2}+\dfrac{1}{T_{1'}}\right)=-\dfrac{\lambda_1}{\lambda_2} \end{cases} \tag{3.3.11}$$

当$t_1\leqslant t\leqslant\tau$时，有

$$m_2n_2T_{2'}^{n_2+1}+\lambda_4(m_2n_2-1)T_{2'}^{n_2}+\lambda_4T_2^{n_2}=0 \tag{3.3.12}$$

式中，λ_1、λ_2和λ_4分别为待定常数。式(3.3.11)和式(3.3.12)为普适传热规律下存在热漏的有限高温热源不可逆热机最大输出功时的优化结果。

当无热漏损失即$q_3=0$时，由式(3.3.11)得

$$\begin{cases} T_1 = (a_1 T_{1'}^{(n_1+1)/(m_1+1)} + T_{1'}^{n_1})^{1/n_1} \\ \dfrac{\mathrm{d}T_{1'}}{\mathrm{d}t} = \dfrac{-n_1 k_1 a_1^{m_1} T_{1'}^{m_1(n_1+1)/(m_1+1)} (T_{1'}^{n_1} + a_1 T_{1'}^{(n_1+1)/(m_1+1)})^{(n_1-1)/n_1} / C_1}{n_1 T_{1'}^{n_1-1} + a_1(n_1+1) T_{1'}^{(n_1-m_1)/(m_1+1)} / (m_1+1)}, \quad 0 \leqslant t \leqslant t_1 \end{cases} \quad (3.3.13)$$

式中，a_1 为待定常数。式 (3.3.13) 为文献 [96] 和 [290] 和本书 3.2.3.1 节中普适传热规律下有限高温热源内可逆热机最大输出功时的优化结果即式 (3.2.25) 和式 (3.2.27)。由式 (3.3.11)~式 (3.3.13) 可见，存在热漏损失的有限高温热源不可逆热机最大输出功优化结果与内可逆热机最大输出功时的热源温度和热机工质间最佳关系式显著不同，因此，热漏损失影响有限高温热源热机最大输出功时的循环最优构型。式 (3.3.11)~式 (3.3.13) 包括牛顿传热规律[38, 69, 96, 282, 283, 287-290]、线性唯象传热规律[96, 285, 286, 287, 290]、辐射传热规律[96, 287, 290]、Dulong-Petit 传热规律[96, 287, 290]、广义辐射传热规律[96, 287]和广义对流传热规律[96, 288]下内可逆热机与存在热漏的不可逆热机等各种特例下的优化结果。

3.3.3.2　无限热容和普适传热规律[$q \propto (\Delta(T^n))^m$]下的最优构型

当两侧均为无限热容热源时，热机循环最优构型为内可逆卡诺热机循环即 CA 热机循环[247]，式 (3.3.1) 变为

$$Q_3 = k_3 (T_1^{n_3} - T_2^{n_3})^{m_3} \tau \tag{3.3.14}$$

令 $m_1 = m_2 = m$ 和 $n_1 = n_2 = n$，由式 (3.2.37)~式 (3.2.39) 和式 (3.3.14) 得普适传热规律下存在有限速率传热和热漏损失时不可逆热机的循环输出功与效率间最优特性关系为[96, 268]

$$\frac{W\eta^{-1} - Q_3}{k_1 \tau} \left\{ 1 + (k_1/k_2)^{1/(m+1)} \left[\frac{W(\eta^{-1}-1) - Q_3}{(W\eta^{-1} - Q_3)} \right]^{\frac{1-mn}{m+1}} \right\}^{m+1} = \left\{ T_1^n - \frac{T_2^n (W\eta^{-1} - Q_3)^n}{[W(\eta^{-1}-1) - Q_3]^n} \right\}^m$$

$$(3.3.15)$$

当无热漏即 $Q_3 = 0$ 时，式 (3.3.15) 变为文献 [96]、[263]、[268]、[290] 和 3.2.3.3 节普适传热规律下内可逆热机循环输出功和效率间最优特性关系即式 (3.2.40)。

3.3.3.3　有限热容和对流-辐射复合传热规律下的最优构型

考虑高、低温侧传热过程和热漏均服从对流-辐射复合传热规律{ $q \propto [(\Delta T)^m + \Delta(T^4)]$ }，由式 (3.3.2)、式 (3.3.7) 和式 (3.3.9) 进一步得

$$\begin{cases} C_1 \dfrac{\mathrm{d}T_1}{\mathrm{d}t} = -\left[k_{c1}(T_1-T_{1'})^{m_1} + k_{r1}(T_1^4-T_{1'}^4) + k_{c3}(T_1-T_2)^{m_3} + k_{r3}(T_1^4-T_2^4) \right] \\ \left. \begin{aligned} &\dfrac{[k_{c1}(T_1-T_{1'})^{m_1}+k_{r1}(T_1^4-T_{1'}^4)]^2}{T_{1'}^2[k_{c1}m_1(T_1-T_{1'})^{m_1-1}+4k_{r1}T_{1'}^3]} + [k_{c3}(T_1-T_2)^{m_3}+k_{r3}(T_1^4-T_2^4)] \\ &\times \left[\dfrac{k_{c1}(T_1-T_{1'})^{m_1}+k_{r1}(T_1^4-T_{1'}^4)}{T_{1'}^2[k_{c1}m_1(T_1-T_{1'})^{m_1-1}+4k_{r1}T_{1'}^3]} + \left(\dfrac{1}{\lambda_2}+\dfrac{1}{T_{1'}}\right) \right] \end{aligned} \right\} = -\dfrac{\lambda_1}{\lambda_2}, \quad 0 \leqslant t \leqslant t_1 \end{cases}$$

$$(3.3.16)$$

$$[m_2 k_{c2}(T_{2'}-T_2)^{m_2-1}+4k_{r2}T_{2'}^3]\left(\frac{1}{\lambda_4}+\frac{1}{T_{2'}}\right) + \frac{k_{c2}(T_{2'}-T_2)^{m_2}+k_{r2}(T_{2'}^4-T_2^4)}{T_{2'}^2} = 0, \quad t_1 \leqslant t \leqslant \tau$$

$$(3.3.17)$$

式中，k_{ci} 和 k_{ri}（$i=1,2,3$）分别为对流传热项和辐射传热项的热导率，由式(3.3.16)和式(3.3.17)可见，不可逆热机最大输出功时高温热源温度和相应侧工质温度的最优关系既不同于单纯的广义对流传热规律下的优化结果，也不同于单纯的辐射传热规律下的优化结果，而两者满足式(3.3.16)的复杂函数关系式。当无热漏损失即 $q_3=0$ 时，由式(3.3.16)进一步得

$$\frac{[k_{c1}(T_1-T_{1'})^{m_1}+k_{r1}(T_1^4-T_{1'}^4)]^2}{T_{1'}^2[m_1 k_{c1}(T_1-T_{1'})^{m_1-1}+4k_{r1}T_{1'}^3]} = -\frac{\lambda_1}{\lambda_2}, \quad 0 \leqslant t \leqslant t_1 \qquad (3.3.18)$$

式(3.3.18)为3.2.3.4节对流-辐射复合传热规律下有限高温热源内可逆热机最大输出功时的优化结果即式(3.2.41)。

3.4　本章小结

本章研究了两有限热容热源内可逆热机和存在热漏的有限高温热源不可逆热机最大输出功最优构型。结果表明，热源热容不影响热机最大输出功时热源温度 T_i 和相应侧热机工质温度的最优关系，但影响热源温度和相应侧热机工质温度随时间变化的最优路径；热源热容、传热规律和热漏均显著影响变温热源最大输出功时的循环最优构型；借助于传热规律和热机模型的普适化，完成了变温热源热机循环最优构型研究结果的集成。

第4章 具有非均匀工质的热机性能界限

4.1 引 言

1990 年，Orlov 和 Berry[296]分别建立了工质内部温度处处相等的集总参数模型和由一组偏微分方程组描述工质所处状态的分布式参数模型，研究了牛顿传热规律[$q \propto \Delta(T)$]下具有非均匀工质的一类非回热不可逆热机的最大功率输出。1992 年，Orlov 和 Berry[297]进一步研究了牛顿传热规律下具有非均匀工质的一类非回热不可逆热机最大效率，定义了三种不同的热效率，得到了比传统的集总参数模型更具实际指导意义的效率性能界限。1993 年，Orlov 和 Berry[298]建立了一类存在有限速率传热、流体流动和内部化学反应的理论热机模型，研究了其功率和效率界限，结果表明为获得更大的功率，在非传统热机设计中宜采用加热系统而不是冷却系统。文献[298]还针对一类特殊的化学反应速率方程式得到了燃烧化学反应过程熵产生下限解析解。

本章将在文献[296]~[298]的基础上，进一步考虑热机工质与热源间传热服从线性唯象传热规律[$q \propto \Delta(T^{-1})$]，研究具有非均匀工质的非回热不可逆热机功率和效率性能界限，并与牛顿传热规律下的优化结果[296, 297]相比较；以存在有限速率传热、流体流动和内部化学反应的理论热机为研究对象，针对一类普适的化学反应速率方程，考虑气缸内工质传热服从线性唯象传热规律，应用最优控制理论和非线性规划方法导出其最大功率与效率，并与文献[298]的研究结果相比较。

4.2 线性唯象传热规律下非均匀工质非回热不可逆热机最大输出功率

4.2.1 物理模型

本节将按集总参数模型和分布式参数模型分别进行描述。

4.2.1.1 集总参数模型

令热机高、低温侧热源温度分别为 $T_1(t)$ 和 $T_2(t)$。由热力学第一定律，线性唯象传热规律下不可逆热机的集总参数形式能量守恒方程为

$$dE / dt = \theta_1 \alpha_1 f_1 (T^{-1} - T_1^{-1}) + \theta_2 \alpha_2 f_2 (T^{-1} - T_2^{-1}) - p \, dV / dt \qquad (4.2.1)$$

式中，T 和 p 分别为工质的温度和压力；α_1、α_2 分别为高、低温侧传热系数；f_1、f_2 分别为高、低温侧微元传热面积；函数 $\theta_1(t)$ 和 $\theta_2(t)$ 分别为工质与高、低温热源的传热开关函数。在给定工质状态方程的条件下，温度 $T = T(E, V)$ 和压力 $p = p(E, V)$ 为工质的内能 E 和体积 V 的函数，如果当 $V(0) = V(\tau)$、$0 \leqslant \theta_1(t) \leqslant 1$ 和 $0 \leqslant \theta_2(t) \leqslant 1$ 时，式 (4.2.1) 存在一个解满足条件 $E(0) = E(\tau)$，那么这些函数称为容许参数。令热机的平均输出功率为 $P = (1 / \tau) \int_0^\tau p(dV / dt) \, dt$，式中 $\tau > 0$ 为循环周期。由式 (4.2.1) 和 $E(0) = E(\tau)$ 得平均输出功率 P 为

$$P = (1 / \tau) \int_0^\tau [\theta_1 \alpha_1 f_1 (T^{-1} - T_1^{-1}) + \theta_2 \alpha_2 f_2 (T^{-1} - T_2^{-1})] \, dt \qquad (4.2.2)$$

优化问题的约束条件为熵平衡方程。在集总参数模型下，工质的熵 S 为其内能 E、体积 V 和物质的量 N 的函数即 $S = S(E, V, N)$，将该函数对各分量求导得

$$\frac{dS}{dt} = \frac{\partial S}{\partial E} \frac{dE}{dt} + \frac{\partial S}{\partial V} \frac{dV}{dt} + \frac{\partial S}{\partial N} \frac{dN}{dt} \qquad (4.2.3)$$

由状态方程 $\partial S / \partial E = 1 / T$ 和 $\partial S / \partial V = p / T$，并考虑 $N = \text{const}$，联立式 (4.2.1) 和式 (4.2.3) 得

$$dS / dt = [\theta_1 \alpha_1 f_1 (T^{-1} - T_1^{-1}) + \theta_2 \alpha_2 f_2 (T^{-1} - T_2^{-1})] / T \qquad (4.2.4)$$

式中 $T = T(E, V, N)$。由 $E(0) = E(\tau)$ 和 $V(0) = V(\tau)$ 得 $S(0) = S(\tau)$。式 (4.2.4) 进一步变为

$$(1 / \tau) \int_0^\tau \{ [\theta_1 \alpha_1 f_1 (T^{-1} - T_1^{-1}) + \theta_2 \alpha_2 f_2 (T^{-1} - T_2^{-1})] / T \} dt = 0 \qquad (4.2.5)$$

4.2.1.2　分布式参数模型

由文献[296]可知，具有分布式工质的非回热不可逆热机内部工质的能量、质量和动量守恒方程分别为

$$\begin{cases} \partial \varepsilon / \partial t + \partial [(\varepsilon + p) - U_{ij} v_i + q_j] / \partial \xi_j = 0 \\ \partial \rho / \partial t + \partial (\rho v_j) / \partial \xi_j = 0 \\ \partial \pi_i / \partial t + \partial (\pi_i v_j + p \delta_{ij} - U_{ij}) / \partial \xi_j = 0, \quad i, j = 1, 2, 3, \quad \xi \in \Omega(t) \end{cases} \qquad (4.2.6)$$

考虑工质与热源间传热服从线性唯象传热规律[$q \propto \Delta(T^{-1})$]，相应的边界条件为

$$\begin{cases} [(\varepsilon + p)(v_j - v_{b,j}) - U_{ij}v_i + q_j]\vec{v}_j + \theta(t,\xi)\alpha(\xi)[T^{-1} - T_R^{-1}(t,\xi)] = 0 \\ \rho(v_j - v_{b,j})\vec{v}_j = 0 \\ [\pi_i(v_j - v_{b,j}) - U_{ij}]\vec{v}_j = 0, \quad i,j = 1,2,3, \quad \xi \in \partial\Omega(t) \end{cases} \quad (4.2.7)$$

在式(4.2.6)和式(4.2.7)中，$U_{ij} = \mu_1(\partial v_l / \partial \xi_l)\delta_{ij}' + \mu_2(\partial v_i / \partial \xi_j + \partial v_j / \partial \xi_i)$ 为黏性应力张量；$q_j = -k\partial T / \partial \xi_j$ 为工质内部导热量，服从傅里叶导热定律；$\varepsilon(t,\xi)$、$\rho(t,\xi)$ 和 $\pi_i(t,\xi)$ 分别为总能量密度、质量密度、动量密度；函数 $v_i(t,\xi) = \pi_i(t,\xi)/\rho$，$i = 1,2,3$，为速度分量；$T$ 和 p 分别为温度和压力；μ_1 和 μ_2 为给定的黏性系数，且满足条件 $3\mu_1 + 2\mu_2 > 0$；k 为热导率；当 $i = j$ 时函数 $\delta_{ij}' = 1$，当 $i \neq j$ 时函数 $\delta_{ij}' = 0$，$i,j = 1,2,3$。设 e 为工质的内能密度，当状态方程 $T = T(e,\rho)$、$p = p(e,\rho)$ 和 $e = \varepsilon - \pi_i\pi_i / (2\rho)$ 均给定时，方程组(4.2.6)就是封闭的。在式(4.2.7)中，$v_{b,j}(t,\xi)$ 为给定的边界速度分量；$\partial\Omega(t)$ 表示工质的边界；$\vec{v}(t,\xi)$ 为点 $\xi \in \partial\Omega(t)$ 处的外部法线向量；$\theta(t,\xi)$ 为热源与工质传热的开关函数。当工质与高温热源接触时有 $\theta(t,\xi) = \theta_1(t)$，当工质与低温热源接触时有 $\theta(t,\xi) = \theta_2(t)$，对于其他情形有 $\theta(t,\xi) = 0$。这种关系可用数学语言表示为：当 $\xi \in F_1(t)$ 时，$\theta(t,\xi) = \theta_1(t)$，$F_1(t)$ 为边界面 $\partial\Omega(t)$ 的高温部分；当 $\xi \in F_2(t)$ 时，$\theta(t,\xi) = \theta_2(t)$，$F_2(t)$ 为边界面 $\partial\Omega(t)$ 的低温部分；当 $\xi \notin F_1(t)$ 且 $\xi \notin F_2(t)$ 时，$\theta(t,\xi) = 0$。热源温度 $T_R(t,\xi)$ 和传热系数 $\alpha(\xi)$ 取值相应为：当 $\xi \in F_1(t)$ 时，$T_R(t,\xi) = T_1(t,\xi)$，$\alpha(\xi) = \alpha_1(\xi)$；当 $\xi \in F_2(t)$ 时，$T_R(t,\xi) = T_2(t,\xi)$，$\alpha(\xi) = \alpha_2(\xi)$。$T_1(t,\xi)$、$T_2(t,\xi)$ 分别为高温热源和低温热源的温度；$\alpha_1(\xi)$ 和 $\alpha_2(\xi)$ 分别为高、低温热源与相应侧工质的传热系数。

如果 $0 \leqslant \theta_1(t) \leqslant 1$、$0 \leqslant \theta_2(t) \leqslant 1$ 并且存在一个解满足方程组(4.2.6)和方程组(4.2.7)以及循环条件 $E(0) = E(\tau)$、$S(0) = S(\tau)$ 和 $\rho(t,\xi) > 0$，那么 $v_{b,j}(t,\xi)$（$j = 1,2,3$）、$\theta_1(t)$ 和 $\theta_2(t)$ 等函数称为容许参数。$E(t) = \int_{\Omega(t)} e(t,\xi)\mathrm{d}\xi$ 为工质的内能，$S(t)$ 为工质的总熵，积分均为对工质的体积分，则平均输出功率为

$$P = (1/\tau)\int_0^\tau \left[\int_{\partial\Omega(t)} (pv_{b,j}\vec{v}_j)\mathrm{d}f \right]\mathrm{d}t \quad (4.2.8)$$

式中，$\tau > 0$ 为弱周期。由循环条件 $E(0) = E(\tau)$ 和式(4.2.6)~式(4.2.8)得

$$P = (1/\tau)\int_0^\tau \left[\int_{F_1} \theta_1\alpha_1(T^{-1} - T_1^{-1})\mathrm{d}f + \int_{F_2} \theta_2\alpha_2(T^{-1} - T_2^{-1})\mathrm{d}f \right]\mathrm{d}t \quad (4.2.9)$$

在分布式参数模型下，问题变为基于式(4.2.6)和式(4.2.7)确定的可行解集合确定式(4.2.9)中平均功率的上限。

问题的约束条件为熵平衡方程。在分布式参数模型下，工质的微元熵 $s = s(e,n) = S(E,V,N)/V$，e 为内能密度 E/V，n 为分子数密度 N/V。工质的总熵 $S(t)$ 为式(4.2.6)和式(4.2.7)确定的解 $\varepsilon(t,\xi)$、$\rho(t,\xi)$ 和 $\pi(t,\xi)$ 的函数，由 $e = \varepsilon - \pi_i\pi_i/(2\rho)$ 及 $n = N/V = \rho/m^0$ 得

$$S(t) = \int_{\Omega(t)} s[\varepsilon - \pi_i\pi_i/(2\rho), \rho/m^0]\mathrm{d}\xi \tag{4.2.10}$$

式中，m^0 为工质单分子质量。将式(4.2.10)转化为关于 $\varepsilon(t,\xi)$、$\rho(t,\xi)$ 和 $\pi(t,\xi)$ 的全微分形式，得

$$\frac{\mathrm{d}S}{\mathrm{d}t} = \int_{\Omega(t)} \frac{\partial s}{\partial e}\left[\frac{\partial \varepsilon}{\partial t} - \frac{\pi_i}{\rho}\frac{\partial \pi_i}{\partial t} + \frac{\pi_i\pi_i}{2\rho^2}\frac{\partial \rho}{\partial t}\right] + \frac{1}{m^0}\frac{\partial s}{\partial n}\frac{\partial \rho}{\partial t}\mathrm{d}\xi \tag{4.2.11}$$

由状态方程 $1/T = \partial s/\partial e$、$-\mu/T = \partial s/\partial n$ 和 $p/T = s - e/T + (\mu/T)n$，并联立式(4.2.6)、式(4.2.7)和式(4.2.11)得

$$\frac{\mathrm{d}S}{\mathrm{d}t} = \int_{F_1} \frac{\theta_1\alpha_1(T^{-1} - T_1^{-1})}{T}\mathrm{d}f + \int_{F_2} \frac{\theta_2\alpha_2(T^{-1} - T_2^{-1})}{T}\mathrm{d}f + \sigma(t) \tag{4.2.12}$$

式中，$\sigma(t)$ 为工质内部总的熵产率，其数学表达式为

$$\sigma = \int_{\Omega(t)}\left\{\sum_{i=1}^{3}\left[\frac{k}{T^2}\left(\frac{\partial T}{\partial \xi_i}\right)^2\right] + \frac{\mu_1}{T}\left(\frac{\partial v_i}{\partial \xi_i}\right)^2 + \frac{\mu_2}{2T}\sum_{i,j=1}^{3}\left(\frac{\partial v_i}{\partial \xi_j} + \frac{\partial v_j}{\partial \xi_i}\right)^2\right\}\mathrm{d}\xi \tag{4.2.13}$$

若假定 $\sigma(t)$ 为给定的函数，由循环条件 $S(0) = S(\tau)$，式(4.2.12)变为

$$\frac{1}{\tau}\int_0^{\tau}\left[\int_{F_1}\theta_1\alpha_1(T^{-1} - T_1^{-1})\mathrm{d}f + \int_{F_2}\theta_2\alpha_2(T^{-1} - T_2^{-1})\mathrm{d}f\right]\mathrm{d}t = \delta \tag{4.2.14}$$

不考虑状态方程 $T = T(\varepsilon,\rho,\pi)$ 的约束，直接将温度 $T = T(t,\xi)$ 作为控制变量可简化问题的求解。在控制变量可行域 $T > 0$ 上，式(4.2.14)中 $\delta = -(1/\tau)\int_0^{\tau}\sigma(t)\mathrm{d}t \leqslant 0$，因此约束条件式(4.2.14)依赖于非正参数 δ 值。

4.2.2　优化方法

4.2.2.1　集总参数模型下的优化

约束条件式(4.2.5)和目标函数式(4.2.2)定义了一个典型的平均最优控制问

题，令 P_{max} 表示不可逆热机的最大平均输出功率，则有

$$P_{max} \leqslant \max_{T>0} \left\{ (1/\tau) \int_0^\tau \left[\theta_1(t)\alpha_1 f_1 \left(\frac{1}{T} - \frac{1}{T_1} \right) \left(1 + \frac{\lambda}{T} \right) + \theta_2(t)\alpha_2 f_2 \left(\frac{1}{T} - \frac{1}{T_2} \right) \left(1 + \frac{\lambda}{T} \right) \right] dt \right\}$$

$$(4.2.15)$$

式中，$\lambda < 0$ 为拉格朗日乘子，其为待定常数；$T(t)$ 为控制变量。对式 (4.2.15) 右端积分号内第一项求极大值得，当 $T_{1',opt} = -2\lambda T_1(t)/[T_1(t) - \lambda]$ 时，该项的极大值为

$$y_1(t,\lambda) = -\theta_1(t)\alpha_1(t)f_1(t)[T_1(t) + \lambda]^2/[4\lambda T_1^2(t)] \qquad (4.2.16)$$

对式 (4.2.15) 右端积分号内第二项求极大值得，当 $T_{2',opt} = -2\lambda T_2(t)/[T_2(t) - \lambda]$ 时，该项的极大值为

$$y_2(t,\lambda) = -\theta_2(t)\alpha_2(t)f_2(t)[T_2(t) + \lambda]^2/[4\lambda T_2^2(t)] \qquad (4.2.17)$$

由式 (4.2.15)~式 (4.2.17) 得不等式

$$P_{max} \leqslant (1/\tau) \int_0^\tau [y_1(t,\lambda) + y_2(t,\lambda)] dt \qquad (4.2.18)$$

恒成立。将式 (4.2.18) 右端项求极小值，得最佳 λ 值 λ_{opt} 以及 P_{max} 的上限 $\tilde{P}_{max}$ 分别为

$$\lambda_{opt} = -\sqrt{(\overline{\theta_1 f_1 \alpha_1} + \overline{\theta_2 f_2 \alpha_2})/(\overline{\theta_1 f_1 \alpha_1/T_1^2} + \overline{\theta_2 f_2 \alpha_2/T_2^2})} \qquad (4.2.19)$$

$$\tilde{P}_{max} = \overline{\left[\frac{-\theta_1(t)f_1(t)\alpha_1(t)[T_1(t) + \lambda_{opt}]^2}{4\lambda_{opt} T_1^2(t)} \right]} + \overline{\left[\frac{-\theta_2(t)f_2(t)\alpha_2(t)[T_2(t) + \lambda_{opt}]^2}{4\lambda_{opt} T_2^2(t)} \right]} \quad (4.2.20)$$

式中，参量上带横线表示对整个循环周期的平均值。式 (4.2.19) 和式 (4.2.20) 确定了线性唯象传热规律集总参数模型下非回热不可逆热机的功率性能界限。

若热源为恒温热源，工质与高、低温热源的接触面积 f_1 和 f_2 为常数，且开关函数 $\theta_1(t)$ 和 $\theta_2(t)$ 取如下值：

$$\theta_1(t) = \begin{cases} 1, & 0 \leqslant t \leqslant t_1 \\ 0, & t_1 < t \leqslant \tau \end{cases} \qquad \theta_2(t) = \begin{cases} 0, & 0 \leqslant t \leqslant t_1 \\ 1, & t_1 < t \leqslant \tau \end{cases} \qquad (4.2.21)$$

由式 (4.2.19) 和式 (4.2.20) 得 λ_{opt} 和最大功率 $\tilde{P}_{max}(t_1)$ 分别为

$$\lambda_{\text{opt}} = -\sqrt{[f_1\alpha_1 t_1 + f_2\alpha_2(\tau - t_1)] / [f_1\alpha_1 t_1 / T_1^{\,2} + f_2\alpha_2(\tau - t_1) / T_2^{\,2}]} \quad (4.2.22)$$

$$\tilde{P}_{\text{max}}(t_1) = \frac{1}{2\tau}\left\{\sqrt{[f_1\alpha_1 t_1 + f_2\alpha_2(\tau - t_1)]\left[\frac{f_1\alpha_1 t_1}{T_1^{\,2}} + \frac{f_2\alpha_2(\tau - t_1)}{T_2^{\,2}}\right]} - \left[\frac{f_1\alpha_1 t_1}{T_1} + \frac{f_2\alpha_2(\tau - t_1)}{T_2}\right]\right\}$$

$$(4.2.23)$$

在 $0 < t_1 < \tau$ 内求 $\tilde{P}_{\text{max}}(t_1)$ 的极大值，由 $\mathrm{d}\tilde{P}_{\text{max}} / \mathrm{d}t_1 = 0$ 可知，其解有两种情形。

(1) 若 $(f_1\alpha_1 - f_2\alpha_2) = 0$，得最佳时间 $t_{1,\text{opt}} = \tau(3T_1 + T_2) / [4(T_1 + T_2)]$，相应的功率上限值 $\hat{P}_{\text{max}}$ 为[253, 254, 263, 266, 268, 269]

$$\hat{P}_{\text{max}} = f_1\alpha_1(T_1 - T_2)^2 / [8T_1 T_2(T_1 + T_2)] \quad (4.2.24)$$

(2) 若 $(f_1\alpha_1 - f_2\alpha_2) \neq 0$，得最佳时间 $t_{1,\text{opt}}$ 及相应的功率上限值 $\hat{P}_{\text{max}}$ 分别为[253, 254, 263, 266, 268, 269]

$$t_{1,\text{opt}} = \frac{2\tau f_2^{\,2}\alpha_2^{\,2} T_1^{\,2} - \tau f_1\alpha_1 f_2\alpha_2(T_1^{\,2} + T_2^{\,2}) + \tau(T_1 + T_2)(f_1\alpha_1 T_2 - f_2\alpha_2 T_1)\sqrt{f_1\alpha_1 f_2\alpha_2}}{2(f_1\alpha_1 - f_2\alpha_2)(f_1\alpha_1 T_2^{\,2} - f_2\alpha_2 T_1^{\,2})}$$

$$(4.2.25)$$

$$\hat{P}_{\text{max}} = f_1\alpha_1 f_2\alpha_2(T_1 - T_2)^2 / [4T_1 T_2(\sqrt{f_1\alpha_1} + \sqrt{f_2\alpha_2})(\sqrt{f_1\alpha_1}\,T_2 + \sqrt{f_2\alpha_2}\,T_1)] \quad (4.2.26)$$

4.2.2.2 分布式参数模型下的优化

约束条件式(4.2.14)和目标函数式(4.2.9)也定义了一个典型的平均最优控制问题，令 P_{max} 表示不可逆热机的最大平均输出功率，则有

$$P_{\text{max}} \leqslant \max_{T>0}\left\{(1/\tau)\int_0^\tau\left[\begin{array}{l}\int_{F_1}\theta_1\alpha_1(\xi)(T^{-1} - T_1^{-1})(1 + \lambda / T)\mathrm{d}f \\ + \int_{F_2}\theta_2\alpha_2(\xi)(T^{-1} - T_2^{-1})(1 + \lambda / T)\mathrm{d}f\end{array}\right]\mathrm{d}t - \lambda\delta\right\} \quad (4.2.27)$$

式中，$\lambda < 0$ 为拉格朗日乘子，其为待定常数；$T(t, \xi)$ 为控制变量。由于 $\lambda < 0$ 和 $\delta \leqslant 0$，有 $\lambda\delta \geqslant 0$，消掉式(4.2.27)中不等式右端项 $-\lambda\delta$ 后，不等式依然成立，进一步得

$$P_{\text{max}} \leqslant \max_{T>0}\left\{\frac{1}{\tau}\int_0^\tau\left[\int_{F_1}\theta_1\alpha_1(\xi)\left(\frac{1}{T} - \frac{1}{T_1}\right)\left(1 + \frac{\lambda}{T}\right)\mathrm{d}f + \int_{F_2}\theta_2\alpha_2(\xi)\left(\frac{1}{T} - \frac{1}{T_2}\right)\left(1 + \frac{\lambda}{T}\right)\mathrm{d}f\right]\mathrm{d}t\right\}$$

$$(4.2.28)$$

对式 (4.2.28) 右端积分内第一项求极大值得，当 $T_{1',opt} = -2\lambda T_1(t,\xi)/[T_1(t,\xi) - \lambda]$ 时，该项的极大值为

$$y_3(t,\xi,\lambda) = -\theta_1(t)\alpha_1(\xi)[T_1(t,\xi) + \lambda]^2 / [4\lambda T_1^2(t,\xi)] \tag{4.2.29}$$

对式 (4.2.28) 右端积分内第二项求极大值得，当 $T_{2',opt} = -2\lambda T_2(t,\xi)/(T_2(t,\xi) - \lambda)$ 时，该项的极大值为

$$y_4(t,\xi,\lambda) = -\theta_2(t)\alpha_2(\xi)[T_2(t,\xi) + \lambda]^2 / [4\lambda T_2^2(t,\xi)] \tag{4.2.30}$$

显然有不等式

$$P_{max} \leqslant \frac{1}{\tau} \int_0^\tau \left[\int_{F_1(t)} y_3(t,\xi,\lambda)df + \int_{F_2(t)} y_4(t,\xi,\lambda)df \right] dt \tag{4.2.31}$$

恒成立。将式 (4.2.31) 右端项求极小值，得 λ 的最佳值 λ_{opt} 以及相应 P_{max} 的上限 $\tilde{P}_{max}$ 分别为

$$\lambda_{opt} = -\sqrt{(\gamma_1 + \gamma_2)/(\gamma_1/T_1^2 + \gamma_2/T_2^2)} \tag{4.2.32}$$

$$\tilde{P}_{max} = (1/\tau)\int_0^\tau \left[\int_{F_1(t)} y_3(t,\xi,\lambda_{opt})\,df + \int_{F_2(t)} y_4(t,\xi,\lambda_{opt})\,df \right] dt \tag{4.2.33}$$

式中，$\gamma_1 = (1/\tau)\int_0^\tau \left[\theta_1(t)\int_{F_1(t)}\alpha_1(\xi)\,df \right]dt$，$\gamma_2 = (1/\tau)\int_0^\tau \left[\theta_2(t)\int_{F_2(t)}\alpha_2(\xi)\,df \right]dt$。

式 (4.2.32) 和式 (4.2.33) 确定了线性唯象传热规律分布式参数模型下不可逆热机的功率性能界限。本节建立的模型中没有包含回热过程，研究的是一类非回热不可逆热机模型，所得结果不适存在不可逆回热过程的热机。但本节分布式参数模型下所得结果[式 (4.2.33)]可用于估算理想回热条件下热机(包括 Stirling 热机)的最大功率，因为理想回热条件下，可认为热机工质仅与两个热源间存在热量交换。此时，在 $0 \leqslant t \leqslant \tau$ 内令开关函数 $\theta_1(t) = \theta_2(t) = 1$，进一步的分析还需要确定出具体热机传热面积 $F_1(t)$ 和 $F_2(t)$、与位置变量 ξ 相关的传热系数 $\alpha_1(\xi)$ 和 $\alpha_2(\xi)$、与时间和位置变量均相关的热源温度 $T_1(t,\xi)$ 和 $T_2(t,\xi)$ 等参数。对比式 (4.2.20) 和式 (4.2.33) 可发现两者此时得到的结果是一致的，但是对比式 (4.2.15) 和式 (4.2.27) 可进一步发现，在分布式参数模型下由于计入了工质内部的熵产生，当工质内部的熵产率 $\sigma(t) > 0$ 时，分布式参数模型下的热机最大输出功率小于集总参数模型下的热机最大输出功率，仅当 $\sigma(t) = 0$ 时两者才相等。这主要是因为集总参数分析法和分布式参数分析法各有其适用条件与优缺点：若热机系统工质内部不可逆性远

小于其与热源间的传热不可逆性，工质内部导热热阻远小于其表面的对流热阻，工质内部各处温度相差不大，温度梯度极小，可采用集总参数分析法将内部工质系统看作一个处于平均温度下的系统进行整体研究，所需求解的温度等参数仅为时间 t 的函数而与空间位置坐标无关，问题处理起来较为简单，易于求解；若工质内部导热热阻与其表面的对流热阻具有一定可比性，工质内部传热和涡流等不可逆性耗散不能忽略，需要采用分布式参数分析法详细考查工质内部的温度和压力等参数随时间与空间的分布变化规律以计算工质内部不可逆性损失，问题涉及温度场、速度场和压力场等各种场的分析与计算，处理起来较为复杂。

若热源为恒温热源，且开关函数 $\theta_1(t)$ 和 $\theta_2(t)$ 取如下值：

$$\theta_1(t) = \begin{cases} 1, & 0 \leqslant t \leqslant t_1 \\ 0, & t_1 < t \leqslant \tau \end{cases} \qquad \theta_2(t) = \begin{cases} 0, & 0 \leqslant t \leqslant t_1 \\ 1, & t_1 < t \leqslant \tau \end{cases} \tag{4.2.34}$$

同样得分布式参数模型下的 λ_{opt} 和最大功率 $\tilde{P}_{\max}(t_1)$ 的解析表达式分别为

$$\lambda_{\mathrm{opt}} = -\sqrt{[k_1 t_1 + k_2(\tau - t_1)] / [k_1 t_1 / T_1^2 + k_2(\tau - t_1) / T_2^2]} \tag{4.2.35}$$

$$\tilde{P}_{\max}(t_1) = \frac{1}{2\tau}\left\{\sqrt{[k_1 t_1 + k_2(\tau - t_1)]\left[\frac{k_1 t_1}{T_1^2} + \frac{k_2(\tau - t_1)}{T_2^2}\right]} - \left[\frac{k_1 t_1}{T_1} + \frac{k_2(\tau - t_1)}{T_2}\right]\right\} \tag{4.2.36}$$

式中，热导率 $k_1 = (1/t_1)\int_0^{t_1}\left[\int_{F_1(t)}\alpha_1(\xi)\mathrm{d}f\right]\mathrm{d}t$，热导率 $k_2 = [1/(\tau - t_1)]\int_{t_1}^{\tau}\left[\int_{F_2(t)}\alpha_2(\xi)\mathrm{d}f\right]\mathrm{d}t$。在 k_1 和 k_2 一定的条件下，对式 (4.2.36) 中 $\tilde{P}_{\max}(t_1)$ 求极大值，其解有两种情形。

(1) 若 $k_1 = k_2$，得最佳时间为 $t_{1,\mathrm{opt}} = \tau(3T_1 + T_2) / [4(T_1 + T_2)]$，相应功率的上限值 $\hat{P}_{\max}$ 为

$$\hat{P}_{\max} = k_1(T_1 - T_2)^2 / [8T_1 T_2(T_1 + T_2)] \tag{4.2.37}$$

(2) 若 $k_1 \neq k_2$，得最佳时间 $t_{1,\mathrm{opt}}$ 及相应功率上限值 $\hat{P}_{\max}$ 分别为

$$t_{1,\mathrm{opt}} = \frac{2\tau k_2^2 T_1^2 - \tau k_1 k_2(T_1^2 + T_2^2) + \tau\sqrt{k_1 k_2}(k_1 T_2 - k_2 T_1)(T_1 + T_2)}{2(k_1 - k_2)(k_1 T_2^2 - k_2 T_1^2)} \tag{4.2.38}$$

$$\hat{P}_{\max} = k_1 k_2(T_1 - T_2)^2 / [4T_1 T_2(\sqrt{k_1} + \sqrt{k_2})(\sqrt{k_1}T_2 + \sqrt{k_2}T_1)] \tag{4.2.39}$$

4.2.3 数值算例与讨论

根据文献[296]选取计算参数，考虑集总参数模型，取高温热源为振荡变温热

源，其温度满足关系式 $T_1(t) = T_1^0 + \Delta T \sin(4\pi t)$；取低温热源为恒温热源，其温度恒为 T_2；取 $\tau = 1\text{s}$，$t_1 = 0.5\tau$，$T_1^0 = 1200\text{K}$，$T_2 = 293.15\text{K}$；牛顿传热规律下取 $f_1\alpha_1 = f_2\alpha_2 = 100 \text{ W / K}$，线性唯象传热规律下取 $f_1\alpha_1 = f_2\alpha_2 = 3.52\times10^7 \text{ W/K}$；当 $0 \leqslant t \leqslant t_1$ 时，$\theta_1(t) = 1$，$\theta_2(t) = 0$；当 $t_1 < t \leqslant \tau$ 时，$\theta_1(t) = 0$，$\theta_2(t) = 1$。由于高温热源为变温热源，式(4.2.19)和式(4.2.20)不存在解析解，只能采用数值方法求解。数值计算通过 Matlab 软件编程实现，积分选用正方形数值积分函数@quadl，误差选为 10^{-6}。

表 4.1 给出了线性唯象(本节)和牛顿[296]两种不同传热规律下的计算结果。由表可见，线性唯象传热规律下随着温比 $\Delta T / T_1^0$ 的增加，热机最大输出功率减小，恒温热源($\Delta T = 0$)下热机功率界限最大；牛顿传热规律下随着温比 $\Delta T / T_1^0$ 的增加，热机最大输出功率增加，恒温热源($\Delta T = 0$)下热机功率界限最小。

表 4.1　两种不同传热规律下的最大功率计算结果比较（$T_1^0 = 1200\text{K}$）

温比 $\Delta T / T_1^0$	$[\, q \propto \Delta(T^{-1})\,]$ 下 $\tilde{P}_{\max}(\Delta T) / \tilde{P}_{\max}(0)$	$[\, q \propto \Delta(T)\,]$ 下 $\tilde{P}_{\max}(\Delta T) / \tilde{P}_{\max}(0)$ [276]
0.000	1.000	1.000
0.200	0.988	1.029
0.400	0.953	1.121
0.600	0.894	1.287
0.750	0.869	1.478

图 4.1 给出了线性唯象传热规律不同高温热源温度幅值下 $\tilde{P}_{\max}(\Delta T) / \tilde{P}_{\max}(0)$ 随温比 $\Delta T / T_1^0$ 的变化规律。T_1^0 分别取 1000K、1200K 和 1500K，并且各种高温热源温度下的 ΔT 取值满足条件 $T_1^0 - \Delta T > T_2^0$，即高温热源的最低温度应不低于低温热源的温度。由图可见，在 T_1^0 值相等的条件下，随着温比 $\Delta T / T_1^0$ 的增加，$\tilde{P}_{\max}(\Delta T) / \tilde{P}_{\max}(0)$ 值迅速减小；在 $\Delta T / T_1^0$ 值较大时，随着 $\Delta T / T_1^0$ 值的增加，$\tilde{P}_{\max}(\Delta T) / \tilde{P}_{\max}(0)$ 不减反而有所增加，这主要是因为 ΔT 较大即高温热源温度振荡较为剧烈，工质与高温热源间的热交换过程较为复杂，工质的净吸热量增加从而导致热机平均输出功率也增加；相同温比 $\Delta T / T_1^0$ 条件下，随着温度 T_1^0 的升高，$\tilde{P}_{\max}(\Delta T) / \tilde{P}_{\max}(0)$ 值增加。

图 4.2 给出了牛顿传热规律不同高温热源温度下 $\tilde{P}_{\max}(\Delta T) / \tilde{P}_{\max}(0)$ 随温比 $\Delta T / T_1^0$ 的变化规律。由图可见，在 T_1^0 值相等的条件下，随着温比 $\Delta T / T_1^0$ 的增加，$\tilde{P}_{\max}(\Delta T) / \tilde{P}_{\max}(0)$ 值单调增加；相同温比 $\Delta T / T_1^0$ 条件下，随着 T_1^0 的升高，

$\tilde{P}_{\max}(\Delta T)/\tilde{P}_{\max}(0)$ 值减少，但这并不表明热机输出功率减少，因为不同热源温度下的 $\tilde{P}_{\max}(0)$ 值是不同的。牛顿传热规律和线性唯象传热规律下 $\tilde{P}_{\max}(\Delta T)/\tilde{P}_{\max}(0)$ 随温比 $\Delta T/T_1^0$ 的变化规律截然相反，可见传热规律对热机性能有较大影响，因此研究不同传热规律下不可逆热机功率性能界限是十分有必要的。

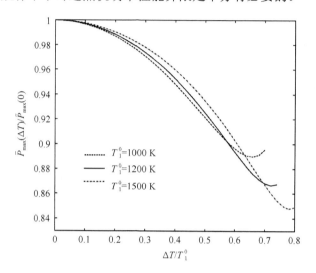

图 4.1　线性唯象传热规律下 $\tilde{P}_{\max}(\Delta T)/\tilde{P}_{\max}(0)$ 随温比 $\Delta T/T_1^0$ 的变化规律

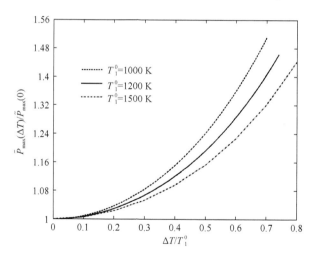

图 4.2　牛顿传热规律下 $\tilde{P}_{\max}(\Delta T)/\tilde{P}_{\max}(0)$ 随温比 $\Delta T/T_1^0$ 的变化规律

4.3　线性唯象传热规律下非均匀工质非回热不可逆热机最大效率

4.3.1　物理模型

令 ξ 表示空间某点的位置，τ 为循环周期，$\alpha_1(\xi)$ 和 $\alpha_2(\xi)$ 分别表示工质与高、低温热源的传热系数，$F_1(t)$ 和 $F_2(t)$ 分别表示工质与高、低温热源的传热面积，$T_1(t,\xi)$ 和 $T_2(t,\xi)$ 分别表示高、低温热源温度，$T(t,\xi)$ 表示工质的温度。线性唯象传热规律[$q \propto \Delta(T^{-1})$]下具有分布式参数工质的热机循环平均输出功率为

$$P = \frac{1}{\tau}\int_0^\tau\left[\theta_1(t)\int_{F_1(t)}\alpha_1(\xi)(T^{-1}-T_1^{-1})\,\mathrm{d}f + \theta_2(t)\int_{F_2(t)}\alpha_2(\xi)(T^{-1}-T_2^{-1})\,\mathrm{d}f\right]\mathrm{d}t \quad (4.3.1)$$

式中，$\mathrm{d}f$ 表示工质与热源接触的微元面积；函数 $\theta_1(t)$ 以及 $\theta_2(t)$ 为工质与高、低温热源的传热开关函数。当工质与高温热源接触时，$0<\theta_1(t)\leqslant 1$，当工质与高温热源不接触时，$\theta_1(t)=0$；当工质与低温热源接触时，$0<\theta_2(t)\leqslant 1$，当工质与低温热源不接触时，$\theta_2(t)=0$。一个循环内工质从高温热源的净吸热量 Q_1 为

$$Q_1 = \int_0^\tau\theta_1\int_{F_1}\alpha_1(\xi)(T^{-1}-T_1^{-1})\mathrm{d}f\,\mathrm{d}t \quad (4.3.2)$$

相应的热效率 η_1 为

$$\eta_1 = \tau P / Q_1 \quad (4.3.3)$$

在实际热机中，有可能出现工质的温度高于热源温度的情形即 $T(t,\xi)>T_1(t,\xi)$，例如，工质先经高温热源加热，然后绝热压缩再与高温热源接触，这时有部分热量会从工质倒流回高温热源，因此工质实际吸收的热量 Q_1^+ 大于净吸热量 Q_1。根据文献[297]，定义 Q_1^+ 如下：

$$Q_1^+ = \int_0^\tau\theta_1\int_{F_1}\{\alpha_1(\xi)[(T^{-1}-T_1^{-1})+|(T^{-1}-T_1^{-1})|]/2\}\mathrm{d}f\,\mathrm{d}t \quad (4.3.4)$$

则对应于吸热量 Q_1^+ 的热机效率 η_2 为

$$\eta_2 = \tau P / Q_1^+ \quad (4.3.5)$$

由于 $Q_1^+ \geqslant Q_1$，显然有 $\eta_2 \leqslant \eta_1$ 恒成立。由循环条件 $S(0)=S(\tau)$ 进一步得

$$\int_0^\tau \left\{ \theta_1(t) \int_{F_1(t)} \left[\frac{\alpha_1(\xi)(T^{-1}-T_1^{-1})}{T} \right] \mathrm{d}f + \theta_2(t) \int_{F_2(t)} \left[\frac{\alpha_2(\xi)(T^{-1}-T_2^{-1})}{T} \right] \mathrm{d}f + \sigma(t) \right\} \mathrm{d}t = 0$$

$$(4.3.6)$$

式中，$\sigma(t) \geqslant 0$ 为工质的内部熵产率。

根据所给前提条件不同，效率优化问题可以分为以下三种类型。

(1) 给定循环功 τP^0 估算效率 η_1，约束条件为：$\tau P = \tau P^0$，$S(0) = S(\tau)$。

(2) 给定工质净吸热量 Q_1^+ 估算效率 η_1，约束条件为：$Q_1 = Q_1^0$，$S(0) = S(\tau)$。

(3) 给定循环功 τP^0 估算效率 η_2，等价于确定 $-Q_1^+$ 的上限，约束条件为：$\tau P = \tau P^0$，$S(0) = S(\tau)$。

后面将就上述三类问题逐一分析求解。

4.3.2　优化方法

4.3.2.1　求解问题 1

对于问题 1，在约束条件 $\tau P = \tau P^0$ 和 $S(0) = S(\tau)$ 下，估算效率 η_1 等价于确定 $-Q_1$ 的上限。通过引入两个拉格朗日乘子 λ_1 和 λ_2，将有约束优化问题转化为无约束优化问题，建立无约束平均优化问题如下：

$$\max_{T>0,\sigma\geqslant 0} \quad -Q_1 + \lambda_1\tau(P-P^0) + \lambda_2 \int_0^\tau \left[\begin{array}{l} \theta_1 \int_{F_1(t)} \alpha_1(T^{-1}-T_1^{-1})/T\mathrm{d}f \\ +\theta_2 \int_{F_2(t)} \alpha_2(T^{-1}-T_2^{-1})/T\mathrm{d}f + \sigma(t) \end{array} \right] \mathrm{d}t \quad (4.3.7)$$

式中，$\lambda_1 > 1$，$\lambda_2 < 0$，控制变量 $T > 0$。令 $\phi_1(\lambda_1,\lambda_2)$ 为

$$\phi_1(\lambda_1,\lambda_2) = \max_{T>0} \int_0^\tau \left[\theta_1 \int_{F_1(t)} \alpha_1 \left(\frac{1}{T} - \frac{1}{T_1} \right)\left(\lambda_1 - 1 + \frac{\lambda_2}{T} \right)\mathrm{d}f + \theta_2 \int_{F_2(t)} \alpha_2 \left(\frac{1}{T} - \frac{1}{T_2} \right)\left(\lambda_1 + \frac{\lambda_2}{T} \right)\mathrm{d}f \right] \mathrm{d}t$$

$$(4.3.8)$$

对式 (4.3.8) 右端积分内第一项求极大值得，当 $T_{1',\text{opt}} = -2\lambda_2 T_1(t)/[(\lambda_1-1)T_1(t)-\lambda_2]$ 时，该项的极大值为

$$y_1(t,\xi,\lambda_1,\lambda_2) = -\theta_1(t)\alpha_1(\xi)[(\lambda_1-1)T_1(t)+\lambda_2]^2/[4\lambda_2 T_1^2(t)] \quad (4.3.9)$$

对式 (4.3.9) 右端积分内第二项求极大值得，当 $T_{2',\text{opt}} = -2\lambda_2 T_2(t)/[\lambda_1 T_2(t)-\lambda_2]$ 时，该项的极大值为

$$y_2(t,\xi,\lambda_1,\lambda_2) = -\theta_2(t)\alpha_2(\xi)[\lambda_1 T_2(t) + \lambda_2]^2 / [4\lambda_2 T_2^2(t)] \qquad (4.3.10)$$

进一步得 $\phi_1(\lambda_1,\lambda_2)$ 为

$$\phi_1(\lambda_1,\lambda_2) = \int_0^\tau \left[\int_{F_1(t)} y_1(t,\xi,\lambda_1,\lambda_2)\,\mathrm{d}f + \int_{F_2(t)} y_2(t,\xi,\lambda_1,\lambda_2)\,\mathrm{d}f \right]\mathrm{d}t \qquad (4.3.11)$$

由式(4.3.7)和式(4.3.8)得

$$-Q_1 \leqslant \phi_1(\lambda_1,\lambda_2) - \lambda_1\tau P^0 + \lambda_2 \int_0^\tau \sigma(t)\mathrm{d}t \qquad (4.3.12)$$

由于式(4.3.12)中 $\lambda_2 \int_0^\tau \sigma(t)\mathrm{d}t \leqslant 0$，消去这一项后，不等式(4.3.12)依然成立。原问题 1 估算效率 η_1 的上限进一步等价于确定 $\phi_1(\lambda_1,\lambda_2) - \lambda_1\tau P^0$ 的下限。$\phi_1(\lambda_1,\lambda_2)$ 为凸函数，因此这是一个二维凸规划问题。令 $\lambda_{1,\mathrm{opt}}$ 和 $\lambda_{2,\mathrm{opt}}$ 分别表示 $\phi_1(\lambda_1,\lambda_2) - \lambda_1\tau P^0$ 取极小值时的 λ_1 和 λ_2，由式(4.3.12)进一步得

$$Q_1 \geqslant \lambda_{1,\mathrm{opt}}\tau P^0 - \phi_1(\lambda_{1,\mathrm{opt}},\lambda_{2,\mathrm{opt}}) \qquad (4.3.13)$$

联立式(4.3.3)和式(4.3.13)得关于效率 η_1 的不等式

$$\eta_1 \leqslant \tau P^0 / [\lambda_{1,\mathrm{opt}}\tau P^0 - \phi_1(\lambda_{1,\mathrm{opt}},\lambda_{2,\mathrm{opt}})] \qquad (4.3.14)$$

建立函数 $\psi_1(\lambda_1,\lambda_2) = \phi_1(\lambda_1,\lambda_2) - \lambda_1\tau P^0$，进一步得 $\partial\psi_1/\partial\lambda_2 = \partial\phi_1/\partial\lambda_2$，由式(4.3.11)可看出 $\lambda_{2,\mathrm{opt}}$ 存在解析解。由 $\partial\phi_1/\partial\lambda_2 = 0$ 得 $\lambda_{2,\mathrm{opt}}$ 和相应的 $\psi_1(\lambda_1,\lambda_{2,\mathrm{opt}})$ 分别为

$$\lambda_{2,\mathrm{opt}} = -\sqrt{\overline{(\theta_1\alpha_1(\lambda_1-1) + \theta_2\alpha_2\lambda_1)}/\overline{(\theta_1\alpha_1/T_1^2 + \theta_2\alpha_2/T_2^2)}} \qquad (4.3.15)$$

$$\psi_1(\lambda_1,\lambda_{2,\mathrm{opt}}) = \tau[\overline{f_1(t,\xi,\lambda_1,\lambda_{2,\mathrm{opt}})} + \overline{f_2(t,\xi,\lambda_1,\lambda_{2,\mathrm{opt}})}] - \lambda_1\tau P^0 \qquad (4.3.16)$$

式中，参数上带横线表示该参量沿相应侧传热面积和时间积分后在整个周期上的平均值。

问题 1 最终变为函数 $\psi_1(\lambda_1,\lambda_{2,\mathrm{opt}})$ 关于 $\lambda_1 > 1$ 的一维优化问题。式(4.3.16)和极值条件 $\partial\psi_1(\lambda_1,\lambda_{2,\mathrm{opt}})/\partial\lambda_1 = 0$ 不存在 $\lambda_{1,\mathrm{opt}}$ 的解析解，只能采用数值方法求解。

4.3.2.2　求解问题 2

对于问题 2，在约束条件 $Q_1 = Q_1^0$ 和 $S(0) = S(\tau)$ 下，估算效率 η_1 的上限等价于

确定 τP 的上限。

经过与问题 1 相同的转换，优化问题变为确定 $\phi_2(\lambda_1,\lambda_2)-\lambda_1 Q_1^0$ 的下限，其中 $\lambda_1>-1$，$\lambda_2<0$，$\phi_2(\lambda_1,\lambda_2)$ 为

$$\phi_2(\lambda_1,\lambda_2)=\max_{T>0}\int_0^{\tau}\left[\begin{array}{l}\theta_1\displaystyle\int_{F_1(t)}\alpha_1(T^{-1}-T_1^{-1})(\lambda_1+1+\lambda_2/T)\mathrm{d}f\\+\theta_2\displaystyle\int_{F_2(t)}\alpha_2(T^{-1}-T_2^{-1})(1+\lambda_2/T)\mathrm{d}f\end{array}\right]\mathrm{d}t \qquad (4.3.17)$$

由式 (4.3.17) 右端积分内第一项和第二项分别求极大值得 $\phi_2(\lambda_1,\lambda_2)$ 为

$$\phi_2(\lambda_1,\lambda_2)=\int_0^{\tau}\left[\int_{F_1(t)}y_1(t,\xi,\lambda_1,\lambda_2)\,\mathrm{d}f+\int_{F_2(t)}y_2(t,\xi,\lambda_2)\,\mathrm{d}f\right]\mathrm{d}t \qquad (4.3.18)$$

式中，y_1 和 y_2 分别为

$$y_1(t,\xi,\lambda_1,\lambda_2)=-\theta_1(t)\alpha_1(\xi)[(\lambda_1+1)T_1(t)+\lambda_2]^2/[4\lambda_2 T_1^2(t)] \qquad (4.3.19)$$

$$y_2(t,\xi,\lambda_2)=-\theta_2(t)\alpha_2(\xi)[T_2(t)+\lambda_2]^2/[4\lambda_2 T_2^2(t)] \qquad (4.3.20)$$

令 $\lambda_{1,\mathrm{opt}}$ 和 $\lambda_{2,\mathrm{opt}}$ 分别表示函数 $\phi_2(\lambda_1,\lambda_2)-\lambda_1 Q_1^0$ 取极小值时的 λ_1 和 λ_2，由不等式 $\tau P\leqslant\phi_2(\lambda_{1,\mathrm{opt}},\lambda_{2,\mathrm{opt}})-\lambda_{1,\mathrm{opt}}Q_1^0$ 和式 (4.3.3) 得关于效率 η_1 的不等式

$$\eta_1\leqslant[\phi_2(\lambda_{1,\mathrm{opt}},\lambda_{2,\mathrm{opt}})-\lambda_{1,\mathrm{opt}}Q_1^0]/Q_1^0 \qquad (4.3.21)$$

建立函数 $\psi_2(\lambda_1,\lambda_2)=\phi_2(\lambda_1,\lambda_2)-\lambda_1 Q_1^0$，进一步得 $\partial\psi_2/\partial\lambda_2=\partial\phi_2/\partial\lambda_2$，由式 (4.3.18) 可看出 $\lambda_{2,\mathrm{opt}}$ 存在解析解。由 $\partial\phi_2/\partial\lambda_2=0$ 得 $\lambda_{2,\mathrm{opt}}(\lambda_1)$ 和相应的 $\psi_2(\lambda_1,\lambda_{2,\mathrm{opt}})$ 分别为

$$\lambda_{2,\mathrm{opt}}=-\sqrt{(\overline{\theta_1\alpha_1(\lambda_1+1)}+\overline{\theta_1\alpha_1})/(\overline{\theta_1\alpha_1/T_1^2}+\overline{\theta_2\alpha_2/T_2^2})} \qquad (4.3.22)$$

$$\psi_2(\lambda_1,\lambda_{2,\mathrm{opt}})=\tau[\overline{y_1(t,\xi,\lambda_1,\lambda_{2,\mathrm{opt}})}+\overline{y_2(t,\xi,\lambda_{2,\mathrm{opt}})}]-\lambda_1\tau P^0 \qquad (4.3.23)$$

问题 2 最终变为函数 $\psi_2(\lambda_1,\lambda_{2,\mathrm{opt}})$ 关于 $\lambda_1>-1$ 的一维优化问题。式 (4.3.23) 和极值条件 $\partial\psi_2(\lambda_1,\lambda_{2,\mathrm{opt}})/\partial\lambda_1=0$ 不存在 $\lambda_{1,\mathrm{opt}}$ 的解析解，只能采用数值方法求解。

4.3.2.3　求解问题 3

对于问题 3，在约束条件 $\tau P=\tau P^0$ 和 $S(0)=S(\tau)$ 下，估算效率 η_2 的上限等价于确定 $-Q_1^+$ 的上限。

经过与问题 1 和问题 2 相同的转换，优化问题变为确定 $\phi_3(\lambda_1,\lambda_2) - \lambda_1\tau P^0$ 的下限，其中 $\lambda_1 > 1$，$\lambda_2 < 0$，$\phi_3(\lambda_1,\lambda_2)$ 为

$$\phi_3(\lambda_1,\lambda_2) = \max_{T>0} \int_0^\tau \left[\begin{array}{l} \theta_1 \displaystyle\int_{F_1(t)} \alpha_1(T^{-1} - T_1^{-1})[\lambda_1 - \mathrm{sg}(T^{-1} - T_1^{-1}) + \lambda_2 / T]\mathrm{d}f \\ + \theta_2 \displaystyle\int_{F_2(t)} \alpha_2(T^{-1} - T_2^{-1})(\lambda_1 + \lambda_2 / T)\mathrm{d}f \end{array} \right] \mathrm{d}t \quad (4.3.24)$$

式中，$\mathrm{sg}(x)$ 为阶梯函数，当 $x > 0$ 时，$\mathrm{sg}(x) = 1$，当 $x \leqslant 0$ 时，$\mathrm{sg}(x) = 0$。对式 (4.3.24) 右端积分内第一项求极大值得，当 $T_{1',\mathrm{opt}} = -2\lambda_2 T_1(t) / \{[\lambda_1 - \mathrm{sg}(T_0^{-1} - T_1^{-1})]T_1(t) - \lambda_2\}$ 时，该项的极大值为

$$\begin{aligned} y_5(t,\xi,\lambda_1,\lambda_2) = &-\theta_1(t)\alpha_1(\xi)\{[\lambda_1 - \mathrm{sg}(\beta^{-1} - T_1^{-1})]T_1(t) + \lambda_2\}^2 \\ &\times [\mathrm{sg}(l - 1 + \lambda / T_1) + \mathrm{sg}(T_1^{-1} - \beta^{-1})] / [4\lambda_2 T_1^2(t)] \end{aligned} \quad (4.3.25)$$

式中，$\beta = -\lambda_2 / \lambda_1$。式 (4.3.24) 右端积分内第二项求极大值得，当 $T_{2',\mathrm{opt}} = -2\lambda_2 T_1(t) / [\lambda_1 T_1(t) - \lambda_2]$ 时，该项的极大值为

$$y_6(t,\xi,\lambda_1,\lambda_2) = -\theta_2(t)\alpha_2(\xi)\{[\lambda_1 T_2(t) + \lambda_2]^2 / [4\lambda_2 T_2^2(t)]\} \quad (4.3.26)$$

进一步得 $\phi_3(\lambda_1,\lambda_2)$ 为

$$\phi_3(\lambda_1,\lambda_2) = \int_0^\tau \left[\int_{F_1(t)} y_5(t,\xi,\lambda_1,\lambda_2)\,\mathrm{d}f + \int_{F_2(t)} y_6(t,\xi,\lambda_1,\lambda_2)\,\mathrm{d}f \right]\mathrm{d}t \quad (4.3.27)$$

令 $\lambda_{1,\mathrm{opt}}$ 和 $\lambda_{2,\mathrm{opt}}$ 分别表示函数 $\phi_3(\lambda_{1,\mathrm{opt}},\lambda_{2,\mathrm{opt}}) - \lambda_{1,\mathrm{opt}}\tau P^0$ 取极小值时的 λ_1 和 λ_2，由不等式 $Q_1^+ \geqslant \lambda_{1,\mathrm{opt}}\tau P^0 - \phi_3(\lambda_{1,\mathrm{opt}},\lambda_{2,\mathrm{opt}})$ 式 (4.3.5) 得关于效率 η_2 的不等式

$$\eta_2 \leqslant \tau P^0 / [\lambda_{1,\mathrm{opt}}\tau P^0 - \phi_3(\lambda_{1,\mathrm{opt}},\lambda_{2,\mathrm{opt}})] \quad (4.3.28)$$

与问题 1 和问题 2 不同，问题 3 不存在 $\lambda_{1,\mathrm{opt}}$ 的解析解，因此不能将 $\phi_3(\lambda_1,\lambda_2) - \lambda_1\tau P^0$ 关于 $\lambda_1 > 1$ 和 $\lambda_2 < 0$ 的二维优化问题转化为一维优化问题，只能采用数值优化方法求解。

4.3.3　数值算例与讨论

本节仅考虑在给定功率下优化两类不同效率 η_1 和 η_2，也就是比较问题 1 和问题 3 优化结果，取 $P^0 = 0.8\tilde{P}_{\max}(0)$，其他参数的取值与 4.2.3 节相同。表 4.2 给出

了问题 1 两种不同传热规律下效率 η_1 的计算结果的比较，其中 $\eta_1(0)$ 为 $\Delta T = 0$ 时的效率 η_1，$\eta_C = 1 - T_2^0 / (T_1^0 + \Delta T)$ 为卡诺效率。由表可见，两种不同传热规律下的效率界限 $\eta_1(\Delta T)$ 均随着温比 $\Delta T / T_1^0$ 的增加而增加，且均小于相同初始温度 T_1^0 的恒温热源下工作的热机卡诺效率 η_C。牛顿传热规律下 $\eta_1(\Delta T)$ 随温比 $\Delta T / T_1^0$ 变化较为明显，在 $\Delta T / T_1^0 = 0.6$ 时，$\eta_1(\Delta T) / \eta_1(0) = 1.2674$。线性唯象传热规律下 $\eta_1(\Delta T)$ 在 $\Delta T / T_1^0 < 0.4$ 时变化较小，$\eta_1(\Delta T) / \eta_1(0)$ 值不超过 1.01，当 $\Delta T / T_1^0 = 0.6$ 时，$\eta_1(\Delta T) / \eta_1(0)$ 也仅为 1.0425。差别产生的主要原因是两者的传热规律不同，可见研究传热规律对具有分布式工质的不可逆热机的效率性能界限的影响是十分有必要的。

表 4.3 给出了两种不同传热规律下 η_2 的计算结果的比较。与表 4.2 相比较，两种传热规律下效率 $\eta_2(\Delta T)$ 在温比 $\Delta T / T_1^0$ 较小时与 $\eta_1(\Delta T)$ 相等，在温比 $\Delta T / T_1^0$ 较大时均小于 $\eta_1(\Delta T)$。这点是显然的，主要是因为效率 η_1 建立在工质的净吸热量 Q_1 基础上，效率 η_2 建立在工质的实际吸热量 Q_1^+ 基础上，在高温热源温度变化振幅 ΔT 较大时，出现了工质温度高于高温热源温度的情形，从而工质一部分热量传给了热源以致 $Q_1 < Q_1^+$。

表 4.2   两种不同传热规律下效率 η_1 的比较

$\Delta T / T_1^0$	牛顿传热规律[277]		线性唯象传热规律		η_C
	$\eta_1(\Delta T)$	$\eta_1(\Delta T) / \eta_1(0)$	$\eta_1(\Delta T)$	$\eta_1(\Delta T) / \eta_1(0)$	
0.0	0.6412	1.0000	0.7033	1.0000	0.7557
0.2	0.6599	1.0292	0.7037	1.0006	0.7964
0.4	0.7157	1.1161	0.7075	1.0060	0.8255
0.6	0.8127	1.2674	0.7332	1.0425	0.8473

表 4.3   两种不同传热规律下效率 η_2 的比较

$\Delta T / T_1^0$	牛顿传热规律[277]		线性唯象传热规律		η_C
	$\eta_2(\Delta T)$	$\eta_2(\Delta T) / \eta_2(0)$	$\eta_2(\Delta T)$	$\eta_2(\Delta T) / \eta_2(0)$	
0.0	0.6412	1.0000	0.7033	1.0000	0.7557
0.2	0.6599	1.0292	0.7037	1.0006	0.7964
0.4	0.7099	1.1071	0.7062	1.0041	0.8255
0.6	0.7568	1.1800	0.7224	1.0272	0.8473

4.4　具有非均匀工质的一类理论热机最大功率和效率

4.4.1　物理模型

4.4.1.1　系统的能量和熵平衡方程

根据文献[298]，考虑如图 4.3 所示的一类理论热机模型。忽略进出气缸流体的势能和动能的变化，考虑气缸内部工质与气缸外壁环境传热服从线性唯象传热规律，选气缸为控制体积，根据热力学第一定律得气缸内工质混合物的能量守恒方程为

$$\frac{\mathrm{d}E}{\mathrm{d}t} = \dot{m}_{\mathrm{inl}} h_{\mathrm{inl}} - \dot{m}_{\mathrm{out}} h_{\mathrm{out}} - \int_{F(t)} \alpha (T_{\mathrm{w}}^{-1} - T^{-1})\, \mathrm{d}f - P(t) \tag{4.4.1}$$

式中，$E(t)$ 为系统的总能量；$\dot{m}_{\mathrm{inl}}$ 和 $\dot{m}_{\mathrm{out}}$ 分别为进口油气混合物和出口废气的质量流率；h_{inl} 和 h_{out} 分别为油气混合物和废气的比焓；$\alpha = \alpha(\xi)$ 为气缸内工质与气缸外壁环境的传热系数；$T_{\mathrm{w}}(t, \xi)$ 为气缸外壁边界的温度；$P(t)$ 为指示功率即活塞的输出功率；$T(t, \xi)$ 为气缸内油气混合物工质温度；$\xi = (\xi_1, \xi_2, \xi_3)$ 为空间某点的笛卡儿三维坐标；积分限 $F(t)$ 为活塞与气缸内壁组成的封闭空间内表面积。

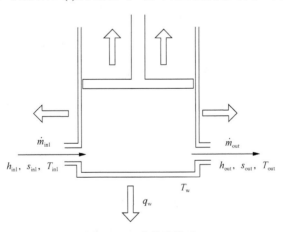

图 4.3　理论热机模型

根据热力学第二定律得该系统的熵平衡方程为

$$\frac{\mathrm{d}S}{\mathrm{d}t} = \dot{m}_{\mathrm{inl}} s_{\mathrm{inl}} - \dot{m}_{\mathrm{out}} s_{\mathrm{out}} - \int_{F(t)} [\alpha (T_{\mathrm{w}}^{-1} - T^{-1}) / T]\, \mathrm{d}f + \sigma(t) \tag{4.4.2}$$

式中，$S(t)$ 为气缸内油气混合物的总熵；s_{inl} 和 s_{out} 分别为进、出口气流的比熵；

$\sigma(t) \geqslant 0$ 为系统内部总的熵产率。气缸内发生的所有物理和化学过程均呈周期性的变化,由此得循环条件: $E(0) = E(\tau)$, $S(0) = S(\tau)$ 以及 $M(0) = M(\tau)$,其中 $M(\tau)$ 为系统内部工质的总质量, τ 为循环周期。这些循环条件在文献[296]~[298]中也称为弱周期条件。

4.4.1.2 热机的功率和效率

假定气缸外壁边界的温度 T_w 为常数。由式(4.4.1)得

$$\overline{P} = -\overline{J_{\Delta h}} - q_w \tag{4.4.3}$$

式中,参数上带横线表示该参量整个循环周期上的平均值; $J_{\Delta h} = \dot{m}_{out}(t)h_{out} - \dot{m}_{inl}(t)h_{inl}$ 为出口与进口气流的焓流率之差; $q_w = (1/\tau)\int_0^\tau \int_{F(t)} \alpha(T_w^{-1} - T^{-1})\,\mathrm{d}f\mathrm{d}t$ 为气缸内工质向气缸外壁边界释放的平均热流率。对于采用冷却系统的热机,有 $q_w > 0$。由式(4.4.3)得

$$\overline{P} \leqslant -\overline{J_{\Delta h}} \tag{4.4.4}$$

由熵平衡方程式(4.4.2)得

$$\overline{J_{\Delta s}} + \delta = -q_w / T_w \tag{4.4.5}$$

式中, $J_{\Delta s} = \dot{m}_{out}(t)s_{out} - \dot{m}_{inl}(t)s_{inl}$ 为出口和进口气流熵流率之差;非正常数 $\delta = -(1/\tau)\int_0^\tau [\sigma(t) + \int_{F(t)} \alpha(1/T_w - 1/T)^2\mathrm{d}f]\,\mathrm{d}t$,由热力学第二定律,显然有不等式 $\delta \leqslant 0$ 恒成立,仅当过程可逆时才有 $\delta = 0$。联立式(4.4.3)和式(4.4.5)得

$$\overline{P} = -\overline{J_{\Delta h}} + T_w\overline{J_{\Delta s}} + T_w\delta \tag{4.4.6}$$

根据文献[298],定义热机效率如下:

$$\eta = \overline{P} / (-\overline{J_{\Delta h}}) \tag{4.4.7}$$

值得注意的是式(4.4.7)所定义的热机效率既不同于传统的热机第一定律效率,即空气标准循环的热效率,也不同于热机的第二定律效率[510],即实际输出功与其可逆输出功之比,与这两个效率相比,它更有利于本节热机的热力学分析与优化。联立式(4.4.6)和式(4.4.7)得

$$\eta = 1 + \frac{T_w\overline{J_{\Delta s}}}{-\overline{J_{\Delta h}}} + \frac{T_w\delta}{-\overline{J_{\Delta h}}} \tag{4.4.8}$$

4.4.1.3　燃烧过程的熵产生

燃烧属于很复杂的化学反应，在其建模过程中考虑实际可能存在的约束条件越多，得到的结果与实际越接近。本节仅考虑理想化学反应，忽略气缸内的惰性气体以及其他不参与化学反应的物质对化学反应的影响。考虑一个孤立定容均匀空间的化学反应，假定热机气缸内有 γ_1 种物质参与化学反应，共有 γ_2 种类型的化学反应，则化学反应的一般方程式为

$$\sum_{j=1}^{\gamma_1} a_{ij} A_{ij} \underset{k_i^{\mathrm{r}}}{\overset{k_i^{\mathrm{f}}}{\rightleftharpoons}} \sum_{j=1}^{\gamma_1} x_{ij} X_{ij}, \quad i = 1, \cdots, \gamma_2 \tag{4.4.9}$$

式中，k_i^{f} 和 k_i^{r} 分别为第 i 种化学反应的正向和逆向反应速率常数；a_{ij} 和 x_{ij} 为化学反应计量系数。根据化学反应质量作用定律得第 i 种化学反应的反应速率 r_i 为

$$r_i = k_i^{\mathrm{f}}(T) \prod_{j=1}^{\gamma_1} (c_j')^{a_{ij}} - k_i^{\mathrm{r}}(T) \prod_{j=1}^{\gamma_1} c_j'^{x_{ij}} \tag{4.4.10}$$

式中，$c_j'(t, \xi)$ 为第 j 种物质的物质的量密度。化学反应过程的熵产率 σ_{ch} 为

$$\sigma_{\mathrm{ch}} = \sum_{i=1}^{\gamma_2} \left(-\frac{r_i \Delta G_i}{T} \right) \tag{4.4.11}$$

式中，$\Delta G_i = \sum_{j=1}^{\gamma_1} (x_{ij} \mu_j) - \sum_{j=1}^{\gamma_1} (a_{ij} \mu_j)$ 为第 i 个化学反应的化学亲和力即反应的吉布斯自由能变化。在循环周期 τ 内，气缸中化学反应过程的平均熵产率 $\bar{\sigma}_{\mathrm{ch}}$ 为

$$\bar{\sigma}_{\mathrm{ch}} = \frac{1}{\tau} \int_0^\tau \int_{\Omega(t)} \left[\sum_{i=1}^{\gamma_2} \left(-\frac{r_i \Delta G_i}{T} \right) \right] \mathrm{d}\xi \mathrm{d}t \tag{4.4.12}$$

对于如图 4.3 所示的开式系统，由质量守恒定律得

$$\frac{\mathrm{d}N_j}{\mathrm{d}t} = \dot{m}_{\mathrm{inl}} \frac{c_{j,\mathrm{inl}}}{M_j} - \dot{m}_{\mathrm{out}} \frac{c_{j,\mathrm{out}}}{M_j} + \int_{\Omega(t)} \left[\sum_{i=1}^{\gamma_2} (b_{ij} r_i) \right] \mathrm{d}\xi, \quad j = 1, \cdots, \gamma_1 \tag{4.4.13}$$

式中，$N_j(t) = \int_{\Omega(t)} c_j'(t, \xi) \mathrm{d}\xi$ 为气缸内第 j 种物质的总物质的量；$c_{j,\mathrm{inl}}$ 和 $c_{j,\mathrm{out}}$ 分别进、出口混合物中第 j 种物质的质量分数，$c_j = M_j' c_j' \Big/ \left(\sum_{j=1}^{\gamma_1} M_j' c_j' \right)$，$M_j'$ 为第 j

种物质的摩尔质量；b_{ij} 为第 j 种物质在第 i 个反应的化学计量系数。由周期性条件 $N_j(0) = N_j(\tau)$ 和式 (4.4.13) 可进一步得

$$\frac{1}{\tau}\int_0^\tau \int_{\Omega(t)} \left[\sum_{i=1}^{r_2}(b_{ij}r_i)\right]\mathrm{d}\xi\mathrm{d}t = \frac{1}{\tau}\int_0^\tau\left[\dot{m}_{\text{out}}(t)\frac{c_{j,\text{out}}}{M_j'} - \dot{m}_{\text{inl}}(t)\frac{c_{j,\text{inl}}}{M_j'}\right]\mathrm{d}t, \quad j=1,\cdots,\gamma_1 \quad (4.4.14)$$

由 $\mu_j = \mu_{j0}(T,P) + RT\ln(c_j')$ 得 $c_j' = \exp\left[\dfrac{\mu_j - \mu_{j0}(T,P)}{RT}\right]$，将其代入式 (4.4.10) 得

$$r_i = k_i^{\text{f}}(T)\exp\left\{G_i^{\text{f}} - \sum_{j=1}^{\gamma_1}(a_{ij}\mu_{j0})\big)/(RT)\right\} - k_i^{\text{r}}(T)\exp\left\{G_i^{\text{r}} - \sum_{j=1}^{\gamma_1}(b_{ij}\mu_{j0})\big)/(RT)\right\}$$

$$(4.4.15)$$

文献[298]基于如下化学反应速率方程式求解了反应过程最小熵产生：

$$r_i = k_i^{\text{f}}(T)\exp\left\{[-\sum_{j=1}^{\gamma_1}\mu_j^0(T)a_{ij}]/(RT)\right\}\left[\exp\left(\frac{G_i^{\text{f}}}{RT}\right) - \exp\left(\frac{G_i^{\text{r}}}{RT}\right)\right] \quad (4.4.16)$$

式中，$G_i^{\text{f}} = \sum\limits_{j=1}^{\gamma_1}(a_{ij}\mu_j)$，$G_i^{\text{r}} = \sum\limits_{j=1}^{\gamma_1}(x_{ij}\mu_j)$，进一步得 $\Delta G_i = G_i^{\text{r}} - G_i^{\text{f}}$。对比式 (4.4.15) 和式 (4.4.16) 可看出两者的反应速率方程式的表达形式完全不同，本节将基于式 (4.4.15) 求解化学反应过程最小熵产生。

4.4.2 优化方法

4.4.2.1 燃烧过程的最小熵产生优化

考虑气缸的体积变化为有限值，假定其满足约束条件 $V_{\min} \leqslant V(t) \leqslant V_{\max}$。定义函数形式 $\overline{y} = \dfrac{1}{\tau}\int_0^\tau\left[\dfrac{1}{V(t)}\int_{\Omega(t)}y(t,\xi)\mathrm{d}\xi\right]\mathrm{d}t$，式 (4.4.12) 和式 (4.4.14) 分别变为

$$\overline{\sigma}_{\text{ch}} = \overline{-V(t)\sum_{i=1}^r \frac{r_i\Delta G_i}{T}} \quad (4.4.17)$$

$$\overline{V(t)\sum_{i=1}^{r_2}(b_{ij}r_i)} = \phi_j, \quad j=1,\cdots,\gamma_1 \quad (4.4.18)$$

在式 (4.4.18) 中 $\phi_j = (1/\tau)\int_0^\tau[\dot{m}_{\text{out}}(t)c_{j,\text{out}}/M_j - \dot{m}_{\text{inl}}(t)c_{j,\text{inl}}/M_j]\mathrm{d}t$。现在问题为在

体积可行域 $V_{\min} \leqslant V(t) \leqslant V_{\max}$ 和质量守恒方程式 (4.4.18) 约束下求式 (4.4.17) 中化学反应过程最小熵产生。

本优化问题属于典型的平均最优控制问题。定义变量 $B_i^{\mathrm{f}} = [G_i^{\mathrm{f}} - \sum_{j=1}^{r_1}(a_{ij}\mu_{j0})]/(RT)$ 和 $B_i^{\mathrm{r}} = [G_i^{\mathrm{r}} - \sum_{j=1}^{r_1}(x_{ij}\mu_{j0})]/(RT)$，常数 $D_i = \sum_{j=1}^{\gamma_1}(b_{ij}\mu_{j0})/T$。由于 $G_i^{\mathrm{f}} \leqslant 0$ 和 $G_i^{\mathrm{r}} \leqslant 0$ [298]，$i = 1,\cdots,\gamma_2$，所以 $B_i^{\mathrm{f}} \leqslant B_{i0}^{\mathrm{f}}$，$B_i^{\mathrm{r}} \leqslant B_{i0}^{\mathrm{r}}$，其中 $B_{i0}^{\mathrm{f}} = -[\sum_{j=1}^{\gamma_1}(a_{ij}\mu_{j0})]/(RT)$，$B_{i0}^{\mathrm{r}} = -\left[\sum_{j=1}^{\gamma_1}(x_{ij}\mu_{j0})\right]/(RT)$，$a_{ij} \geqslant 0$，$x_{ij} \geqslant 0$。式 (4.4.17) 和式 (4.4.18) 分别变为

$$\overline{\sigma}_{\mathrm{ch}} = V(t)\sum_{j=1}^{\gamma_1}\{[R(B_i^{\mathrm{f}} - B_i^{\mathrm{r}}) + D_i][k_i^{\mathrm{f}}(T)\exp(B_i^{\mathrm{f}}) - k_i^{\mathrm{r}}(T)\exp(B_i^{\mathrm{r}})]\} \quad (4.4.19)$$

$$V(t)\sum_{i=1}^{\gamma_2}\{b_{ij}[k_i^{\mathrm{f}}(T)\exp(B_i^{\mathrm{f}}) - k_i^{\mathrm{r}}(T)\exp(B_i^{\mathrm{r}})]\} = \phi_j, \quad j = 1,\cdots,\gamma_1 \quad (4.4.20)$$

根据气缸内部的化学反应种类及其相互关系，可分为以下三种情形。

(1) 由 γ_1 种不同物质参加的单一化学反应。

此时 $\gamma_2 = 1$。定义 $\psi_1 = [\sum_{j=1}^{\gamma_1}(b_{1j}\phi_j)]/(\sum_{j=1}^{\gamma_1}b_{1j}^2)$，则式 (4.4.19) 和式 (4.4.20) 的优化问题等价为在时间平均等式 $\overline{V(t)[k_1^{\mathrm{f}}(T)\exp(B_1^{\mathrm{f}}) - k_1^{\mathrm{r}}(T)\exp(B_1^{\mathrm{r}})]} = \psi_1$ 的约束下求目标函数式 $\overline{V[R(B_1^{\mathrm{f}} - B_1^{\mathrm{r}}) + D_1][k_1^{\mathrm{f}}(T)\exp(B_1^{\mathrm{f}}) - k_1^{\mathrm{r}}(T)\exp(B_1^{\mathrm{r}})]}$ 的最小值，即

$$\begin{aligned}\overline{\sigma}_{\mathrm{ch}} &\geqslant \min_{B_1^{\mathrm{f}} \leqslant B_{10}^{\mathrm{f}}, B_1^{\mathrm{r}} \leqslant B_{10}^{\mathrm{r}}}\{V_{\max}[k_1^{\mathrm{f}}(T)\exp(B_1^{\mathrm{f}}) - k_1^{\mathrm{r}}(T)\exp(B_1^{\mathrm{r}})][R(B_1^{\mathrm{f}} - B_1^{\mathrm{r}}) + D_1]\} \\ &= \min_{B_1^{\mathrm{f}} \leqslant B_{10}^{\mathrm{f}}, B_1^{\mathrm{r}} \leqslant B_{10}^{\mathrm{r}}}\{\psi_1[R(B_1^{\mathrm{f}} - B_1^{\mathrm{r}}) + D_1]\}\end{aligned} \quad (4.4.21)$$

优化问题等价为在等式 $[k_1^{\mathrm{f}}(T)\exp(B_1^{\mathrm{f}}) - k_1^{\mathrm{r}}(T)\exp(B_1^{\mathrm{r}})] = \psi_1/V_{\max}$ 和不等式 $B_1^{\mathrm{f}} \leqslant B_{10}^{\mathrm{f}}$ 与 $B_1^{\mathrm{r}} \leqslant B_{10}^{\mathrm{r}}$ 的约束下求函数 $\psi_1[R(B_1^{\mathrm{f}} - B_1^{\mathrm{r}}) + D_1]$ 的极小值。由于化学反应的熵产生下限总是存在的，由一般的拉格朗日函数求极值法得不到最优解，所以目标凸函数只能在自变量 $(B_1^{\mathrm{f}}, B_1^{\mathrm{r}})$ 可行域的边界上取得极值。此问题求解可转化为非线性规划问题求解，写成如下标准形式：

$$
\begin{cases}
\min \quad \sigma(B_1^{\mathrm{f}}, B_1^{\mathrm{r}}) = \psi_1[R(B_1^{\mathrm{f}} - B_1^{\mathrm{r}}) + D_1] \\
y_1(B_1^{\mathrm{f}}, B_1^{\mathrm{r}}) = [k_1^{\mathrm{f}}(T)\exp(B_1^{\mathrm{f}}) - k_1^{\mathrm{r}}(T)\exp(B_1^{\mathrm{r}})] - \psi_1/V_{\max} = 0 \\
y_2(B_1^{\mathrm{f}}, B_1^{\mathrm{r}}) = -B_1^{\mathrm{f}} + B_{10}^{\mathrm{f}} \geqslant 0 \\
y_3(B_1^{\mathrm{f}}, B_1^{\mathrm{r}}) = -B_1^{\mathrm{r}} + B_{10}^{\mathrm{r}} \geqslant 0
\end{cases} \tag{4.4.22}
$$

目标函数 $\sigma(B_1^{\mathrm{f}}, B_1^{\mathrm{r}})$ 的梯度为 $\nabla\sigma(B_1^{\mathrm{f}}, B_1^{\mathrm{r}}) = (\psi_1, -\psi_1)$，三个约束函数 $y_1(B_1^{\mathrm{f}}, B_1^{\mathrm{r}})$、$y_2(B_1^{\mathrm{f}}, B_1^{\mathrm{r}})$ 和 $y_3(B_1^{\mathrm{f}}, B_1^{\mathrm{r}})$ 的梯度分别为 $\nabla y_1(B_1^{\mathrm{f}}, B_1^{\mathrm{r}}) = \left(k_1^{\mathrm{f}}(T)\exp(B_1^{\mathrm{f}}), -k_1^{\mathrm{r}}(T)\exp(B_1^{\mathrm{r}})\right)$、$\nabla y_2(B_1^{\mathrm{f}}, B_1^{\mathrm{r}}) = (-1, 0)$ 和 $\nabla y_3(B_1^{\mathrm{f}}, B_1^{\mathrm{r}}) = (0, -1)$。对上述三个约束条件分别引入广义拉格朗日乘子 λ_i $(i = 1, 2, 3)$。设 $(B_{1,\mathrm{opt}}^{\mathrm{f}}, B_{1,\mathrm{opt}}^{\mathrm{r}})$ 为所求函数的极小值点，则其必满足库恩-塔克条件[511]：

$$
\begin{cases}
\nabla\sigma(B_{1,\mathrm{opt}}^{\mathrm{f}}, B_{1,\mathrm{opt}}^{\mathrm{r}}) - \sum_{i=1}^{3}[\lambda_i \nabla y_i(B_{1,\mathrm{opt}}^{\mathrm{f}}, B_{1,\mathrm{opt}}^{\mathrm{r}})] = 0 \\
\lambda_i y_i(B_{1,\mathrm{opt}}^{\mathrm{f}}, B_{1,\mathrm{opt}}^{\mathrm{r}}) = 0 \\
\lambda_i \geqslant 0, \qquad\qquad i = 1, 2, 3
\end{cases} \tag{4.4.23}
$$

当目标函数为凸函数时，库恩-塔克条件既是目标函数取最小值时的必要条件，也是充分条件。由式 (4.4.23) 可知，若 $(B_{10}^{\mathrm{f}}, B_{10}^{\mathrm{r}})$ 满足等式 $[k_1^{\mathrm{f}}(T)\exp(B_1^{\mathrm{f}}) - k_1^{\mathrm{r}}(T)\exp(B_1^{\mathrm{r}})] = \psi_1/V_{\max}$，则点 $(B_{10}^{\mathrm{f}}, B_{10}^{\mathrm{r}})$ 为所求极小值点，而 $\sigma_{\mathrm{f}}(B_1^{\mathrm{f}}, B_1^{\mathrm{r}})$ 为凸函数，则所求极小值点 $(B_{10}^{\mathrm{f}}, B_{10}^{\mathrm{r}})$ 为其全局最小值点。若 $(B_{10}^{\mathrm{f}}, B_{10}^{\mathrm{r}})$ 不满足等式 $[k_1^{\mathrm{f}}(T)\exp(B_1^{\mathrm{f}}) - k_1^{\mathrm{r}}(T)\exp(B_1^{\mathrm{r}})] = \psi_1/V_{\max}$，其可能的解有三类情形。

第一，当 $B_{1,\mathrm{opt}}^{\mathrm{f}} = B_{10}^{\mathrm{f}}$ 时，$B_{1,\mathrm{opt}}^{\mathrm{r}} = \ln\{[k_1^{\mathrm{f}}(T)\exp(B_1^{\mathrm{f}}) - \psi_1/V_{\max}]/k_1^{\mathrm{r}}(T)\}$，若进一步有不等式 $B_{1,\mathrm{opt}}^{\mathrm{r}} < B_{10}^{\mathrm{r}}$ 成立，则该点为目标函数的一个极小值点，否则予以排除。

第二，当 $B_{1,\mathrm{opt}}^{\mathrm{r}} = B_{10}^{\mathrm{r}}$ 时，$B_{1,\mathrm{opt}}^{\mathrm{f}} = \ln\{[\psi_1/V_{\max} + k_1^{\mathrm{r}}(T)\exp(B_1^{\mathrm{r}})]/k_1^{\mathrm{f}}(T)\}$，若进一步有不等式 $B_{1,\mathrm{opt}}^{\mathrm{f}} < B_{10}^{\mathrm{f}}$ 成立，则该点为目标函数的一个极小值点，否则予以排除。

第三，若通过第一种或第二种情形排除了一个点，剩下的那个点即所求全局最小值点。若第一种或第二种情形均能找到一个极小值点，此时只需要比较这两个极小值点处的目标函数值，取较小的即所求全局最小值点。

令 $\sigma_{\min} = \sigma(B_{1,\mathrm{opt}}^{\mathrm{f}}, B_{1,\mathrm{opt}}^{\mathrm{r}})$，若 $B_{1,\mathrm{opt}}^{\mathrm{f}} = B_{10}^{\mathrm{f}}$ 和 $B_{1,\mathrm{opt}}^{\mathrm{r}} = \ln\{[k_1^{\mathrm{f}}(T)\exp(B_1^{\mathrm{f}}) - \psi_1/V_{\max}]/k_1^{\mathrm{r}}(T)\}$ 为所求的最小值点，则最小熵产率 $\sigma_{\min}$ 为

$$
\sigma_{\min} = \psi_1\{R\{B_{10}^{\mathrm{f}} - \ln\{[k_1^{\mathrm{f}}(T)\exp(B_{10}^{\mathrm{f}}) - \psi_1/V_{\max}]/k_1^{\mathrm{r}}(T)\}\} + D_1\} \tag{4.4.24}
$$

若 $B_{1,\mathrm{opt}}^{\mathrm{f}} = \ln\{[\psi_1 / V_{\max} + k_1^{\mathrm{r}}(T)\exp(B_1^{\mathrm{r}})]/k_1^{\mathrm{f}}(T)\}$, $B_{1,\mathrm{opt}}^{\mathrm{r}} = B_{10}^{\mathrm{r}}$, 则最小熵产率 $\sigma_{\min}$ 为

$$\sigma_{\min} = \psi_1\{R\{\ln\{[\psi_1 / V_{\max} + k_1^{\mathrm{r}}(T)\exp(B_{10}^{\mathrm{r}})]/k_1^{\mathrm{f}}(T)\} - B_{10}^{\mathrm{r}}\} + D_1\} \quad (4.4.25)$$

对于给定的化学反应,此时 $k_1^{\mathrm{f}}(T)$、$k_1^{\mathrm{r}}(T)$、B_{10}^{f} 和 B_{10}^{r} 等参数值均已知,由式(4.4.23)总能确定函数 $\sigma_{\mathrm{f}}(B_1^{\mathrm{f}}, B_1^{\mathrm{r}})$ 取最小值时的 $(B_{1,\mathrm{opt}}^{\mathrm{f}}, B_{1,\mathrm{opt}}^{\mathrm{r}})$,令 $\sigma_{\min} = \sigma(B_{1,\mathrm{opt}}^{\mathrm{f}}, B_{1,\mathrm{opt}}^{\mathrm{r}})$,由式(4.4.21)得

$$\bar{\sigma}_{\mathrm{ch}} \geqslant \sigma_{\min} \quad (4.4.26)$$

(2) 由 γ_1 种不同物质参加的 γ_2 种线性无关的化学反应。

定义 $\beta_{il} = \sum_{j=1}^{\gamma_1} b_{ij}b_{lj}$, $i,l = 1,\cdots,\gamma_2$, $\psi_i = \sum_{l=1}^{\gamma_2}\beta_{li}^{-1}\sum_{j=1}^{\gamma_1}(b_{lj}\phi_j)$, $i = 1,\cdots,\gamma_2$, 式中 $\sum_{l=1}^{\gamma_2}\beta_{il}$

$\beta_{lj}^{-1} = \delta_{ij}'$, 当 $i = j$ 时, $\delta_{ij}' = 1$, 当 $i \neq j$ 时, $\delta_{ij}' = 0$。考虑不等式约束 $B_i^{\mathrm{f}} \leqslant B_{i0}^{\mathrm{f}}$、$B_i^{\mathrm{r}} \leqslant B_{i0}^{\mathrm{r}}$ 和等式约束 $\sum_{i=1}^{\gamma_2}\{b_{ij}[k_i^{\mathrm{f}}(T)\exp(B_i^{\mathrm{f}}) - k_i^{\mathrm{r}}(T)\exp(B_i^{\mathrm{r}})]\} = \psi_i / V_{\max}$, $i = 1,\cdots,\gamma_2$, 与前述单一化学反应的求解过程类似, 得

$$\bar{\sigma}_{\mathrm{ch}} \geqslant \sum_{i=1}^{\gamma_2}\sigma_{i,\min} \quad (4.4.27)$$

式中, $\sigma_{i,\min}$ 为第 i 种化学反应的最小熵产率。

(3) 由 γ_1 种不同物质参加的 γ_2 种线性相关的化学反应。

此时同样可采用非线性规划方法求解, 引入拉格朗日乘子 λ_j, $j = 1,\cdots,k$, 建立函数 $\sigma_{\mathrm{ld,min}}$ 如下:

$$\sigma_{\mathrm{ld,min}} = \min_{B_i^{\mathrm{f}} \leqslant B_{i0}^{\mathrm{f}}, B_i^{\mathrm{r}} \leqslant B_{i0}^{\mathrm{r}}}\left\{V_{\max}\sum_{i=1}^{\gamma_2}\left[\begin{array}{l} [R(B_i^{\mathrm{f}} - B_i^{\mathrm{r}}) + D_i + \sum_{j=1}^{\gamma_1}(\lambda_j b_{ij})] \\ \times\left(k_i^{\mathrm{f}}(T)\exp(B_i^{\mathrm{f}}) - k_i^{\mathrm{r}}(T)\exp(B_i^{\mathrm{r}})\right) \end{array}\right]\right\} - \sum_{j=1}^{\gamma_1}(\lambda_j\phi_j)$$

$$(4.4.28)$$

式中, $\sigma_{\mathrm{ld,min}}$ 为线性相关化学反应下的过程熵产率下限。对于给定的化学反应只要能计算出 $\sigma_{\mathrm{ld,min}}$, 就可得化学反应的熵产率估计不等式 $\bar{\sigma}_{\mathrm{ch}} \geqslant \sigma_{\mathrm{ld,min}}$。

4.4.2.2 功率和效率优化

现在的问题为在弱循环周期条件 $S(0) = S(\tau)$ 的约束下, 求解式(4.4.5)的平均

功率上限。本问题为平均最优控制问题，建立拉格朗日函数如下：

$$\overline{P} = -\overline{J_{\Delta h}} + (1/\tau)\int_0^\tau \int_{F(t)} \alpha(T^{-1} - T_w^{-1})(1 + \lambda/T)\mathrm{d}f\mathrm{d}t + \lambda(\overline{\sigma} - \overline{J_{\Delta s}}) \quad (4.4.29)$$

式中，$\lambda < 0$ 为拉格朗日乘子。令油气混合物的温度 $T(t, \xi) > 0$ 为控制变量，将式 (4.4.29) 等式右边取极大值得 $T_{\mathrm{opt}} = -2\lambda T_w / (T_w - \lambda)$，将其代入式 (4.4.29) 得

$$\overline{P} \leqslant -\overline{J_{\Delta h}} + \lambda(\overline{\sigma} - \overline{J_{\Delta s}}) - (1/\tau)\int_0^\tau \int_{F(t)} \alpha(T_w + \lambda)^2 / (4\lambda T_w^2)\mathrm{d}f\mathrm{d}t \quad (4.4.30)$$

不等式 (4.4.30) 对于所有的 $\lambda < 0$ 均成立。将不等式 (4.4.30) 的右端取极大值，得 λ 的最优值 λ_{opt} 为

$$\lambda_{\mathrm{opt}} = -\sqrt{k / [\gamma_3 + 4(\overline{J_{\Delta s}} - \overline{\sigma})]} \quad (4.4.31)$$

式中，平均热导率 $k = (1/\tau)\int_0^\tau \int_{F(t)} \alpha(\xi)\,\mathrm{d}f\mathrm{d}t$，$\gamma_3 = 1/\tau\int_0^\tau \int_{F(t)} \alpha(\xi) / [T_w(t,\xi)]^2\,\mathrm{d}f\mathrm{d}t$。由式 (4.4.31) 及 $k > 0$ 可知，最优值 λ_{opt} 为有理数的必要条件为不等式 $\overline{\sigma} < \gamma_3 / 4 + \overline{J_{\Delta s}}$ 成立，当 $\overline{\sigma} = \gamma_3 / 4 + \overline{J_{\Delta s}}$ 时，有 $\lambda_{\mathrm{opt}} \to -\infty$。这表明对于任意的弱周期过程，不等式 $\overline{\sigma} < \gamma_3 / 4 + \overline{J_{\Delta s}}$ 恒成立。将式 (4.4.31) 代入式 (4.4.30) 得

$$\overline{P} \leqslant P_{\max}(\overline{\sigma}) = -\overline{J_{\Delta h}} + \sqrt{k[\gamma_3 + 4(\overline{J_{\Delta s}} - \overline{\sigma})]} / 2 - \int_0^\tau \int_{F(t)} (\alpha / T_w)\,\mathrm{d}f\mathrm{d}t / (2\tau) \quad (4.4.32)$$

联立式 (4.4.7) 和式 (4.4.32) 得

$$\eta \leqslant \eta_{\max}(\overline{\sigma}) = -P_{\max}(\overline{\sigma}) / \overline{J_{\Delta h}} \quad (4.4.33)$$

当 $T_w(t, \xi) = \mathrm{const}$ 时，有 $k = \gamma_3 T_w^2$。由式 (4.4.32) 得

$$\begin{aligned}
P_{\max}(\overline{\sigma}) &= -\overline{J_{\Delta h}} + \sqrt{k[\gamma_3 + 4(\overline{J_{\Delta s}} - \overline{\sigma})]} / 2 - \gamma_3 T_w / 2 \\
&= -\overline{J_{\Delta h}} + 2T_w(\overline{J_{\Delta s}} - \overline{\sigma}) / \{\sqrt{1 + 4(\overline{J_{\Delta s}} - \overline{\sigma}) / \gamma_3} + 1\}
\end{aligned} \quad (4.4.34)$$

由于

$$\mathrm{d}P_{\max} / \mathrm{d}\overline{\sigma} = -k / \sqrt{\gamma_3[\gamma_3 + 4(\overline{J_{\Delta s}} - \overline{\sigma})]} < 0 \quad (4.4.35)$$

所以 $P_{\max}$ 为变量 $\overline{\sigma}$ 的单调递减函数。又因为 $\overline{\sigma} \geqslant 0$，将 $\overline{\sigma} = 0$ 代入式 (4.4.34) 得热机功率估计不等式，即

$$\overline{P} \leqslant P_{\max}(0) = -\overline{J_{\Delta h}} + 2T_{\mathrm{w}}\overline{J_{\Delta s}} / \{\sqrt{1 + 4\overline{J_{\Delta s}} / \gamma_3} + 1\} \tag{4.4.36}$$

联立式 (4.4.8) 和式 (4.4.36) 得热机效率估计不等式，即

$$\eta \leqslant \eta_{\max}(0) = 1 + T_{\mathrm{w}}\frac{s_{\mathrm{out}} - s_{\mathrm{inl}}}{h_{\mathrm{inl}} - h_{\mathrm{out}}}\frac{2}{\sqrt{1 + 4\overline{J_{\Delta s}} / \gamma_3} + 1} \tag{4.4.37}$$

将前述燃烧化学反应最小熵产率 $\overline{\sigma} = \sigma_{\mathrm{ld,min}}$ 代入式 (4.4.35) 得

$$\mathrm{d}P_{\max} / \mathrm{d}\overline{\sigma} = -T_{\mathrm{w}} / \sqrt{[1 + 4(\overline{J_{\Delta s}} - \sigma_{\mathrm{ld,min}}) / \gamma_3]} \tag{4.4.38}$$

由式 (4.4.38) 可知，使热机效率达到式 (4.4.37) 中的 $\eta_{\max}(0)$ 是很困难的 (但理论上是存在可能性的)，因为随着外界温度 T_{w} 的升高，内部熵产生对热机输出功率的负面影响增大。若已知热机气缸内部工质的熵产生下限，假定其为常数 $\sigma_{\mathrm{ld,min}} > 0$，则不等式 $\overline{\sigma} \geqslant \sigma_{\mathrm{ld,min}}$ 恒成立。由式 (4.4.35) 可知，$\overline{P} \leqslant P_{\max}(\sigma_{\mathrm{ld,min}})$。由式 (4.4.38) 可知，除传热引起的熵产生外，气缸工质的内部熵产生对于实际热机的最优设计也非常重要。当 $\sigma_{\mathrm{ld,min}} < \overline{J_{\Delta s}}$ 时，附带加热系统的热机最优设计有利于提高热机的功率和效率。对于 $\sigma_{\mathrm{ld,min}} \geqslant \overline{J_{\Delta s}}$ 的情形，这是不可能出现的，因为由熵平衡方程式 (4.4.2) 和弱周期性条件 $S(0) = S(\tau)$ 可见，这类情形违背了热力学第二定律。因此，除了有限速率传热引起的熵产生，工质内部熵产生对于热机的功率和效率的影响不可忽视，而作为热机工质内部的熵产生的主要部分，油气混合物燃烧过程的熵产生必须予以重视。

4.4.3　不同反应速率方程和热阻模型下优化结果的比较

4.4.3.1　不同反应速率方程下化学反应过程熵产生下限的比较

文献[298]基于反应速率方程式 (4.4.16) 研究了燃烧化学反应过程的最小熵产生。对于由 γ_1 种不同物质参加的单一化学反应和 γ_2 种线性无关的化学反应，其优化结果分别为[298]

$$\overline{\sigma}_{\mathrm{ch}} \geqslant -R|\psi_1|\ln[1 - R|\psi_1| / (V_{\max}k_1^{\max})] \tag{4.4.39}$$

$$\overline{\sigma}_{\mathrm{ch}} \geqslant \sum_{i=1}^{\gamma_2}\{-R|\psi_i|\ln[1 - R|\psi_i| / (V_{\max}k_i^{\max})]\} \tag{4.4.40}$$

式中，$k_i^{\max} = \max\limits_{T>0}\{Rk_i^{\mathrm{f}}(T)\exp[-\sum\limits_{j=1}^{\gamma_1}\mu_{j0}(T)a_{ij} / (RT)]\}$，而对于由 γ_1 种不同物质参加

的 γ_2 种线性无关的化学反应，优化问题无解析解，只能采用非线性规划数值优化方法求解。本节基于反应速率方程式(4.4.15)研究了燃烧过程的熵产生下限，对于由 γ_1 种不同物质参加的单一化学反应和 γ_2 种线性无关的化学反应，给出了最优解对应的库恩-塔克条件。对比式(4.4.24)或式(4.4.25)与式(4.4.39)可见，两种不同反应速率方程式下的熵产生下限不同，文献[298]得到的熵产生下限仅与 $k_i^{\mathrm{f}}(T)$、μ_{j0} 和 a_{ij} ($i=1,\cdots,\gamma_1$, $j=1,\cdots,\gamma_2$) 等参数有关，而本节得到的熵产生下限不仅与 $k_i^{\mathrm{f}}(T)$、μ_{j0}、a_{ij} 有关，而且与 $k_i^{\mathrm{r}}(T)$、x_{ij} 等参数有关。与文献[298]相比，本节的研究方法更具有普适性，可应用到其他化学反应相关研究中。由式(4.4.27)和式(4.4.30)还可知，两种化学反应速率方程下 γ_2 种线性无关的化学反应的过程熵产生下限均为其各个化学反应单独存在时的熵产生之和。

4.4.3.2 不同热阻模型下热机最优性能界限的比较

文献[298]基于气缸内工质与气缸外壁间传热服从牛顿传热规律，研究了热机的功率和效率性能界限，当忽略燃烧化学反应引起的熵产生而仅考虑有限速率传热不可逆性时，其功率和效率估计不等式分别为[298]

$$\overline{P} \leqslant P_{\max}(0) = -\overline{f}_h + T_{\mathrm{w}} \overline{J_{\Delta s}} k' / (\overline{J_{\Delta s}} + k') \tag{4.4.41}$$

$$\eta \leqslant \eta_{\max}(0) = 1 + k' T_{\mathrm{w}} (s_{\mathrm{out}} - s_{\mathrm{inl}}) / [(h_{\mathrm{inl}} - h_{\mathrm{out}})(\overline{J_{\Delta s}} + k')] \tag{4.4.42}$$

式中，平均热导率 $k' = (1/\tau)\int_0^\tau \int_{F(t)} \alpha' \mathrm{d}f \mathrm{d}t$ ；α' 为牛顿传热规律下的传热系数。比较式(4.4.36)和式(4.4.37)、式(4.4.41)和式(4.4.42)可知，不同传热规律下得到的功率和效率性能界限明显不同，可见研究热阻模型对热机功率和效率性能界限的影响是十分必要的。

4.5 本 章 小 结

本章考虑热机工质与热源间传热服从线性唯象传热规律 $[q \propto \Delta(T^{-1})]$，研究了具有非均匀工质的非回热不可逆热机和存在传热、流体流动与内部燃烧化学反应的理论热机的最大功率和最大效率。得到的主要结论如下。

(1)传热规律对热机性能有较大影响，牛顿传热规律与线性唯象传热规律下热机功率性能界限变化规律截然相反；本章建立的模型中没有包含回热过程，研究的是一类非回热不可逆热机模型，所得结果不适合存在不可逆回热过程的热机，但本章分布式参数模型下所得结果[式(4.2.33)]可用于估算理想回热条件下热机

(包括 Stirling 热机)的最大功率。

(2)在高温热源温度变化振幅较小时以不同的热效率计算结果几乎相等,但当高温热源温度变化振幅较大时以不同的热效率计算结果是不同的;传热规律对热机效率性能界限有较大影响,牛顿传热规律下热机效率界限对于热源温度变化较为敏感,线性唯象传热规律下热源温度变化对热机效率界限影响较小。

(3)本章对于燃烧化学反应熵产生最小化的研究方法具有一定普适性,可应用到其他化学反应相关研究中;不同反应速率方程下化学反应熵产下限是不同的,热阻模型影响理论热机的性能界限;不同反应速率方程和热阻模型下热机最佳性能界限研究,丰富了有限时间热力学理论,这些研究结果可进一步应用到实际热机的设计优化中去。

第5章 基于HJB理论的多级热力循环系统动态优化

5.1 引　　言

Sieniutycz[334-339]、Sieniutycz 和 Spakovsky[340]、Szwast 和 Sieniutycz[341]应用 HJB 理论与变分法导出了牛顿传热规律下有限高温流体热源多级连续内可逆卡诺热机和热泵系统的极值功率，并将研究结果进一步拓展到多级离散内可逆卡诺热机和热泵系统。Sieniutycz 和 Szwast[342]、Sieniutycz[343, 344]进一步研究了牛顿传热规律下有限高温流体热源存在有限速率传热与工质内部耗散的多级不可逆卡诺热机和热泵系统极值功率。李俊[96]和本书著者等[345, 346]进一步考虑高、低温侧均为有限热容流体热源，研究了牛顿传热规律下多级连续内可逆[96, 345]与不可逆[96, 346]卡诺热机和热泵系统的极值功率。

Kuran[135]、Sieniutycz 和 Jezowski[146]、Sieniutycz 和 Kuran[347, 348]、Sieniutycz[349, 352]研究了辐射传热规律下有限高温流体热源多级连续不可逆卡诺热机和卡诺热泵系统的极值功率，由于辐射传热规律下优化问题不存在解析解，进一步采用传热系数 $\alpha(T^3)$ 与高温流体温度的立方成正比的牛顿传热规律即伪牛顿传热规律 [$q \propto \alpha(T^3)(\Delta T)$] 近似代替辐射传热规律，给出了优化问题的解析解。Sieniutycz[353]还研究了一类非线性传热规律[$q \propto \alpha(T^n)(\Delta T)$]即传热系数 $\alpha(T^n)$ 与高温流体温度的 n 次方成正比的牛顿传热规律下有限高温流体热源多级连续不可逆卡诺热机系统的最大功率输出。李俊[96]和本书著者等[354]应用变分法研究了伪牛顿传热规律下高、低温侧均为有限热容流体热源时多级连续内可逆卡诺热机和热泵系统的极值功率优化。

有限时间热力学追求普适的规律和结果，本章将基于普适传热规律[$q \propto (\Delta(T^n))^m$]，应用 HJB 理论研究多级不可逆卡诺热机和卡诺热泵系统的极值功率。

5.2 普适传热规律下多级不可逆热机系统最大输出功率

5.2.1 系统建模与特性描述

图 5.1 为有限高温流体热源多级连续不可逆卡诺热机系统模型，图 5.2 为单级稳态热源不可逆卡诺热机模型[334-341]。由图 5.1 可知，在有限高温流体热源多级连续不可逆卡诺热机系统中，流体 1(驱动流体)沿坐标 x 的方向流动，微卡诺热机连

续排列放置在两流体边界层之间，每一微卡诺热机都是完全相同的，在微长度 dx 上，微卡诺热机从流体 1 吸热，对无限热容低温热源 2 放热，最后输出累积功率 P_s。高温流体热源的热容是有限的，由于多级热机的吸热，流体 1 在流动的过程中温度逐渐降低，因此该多级连续热机系统的流体热源是非稳态的。对于多级连续热机系统，其高温流体热源是非稳态的，但对于每一微元级卡诺热机其高温侧热源却可认为是稳态的。为分析方便，本节将首先导出单级稳态热源不可逆卡诺热机的基本特性，然后导出多级连续非稳态流体热源不可逆卡诺热机系统的基本特性。

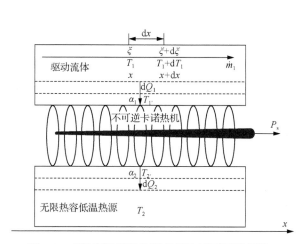

图 5.1　有限高温流体热源多级连续不可逆热机系统模型

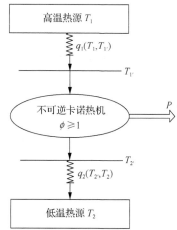

图 5.2　单级稳态热源不可逆卡诺热机模型

5.2.1.1　单级稳态不可逆卡诺热机基本特性

对于如图 5.1 所示每一微元级不可逆卡诺热机，可作为工作于稳态热源下的单级不可逆热机来分析，如图 5.2 所示。令 q_1 和 q_2 分别为热机内工质的吸、放热流率，T_1 和 T_2 分别为高、低温热源的温度，$T_{1'}$ 和 $T_{2'}$ 分别为高、低温侧工质的温度。考虑热源与工质间传热服从普适传热规律 $[q \propto (\Delta(T^n))^m]$，则有

$$q_1 = k_1(T_1^n - T_{1'}^n)^m, \quad q_2 = k_2(T_{2'}^n - T_2^n)^m \tag{5.2.1}$$

式中，k_1 和 k_2 分别为高、低温侧普适热导率。热机的内部熵产率 $\sigma^{int} = q_2/T_{2'} - q_1/T_{1'}$，根据文献[342]~[346]定义热机的内不可逆因子为 $\phi = 1 + T_{1'}\sigma^{int}/q_1$，因为 $\sigma^{int} > 0$，所以 $\phi > 1$，由热力学第二定律得熵平衡方程如下：

$$\phi k_1(T_1^n - T_{1'}^n)^m / T_{1'} = k_2(T_{2'}^n - T_2^n)^m / T_{2'} \tag{5.2.2}$$

由式 (5.2.1) 和式 (5.2.2) 得热机的输出功率 P 和热效率 η 分别为

$$P = q_1 - q_2 = q_1 \eta \tag{5.2.3}$$

$$\eta = P / q_1 = 1 - q_2 / q_1 = 1 - \phi T_{2'} / T_{1'} \tag{5.2.4}$$

热机的不可逆性来源于两部分：一部分是热机工质内部耗散，另一部分是工质和热源的有限速率传热。令不可逆热机的总熵产率为 σ，则有

$$\sigma = \frac{q_2}{T_2} - \frac{q_1}{T_1} = \frac{q_1}{T_2}\left(\phi\frac{T_{2'}}{T_{1'}} - \frac{T_2}{T_1}\right) = \frac{q_1}{T_2}(\eta_C - \eta) \tag{5.2.5}$$

根据文献 [96]、[135]、[146]、[334]~[349]、[353]、[354]，定义变量 $T' \equiv T_2 T_{1'} / T_{2'}$，由式 (5.2.5) 进一步得 $\eta = 1 - \phi T_2 / T'$，若热机内可逆则有 $\phi = 1$，相应效率为 $\eta_{\phi=1} = 1 - T_{2'} / T_{1'}$，而同等条件下可逆卡诺热机的效率即卡诺效率为 $\eta_C = 1 - T_2 / T_1$，对比 $\eta_{\phi=1}$ 和 η_C 可知两者形式极为相似，因此 T' 称为卡诺温度[96, 135, 146, 334-349, 353, 354]。将 $T_{2'} \equiv T_2 T_{1'} / T'$ 代入式 (5.2.1) 得高温侧工质温度 $T_{1'}$ 为

$$T_{1'} = \left[T_1^n - \frac{(k_2)^{1/m}(T_1^n - T'^n)}{(\phi k_1)^{1/m}(T'/T_2)^{(mn-1)/m} + (k_2)^{1/m}} \right]^{1/n} \tag{5.2.6}$$

由 $T_{2'} \equiv T_2 T_{1'} / T'$ 得低温侧工质温度 $T_{2'}$ 为

$$T_{2'} = \left\{ \left(\frac{T_1 T_2}{T'}\right)^n - \frac{(k_2)^{1/m}[(T_1/T')^n - 1]T_2^n}{(\phi k_1)^{1/m}(T'/T_2)^{(mn-1)/m} + (k_2)^{1/m}} \right\}^{1/n} \tag{5.2.7}$$

将式 (5.2.6) 代入式 (5.2.1) 得热流率 q_1 为

$$q_1 = k_1 k_2 \frac{(T_1^n - T'^n)^m}{[(\phi k_1)^{1/m}(T'/T_2)^{(mn-1)/m} + (k_2)^{1/m}]^m} \tag{5.2.8}$$

将 $\eta = 1 - \phi T_2 / T'$ 和式 (5.2.8) 代入式 (5.2.3) 得输出功率 P 为

$$P = k_1 k_2 \frac{(T_1^n - T'^n)^m}{[(\phi k_1)^{1/m}(T'/T_2)^{(mn-1)/m} + (k_2)^{1/m}]^m}\left(1 - \phi\frac{T_2}{T'}\right) \tag{5.2.9}$$

将式 (5.2.6)~式 (5.2.8) 代入式 (5.2.5) 得总熵产率 σ 为

$$\sigma = k_1 k_2 \frac{(T_1^n - T'^n)^m}{[(\phi k_1)^{1/m}(T'/T_2)^{(mn-1)/m} + (k_2)^{1/m}]^m}\left(\frac{\phi}{T'} - \frac{1}{T_1}\right) \tag{5.2.10}$$

由式(5.2.6)~式(5.2.10)可知，定义卡诺温度 T' 后，热机的所有参数均可表示为 T' 的函数，若得到最优的 T'_{opt}，那么热机的其他参数均可由 T'_{opt} 导出，因此，选卡诺温度 T' 为控制变量，可简化优化问题的求解。

5.2.1.2　多级连续不可逆卡诺热机系统基本特性

对于如图 5.1 所示的多级连续不可逆卡诺热机系统，$\dot{m}_1$ 为高温侧驱动流体的摩尔流率，c_{p1} 为其摩尔定压热容，则驱动流体的热容率为 $C_1 = \dot{m}_1 c_{p1}$。假定 $\dot{m}_1$ 和 c_{p1} 均与温度 T_1 无关；对于 $\dot{m}_1$ 和 c_{p1} 随温度变化的情形，应用与本节相同的方法也可进行类比分析。令 α_1 和 α_2 分别为高、低温侧传热系数，f_{V1} 为单位体积驱动流体与热机高温侧工质的热交换面积，A_1 为驱动流体的横截面积。文献[96]、[135]、[146]、[334]~[349]、[353]、[354]定义牛顿传热规律下的传热单元高度 $H_{TU} = C_1 / (\alpha f_{V1} A_1)$，式中 $\alpha = \alpha_1 \alpha_2 / (\alpha_1 + \alpha_2)$ 称为当量传热系数。为了使推导过程更具有一般性以及获得非线性传热规律下的优化结果，与文献[96]、[135]、[146]、[334]~[349]、[353]、[354]中 H_{TU} 的定义方式不同，本节定义传热单元高度 $H_{TU} = C_1 / (\alpha_1 f_{V1} A_1 T_2^{mn-1})$，它也具有长度的单位。根据热力学第一定律，得

$$\frac{q_1}{k_1 T_2^{mn-1}} = \frac{-C_1 \mathrm{d}T_1}{\alpha_1 f_{V1} A_1 T_2^{mn-1} \mathrm{d}x} = \frac{-C_1 \mathrm{d}T_1}{\alpha_1 f_{V1} A_1 T_2^{mn-1} v \mathrm{d}t} \equiv -\frac{\mathrm{d}T_1}{\mathrm{d}\xi} \tag{5.2.11}$$

式中，v 为驱动流体的流速；$\xi = x / H_{TU} = vt / H_{TU}$ 为无量纲时间。在牛顿传热规律下，ξ 为高温侧总热导率与驱动流体热容率之比，即传热单元数，本节将其推广到非牛顿传热规律系统称为广义传热单元数。由此可见，以 ξ 为变量和以位置 x 和物理时间 t 为变量优化是等价的。对于给定的积分区域 $[\xi_i, \xi_f]$，流体的边界温度可表示为 T_{1i} 和 T_{1f}，输出功率 P_s 和熵产率 σ_s 分别为

$$P_s = -\int_{T_{1i}}^{T_{1f}} C_1 \eta \mathrm{d}T_1 = -\int_{T_{1i}}^{T_{1f}} C_1 \left(1 - \phi \frac{T_2}{T'}\right) \mathrm{d}T_1 = -\int_{\xi_i}^{\xi_f} C_1 \left(1 - \phi \frac{T_2}{T'}\right) \dot{T}_1 \mathrm{d}\xi \tag{5.2.12}$$

$$\sigma_s = -\int_{T_{1i}}^{T_{1f}} C_1 \left(\frac{\phi}{T'} - \frac{1}{T_1}\right) \mathrm{d}T_1 = -\int_{T_{1i}}^{T_{1f}} \frac{C_1}{T_2} (\eta_C - \eta) \mathrm{d}T_1 = -\int_{\xi_i}^{\xi_f} C_1 \left(\frac{\phi}{T'} - \frac{1}{T_1}\right) \dot{T}_1 \mathrm{d}\xi \tag{5.2.13}$$

式中，$\dot{T}_1 = \mathrm{d}T_1 / \mathrm{d}\xi$，参数上带点表示对无量纲时间 ξ 的导数。若 $\phi = 1$ 且 $T' = T_1$，即多级不可逆卡诺热机系统变为多级可逆卡诺热机系统，由式(5.2.12)得

$$P_{s,rev} = C_1 [T_{1i} - T_{1f} - T_2 \ln(T_{1i} / T_{1f})] \tag{5.2.14}$$

式中，$P_{s,rev}$ 为可逆系统功率输出性能界限。对于本节的不可逆卡诺热机系统，由于存在有限速率传热和工质内部耗散等不可逆性损失，而且有限时间内高温流体

温度不可能降为低温热源温度 T_2，所以式 (5.2.12) 的最大值必定比 $P_{s,rev}$ 小。联立式 (5.2.8) 和式 (5.2.11) 得

$$\frac{dT_1}{d\xi} = -k_2 \frac{(T_1^n - T'^n)^m}{[(\phi k_1)^{1/m}(T'/T_2)^{(mn-1)/m} + (k_2)^{1/m}]^m T_2^{mn-1}} \tag{5.2.15}$$

将式 (5.2.15) 分别代入式 (5.2.12) 和式 (5.2.13) 得

$$P_s = \int_{\xi_i}^{\xi_f} \frac{C_1(T_1^n - T'^n)^m}{[(\phi k_1/k_2)^{1/m}(T'/T_2)^{(mn-1)/m} + 1]^m T_2^{mn-1}} \left(1 - \phi \frac{T_2}{T'}\right) d\xi \tag{5.2.16}$$

$$\sigma_s = \int_{\xi_i}^{\xi_f} \frac{C_1(T_1^n - T'^n)^m}{[(\phi k_1/k_2)^{1/m}(T'/T_2)^{(mn-1)/m} + 1]^m T_2^{mn-1}} \left(\frac{\phi}{T'} - \frac{1}{T_1}\right) d\xi \tag{5.2.17}$$

5.2.2 优化方法

现在的问题为在式 (5.2.15) 的约束下求式 (5.2.16) 的极大值。控制变量为 $T' \equiv T_2 T_{1'}/T_{2'}$，对于热机满足关系式 $T_1 > T_{1'} > T_{2'} > T_2$，所以有 $T_2 \leqslant T' \leqslant T_1$。因此该最优控制问题属于控制有闭集约束的变分问题，可采用庞特里亚金极小值原理或贝尔曼动态规划理论求解。当控制问题的状态向量维数较小且优化问题不存在解析解时，应用动态规划理论进行数值优化实现较为容易。令其最优性能指标为 $P_{s,max}(T_{1i}, \xi_i, T_{1f}, \xi_f)$，经推导得优化问题的 HJB 方程为

$$\frac{\partial P_{s,max}}{\partial \xi} + \max_{T'(\xi)\in\Omega}\left\{\left[C_1\left(1 - \phi\frac{T_2}{T'}\right) - \frac{\partial P_{s,max}}{\partial T_1}\right]\frac{(T_1^n - T'^n)^m}{[(\phi k_1/k_2)^{1/m}(T'/T_2)^{(mn-1)/m} + 1]^m T_2^{mn-1}}\right\} = 0 \tag{5.2.18}$$

式中，Ω 为卡诺温度的可行域。式 (5.2.18) 仅在牛顿传热规律（$m=1, n=1$）下存在解析解，在其他传热规律下需要采用动态规划数值方法求解，如图 5.3 所示[135, 146, 342, 347-349]。

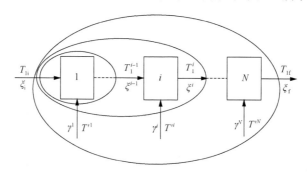

图 5.3 多级离散不可逆热机动态规划数值求解框图

考虑在计算机上数值计算一般需要先对连续方程离散化，建立如下离散化方程：

$$P_s^N = \sum_{i=1}^{N} \left\{ C_1^i \left(1 - \phi \frac{T_2}{T''^i} \right) \frac{[(T_1^i)^n - (T''^i)^n]^m \gamma^i}{[(\phi k_1 / k_2)^{1/m} (T''^i / T_2)^{(mn-1)/m} + 1]^m T_2^{mn-1}} \right\} \quad (5.2.19)$$

$$T_1^i - T_1^{i-1} = -\frac{[(T_1^i)^n - (T''^i)^n]^m}{[(\phi k_1 / k_2)^{1/m} (T''^i / T_2)^{(mn-1)/m} + 1]^m T_2^{mn-1}} \gamma^i \quad (5.2.20)$$

$$\xi^i - \xi^{i-1} = \gamma^i \quad (5.2.21)$$

式中，N 为离散系统的总级数。最优控制问题变为在式 (5.2.20) 和式 (5.2.21) 的约束下求式 (5.2.19) 中 P_s^N 的最大值。由式 (5.2.19)~式 (5.2.21) 得如下贝尔曼逆向递推方程：

$$P_{s,max}^i (T_1^i, \xi^i) = \max_{T''^i, \gamma^i} \left\{ C_1^i \left(1 - \phi \frac{T_2}{T''^i} \right) \frac{[(T_1^i)^n - (T''^i)^n]^m}{[(\phi k_1 / k_2)^{1/m} (T''^i / T_2)^{(mn-1)/m} + 1]^m T_2^{mn-1}} \gamma^i \right.$$

$$\left. + P_{s,max}^{i-1} \left(T_1^i + \gamma^i \frac{[(T_1^i)^n - (T''^i)^n]^m}{[(\phi k_1 / k_2)^{1/m} (T''^i / T_2)^{(mn-1)/m} + 1]^m T_2^{mn-1}}, \xi^i - \gamma^i \right) \right\}$$

$$(5.2.22)$$

5.2.3　特例分析

5.2.3.1　广义辐射传热规律下多级内可逆热机系统最优构型

当 $m = 1$ 且 $\phi = 1$ 时，式 (5.2.15) 和式 (5.2.18) 分别变为

$$\frac{dT_1}{d\xi} = -\frac{T_1^n - T''^n}{[(k_1 / k_2)(T' / T_2)^{n-1} + 1] T_2^{n-1}} \quad (5.2.23)$$

$$\frac{\partial P_{s,max}}{\partial \xi} + \max_{T'(\xi) \in \Omega} \left\{ \left[C_1 \left(1 - \frac{T_2}{T'} \right) - \frac{\partial P_{s,max}}{\partial T_1} \right] \frac{(T_1^n - T''^n)}{[(k_1 / k_2)(T' / T_2)^{n-1} + 1] T_2^{n-1}} \right\} = 0 \quad (5.2.24)$$

式 (5.2.23) 和式 (5.2.24) 为广义辐射传热规律下多级内可逆热机系统最大功率输出时的优化结果。

(1) 若进一步有 $n = 1$，即工质与热源间传热服从牛顿传热规律，由式 (5.2.23) 和式 (5.2.24) 经推导得流体热源温度 $T_1(\xi)$、卡诺温度 T' 和极值输出功率 $P_{s,max}$ 分别为

$$T_1(\xi) = T_{1i}(T_{1f} / T_{1i})^{(\xi - \xi_i)/(\xi_f - \xi_i)} \tag{5.2.25}$$

$$T' = T_{1i}[(1 + k_1 / k_2)\ln(T_{1f} / T_{1i}) / (\tau_f - \tau_i) + 1](T_{1f} / T_{1i})^{(\xi - \xi_i)/(\xi_f - \xi_i)} \tag{5.2.26}$$

$$P_{s,max} = C_1\left(T_{1i} - T_{1f} - T_2\ln\frac{T_{1i}}{T_{1f}}\right) - \frac{C_1 T_2[\ln(T_{1i} / T_{1f})]^2}{(\xi_f - \xi_i) / [1 + (k_1 / k_2)] - \ln(T_{1i} / T_{1f})} \tag{5.2.27}$$
$$= P_{s,rev} - T_2\sigma_s$$

将式(5.2.27)与文献[96]、[135]、[146]、[334]~[349]、[353]、[354]的结果相比较可发现，两者得到的极值功率表达式有所不同，这是由于无量纲时间 ξ（或传热单元高度 H_{TU}）的定义方式不同，本节的研究更具有一般性。

由式(5.2.26)和式(5.2.27)可见，当初始时刻 ξ_i、初始温度 T_{1i} 等参数给定时，最优控制 T' 和极值输出功率 $P_{s,max}$ 为 ξ_f 和 T_{1f} 的函数。由于 $T_2 \leqslant T' \leqslant T_1$，而由式(5.2.26)可见，$T'(\xi)$ 为 ξ 的单调递减函数，为使各级能量转换子系统均工作在热机模式即有热效率 $\eta = 1 - T_2 / T' > 0$，卡诺温度 T' 必须满足约束 $T'(\xi_f) \geqslant T_2$，即

$$T_{1f}[(1 + k_1 / k_2)\ln(T_{1f} / T_{1i}) / (\xi_f - \xi_i) + 1] \geqslant T_2 \tag{5.2.28}$$

由式(5.2.28)可见，在 ξ_f 为有限值条件下，对于热机系统有关系式 $T_{1f} / T_{1i} < 1$，所以不等式 $(1 + k_1 / k_2)\ln(T_{1f} / T_{1i}) / (\xi_f - \xi_i) < 0$ 总是成立的，因此高温侧流体末态温度 T_{1f} 高于低温热源温度 T_2，并且存在一个下限值 $\bar{T}_{1f}$，可通过将不等式(5.2.28)变为等式，然后数值求解超越方程得到 $\bar{T}_{1f}$，而已有文献[96]、[135]、[146]、[334]~[349]、[353]、[354]均将高温流体热源末态温度 T_{1f} 取为低温热源温度 T_2 分析多级热机系统的最大功率输出，很显然是不恰当的。

当末态温度 T_{1f} 固定时，由式(5.2.27)可见，$P_{s,max}$ 为 ξ_f 的单调递增函数，由 $P_{s,max} = 0$ 得 ξ_f 的阈值 $\bar{\xi}_f$

$$\bar{\xi}_f = \frac{(1 + k_1 / k_2)[\ln(T_{1i} / T_{1f})]^2 T_2}{T_{1i} - T_{1f} - T_2\ln(T_{1i} / T_{1f})} + (1 + k_1 / k_2)\ln(T_{1i} / T_{1f}) + \xi_i \tag{5.2.29}$$

也就是说当末态时刻 ξ_f 自由和末态温度 T_{1f} 固定时，ξ_f 必须大于 $\bar{\xi}_f$，多级热机系统才有功率输出。当 ξ_f 固定且满足 $\xi_f > \bar{\xi}_f$ 时，由式(5.2.27)得 $P_{s,max} < P_{s,rev}$，这表明最大输出功率 $P_{s,max}$ 是比可逆系统性能界限 $P_{s,rev}$ 更为真实、严格的性能界限，并且当 $\xi_f \to \infty$ 时，$P_{s,max} \to P_{s,rev}$，即多级热机系统最大输出功率趋近于其可逆系统功率性能界限。

当末态时刻 ξ_f 固定和末态温度 T_{1f} 自由时，由式(5.2.27)可见，随着末态温度 T_{1f} 的降低，可逆系统输出功率 $P_{s,rev}$ 增加，而耗散项 $T_2\sigma_s$ 也增加，在闭区间 $[\bar{T}_{1f}, T_{1i}]$

上必然存在最佳的末态温度 $T_{1f,opt}$ 使热机系统极值输出功率 $P_{s,max}$ 取最大值 $P_{s,max,max}$，$T_{1f,opt}$ 不存在解析解，易通过数值求解方程 $\mathrm{d}P_{s,max}/\mathrm{d}T_{1f}=0$ 或图像法求得 $T_{1f,opt}$，这是本节得到的以往文献没有的研究新结果。

(2) 若进一步有 $n=-1$，即工质与热源间传热服从线性唯象传热规律 $[q \propto \Delta(T^{-1})]$，式(5.2.23)和式(5.2.24)分别变为

$$\frac{\mathrm{d}T_1}{\mathrm{d}\xi} = -\frac{T_1^{-1} - T'^{-1}}{[(k_1/k_2)(T'/T_2)^{-2} + 1]T_2^{-2}} \tag{5.2.30}$$

$$\frac{\partial P_{s,max}}{\partial \xi} + \max_{T'(\xi)\in\Omega}\left\{\left[C_1\left(1-\frac{T_2}{T'}\right) - \frac{\partial P_{s,max}}{\partial T_1}\right]\frac{(T_1^{-1}-T'^{-1})}{[(k_1/k_2)(T'/T_2)^{-2}+1]T_2^{-2}}\right\} = 0 \tag{5.2.31}$$

式(5.2.30)和式(5.2.31)需要通过数值方法求解。在一些特殊条件如 $k_1 \ll k_2$ 下，可获得式(5.2.30)和式(5.2.31)的近似解析解。当 $k_1 \ll k_2$ 时，由式(5.2.30)和式(5.2.31)经推导得流体热源温度 $T_1(\xi)$、卡诺温度 $T'(\xi)$ 和极值输出功率 $P_{s,max}$ 分别为

$$T_1(\xi) = T_{1i} + (T_{1f} - T_{1i})|\xi - \xi_i|/|\xi_f - \xi_i| \tag{5.2.32}$$

$$T'(\xi) = \left[\frac{|\xi_f - \xi_i|}{T_{1i}|\xi_f - \xi_i| + (T_{1f} - T_{1i})|\xi - \xi_i|} - \frac{T_{1f} - T_{1i}}{T_2^2|\xi_f - \xi_i|}\right]^{-1} \tag{5.2.33}$$

$$P_{s,max} = C_1(T_{1i} - T_{1f}) - C_1 T_2 \ln\left(\frac{T_{1i}}{T_{1f}}\right) - \frac{C_1 T_2(T_{1i} - T_{1f})^2}{|\xi_f - \xi_i|} \tag{5.2.34}$$
$$= P_{s,rev} - T_2\sigma_s$$

由式(5.2.32)和式(5.2.33)可见，线性唯象传热规律下多级内可逆热机系统极值功率输出时高温流体热源温度随无量纲时间 $|\xi|$ 呈线性规律递减变化，高温流体热源温度 T_1 和卡诺温度 T' 倒数之差为常数。

由式(5.2.33)和式(5.2.34)可见，当初始时刻 ξ_i、初始温度 T_{1i} 等参数固定时，最优控制 T' 和极值输出功率 $P_{s,max}$ 为 ξ_f、T_{1f} 的函数。由于 $T_2 \leqslant T' \leqslant T_1$，而由式(5.2.33)可见，$T'(\xi)$ 为 $|\xi|$ 的单调递减函数，同时为使各级能量转化系统均工作在热机模式即有热效率 $\eta = 1 - T_2/T' > 0$，卡诺温度 T' 必须满足约束 $T'(\xi_f) \geqslant T_2$，即

$$\frac{T_2}{T_{1f}} + \frac{T_{1i} - T_{1f}}{T_2|\xi_f - \xi_i|} \leqslant 1 \tag{5.2.35}$$

由式(5.2.35)可见，在 ξ_f 为有限值条件下，对于热机系统有 $T_{1i} - T_{1f} > 0$，进一步得

$T_2 / T_{1f} < 1$ 总是成立的，因此高温侧流体末态温度 T_{1f} 高于低温热源温度 T_2，且存在一个下限值 $\overline{T}_{1f}$。这再次证明了已有文献[96、135、146]、[334~349]、[353、354]中"将高温流体热源末态温度 T_{1f} 取为低温热源温度 T_2 分析多级热机系统的最大功率输出"是错误的。将不等式(5.2.35)变为等式，然后求解该方程得 $\overline{T}_{1f}$ 为

$$\overline{T}_{1f} = \left[T_{1i} - T_2 \left| \xi_f - \xi_i \right| + \sqrt{\left(T_{1i} - T_2 \left| \xi_f - \xi_i \right| \right)^2 + 4T_2^2 \left| \xi_f - \xi_i \right|} \right] \Big/ 2 \quad (5.2.36)$$

当末态温度 T_{1f} 固定时，由式(5.2.34)可见，$P_{s,max}$ 为 ξ_f 的单调递增函数，由 $P_{s,max} = 0$ 得 ξ_f 的阈值 $\left| \overline{\xi}_f \right|$ 为

$$\left| \overline{\xi}_f \right| = \left| \xi_i \right| + T_2 (T_{1i} - T_{1f})^2 \big/ \left[(T_{1i} - T_{1f}) - T_2 \ln(T_{1i} / T_{1f}) \right] \quad (5.2.37)$$

也就是说当末态时刻 ξ_f 自由和末态温度 T_{1f} 固定时，$\left| \xi_f \right|$ 必须大于 $\left| \overline{\xi}_f \right|$，多级热机系统才有功率输出。当 ξ_f 固定且满足 $\left| \xi_f \right| > \left| \overline{\xi}_f \right|$ 时，由式(5.2.34)得 $P_{s,max} < P_{s,rev}$，这表明最大输出功率 $P_{s,max}$ 是比可逆系统性能界限 $P_{s,rev}$ 更为真实、严格的性能界限，并且当 $\xi_f \to \infty$ 时，$P_{s,max} \to P_{s,rev}$，即多级热机系统最大输出功率趋近于其可逆系统性能界限。

当末态时刻 ξ_f 固定和末态温度 T_{1f} 自由时，由式(5.2.34)可见，随着末态温度 T_{1f} 的降低，可逆系统输出功率 $P_{s,rev}$ 增加，而耗散项 $T_2 \sigma_s$ 也增加，在闭区间 $[\overline{T}_{1f}, T_{1i}]$ 上必然存在最佳末态温度 $T_{1f,opt}$ 使热机系统输出功率最大，由极值条件 $\mathrm{d}P_{s,max} / \mathrm{d}T_{1f} = 0$ 得 $T_{1f,opt}$ 为

$$T_{1f,opt} = \left[2T_{1i}T_2 - \left| \xi_f - \xi_i \right| + \sqrt{\left(2T_{1i}T_2 - \left| \xi_f - \xi_i \right| \right)^2 + 8T_2^2 \left| \xi_f - \xi_i \right|} \right] \Big/ (4T_2) \quad (5.2.38)$$

(3)若进一步有 $n = 4$，即工质与热源间传热服从辐射传热规律$[q \propto \Delta(T^4)]$，式(5.2.23)和式(5.2.24)分别变为

$$\frac{\mathrm{d}T_1}{\mathrm{d}\xi} = -\frac{T_1^4 - T'^4}{\left[(k_1 / k_2)(T' / T_2)^3 + 1 \right] T_2^3} \quad (5.2.39)$$

$$\frac{\partial P_{s,max}}{\partial \xi} + \max_{T'(\xi) \in \Omega} \left\{ \left[C_1 \left(1 - \frac{T_2}{T'} \right) - \frac{\partial P_{s,max}}{\partial T_1} \right] \frac{(T_1^4 - T'^4)}{\left[(k_1 / k_2)(T' / T_2)^3 + 1 \right] T_2^3} \right\} = 0 \quad (5.2.40)$$

式(5.2.39)和式(5.2.40)为文献[135]、[146]、[342]、[347]~[349]中辐射传热规律多级内可逆热机系统最大输出功率时的研究结果。优化问题不存在解析解，需要通过动态规划数值方法求解。

5.2.3.2　广义辐射传热规律下多级不可逆热机系统最优构型

当 $m=1$ 时，即工质与热源间传热服从广义辐射传热规律，式(5.2.15)和式(5.2.18)分别变为

$$\frac{dT_1}{d\xi} = -k_2 \frac{(T_1^n - T'^n)}{[\phi k_1(T'/T_2)^{n-1} + k_2]T_2^{n-1}} \tag{5.2.41}$$

$$\frac{\partial \dot{W}_{\max}}{\partial \xi} + \max_{T'(\xi)\in\Omega}\left\{\left[C_1\left(1-\phi\frac{T_2}{T'}\right) - \frac{\partial P_{s,\max}}{\partial T_1}\right]\frac{(T_1^n - T'^n)}{[(\phi k_1/k_2)(T'/T_2)^{n-1}+1]T_2^{n-1}}\right\} = 0 \tag{5.2.42}$$

当 $\phi=1$ 时，式(5.2.41)和式(5.2.42)变为广义辐射传热规律下多级内可逆热机系统最大功率输出时的优化结果。

(1)若进一步有 $n=1$，即工质与热源间传热服从牛顿传热规律，由式(5.2.41)和式(5.2.42)经推导得流体热源温度 $T_1(\xi)$ 依然为式(5.2.25)，卡诺温度 T' 和极值功率 $P_{s,\max}$ 分别为[342-346]

$$T' = T_{1i}(T_{1f}/T_{1i})^{(\xi-\xi_i)/(\xi_f-\xi_i)}[(1+\phi k_1/k_2)\ln(T_{1f}/T_{1i})/(\xi_f-\xi_i)+1] \tag{5.2.43}$$

$$P_{s,\max} = C_1(T_{1i}-T_{1f}) - \phi C_1 T_2 \ln\left(\frac{T_{1i}}{T_{1f}}\right) - \frac{C_1 T_2 \phi[\ln(T_{1i}/T_{1f})]^2}{(\xi_f-\xi_i)/[1+\phi(k_1/k_2)]-\ln(T_{1i}/T_{1f})} \tag{5.2.44}$$

$$= P_{s,\mathrm{rev}} - T_2 \sigma_s$$

若进一步有 $\phi=1$，式(5.2.43)和式(5.2.44)变为文献[96]、[334]~[346]和 5.2.3.1 节牛顿传热规律下多级内可逆热机系统最大功率输出时的优化结果。

类似于 5.2.3.1 节牛顿传热规律下多级内可逆热机系统分析思路，为使各级能量转换子系统工作在热机模式，由热效率 $\eta = 1 - \phi T_2/T' \geqslant 0$，得

$$T_{1f}[(1+\phi k_1/k_2)\ln(T_{1f}/T_{1i})/(\xi_f-\xi_i)+1] \geqslant \phi T_2 \tag{5.2.45}$$

由式(5.2.45)可见，在 ξ_f 为有限值条件下，对于热机系统有 $T_{1f}/T_{1i}<1$ 和 $\phi \geqslant 1$，所以不等式 $(1+\phi k_1/k_2)\ln(T_{1f}/T_{1i})/(\xi_f-\xi_i)<0$ 和 $\phi \geqslant 1$ 总是成立的，因此高温侧流体末态温度 T_{1f} 高于低温热源温度 T_2，并且存在一个下限值 $\overline{T}_{1f}$。

当末态温度 T_{1f} 固定时，由式(5.2.44)可见，$P_{s,\max}$ 为 ξ_f 的单调递增函数，由 $P_{s,\max}=0$ 得 ξ_f 的阈值 $\overline{\xi}_f$

$$\overline{\xi}_f = \frac{[\ln(T_{1i}/T_{1f})]^2(1+\phi k_1/k_2)\phi T_2}{T_{1i}-T_{1f}-\phi T_2\ln(T_{1i}/T_{1f})} + (1+\phi k_1/k_2)\ln(T_{1i}/T_{1f})+\xi_i \tag{5.2.46}$$

当末态时刻 ξ_f 固定，末态温度 T_{1f} 自由时，由式(5.2.44)可见，随着末态温度 T_{1f}

的降低, 可逆系统输出功率 $P_{s,rev}$ 增加, 而耗散项 $T_2\sigma_s$ 也增加, 在闭区间 $[\overline{T}_{1f}, T_{1i}]$ 上存在最佳末态温度 $T_{1f,opt}$ 使热机系统输出功率最大, $T_{1f,opt}$ 易通过数值方法得到。

(2) 若进一步有 $n = -1$, 即工质与热源间传热服从不可逆热力学中的线性唯象传热规律 $[q \propto \Delta(T^{-1})]$。式 (5.2.41) 和式 (5.2.42) 分别变为

$$\frac{dT_1}{d\xi} = -k_2 \frac{(T_1^{-1} - T'^{-1})}{[\phi k_1 (T'/T_2)^{-2} + k_2]T_2^{-2}} \tag{5.2.47}$$

$$\frac{\partial P_{s,max}}{\partial \xi} + \max_{T'(\xi) \in \Omega} \left\{ \left[C_1 \left(1 - \phi \frac{T_2}{T'}\right) - \frac{\partial P_{s,max}}{\partial T_1} \right] \frac{(T_1^{-1} - T'^{-1})}{[(\phi k_1 / k_2)(T'/T_2)^{-2} + 1]T_2^{-2}} \right\} = 0 \tag{5.2.48}$$

若进一步有 $\phi = 1$, 式 (5.2.47) 和式 (5.2.48) 变为 5.2.3.1 节线性唯象传热规律下多级内可逆热机最大功率输出时的优化结果。当 $k_1 \ll k_2$ 时, 由式 (5.2.47) 和式 (5.2.48) 经推导得流体热源温度 $T_1(\xi)$ 和卡诺温度 $T'(\xi)$ 分别为式 (5.2.32) 和式 (5.2.33), 而最大功率输出 $P_{s,max}$ 为

$$P_{s,max} = C_1(T_{1i} - T_{1f}) - C_1\phi T_2 \ln\left(\frac{T_{1i}}{T_{1f}}\right) - \frac{C_1\phi T_2(T_{1i} - T_{1f})^2}{|\xi_f - \xi_i|} \tag{5.2.49}$$
$$= P_{s,rev} - T_2\sigma_s$$

当 $\phi = 1$ 时, 式 (5.2.49) 变为 5.2.3.1 节线性唯象传热规律下多级内可逆热机最大功率输出时的优化结果即式 (5.2.34)。

类似于 5.2.3.1 节线性唯象传热规律下多级内可逆热机系统分析, 为使各级能量转化系统均工作在热机模式, 由热效率 $\eta = 1 - \phi T_2 / T' > 0$, 得

$$\frac{T_2}{T_{1f}} + \frac{T_{1i} - T_{1f}}{T_2 |\xi_f - \xi_i|} \leqslant \frac{1}{\phi} \tag{5.2.50}$$

由式 (5.2.50) 得 T_{1f} 的下限值 $\overline{T}_{1f}$ 为

$$\overline{T}_{1f} = \left[\phi T_{1i} - T_2 |\xi_f - \xi_i| + \sqrt{\left(\phi T_{1i} - T_2 |\xi_f - \xi_i|\right)^2 + 4\phi^2 T_2^2 |\xi_f - \xi_i|} \right] / (2\phi) \tag{5.2.51}$$

当末态温度 T_{1f} 固定时, 由式 (5.2.49) 和 $P_{s,max} = 0$ 得 ξ_f 的阈值 $|\overline{\xi}_f|$ 为

$$|\overline{\xi}_f| = |\xi_i| + \phi T_2(T_{1i} - T_{1f})^2 / [(T_{1i} - T_{1f}) - \phi T_2 \ln(T_{1i} / T_{1f})] \tag{5.2.52}$$

当末态时刻 ξ_f 固定和末态温度 T_{1f} 自由时, 存在最佳的高温流体末态温度 $T_{1f,opt}$ 使多级热机系统输出功率取最大值, 由极值条件 $dP_{s,max} / dT_{1f} = 0$ 得 $T_{1f,opt}$ 为

$$T_{1f,opt} = \left[2\phi T_{1i}T_2 - |\xi_f - \xi_i| + \sqrt{\left(2T_{1i}\phi T_2 - |\xi_f - \xi_i|\right)^2 + 8\phi^2 T_2^2 |\xi_f - \xi_i|} \right] \Big/ (4\phi T_2) \quad (5.2.53)$$

(3) 若进一步有 $n = 4$ 时，即工质与热源间传热服从辐射传热规律 [$q \propto \Delta(T^4)$]。
式 (5.2.41) 和式 (5.2.42) 分别变为[135, 146, 342, 347-349]

$$\frac{dT_1}{d\xi} = -k_2 \frac{(T_1^4 - T'^4)}{[\phi k_1 (T' / T_2)^3 + k_2] T_2^3} \quad (5.2.54)$$

$$\frac{\partial P_{s,max}}{\partial \xi} + \max_{T'(\xi)\in\Omega} \left\{ \left[C_1 \left(1 - \phi \frac{T_2}{T'} \right) - \frac{\partial P_{s,max}}{\partial T_1} \right] \frac{(T_1^4 - T'^4)}{[(\phi k_1 / k_2)(T' / T_2)^3 + 1] T_2^3} \right\} = 0 \quad (5.2.55)$$

式 (5.2.54) 和式 (5.2.55) 为辐射传热规律下多级不可逆热机系统最大功率输出时的
优化结果。若进一步有 $\phi = 1$，式 (5.2.54) 和式 (5.2.55) 变为辐射传热规律下多级内
可逆热机系统最大功率输出时的优化结果即式 (5.2.39) 和式 (5.2.40)。

5.2.3.3 广义对流传热规律下多级内可逆热机系统最优构型

当 $n = 1$ 且 $\phi = 1$ 时，即工质与热源间传热服从广义对流传热规律 [$q \propto (\Delta T)^m$]，
式 (5.2.64) 和式 (5.2.65) 分别变为

$$\frac{dT_1}{d\xi} = -\frac{(T_1 - T')^m}{[(k_1 / k_2)^{1/m}(T' / T_2)^{(m-1)/m} + 1]^m T_2^{m-1}} \quad (5.2.56)$$

$$\frac{\partial P_{s,max}}{\partial \xi} + \max_{T'(\xi)\in\Omega} \left\{ \left[C_1 \left(1 - \frac{T_2}{T'} \right) - \frac{\partial P_{s,max}}{\partial T_1} \right] \frac{(T_1 - T')^m}{[(k_1 / k_2)^{1/m}(T' / T_2)^{(m-1)/m} + 1]^m T_2^{m-1}} \right\} = 0$$
$$(5.2.57)$$

(1) 若进一步有 $m = 1$，由式 (5.2.56) 和式 (5.2.57) 同样得牛顿传热规律下多级
内可逆热机系统最大功率输出时的优化结果。

(2) 若进一步有 $m = 1.25$，即工质与热源间传热服从 Dulong-Petit 传热规律。
式 (5.2.56) 和式 (5.2.57) 分别变为

$$\frac{dT_1}{d\xi} = -\frac{(T_1 - T')^{1.25}}{[(k_1 / k_2)^{0.8}(T' / T_2)^{0.2} + 1]^{1.25} T_2^{0.25}} \quad (5.2.58)$$

$$\frac{\partial P_{s,max}}{\partial \xi} + \max_{T'(\xi)\in\Omega} \left\{ \left[C_1 \left(1 - \frac{T_2}{T'} \right) - \frac{\partial P_{s,max}}{\partial T_1} \right] \frac{(T_1 - T')^{1.25}}{[(k_1 / k_2)^{0.8}(T' / T_2)^{0.2} + 1]^{1.25} T_2^{0.25}} \right\} = 0$$
$$(5.2.59)$$

式(5.2.58)和式(5.2.59)为 Dulong-Petit 传热规律下多级内可逆热机系统最大功率输出时的优化结果。

5.2.3.4 广义对流传热规律下多级不可逆热机系统最优构型

当 $n=1$ 时，即工质与热源间传热服从广义对流传热规律，式(5.2.15)和式(5.2.22)分别变为

$$\frac{\mathrm{d}T_1}{\mathrm{d}\xi} = -k_2 \frac{(T_1 - T')^m}{[(\phi k_1)^{1/m}(T'/T_2)^{(m-1)/m} + (k_2)^{1/m}]^m T_2^{m-1}} \tag{5.2.60}$$

$$\frac{\partial P_{s,\max}}{\partial \xi} + \max_{T'(\xi) \in \Omega}\left\{\left[C_1\left(1 - \phi\frac{T_2}{T'}\right) - \frac{\partial P_{s,\max}}{\partial T_1}\right]\frac{(T_1 - T')^m}{[(\phi k_1/k_2)^{1/m}(T'/T_2)^{(m-1)/m} + 1]^m T_2^{m-1}}\right\} = 0 \tag{5.2.61}$$

式(5.2.60)和式(5.2.61)为广义对流传热规律下多级不可逆热机系统最大功率输出时的优化结果。若进一步有 $\phi = 1$，式(5.2.60)和式(5.2.61)变为 5.2.3.3 节广义对流传热规律下多级内可逆热机系统最大功率输出时的优化结果。

(1)若进一步有 $m = 1$，由式(5.2.60)和式(5.2.61)同样得牛顿传热规律下多级不可逆热机系统最大功率输出时的优化结果。

(2)若进一步有 $m = 1.25$，即工质与热源间传热服从 Dulong-Petit 传热规律，式(5.2.60)和式(5.2.61)分别变为

$$\frac{\mathrm{d}T_1}{\mathrm{d}\xi} = -\frac{(T_1 - T')^{1.25}}{[(\phi k_1/k_2)^{0.8}(T'/T_2)^{0.2} + 1]^{1.25} T_2^{0.25}} \tag{5.2.62}$$

$$\frac{\partial P_{s,\max}}{\partial \xi} + \max_{T'(\xi) \in \Omega}\left\{\left[C_1\left(1 - \phi\frac{T_2}{T'}\right) - \frac{\partial P_{s,\max}}{\partial T_1}\right]\frac{(T_1 - T')^{1.25}}{[(\phi k_1/k_2)^{0.8}(T'/T_2)^{0.2} + 1]^{1.25} T_2^{0.25}}\right\} = 0 \tag{5.2.63}$$

式(5.2.62)和式(5.2.63)得 Dulong-Petit 传热规律下多级不可逆热机系统最大功率输出时的优化结果。若进一步有 $\phi = 1$，由式(5.2.62)和式(5.2.63)同样得 Dulong-Petit 传热规律下多级内可逆热机系统最大功率输出时的优化结果。

5.2.3.5 普适传热规律下多级内可逆热机系统最优构型

当 $\phi = 1$ 时，式(5.2.15)和式(5.2.18)分别变为

$$\frac{\mathrm{d}T_1}{\mathrm{d}\xi} = -k_2 \frac{(T_1^n - T'^n)^m}{[(k_1)^{1/m}(T'/T_2)^{(mn-1)/m} + k_2^{1/m}]^m T_2^{mn-1}} \tag{5.2.64}$$

$$\frac{\partial P_{s,\max}}{\partial \xi} + \max_{T'(\xi)\in\Omega} \left\{ \left[C_1\left(1 - \frac{T_2}{T'}\right) - \frac{\partial P_{s,\max}}{\partial T_1} \right] \frac{(T_1^n - T'^n)^m}{[(k_1/k_2)^{1/m}(T'/T_2)^{(mn-1)/m} + 1]^m T_2^{mn-1}} \right\} = 0 \tag{5.2.65}$$

式(5.2.64)和式(5.2.65)为普适传热规律下多级内可逆热机系统最大功率输出时的优化结果。

(1)若进一步有 $m=1$,式(5.2.64)和式(5.2.65)可变为 5.2.3.1 节广义辐射传热规律下多级内可逆热机系统最大功率输出时的优化结果。

(2)若进一步有 $n=1$,式(5.2.64)和式(5.2.65)可变为 5.2.3.3 节广义对流传热规律下多级内可逆热机系统最大功率输出时的优化结果。

5.2.4　数值算例与讨论

假设高温侧驱动流体的摩尔流率为 $\dot{m}_1 = 1\mathrm{mol/s}$,摩尔定压热容为 $c_p = 52.8$ $\mathrm{J/(mol \cdot K)}$,驱动流体的热容率为 $C_1 = 52.8\ \mathrm{W/K}$。驱动流体初始温度为 $T_{1i} = 2800\mathrm{K}$,流体流速为 $v = 1\mathrm{m/s}$,低温侧热源温度为 $T_2 = 300\mathrm{K}$。牛顿传热规律下传热单元的高度为 $H_{TU} = 25\mathrm{m}$,Dulong-Petit 传热规律下为 $H_{TU} = 29.5\mathrm{m}$,线性唯象传热规律下为 $H_{TU} = -1.9\mathrm{m}$,辐射传热规律下为 $H_{TU} = 4000\mathrm{m}$,$q \propto (\Delta(T^4))^{1.25}$ 传热规律下为 $H_{TU} = 1.2\times10^4\mathrm{m}$。令 $\xi_i = 0$,若流体流动总时间为 $t_1 = 150\mathrm{s}$,由 $\xi = vt_1/H_{TU}$,对于牛顿传热规律有无量纲末态时间 $\xi_f = 6$,对于 Dulong-Petit 传热规律有 $\xi_f = 5.085$,对于线性唯象传热规律有 $\xi_f = -78.9$,对于辐射传热规律有 $\xi_f = 0.0375$,对于 $q \propto (\Delta(T^4))^{1.25}$ 传热规律有 $\xi_f = 0.0125$。令 $k_1 = k_2$,热机的总级数为 $N = 100$,对时间轴 ξ 采用线性网格划分,对于牛顿、Dulong-Petit、线性唯象、辐射和 $q \propto (\Delta(T^4))^{1.25}$ 传热规律分别有 $\gamma^i = 0.06$、$\gamma^i = 0.051$、$\gamma^i = -0.79$、$\gamma^i = 3.75\times10^{-4}$ 和 $\gamma^i = 1.25\times10^{-4}$。

由式(5.2.28)和 5.2.3.1 节牛顿和线性唯象规律下的优化结果可知,过程时间 ξ_f 为有限值时,高温侧流体末态温度 T_{1f} 高于低温热源温度 T_2,并且存在一个下限值 $\overline{T}_{1f}$。由于牛顿传热规律($m=1,n=1$)下极值功率及高温流体温度最优构型存在解析解,文献[96]、[135]、[146]、[334]~[349]、[353]、[354]均简单处理,将高温流体末态温度 T_{1f} 取为低温热源温度 T_2 分析多级热机系统最大功率输出,这很显然是错误的。此外,本节研究还发现当末态时刻 ξ_f 固定和末态温度 T_{1f} 自由时,存在一个最佳的末态温度 $T_{1f,opt}$ 使得多级热机系统总输出功率最大。虽然 $T_{1f,opt}$ 不存在解析表达式,但是由式(5.2.27)通过数值求解代数方程 $dP_{s,max}/dT_{lf}=0$ 或图像法得到 $T_{lf,opt}$ 较为精确的解,这是一个静态优化问题,求解也较为简单。在非牛顿传热规律($m \neq 1$ 或 $n \neq 1$)下,最大功率输出及高温流体热源温度最优构型需要用动态规划数值方法求解,这是一个动态优化问题。为了便于区分,本节将前一种优化方法称为"解析优化",后一种方法称为"数值优化"。同时为了检验动态规划算法的有效性,对于牛顿传热规律[$q \propto \Delta(T)$]同时采用以上两种方法。本节将首先给出牛顿传热规律下多级内可逆热机系统的数值算例,分析流体热源末态温度和流体流动总时间的变化对优化结果的影响,然后给出牛顿传热规律下多级不可逆热机系统的数值算例,分析工质内部耗散对优化结果的影响,最后比较不同传热规律下的优化结果。此外,对每个数值算例均分为末态温度 T_{lf} 固定和末态温度 T_{lf} 自由两种情形进行讨论。

5.2.4.1 牛顿传热规律下多级内可逆热机系统

1. 末态温度 T_{lf} 固定下的数值算例

图 5.4 为牛顿传热规律下 T_{lf} 的下限值 $\overline{T}_{lf}$ 随过程时间 t_1 的变化规律。由图可见,在过程总时间 t_1 为有限值时,驱动流体末态温度 T_{lf} 不可能降为低温热源温度 T_2 ,它存在一个下限值 $\overline{T}_{lf}$,由计算结果可知,当 $t_1=150s$ 时, $\overline{T}_{lf}=609.1K$,这表明在过程总时间为 $t_1=150s$ 时,为了使系统最大功率输出时各级能量转换子系统均工作在热机模式,末态温度 T_{lf} 必须高于 609.1K ,这充分说明文献[96]、[135]、[146]、[334]~[349]、[353]、[354]中"将高温流体热源末态温度 T_{lf} 取为低温热源温度 T_2 分析多级热机系统的最大功率输出"的研究结果是不恰当的。

为了分析末态温度 T_{lf} 变化对优化结果的影响, T_{lf} 分别取 1000K 、1200K 和 1400K 。图 5.5 和图 5.6 分别为多级热机系统极值输出功率 $P_{s,max}$ 和相应的熵产率 $\sigma_{s,min}$ 随末态时刻 ξ_f 的变化规律。由图可见,在末态温度 T_{lf} 固定时, ξ_f 存在一个下限值 $\overline{\xi}_f$,即末态时刻 ξ_f 必须满足 $\xi_f > \overline{\xi}_f$,多级热机系统才有功率输出;当 ξ_f 满足 $\xi_f > \overline{\xi}_f$ 且其值较小时,随着 T_{lf} 的降低,多级热机系统极值输出功率减少,这表明同等条件下多级热机系统的功率并不总是随着驱动流体末态温度的降低而增大;当 ξ_f 较大时,随着 T_{lf} 的降低,多级热机系统极值输出功率增加,这主要是由于驱动流体末态温度越低,其最大做功能力越大,即可逆系统输出功率性能界限 $P_{s,rev}$ 越大;随着末态时刻 ξ_f 的增加,多级热机系统极值输出功率增加,当过程时间趋于无限长时,其极值输出功率 $P_{s,max}$ 趋近于其可逆热力学性能界限 $P_{s,rev}$;随着末态时刻 ξ_f 的增加,多级热机系统总熵产率 $\sigma_{s,min}$ 减少,当过程时间趋于无限长时,总熵产率趋于零。由以上分析可看出熵产率越小,多级热机极值输出功率越大，因此当驱动流体末态温度 T_{1f} 固定时，以最大输出功率为目标优化等价于以最小熵产率为目标优化。

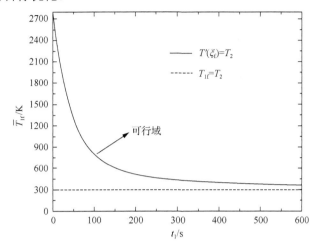

图 5.4　牛顿传热规律下 T_{1f} 的下限值 $\overline{T}_{1f}$ 随过程时间 t_1 的变化规律

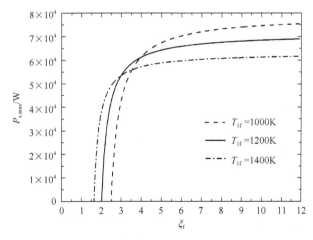

图 5.5　牛顿传热规律下多级热机系统极值输出功率 $P_{s,max}$ 随末态时刻 ξ_f 的变化规律

进一步令过程总时间为 $t_1 = 150s$，图 5.7 和图 5.8 分别为牛顿传热规律末态温度 T_{1f} 固定下系统最大功率输出时驱动流体温度 T_1 和卡诺温度 T' 随无量纲时间 ξ 的最优变化规律，图 5.9 为其相应各级热机输出功率 P_i 随级数 i 的最优变化规律。在以上各图中连续线型表示的是解析优化的结果，离散点表示的是数值优化的结果，对于数值优化结果，为了表示方便，总 $N = 100$ 级热机在图中仅以步长为 2 表示出来。由图可见，随着时间 ξ 的增加，驱动流体温度 T_1 和卡诺温度 T' 均呈指数规律下降。文献[38]、[69]、[96]、[282]、[283]、[287]~[290]和本书 3.2 节研究表

明牛顿传热规律下变温热源内可逆热机最大输出功时高温热源与相应侧工质温度均随时间呈指数规律递减且两者之比为常数，文献[147]和[148]研究表明牛顿传热规律下无热漏传热过程熵产生最小时高、低温热源温度均随时间呈指数规律变化且两者之比为常数，而当末态温度固定时，对于本节的优化问题，以输出功率最大为目标优化等价于以熵产率最小为目标优化，由以上分析可见一类牛顿传热规律下系统动态优化的统一特征；当级数 i 较小时，随着末态温度 T_{1f} 的升高，输出功率 P_i 减少，而当级数 i 较大时，随着末态温度 T_{1f} 的升高，输出功率 P_i 增加，可见不同末态温度 T_{1f} 下，各级热机输出功率 P_i 随级数 i 的最优变化规律也不同。

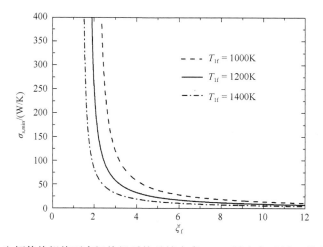

图 5.6　牛顿传热规律下多级热机系统总熵产率 $\sigma_{s,min}$ 随末态时刻 ξ_f 的变化规律

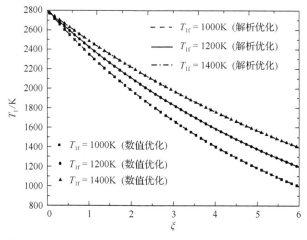

图 5.7　牛顿传热规律下驱动流体温度 T_1 随无量纲时间 ξ 的最优变化规律（T_{1f} 固定）

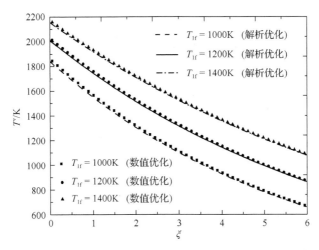

图 5.8　牛顿传热规律下卡诺温度 T' 随无量纲时间 ξ 的最优变化规律（T_{1f} 固定）

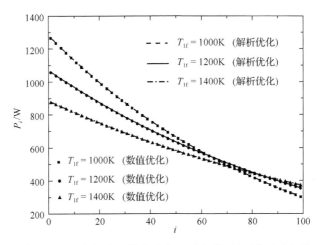

图 5.9　牛顿传热规律下各级热机输出功率 P_i 随级数 i 的最优变化规律（T_{1f} 固定）

　　表 5.1 为牛顿传热规律下多级内可逆热机系统关键参数的优化结果。在表中同时给出了牛顿传热规律下解析优化和数值优化结果。由表可见，应用动态规划数值算法得到的关键参数优化结果与其相应解析解之间相对误差最大为 0.89%，可见应用动态规划算法求解本节的最优控制问题是十分有效的；随着末态温度 T_{1f} 的升高，初始卡诺温度 $T'(0)$ 升高，系统最大输出功率 $P_{s,max}$ 减少，这表明末态温度不同，牛顿传热规律下多级热机系统最大输出功率及与其对应的最优控制均不同。因此，边界温度的变化对多级热机系统最大功率输出时的优化结果有较大影响。

　　2. 末态温度 T_{1f} 自由下的数值算例

　　当末态温度 T_{1f} 自由时，为了分析过程时间 t_1 变化对优化结果的影响，t_1 分别取50s、100s和150s。图5.10和图5.11分别为多级热机系统极值输出功率$P_{s,max}$和总熵产率σ_s随末态温度T_{1f}的变化规律。由图可见，多级热机系统极值输出功率$P_{s,max}$随着末态温度T_{1f}的升高先增加后减少，即存在一最佳末态温度$T_{1f,opt}$使多级热机系统极值输出功率取最大值；当末态温度T_{1f}固定时，随着过程总时间t_1的增加，极值输出功率$P_{s,max}$增加；总时间t_1固定的条件下，随着末态温度T_{1f}的升高，多级热机系统的总熵产率σ_s在减小。由以上分析可见，输出功率并不会随着系统总熵产率的减少而单调增加，因此当驱动流体末态温度T_{1f}自由时，以最大输出功率为目标优化与以最小熵产率为目标优化不等价。

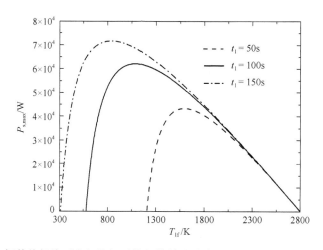

图 5.10　牛顿传热规律下多级热机系统极值输出功率$P_{s,max}$随末态温度T_{1f}的变化规律

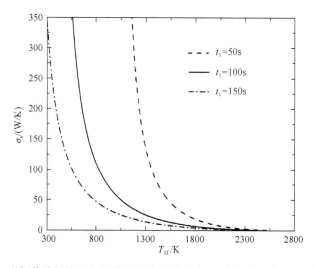

图 5.11　牛顿传热规律下多级热机系统总熵产率σ_s随末态温度T_{1f}的变化规律

　　图 5.12 和图 5.13 分别为牛顿传热规律末态温度 $T_{1\mathrm{f}}$ 自由下多级热机系统最大功率输出时驱动流体温度 T_1 和卡诺温度 T' 随无量纲时间 ξ 的最优变化规律，图 5.14 为各级热机输出功率 P_i 随级数 i 的最优变化规律。由图可见，随着时间 ξ 的增加，驱动流体温度 T_1 和卡诺温度 T' 均呈指数规律下降。总时间 t_1 不同，最优末态温度 $T_{1\mathrm{f,opt}}$ 不相等，温度 T_1 和 T' 随时间 ξ 的最优变化规律也不同，这表明总时间约束影响多级热机系统最大功率输出时的驱动流体温度分布及相应的最优控制；各级热机输出功率 P_i 随着级数 i 的增加而减少，这主要是由于驱动流体温度 T_1 随着时间 ξ 的增加在不断地降低；当级数 i 较小时，随着总时间 t_1 的增加，输出功率 P_i 增加，而当级数 i 较大时，随着总时间 t_1 的增加，输出功率 P_i 减少，可见不同总时间 t_1 下输出功率 P_i 沿级数 i 的最优分配规律也不同。

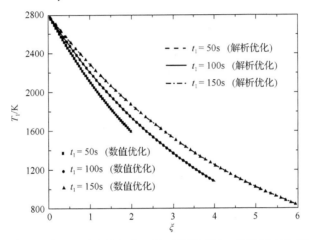

图 5.12　牛顿传热规律下驱动流体温度 T_1 随无量纲时间 ξ 的最优变化规律（$T_{1\mathrm{f}}$ 自由）

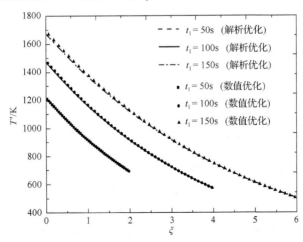

图 5.13　牛顿传热规律下卡诺温度 T' 随无量纲时间 ξ 的最优变化规律（$T_{1\mathrm{f}}$ 自由）

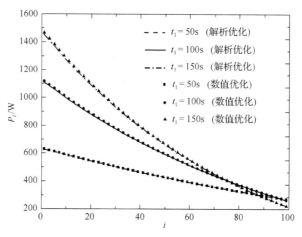

图 5.14 牛顿传热规律下各级热机输出功率 P_i 随级数 i 的最优变化规律（T_{1f} 自由）

由表 5.1 可见，随着总时间 t_1 的增加，最佳末态温度 $T_{1f,opt}$ 降低，系统最大输出功率 $P_{s,max,max}$ 增加，初始卡诺温度 $T'(0)$ 升高。由此可见，总时间约束 t_1 不同，牛顿传热规律下多级热机系统最大输出功率 $P_{s,max,max}$ 及与其对应的最佳末态温度 $T_{1f,opt}$ 和最优控制 $T'(0)$ 均不同。因此，总时间约束的变化对末态温度自由时多级热机系统最大功率输出时的优化结果有较大影响。

表 5.1 牛顿传热规律下解析解与数值解的比较结果

情形		关键参数	解析解	数值解	相对误差
T_{1f} 固定 （$t_1=150$s）	$T_{1f}=1000$K	$T'(0)$	1839.0K	1844.5K	0.30%
		$P_{s,max}$	7.02×10^4 W	7.04×10^4 W	0.28%
	$T_{1f}=1200$K	$T'(0)$	2009.2K	2012.9K	0.18%
		$P_{s,max}$	6.58×10^4 W	6.59×10^4 W	0.15%
	$T_{1f}=1400$K	$T'(0)$	2153.1K	2156.3K	0.15%
		$P_{s,max}$	5.96×10^4 W	5.97×10^4 W	0.17%
T_{1f} 自由	$t_1=50$s	$T_{1f,opt}$	1590.9K	1586.6K	0.27%
		$T'(0)$	1217.1K	1214.0K	0.25%
		$P_{s,max,max}$	4.32×10^4 W	4.34×10^4 W	0.46%
	$t_1=100$s	$T_{1f,opt}$	1083.8K	1078.0K	0.54%
		$T'(0)$	1471.2K	1470.4K	0.05%
		$P_{s,max,max}$	6.20×10^4 W	6.23×10^4 W	0.48%
	$t_1=150$s	$T_{1f,opt}$	838.0K	830.5K	0.89%
		$T'(0)$	1674.1K	1672.9K	0.07%
		$P_{s,max,max}$	7.16×10^4 W	7.12×10^4 W	0.56%

5.2.4.2　牛顿传热规律下多级不可逆热机系统

1. 末态温度 T_{1f} 固定下的数值算例

为分析工质内部耗散对热机性能的影响，不可逆因子分别取为 $\phi=1$、$\phi=1.2$ 和 $\phi=1.5$。图 5.15 为牛顿传热规律下 T_{1f} 的下限值 $\overline{T}_{1f}$ 随过程时间 t_1 的变化规律。由图可见，在过程总时间 t_1 为有限值时，驱动流体末态温度 T_{1f} 不可能降为低温热源温度 T_2，它存在一个下限值 $\overline{T}_{1f}$，并且随着内不可逆因子 ϕ 的增加，T_{1f} 下限值 $\overline{T}_{1f}$ 增加。当 $t_1=150\text{s}$，$\phi=1.2$ 时，$\overline{T}_{1f}=718.3\text{K}$，这表明在过程总时间为 $t_1=150\text{s}$ 时，为了使多级系统最大功率输出时各级不可逆能量转化器均工作在热机模式，末态温度 T_{1f} 必须大于 718.3K，这也充分说明文献[96]、[135]、[146]、[334]~[349]、[353]、[354]中将高温流体热源末态温度 T_{1f} 取为低温热源温度 T_2 分析是不恰当的。当末态温度 T_{1f} 固定时，为了分析不可逆因子 ϕ 的变化对优化结果的影响，ϕ 分别取 1.0、1.2 和 1.5。

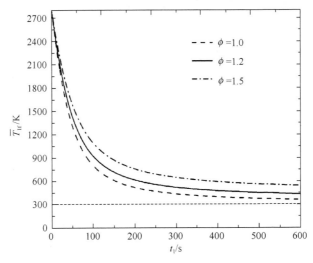

图 5.15　牛顿传热规律下末态温度 T_{1f} 的下限值 $\overline{T}_{1f}$ 随过程时间 t_1 的变化规律

图 5.16 和图 5.17 分别为多级热机系统极值输出功率 $P_{\text{s,max}}$ 和总熵产率 $\sigma_{\text{s,min}}$ 随末态时刻 ξ_f 的变化规律。由图可见，当末态温度 T_{1f} 固定时，ξ_f 存在一个下限值 $\overline{\xi}_f$，即末态时刻 ξ_f 必须满足 $\xi_f>\overline{\xi}_f$，多级热机系统才有功率输出；当 ξ_f 满足 $\xi_f>\overline{\xi}_f$ 时，随着不可逆因子 ϕ 的增加，多级热机系统极值输出功率减少；随着末态时刻 ξ_f 的增加，多级热机系统总熵产率 $\sigma_{\text{s,min}}$ 减少；随着不可逆因子 ϕ 的增加，

总熵产率 $\sigma_{s,min}$ 增加。由于熵产率越小，多级热机输出功率越大，当驱动流体末态温度 T_{1f} 固定时，以最大输出功率为目标优化等价于以最小熵产率为目标优化。

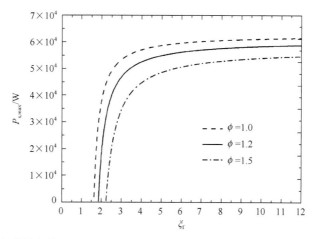

图 5.16　牛顿传热规律下多级热机系统极值输出功率 $P_{s,max}$ 随末态时刻 ξ_f 的变化规律

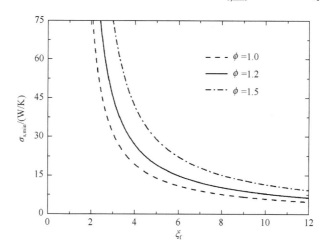

图 5.17　牛顿传热规律下多级热机系统总熵产率 $\sigma_{s,min}$ 随末态时刻 ξ_f 的变化规律

进一步令总时间为 $t_1 = 150s$ 和末态温度为 $T_{1f} = 1400K$。图 5.18 和图 5.19 分别为牛顿传热规律下系统最大功率输出时驱动流体温度 T_1 和卡诺温度 T' 随无量纲时间 ξ 的最优变化规律，图 5.20 为其相应各级热机输出功率 P_i 随级数 i 的最优变化规律。在以上各图中连续线型表示的是解析优化的结果，离散点表示的是数值优化的结果，对于数值优化结果，总 $N = 100$ 级热机在图中仅以步长为 2 表示出来。由图可见，随着时间 ξ 的增加，驱动流体温度 T_1 和卡诺温度 T' 均随时间 ξ 呈指数规律下降，流体温度 T_1 随时间 ξ 的变化规律与不可逆因子 ϕ 无关，但不同不可逆

因子 ϕ 下卡诺温度 T' 随时间 ξ 的变化规律不同；当驱动流体末态温度 T_{1f} 固定时，随着不可逆因子 ϕ 的增加，卡诺温度 T' 下降；不同不可逆因子 ϕ 下，各级热机输出功率 P_i 随级数 i 的最优变化规律也不同，当级数 i 相同时，随着不可逆因子 ϕ 的增加，输出功率 P_i 减少。

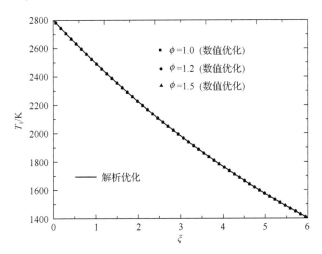

图 5.18　牛顿传热规律下驱动流体温度 T_1 随无量纲时间 ξ 的最优变化规律（T_{1f} 固定）

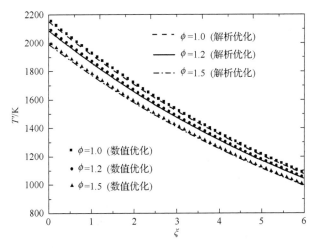

图 5.19　牛顿传热规律下卡诺温度 T' 随无量纲时间 ξ 的最优变化规律（T_{1f} 固定）

表 5.2 为牛顿传热规律下多级不可逆热机系统关键参数的优化结果。由表可见，应用动态规划数值算法得到的关键参数优化结果与其相应解析解之间相对误差最大为 0.92%；随着不可逆因子 ϕ 的增加，初始卡诺温度 $T'(0)$ 和系统最大输出功率 $P_{s,max}$ 均减少，可见不可逆因子 ϕ 不同，牛顿传热规律下多级热机系统最大输

出功率及与其对应的最优控制均不同。这表明内部不可逆因子 ϕ 和边界温度 T_{1f} 的变化均影响末态温度 T_{1f} 固定下多级热机系统最大功率输出时的优化结果。

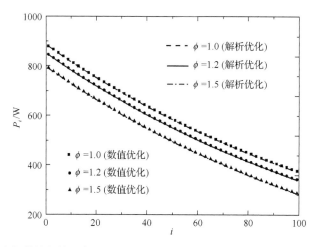

图 5.20　牛顿传热规律下各级热机输出功率 P_i 随级数 i 的最优变化规律（T_{1f} 固定）

2. 末态温度 T_{1f} 自由下的数值算例

当末态温度 T_{1f} 自由时，令过程时间为 $t_1 = 150\text{s}$。图 5.21 和图 5.22 分别多级热机系统极值输出功率 $P_{s,max}$ 和总熵产率 σ_s 随末态温度 T_{1f} 的变化规律。由图可见，多级热机系统极值输出功率 $P_{s,max}$ 随着末态温度 T_{1f} 的升高先增加后减少，即存在一最佳末态温度 $T_{1f,opt}$ 使多级热机系统极值输出功率取最大值；当末态温度 T_{1f} 固定时，随着不可逆因子 ϕ 的增加，极值输出功率 $P_{s,max}$ 减少；在总时间 t_1 固

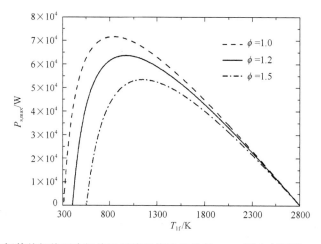

图 5.21　牛顿传热规律下多级热机系统极值输出功率 $P_{s,max}$ 随末态温度 T_{1f} 的变化规律

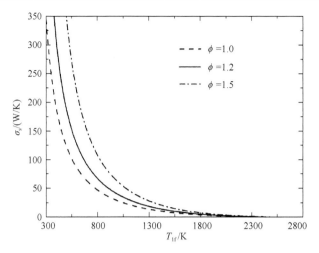

图 5.22　牛顿传热规律下多级热机系统总熵产率 σ_s 随末态温度 T_{1f} 的变化规律

定的条件下，随着末态温度 T_{1f} 的升高，多级热机系统的总熵产率 σ_s 减小。显然系统输出功率并不随着系统总熵产率 σ_s 的减少而单调增加，因此当驱动流体末态温度 T_{1f} 自由时，以最大输出功率为目标优化与以最小熵产率为目标优化不等价。

图 5.23 和图 5.24 分别为牛顿传热规律 $t_1 = 150\text{s}$ 和末态温度 T_{1f} 自由下多级热机最大功率输出时驱动流体温度 T_1 和卡诺温度 T' 随无量纲时间 ξ 的最优变化规律，图 5.25 为相应的各级热机输出功率 P_i 随级数 i 的最优变化规律。由图可见，随着时间 ξ 的增加，驱动流体温度 T_1 和卡诺温度 T' 均呈指数规律下降；随着内部不可逆性 ϕ 的增加，驱动流体最佳末态温度 $T_{1f,opt}$ 升高，这表明热机内部不可逆性

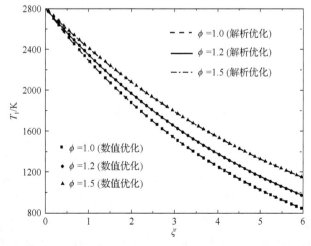

图 5.23　牛顿传热规律下驱动流体温度 T_1 随无量纲时间 ξ 的最优变化规律（T_{1f} 自由）

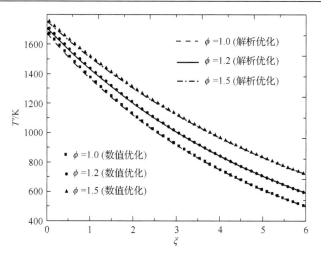

图 5.24　牛顿传热规律下卡诺温度 T' 随无量纲时间 ξ 的最优变化规律（T_{1f} 自由）

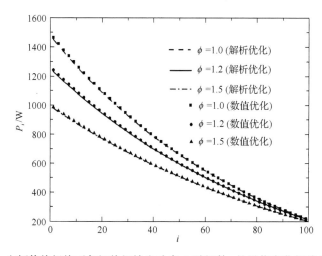

图 5.25　牛顿传热规律下各级热机输出功率 P_i 随级数 i 的最优变化规律（T_{1f} 自由）

ϕ 影响多级不可逆热机系统最大功率输出时的驱动流体温度分布；当末态温度 T_{1f} 自由时，随着热机内部不可逆性 ϕ 的增加，卡诺温度 T' 升高，这与末态温度固定时得到的结论正好相反，可见边界条件和内部不可逆性影响多级热机系统最大功率输出时的优化结果；各级热机输出功率 P_i 随着级数 i 的增加而减少，这主要是由于驱动流体温度随着时间 ξ 的增加不断地减少；当级数 i 较小时，随着不可逆因子 ϕ 的增加，输出功率 P_i 减少，而随着级数 i 的增加，不同不可逆因子 ϕ 下输出功率 P_i 的差别减少，可见不同 ϕ 值下输出功率 P_i 沿级数 i 的最优分配规律也不同。以上分析表明总时间 t_1 约束和不可逆因子 ϕ 的变化均对末态温度 T_{1f} 自由时多级热机功率输出有较大影响。

由表 5.2 可见，随着不可逆因子 ϕ 的增加，最佳末态温度 $T_{1f,opt}$ 升高，初始卡诺温度 $T'(0)$ 升高，系统最大输出功率 $P_{s,max,max}$ 减少。由此可见，不可逆因子 ϕ 不同，牛顿传热规律下多级热机系统末态温度 T_{1f} 自由时最大输出功率 $P_{s,max,max}$ 及与其对应的最佳末态温度 $T_{1f,opt}$ 和最优控制 $T'(0)$ 均不同。

表 5.2　牛顿传热规律下解析解和数值解的比较结果

情形	关键参数	解析解	数值解		相对误差
T_{1f} 固定 （$t_1=150s$ $T_{1f}=1400K$）	$\phi=1.0$	$T'(0)$	2153.1K	2156.3K	0.15%
		$P_{s,max}$	$5.96\times10^4\,W$	$5.97\times10^4\,W$	0.17%
	$\phi=1.2$	$T'(0)$	2088.4K	2091.8K	0.16%
		$P_{s,max}$	$5.63\times10^4\,W$	$5.63\times10^4\,W$	0.02%
	$\phi=1.5$	$T'(0)$	1991.3K	1994.9K	0.18%
		$P_{s,max}$	$5.08\times10^4\,W$	$5.09\times10^4\,W$	0.20%
T_{1f} 自由 （$t_1=150s$）	$\phi=1.0$	$T_{1f,opt}$	838.0K	830.5K	0.89%
		$T'(0)$	1674.1K	1672.9K	0.07%
		$P_{s,max,max}$	$7.16\times10^4\,W$	$7.12\times10^4\,W$	0.56%
	$\phi=1.2$	$T_{1f,opt}$	968.2K	959.3K	0.92%
		$T'(0)$	1709.7K	1706.4K	0.19%
		$P_{s,max,max}$	$6.37\times10^4\,W$	$6.40\times10^4\,W$	0.47%
	$\phi=1.5$	$T_{1f,opt}$	1143.3K	1137.2K	0.53%
		$T'(0)$	1755.1K	1753.9K	0.07%
		$P_{s,max,max}$	$5.35\times10^4\,W$	$5.38\times10^4\,W$	0.56%

5.2.4.3　不同传热规律下多级热机最优构型结果的比较

1. 末态温度 T_{1f} 固定下的数值算例

令不可逆因子为 $\phi=1.2$，总时间为 $t_1=150s$，末态温度为 $T_{1f}=1400K$。图 5.26 和图 5.27 分别为不同传热规律下流体温度 T_1 和卡诺温度 T' 随时间 t 的最优变化规律。图 5.28 为相应各级热机输出功率 P_i 随级数 i 的最优变化规律。由图可见，牛顿传热规律下驱动流体温度 T_1 随时间呈指数规律递减变化，线性唯象传热规律下驱动流体温度 T_1 随时间 t 呈线性规律递减变化，Dulong-Petit 传热规律下驱动流体温度 T_1 随时间 t 呈非线性规律变化，但比牛顿传热规律下温度略低，辐射传热规

律和 $q \propto (\Delta(T^4))^{1.25}$ 传热规律下驱动流体温度 T_1 随时间 t 也呈非线性规律变化，且其流体温度比上述三种特殊传热规律下流体温度都低；线性唯象传热规律下最优 T'-t 曲线是上凸的，而其他传热规律下最优 T'-t 曲线是下凹的，并且各条曲线的起止点值也不等；牛顿传热、Dulong-Petit 传热、辐射传热和 $q \propto (\Delta(T^4))^{1.25}$ 规律下各级热机的输出功率随着级数 i 的增加而呈非线性规律递减，并且四者的差值随着级数 i 的增加也增加，与上述四种传热规律下的优化结果相比，线性唯象传热规律下各级热机输出功率 P_i 的差别较小。

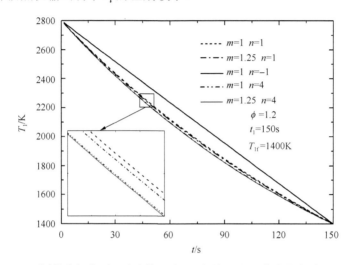

图 5.26　不同传热规律下驱动流体温度 T_1 随时间 t 的最优变化规律（T_{1f} 固定）

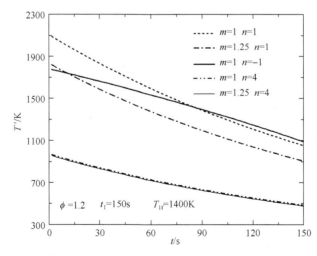

图 5.27　不同传热规律下卡诺温度 T' 随时间 t 的最优变化规律（T_{1f} 固定）

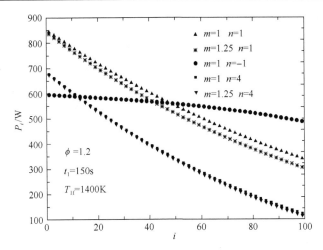

图 5.28 不同传热规律下各级热机输出功率 P_i 随级数 i 的最优变化规律(T_{1f} 固定)

表 5.3 为不同传热规律下多级不可逆热机系统关键参数的优化结果。由表可见,当末态温度 T_{1f} 固定时,不同传热规律下多级热机系统最大输出功率及与其对应的驱动流体温度最优构型也不同,可见传热规律影响末态温度固定下多级热机系统最大功率输出时的优化结果。

2. 末态温度 T_{1f} 自由下的数值算例

令不可逆因子为 $\phi=1.2$,总时间为 $t_1=150s$。图 5.29 和图 5.30 分别为不同传热规律下流体温度 T_1 和卡诺温度 T' 随时间 t 的最优变化规律,图 5.31 为相应各级热机输出功率 P_i 随级数 i 的最优变化规律。由图可见,末态温度自由时不同传热

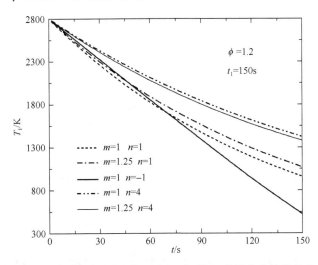

图 5.29 不同传热规律下驱动流体温度 T_1 随时间 t 的最优变化规律(T_{1f} 自由)

规律下流体温度 T_1 和卡诺温度 T' 随时间 t 的变化规律也存在明显的不同；牛顿传热、Dulong-Petit 传热、辐射传热以及 $q \propto (\Delta(T^4))^{1.25}$ 规律下各级热机的输出功率随着级数 i 的增加而呈非线性规律递减，但四者的差值随着级数 i 的增加而减少，这与末态温度 T_{1f} 固定时得到的结论正好相反。与上述四种传热规律下的优化结果相比，线性唯象传热规律下各级热机输出功率 P_i 沿级数 i 的变化不再均匀，随着级数 i 的增加，其相对变化量增加，这表明传热规律和边界条件约束的变化均影响多级热机系统最大功率输出时的优化结果。

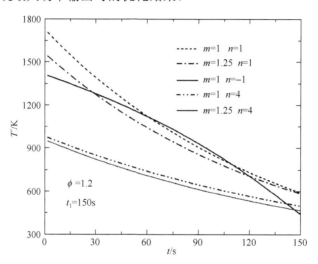

图 5.30　不同传热规律下卡诺温度 T' 随时间 t 的最优变化规律（T_{1f} 自由）

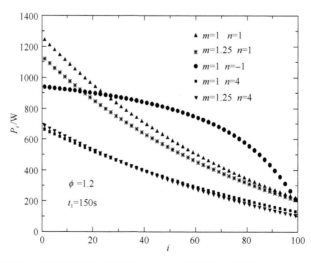

图 5.31　不同传热规律下各级热机输出功率 P_i 随级数 i 的最优变化规律（T_{1f} 自由）

由表 5.3 可见，当末态温度 T_{1f} 自由时，各种传热规律下最优末态温度 $T_{1f,opt}$、最优控制 $T'(0)$ 和最大功率输出 $P_{s,max,max}$ 均不同，这也表明传热规律影响末态温度 T_{1f} 自由下多级热机系统最大功率输出时的优化结果。

表 5.3　不同传热规律下多级不可逆热机系统关键参数的优化结果

情形		关键参数	$m=1, n=1$	$m=1.25, n=1$	$m=1, n=-1$	$m=1, n=4$	$m=1.25, n=4$
T_{1f} 固定 （$t_1=150\text{s}$ $T_{1f}=1400\text{K}$）	$\phi=1.0$	$T'(0)$	2153.1K	1899.0K	1780.3K	1026.2K	1000.6K
		$P_{s,max}$	5.96×10^4W	5.77×10^4W	5.84×10^4W	4.41×10^4W	4.32×10^4W
	$\phi=1.2$	$T'(0)$	2088.4K	1819.6K	1775.3K	967.1K	956.8K
		$P_{s,max}$	5.63×10^4W	5.36×10^4W	5.53×10^4W	3.59×10^4W	3.54×10^4W
	$\phi=1.5$	$T'(0)$	1991.3K	1710.5K	1767.7K	898.9K	905.7K
		$P_{s,max}$	5.08×10^4W	4.69×10^4W	5.05×10^4W	2.28×10^4W	2.31×10^4W
T_{1f} 自由 （$t_1=150\text{s}$）	$\phi=1.0$	$T_{1f,opt}$	838.0K	933.6K	412.8K	1244.5K	1205.7K
		$T'(0)$	1674.1K	1512.4K	1377.8K	962.3K	941.3K
		$P_{s,max,max}$	7.16×10^4W	6.61×10^4W	8.16×10^4W	4.49×10^4W	4.45×10^4W
	$\phi=1.2$	$T_{1f,opt}$	968.2K	1070.4K	519.8K	1422.3K	1377.8K
		$T'(0)$	1709.7K	1541.6K	1405.5K	975.5K	950.4K
		$P_{s,max,max}$	6.37×10^4W	5.80×10^4W	7.28×10^4W	3.59×10^4W	3.54×10^4W
	$\phi=1.5$	$T_{1f,opt}$	1143.3K	1258.2K	689.2K	1683.1K	1639.0K
		$T'(0)$	1755.1K	1586.2K	1459.6K	1007.1K	972.9K
		$P_{s,max,max}$	5.35×10^4W	4.78×10^4W	6.14×10^4W	2.54×10^4W	2.47×10^4W

5.3　普适传热规律下多级不可逆热泵系统耗功率最小优化

5.3.1　系统建模与特性描述

图 5.32 为有限高温流体热源多级连续不可逆卡诺热泵系统模型，图 5.33 为单级稳态热源不可逆卡诺热泵模型[334-341]。与 5.2.1 节一样，本节将首先导出单级稳态热源不可逆卡诺热泵的基本特性，然后进一步导出多级连续非稳态热源不可逆卡诺热泵系统的基本特性。

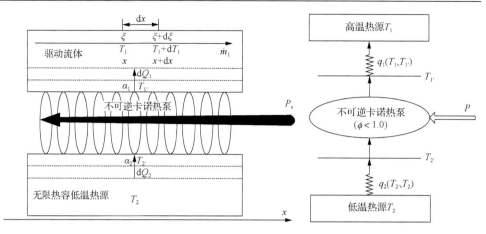

图 5.32 有限高温流体热源多级不可逆卡诺　　图 5.33 单级稳态热源不可逆卡诺
　　　　　热泵系统模型　　　　　　　　　　　　　　热泵模型

5.3.1.1 单级稳态不可逆卡诺热泵基本特性

对于图 5.32 中的每一微元级不可逆卡诺热泵，均可作为单级稳态热源下不可逆卡诺热泵来分析，如图 5.33 所示。令 q_1 和 q_2 分别为热泵内工质的放、吸热流率，T_1 和 T_2 分别为高、低温热源的温度，$T_{1'}$ 和 $T_{2'}$ 分别为高、低温侧工质的温度。考虑热源与工质间传热服从普适传热规律[$q \propto (\Delta(T^n))^m$]，则有

$$q_1 = k_1(T_1^n - T_1^n)^m, \quad q_2 = k_2(T_2^n - T_2^n)^m \tag{5.3.1}$$

式中，k_1 和 k_2 分别为高、低温侧热导率。热泵内部的熵产率为 $\sigma^{\text{int}} = q_1 / T_{1'} - q_2 / T_{2'}$，为了与热机相统一，根据文献[96]、[342]~[346]定义热泵的内不可逆因子 $\phi = 1 - T_{1'} \sigma^{\text{int}} / q_1$，因为 $\sigma^{\text{int}} \geqslant 0$，所以 $\phi \leqslant 1$，由热力学第二定律得熵平衡方程如下：

$$\phi k_1(T_1^n - T_1^n)^m / T_{1'} = k_2(T_2^n - T_2^n)^m / T_{2'} \tag{5.3.2}$$

由式(5.3.1)和式(5.3.2)经推导得热泵的供热率 q_1、耗功率 P 和熵产率 σ 分别为

$$q_1 = k_1 k_2 \frac{(T'^n - T_1^n)^m}{[(\phi k_1)^{1/m}(T'/T_2)^{(mn-1)/m} + (k_2)^{1/m}]^m} \tag{5.3.3}$$

$$P = k_1 k_2 \frac{(T'^n - T_1^n)^m}{[(\phi k_1)^{1/m}(T'/T_2)^{(mn-1)/m} + (k_2)^{1/m}]^m} \left(1 - \phi \frac{T_2}{T'}\right) \tag{5.3.4}$$

$$\sigma = k_1 k_2 \frac{(T''^n - T_1^n)^m}{[(\phi k_1)^{1/m}(T'/T_2)^{(mn-1)/m} + (k_2)^{1/m}]^m}\left(\frac{1}{T_1} - \frac{\phi}{T'}\right) \tag{5.3.5}$$

式中，$T' \equiv T_2 T_{1'}/T_{2'}$ 为卡诺温度控制变量。

5.3.1.2　多级连续不可逆卡诺热泵系统基本特性

对于图 5.32 的多级连续热泵系统，$\dot{m}_1$ 为高温侧驱动流体的摩尔流率，c_p 为其摩尔定压热容，则流体热容率为 $C_1 = \dot{m}_1 c_p$。设 α_1 和 α_2 分别为高、低温侧传热系数，f_{V1} 为单位体积驱动流体与热泵高温侧工质的热交换面积，A_1 为驱动流体的横截面积。定义传热单元高度 $H_{TU} = C_1/(\alpha_1 f_{V1} A_1 T_2^{mn-1})$，它具有长度的单位。根据热力学第一定律，得

$$\frac{q_1}{k_1 T_2^{mn-1}} = \frac{C_1 dT_1}{\alpha_1 f_{V1} A_1 T_2^{mn-1} dx} = \frac{C_1 dT_1}{\alpha_1 f_{V1} A_1 T_2^{mn-1} v dt} = \frac{dT_1}{d\xi} \tag{5.3.6}$$

式中，v 为驱动流体的流速；$\xi = x/H_{TU} = vt/H_{TU}$ 为无量纲时间。对于给定的积分区域 $[\xi_i, \xi_f]$，流体的边界温度可分别表示为 $T_1(\xi_i) = T_{1i}$ 和 $T_1(\xi_f) = T_{1f}$，耗功率 P_s 和熵产率 σ_s 分别为

$$P_s = \int_{T_{1i}}^{T_{1f}} C_1\left(1 - \phi\frac{T_2}{T'}\right)dT_1 = \int_{\xi_i}^{\xi_f} C_1\left(1 - \phi\frac{T_2}{T'}\right)\dot{T}_1 d\xi \tag{5.3.7}$$

$$\sigma_s = \int_{T_{1i}}^{T_{1f}} C_1\left(\frac{1}{T_1} - \frac{\phi}{T'}\right)dT_1 = \int_{\xi_i}^{\xi_f} C_1\left(\frac{1}{T_1} - \frac{\phi}{T'}\right)\dot{T}_1 d\xi \tag{5.3.8}$$

式中，$\dot{T}_1 = dT_1/d\xi$。当 $\phi = 1$ 且 $T' = T_1$ 时，多级不可逆卡诺热泵变为多级可逆卡诺热泵，由式 (5.3.7) 得

$$P_{s,\text{rev}} = C_1[T_{1f} - T_{1i} - T_2 \ln(T_{1f}/T_{1i})] \tag{5.3.9}$$

式中，$P_{s,\text{rev}}$ 为可逆系统耗功率性能界限。对于本节的多级不可逆卡诺热泵系统，由于存在有限速率传热和工质内部耗散等不可逆性损失，所以式 (5.3.7) 的最小值必定比 $P_{s,\text{rev}}$ 大。联立式 (5.3.3) 和式 (5.3.6) 得

$$\frac{dT_1}{d\xi} = k_2\frac{(T''^n - T_1^n)^m}{[(\phi k_1)^{1/m}(T'/T_2)^{(mn-1)/m} + (k_2)^{1/m}]^m T_2^{mn-1}} \tag{5.3.10}$$

将式 (5.3.10) 分别代入式 (5.3.7) 和式 (5.3.8) 得

$$P_s = \int_{\xi_i}^{\xi_f} C_1 \frac{(T'^n - T_1^n)^m}{[(\phi k_1 / k_2)^{1/m} (T'/T_2)^{(mn-1)/m} + 1]^m T_2^{mn-1}} \left(1 - \phi \frac{T_2}{T'}\right) d\xi \quad (5.3.11)$$

$$\sigma_s = \int_{\xi_i}^{\xi_f} C_1 \frac{(T'^n - T_1^n)^m}{[(\phi k_1 / k_2)^{1/m} (T'/T_2)^{(mn-1)/m} + 1]^m T_2^{mn-1}} \left(\frac{1}{T_1} - \frac{\phi}{T'}\right) d\xi \quad (5.3.12)$$

5.3.2 优化方法

现在的问题为在式(5.3.10)的约束下求式(5.3.11)的极小值，令优化问题的最优性能指标为 $P_{s,min}$，经推导得优化问题的 HJB 方程为

$$\frac{\partial P_{s,min}}{\partial \xi} + \min_{T'(\xi) \in \Omega} \left\{ \left[C_1 \left(1 - \phi \frac{T_2}{T'}\right) + \frac{\partial P_{s,min}}{\partial T_1} \right] \frac{(T'^n - T_1^n)^m}{[(\phi k_1 / k_2)^{1/m} (T'/T_2)^{(mn-1)/m} + 1]^m T_2^{mn-1}} \right\} = 0$$

$$(5.3.13)$$

式(5.3.13)仅在牛顿传热规律下存在解析解，在其他传热规律下需要采用动态规划数值方法求解。

考虑在计算机上数值计算一般需要先对连续方程离散化，建立如下离散化方程：

$$P_s^N = \sum_{i=1}^{N} \left\{ C_1^i \left(1 - \phi \frac{T_2}{T'^i}\right) \frac{[(T'^i)^n - (T_1^i)^n]^m \gamma^i}{[(\phi k_1 / k_2)^{1/m} (T'^i / T_2)^{(mn-1)/m} + 1]^m T_2^{mn-1}} \right\} \quad (5.3.14)$$

$$T_1^i - T_1^{i-1} = \frac{[(T'^i)^n - (T_1^i)^n]^m}{[(\phi k_1 / k_2)^{1/m} (T'^i / T_2)^{(mn-1)/m} + 1]^m T_2^{mn-1}} \gamma^i \quad (5.3.15)$$

$$\xi^i - \xi^{i-1} = \gamma^i \quad (5.3.16)$$

最优控制问题变为在式(5.3.15)和式(5.3.16)的约束下求式(5.3.14)中 P_s^N 的最小值。由式(5.3.14)~式(5.3.16)得如下贝尔曼逆向递推方程：

$$P_{s,min}^i (T_1^i, \xi^i) = \min_{T'^i, \gamma^i} \left\{ C_1^i \left(1 - \phi \frac{T_2}{T'^i}\right) \frac{[(T'^i)^n - (T_1^i)^n]^m}{[(\phi k_1 / k_2)^{1/m} (T'^i / T_2)^{(mn-1)/m} + 1]^m T_2^{mn-1}} \gamma^i \right.$$

$$\left. + P_{s,min}^{i-1} \left(T_1^i - \gamma^i \frac{[(T'^i)^n - (T_1^i)^n]^m}{[(\phi k_1 / k_2)^{1/m} (T'^i / T_2)^{(mn-1)/m} + 1]^m T_2^{mn-1}}, \xi^i - \gamma^i \right) \right\}$$

$$(5.3.17)$$

5.3.3　特例分析

5.3.3.1　广义辐射传热规律下多级内可逆热泵系统最优构型

当 $m=1$ 且 $\phi=1$ 时，式(5.3.10)和式(5.3.13)分别变为

$$\frac{\mathrm{d}T_1}{\mathrm{d}\xi} = \frac{T'^n - T_1^n}{[(k_1/k_2)(T'/T_2)^{n-1}+1]T_2^{n-1}} \tag{5.3.18}$$

$$\frac{\partial P_{s,\min}}{\partial \xi} + \min_{T'(\xi)\in\Omega}\left\{\left[C_1\left(1-\frac{T_2}{T'}\right)+\frac{\partial P_{s,\min}}{\partial T_1}\right]\frac{(T'^n - T_1^n)}{[(k_1/k_2)(T'/T_2)^{n-1}+1]T_2^{n-1}}\right\}=0 \tag{5.3.19}$$

式(5.3.18)和式(5.3.19)为广义辐射传热规律下多级内可逆热泵系统耗功率最小时的优化结果。

（1）若进一步有 $n=1$，即工质与热源间传热服从牛顿传热规律，由式(5.3.18)和式(5.3.19)经推导得热源温度 $T_1(\xi)$、卡诺温度 $T'(\xi)$ 和最小耗功率 $P_{s,\min}$ 分别为

$$T_1(\xi) = T_{1i}(T_{1f}/T_{1i})^{(\xi-\xi_i)/(\xi_f-\xi_i)} \tag{5.3.20}$$

$$T'(\xi) = T_{1i}[(1+k_1/k_2)\ln(T_{1f}/T_{1i})/(\xi_f-\xi_i)+1](T_{1f}/T_{1i})^{(\xi-\xi_i)/(\xi_f-\xi_i)} \tag{5.3.21}$$

$$P_{s,\min} = C_1\left(T_{1f}-T_{1i}-T_2\ln\frac{T_{1f}}{T_{1i}}\right) + C_1 T_2 \frac{[1+(k_1/k_2)][\ln(T_{1f}/T_{1i})]^2}{[1+(k_1/k_2)][\ln(T_{1f}/T_{1i})]+(\xi_f-\xi_i)} \tag{5.3.22}$$

$$= P_{s,rev} + T_2\sigma_s$$

式(5.3.20)~式(5.3.22)为文献[96]、[135]、[146]、[334]~[349]、[353]、[354]中牛顿传热规律下多级内可逆热泵系统耗功率最小时的优化结果。当末态时刻 ξ_f 和末态温度 T_{1f} 均固定时，存在一个最佳的控制策略使多级热泵系统耗功率最小；当末态时刻 ξ_f 自由和末态温度 T_{1f} 固定时，可逆系统耗功率 $P_{s,rev}$ 一定，熵产率 σ_s 随着时间 ξ_f 的增加而减少，即当 $\xi_f\to\infty$ 时，熵产率 $\sigma_s\to 0$，多级热泵系统最小耗功率 $P_{s,\min}$ 趋近于其可逆系统耗功率性能界限 $P_{s,rev}$；当末态时刻 ξ_f 固定和末态温度 T_{1f} 自由时，随着末态温度 T_{1f} 的升高，可逆系统耗功率 $P_{s,rev}$ 增加，熵产率 σ_s 也增加，当 $T_{1f}=T_{1i}$ 时，多级热泵系统最小耗功率为零。由以上分析可见，多级内可逆热泵系统必须在末态时刻 ξ_f 和末态温度 T_{1f} 均固定的条件下进行耗功率最小优化，即其总的供热量必须给定，而 5.2.3.1 节研究表明对于多级内可逆热机系统，在末态时刻 ξ_f 固定的条件下，流体末态温度可以固定也可以自由，即其总的吸热量既可以给定也可以优化，这是多级热机系统最大功率优化与多级热泵系统最小耗功

率优化的不同之处。两者差别的原因在于：多级热机系统最大输出功率为 $P_{s,max} = P_{s,rev} - T_2 \sigma_s$，因为可逆系统输出功率 $P_{s,rev}$ 和熵产率 σ_s 均随着末态温度 T_{1f} 的降低而增加，所以 $P_{s,max}$ 随 T_{1f} 变化规律未知，而末态温度 T_{1f} 在一个闭区间上变化，同时在 ξ_f 为有限值条件下末态温度 T_{1f} 高于低温热源温度 T_2，所以必然存在最佳的末态温度 $T_{1f,opt}$ 使 $P_{s,max}$ 最大，即多级热机系统吸热量是可以优化的；而多级热泵系统最小耗功率为 $P_{s,max} = P_{s,min} + T_2 \sigma_s$，可逆系统耗功率 $P_{s,rev}$ 和熵产率 σ_s 均随着末态温度 T_{1f} 的升高而增加，所以耗功率 $P_{s,min}$ 也随着末态温度 T_{1f} 的升高而增加，即 $P_{s,min}$ 是 T_{1f} 的单调递增函数，所以 $P_{s,min}$ 仅能在末态温度 T_{1f} 固定的条件下优化，即多级热泵系统总供热量必须给定。

(2) 若进一步有 $n = -1$，即工质与热源间传热服从线性唯象传热规律，式 (5.3.18) 和式 (5.3.19) 分别变为

$$\frac{\mathrm{d}T_1}{\mathrm{d}\xi} = \frac{T'^{-1} - T_1^{-1}}{[(k_1 / k_2)(T' / T_2)^{-2} + 1]T_2^{-2}} \tag{5.3.23}$$

$$\frac{\partial P_{s,min}}{\partial \xi} + \min_{T'(\xi) \in \Omega} \left\{ \left[C_1 \left(1 - \frac{T_2}{T'} \right) + \frac{\partial P_{s,min}}{\partial T_1} \right] \frac{(T'^{-1} - T_1^{-1})}{[(k_1 / k_2)(T' / T_2)^{-2} + 1]T_2^{-2}} \right\} = 0 \tag{5.3.24}$$

在一些特殊情形下如 $k_1 \ll k_2$ 时，由式 (5.3.23) 和式 (5.3.24) 得流体热源温度 $T_1(\xi)$、卡诺温度 $T'(\xi)$ 和最小耗功率 $P_{s,min}$ 分别为

$$T_1(\xi) = T_{1i} + (T_{1f} - T_{1i}) |\xi - \xi_i| / |\xi_f - \xi_i| \tag{5.3.25}$$

$$T'(\xi) = \left[\frac{|\xi_f - \xi_i|}{T_{1i}|\xi_f - \xi_i| + (T_{1f} - T_{1i})|\xi - \xi_i|} - \frac{T_{1f} - T_{1i}}{T_2^2 |\xi_f - \xi_i|} \right]^{-1} \tag{5.3.26}$$

$$P_{s,min} = C_1(T_{1f} - T_{1i}) - C_1 T_2 \ln\left(\frac{T_{1f}}{T_{1i}}\right) + \frac{C_1 T_2 (T_{1f} - T_{1i})^2}{|\xi_f - \xi_i|} = P_{s,rev} + T_2 \sigma_s \tag{5.3.27}$$

由式 (5.3.25) 和式 (5.3.26) 可见，线性唯象传热规律下多级内可逆热泵系统耗功率最小时高温流体热源温度 T_1 随无量纲时间 $|\xi|$ 呈线性规律递增变化，高温流体热源温度 T_1 和卡诺温度 T' 倒数之差为常数。由式 (5.3.27) 可见，当末态时刻 ξ_f 和末态温度 T_{1f} 均固定时，存在一个最佳的控制策略使多级热泵系统耗功率最小；当末态时刻 ξ_f 自由和末态温度 T_{1f} 固定时，可逆系统耗功率 $P_{s,rev}$ 一定，熵产率 σ_s 随着时间 ξ_f 的增加而减少，即当 $\xi_f \to \infty$ 时，熵产率 $\sigma_s \to 0$，多级热泵系统最小耗功率

$P_{s,min}$ 趋近于其可逆系统性能界限 $P_{s,rev}$；当末态时刻 ξ_f 固定和末态温度 T_{1f} 自由时，随着末态温度 T_{1f} 的升高，可逆系统耗功率 $P_{s,rev}$ 增加，熵产率 σ_s 也增加，当 $T_{1f} = T_{1i}$ 时，多级热泵系统最小耗功率为零。

(3) 若进一步有 $n = 4$，即工质与热源间传热服从辐射传热规律，式 (5.3.18) 和式 (5.3.19) 分别变为

$$\frac{dT_1}{d\xi} = \frac{T'^4 - T_1^4}{[(k_1/k_2)(T'/T_2)^3 + 1]T_2^3} \tag{5.3.28}$$

$$\frac{\partial P_{s,min}}{\partial \xi} + \min_{T'(\xi) \in \Omega} \left\{ \left[C_1\left(1 - \frac{T_2}{T'}\right) + \frac{\partial P_{s,min}}{\partial T_1} \right] \frac{(T'^4 - T_1^4)}{[(k_1/k_2)(T'/T_2)^3 + 1]T_2^3} \right\} = 0 \tag{5.3.29}$$

式 (5.3.28) 和式 (5.3.29) 为文献 [96]、[135]、[146]、[342]、[347]~[349] 中辐射传热规律下多级内可逆热泵系统耗功率最小时的优化结果。

5.3.3.2 广义辐射传热规律下多级不可逆热泵系统最优构型

当 $m = 1$ 时，式 (5.3.10) 和式 (5.3.13) 分别变为

$$\frac{dT_1}{d\xi} = k_2 \frac{(T'^n - T_1^n)}{[\phi k_1(T'/T_2)^{n-1} + k_2]T_2^{n-1}} \tag{5.3.30}$$

$$\frac{\partial P_{s,min}}{\partial \xi} + \min_{T'(\xi) \in \Omega} \left\{ \left[C_1\left(1 - \phi\frac{T_2}{T'}\right) + \frac{\partial P_{s,min}}{\partial T_1} \right] \frac{(T'^n - T_1^n)}{[(\phi k_1/k_2)(T'/T_2)^{n-1} + 1]T_2^{n-1}} \right\} = 0 \tag{5.3.31}$$

式 (5.3.30) 和式 (5.3.31) 为广义辐射传热规律下多级不可逆热泵系统耗功率最小时的优化结果。若进一步有 $\phi = 1$，式 (5.3.30) 和式 (5.3.31) 变为 5.3.3.1 节广义辐射传热规律下多级内可逆热泵耗功率最小时的优化结果。

(1) 若进一步有 $n = 1$，即工质与热源间传热服从牛顿传热规律。由式 (5.3.30) 和式 (5.3.31) 经推导得流体热源温度 $T_1(\xi)$ 依然为式 (5.3.20)，而卡诺温度 $T'(\xi)$ 和最小耗功率 $P_{s,min}$ 分别为

$$T'(\xi) = T_{1i}[(1 + \phi k_1/k_2)\ln(T_{1f}/T_{1i})/(\xi_f - \xi_i) + 1](T_{1f}/T_{1i})^{(\xi-\xi_i)/(\xi_f-\xi_i)} \tag{5.3.32}$$

$$P_{s,min} = C_1\left(T_{1f} - T_{1i} - \phi T_2\ln\frac{T_{1f}}{T_{1i}}\right) + \frac{C_1 T_2 \phi[\ln(T_{1f}/T_{1i})]^2}{(\xi_f - \xi_i)/[1 + \phi(k_1/k_2)] + \ln(T_{1f}/T_{1i})} \tag{5.3.33}$$

$$= P_{s,rev} + T_2\sigma_s$$

式(5.3.32)和式(5.3.33)为文献[96]、[135]、[146]、[334]~[349]、[353]、[354]中牛顿传热规律下多级不可逆热泵系统耗功率最小时的优化结果。若进一步有 $\phi=1$，式(5.3.32)和式(5.3.33)变为文献[96]、[135]、[146]、[334]~[349]、[353]、[354]和5.3.3.1 节中牛顿传热规律下多级内可逆热泵耗功率最小时的优化结果即式(5.3.21)和式(5.3.22)。

(2)若进一步有 $n=-1$，即工质与热源间传热服从线性唯象传热规律，式(5.3.30)和式(5.3.31)分别变为

$$\frac{\mathrm{d}T_1}{\mathrm{d}\xi} = k_2 \frac{(T'^{-1} - T_1^{-1})}{[\phi k_1 (T'/T_2)^{-2} + k_2]T_2^{-2}} \quad (5.3.34)$$

$$\frac{\partial P_{s,\min}}{\partial \xi} + \min_{T'(\xi)\in\Omega}\left\{\left[C_1\left(1-\phi\frac{T_2}{T'}\right)+\frac{\partial P_{s,\min}}{\partial T_1}\right]\frac{(T'^{-1}-T_1^{-1})}{[(\phi k_1/k_2)(T'/T_2)^{-2}+1]T_2^{-2}}\right\}=0 \quad (5.3.35)$$

式(5.3.34)和式(5.3.35)不存在解析解，只能应用动态规划方法求其数值解。特别地，当 $k_1 \ll k_2$ 时，由式(5.3.34)和式(5.3.35)可解得高温流体热源温度 $T_1(\xi)$ 与卡诺温度 $T'(\xi)$ 随无量纲时间 ξ 的最优变化规律分别为式(5.3.25)和式(5.3.26)，多级不可逆热泵系统的最小耗功率 $P_{s,\min}$ 为

$$P_{s,\min} = C_1(T_{1i}-T_{1f}) - C_1\phi T_2 \ln\left(\frac{T_{1i}}{T_{1f}}\right) + \frac{C_1\phi T_2(T_{1i}-T_{1f})^2}{|\xi_f-\xi_i|} = P_{s,rev} + T_2\sigma_s \quad (5.3.36)$$

若进一步有 $\phi=1$，式(5.3.36)变为线性唯象传热规律下多级内可逆热泵耗功率最小时的优化结果即式(5.3.27)。

(3)若进一步有 $n=4$，即工质与热源间传热服从辐射传热规律，式(5.3.30)和式(5.3.31)分别变为

$$\frac{\mathrm{d}T_1}{\mathrm{d}\xi} = k_2 \frac{(T'^4 - T_1^4)}{[\phi k_1 (T'/T_2)^3 + k_2]T_2^3} \quad (5.3.37)$$

$$\frac{\partial P_{s,\min}}{\partial \xi} + \min_{T'(\xi)\in\Omega}\left\{\left[C_1\left(1-\phi\frac{T_2}{T'}\right)+\frac{\partial P_{s,\min}}{\partial T_1}\right]\frac{(T'^4-T_1^4)}{[(\phi k_1/k_2)(T'/T_2)^3+1]T_2^3}\right\}=0 \quad (5.3.38)$$

式(5.3.37)和式(5.3.38)为文献[96]、[135]、[146]、[342]、[347]~[349]中辐射传热规律下多级不可逆热泵系统耗功率最小时的优化结果。若进一步有 $\phi=1$，式(5.3.37)和式(5.3.38)变为辐射传热规律下多级内可逆热泵系统耗功率最小时的优化结果即式(5.3.28)和式(5.3.29)。

5.3.3.3　广义对流传热规律下多级内可逆热泵系统最优构型

当 $n=1$ 且 $\phi=1$ 时，式(5.3.10)和式(5.3.13)分别变为

$$\frac{\mathrm{d}T_1}{\mathrm{d}\xi} = \frac{(T'-T_1)^m}{[(k_1/k_2)^{1/m}(T'/T_2)^{(m-1)/m}+1]^m T_2^{m-1}} \tag{5.3.39}$$

$$\frac{\partial P_{s,\min}}{\partial \xi} + \min_{T'(\xi)\in\Omega}\left\{\left[C_1\left(1-\frac{T_2}{T'}\right)+\frac{\partial P_{s,\min}}{\partial T_1}\right]\frac{(T'-T_1)^m}{[(k_1/k_2)^{1/m}(T'/T_2)^{(m-1)/m}+1]^m T_2^{m-1}}\right\}=0 \tag{5.3.40}$$

式(5.3.39)和式(5.3.40)为广义对流传热规律下多级内可逆热泵系统耗功率最小时的优化结果。

(1)若进一步有 $m=1$，由式(5.3.39)和式(5.3.40)同样得牛顿传热规律下多级内可逆热泵系统耗功率最小时的优化结果。

(2)若进一步有 $m=1.25$，即工质与热源间传热服从 Dulong-Petit 传热规律 $[q\propto(\Delta T)^{1.25}]$。式(5.3.39)和式(5.3.40)分别变为

$$\frac{\mathrm{d}T_1}{\mathrm{d}\xi} = \frac{(T'-T_1)^{1.25}}{[(k_1/k_2)^{0.8}(T'/T_2)^{0.2}+1]^{1.25}T_2^{0.25}} \tag{5.3.41}$$

$$\frac{\partial P_{s,\min}}{\partial \xi} + \min_{T'(\xi)\in\Omega}\left\{\left[C_1\left(1-\frac{T_2}{T'}\right)+\frac{\partial P_{s,\min}}{\partial T_1}\right]\frac{(T'-T_1)^{1.25}}{[(k_1/k_2)^{0.8}(T'/T_2)^{0.2}+1]^{1.25}T_2^{0.25}}\right\}=0 \tag{5.3.42}$$

式(5.3.41)和式(5.3.42)为 Dulong-Petit 传热规律下多级内可逆热泵系统耗功率最小时的优化结果。

5.3.3.4　广义对流传热规律下多级不可逆热泵系统最优构型

当 $n=1$ 时，式(5.3.10)和式(5.3.13)分别变为

$$\frac{\mathrm{d}T_1}{\mathrm{d}\xi} = k_2\frac{(T'-T_1)^m}{[(\phi k_1)^{1/m}(T'/T_2)^{(m-1)/m}+(k_2)^{1/m}]^m T_2^{m-1}} \tag{5.3.43}$$

$$\frac{\partial P_{s,\min}}{\partial \xi} + \min_{T'(\xi)\in\Omega}\left\{\left[C_1\left(1-\phi\frac{T_2}{T'}\right)+\frac{\partial P_{s,\min}}{\partial T_1}\right]\frac{(T'-T_1)^m}{[(\phi k_1/k_2)^{1/m}(T'/T_2)^{(m-1)/m}+1]^m T_2^{m-1}}\right\}=0 \tag{5.3.44}$$

若进一步有 $\phi = 1$，式(5.3.43)和式(5.3.44)变为 5.3.3.3 节广义对流传热规律下多级内可逆热泵系统耗功率最小时的优化结果。

(1)若进一步有 $m = 1$，由式(5.3.43)和式(5.3.44)同样得牛顿传热规律下多级不可逆热泵系统耗功率最小时的优化结果。

(2)若进一步有 $m = 1.25$，即工质与热源间传热服从 Dulong-Petit 传热规律 $[q \propto (\Delta T)^{1.25}]$，式(5.3.43)和式(5.3.44)分别变为

$$\frac{\mathrm{d}T_1}{\mathrm{d}\xi} = \frac{(T' - T_1)^{1.25}}{[(\phi k_1 / k_2)^{0.8}(T' / T_2)^{0.2} + 1]^{1.25} T_2^{0.25}} \qquad (5.3.45)$$

$$\frac{\partial P_{s,\min}}{\partial \xi} + \min_{T'(\xi) \in \Omega} \left\{ \left[C_1 \left(1 - \phi \frac{T_2}{T'} \right) + \frac{\partial P_{s,\min}}{\partial T_1} \right] \frac{(T' - T_1)^{1.25}}{[(\phi k_1 / k_2)^{0.8}(T' / T_2)^{0.2} + 1]^{1.25} T_2^{0.25}} \right\} \qquad (5.3.46)$$

式(5.3.45)和式(5.3.46)为 Dulong-Petit 传热规律下多级不可逆热泵系统耗功率最小时的优化结果。若进一步有 $\phi = 1$，式(5.3.45)和式(5.3.46)变为 5.3.3.3 节 Dulong-Petit 传热规律下多级内可逆热泵系统耗功率最小时的优化结果即式(5.3.41)和式(5.3.42)。

5.3.3.5 普适传热规律下多级内可逆热泵系统最优构型

当 $\phi = 1$ 时，式(5.3.10)和式(5.3.13)分别变为

$$\frac{\mathrm{d}T_1}{\mathrm{d}\xi} = k_2 \frac{(T'^n - T_1^n)^m}{[(k_1)^{1/m}(T' / T_2)^{(mn-1)/m} + k_2^{1/m}]^m T_2^{mn-1}} \qquad (5.3.47)$$

$$\frac{\partial P_{s,\min}}{\partial \xi} + \min_{T'(\xi) \in \Omega} \left\{ \left[C_1 \left(1 - \frac{T_2}{T'} \right) + \frac{\partial P_{s,\min}}{\partial T_1} \right] \frac{(T'^n - T_1^n)^m}{[(k_1 / k_2)^{1/m}(T' / T_2)^{(mn-1)/m} + 1]^m T_2^{mn-1}} \right\} = 0 \qquad (5.3.48)$$

式(5.3.47)和式(5.3.48)为普适传热规律下多级内可逆热泵系统耗功率最小时的优化结果。

(1)若进一步有 $m = 1$，式(5.3.47)和式(5.3.48)变为 5.3.3.1 节广义辐射传热规律下多级内可逆热泵系统耗功率最小时的优化结果。

(2)若进一步有 $n = 1$，式(5.3.47)和式(5.3.48)变为 5.3.3.3 节广义对流传热规律下多级内可逆热泵系统耗功率最小时的优化结果。

5.3.4　数值算例与讨论

5.2 节研究了普适传热规律下多级不可逆热机系统最大功率输出，因此本节的研究结果可与 5.2 节多级热机系统的优化结果相比较。对于多级热机系统，驱动流体初始温度和末态温度分别取为 $T_{1i} = 2800\text{K}$ 和 $T_{1f} = 1400\text{K}$，对于多级热泵系统，驱动流体初始温度和末态温度分别取为 $T_{1i} = 1400\text{K}$ 和 $T_{1f} = 2800\text{K}$，由于辐射传热规律和 $[q \propto (\Delta(T^4))^{1.25}]$ 传热规律具有高度非线性，计算困难，运算时间较长，为了在动态规划数值算法中缩短卡诺控制变量 T' 的搜寻范围，辐射传热规律和 $[q \propto (\Delta(T^4))^{1.25}]$ 传热规律下多级热泵系统传热单元高度分别取为 $H_{TU} = 200\text{m}$ 和 $H_{TU} = 100\text{m}$，其他参数取值与 5.2.4 节相同。图 5.34 为牛顿传热规律下多级热机(或热泵)系统极值功率 $P_{s,\max}$、$P_{s,rev}$、$P_{s,\min}$ 随末态时刻 ξ_f 和末态温度 T_{1f}(或初态温度 T_{1i})的变化规律。由图可见，多级热泵的最小耗功率 $P_{s,\min}$ 曲面总是位于可逆系统性能界限的上方，多级不可逆热泵曲面位于多级内可逆热泵的曲面的上方，多级不可逆热机的最大输出功率 $P_{s,\max}$ 曲面总是位于可逆系统性能界限的下方，多级不可逆热机曲面位于多级内可逆热机的曲面的下方。对于多级热机系统驱动流体末态温度 T_{1f} 在有限时间(传热面积)下不可能降为低温热源温度 T_2，而对于多级热泵系统驱动流体初始温度 T_{1i} 可以等于低温侧热源温度 T_2，这也是两者优化的不同点之一。

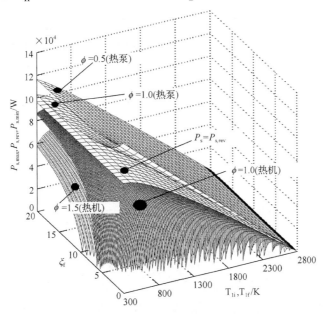

图 5.34　牛顿传热规律下多级热机(或热泵)系统极值功率 $P_{s,\max}$、$P_{s,rev}$、$P_{s,\min}$ 随末态时刻 ξ_f 和末态温度 T_{1f}(或初态温度 T_{1i})的变化规律

图 5.35 为牛顿传热规律下多级热机系统总输出功率 $P_{s,max}$ 和多级热泵系统总耗功率 $P_{s,min}$ 随末态时刻 ξ_f 的变化规律。在 ξ_f 为有限值条件下，多级内可逆和不可逆热机系统总输出功率 $P_{s,max}$ 小于可逆系统输出功率 $P_{s,rev}$，并且 ϕ 值越大，内部不可逆性越大，同等条件下输出功率 $P_{s,max}$ 越小，当过程的时间趋于无限长(或热导率趋于无限大)时即 $\xi_f \to \infty$，多级内可逆热机系统总输出功率 $P_{s,max}$ 趋近于其可逆系统输出功率性能界限 $P_{s,rev}$，如图 5.35 $\phi=1.0$ (热机)曲线阴影所示；在 ξ_f 为有限值下多级内可逆和不可逆热泵系统总耗功率 $P_{s,min}$ 大于可逆系统耗功率 $P_{s,rev}$，并且 ϕ 值越小，内部不可逆性越大，同等条件下耗功率 $P_{s,min}$ 越大，当过程的时间趋于无限长时即 $\xi_f \to \infty$，多级内可逆热泵系统总输入功率 $P_{s,min}$ 趋近于其可逆系统耗功率性能界限 $P_{s,rev}$，如图 5.35 $\phi=1.0$ (热泵)曲线阴影所示；仅当过程的时间趋于无限长时即 $\xi_f \to \infty$，此时两个相反过程的性能界限均趋近于相同的可逆系统功率性能界限 $P_{s,rev}$。实际传热过程总是在有限时间或有限热导率下进行的，因此本节研究结果为实际装置提供了一个比经典热力学可逆性能界限更为严格、真实的性能界限。图 5.36 和图 5.37 分别为 $t_1 =150\text{s}$ 时多级不可逆热机系统 ($\phi=1.5$) 与多级不可逆热泵系统 ($\phi=0.5$) 流体温度 T_l 和卡诺温度 T' 随时间 t 的最优变化规律，图 5.38 为其相应各级热机输出功率 P_i 和各级热泵耗功率 P_i 随级数 i 的最优变化规律。由图可见，对于多级不可逆热机系统，牛顿传热规律下驱动流体温度呈指数规律下降，线性唯象传热规律下驱动流体温度呈线性规律下降，Dulong-Petit 传热规律下驱动流体温度略低于牛顿传热规律下优化结果，$q \propto (\Delta(T^4))^{1.25}$ 传热规律下驱动流体温

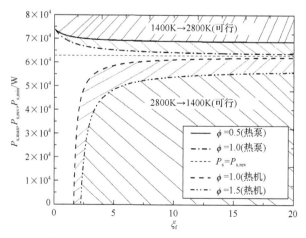

图 5.35 牛顿传热规律下多级热机系统总输出功率 $P_{s,max}$ 和多级热泵系统总耗功率 $P_{s,min}$ 随末态时刻 ξ_f 的变化规律

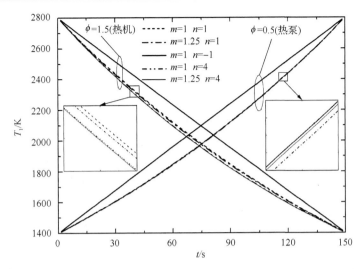

图 5.36　多级热机系统和多级热泵系统流体温度 T_1 随时间 t 的最优变化规律

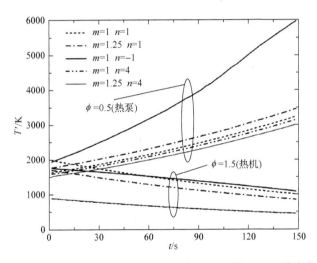

图 5.37　多级热机和多级热泵系统卡诺温度 T' 随时间 t 的最优变化规律

度略低于辐射传热规律下优化结果；对于多级不可逆热泵系统，牛顿传热规律下驱动流体温度呈指数规律上升，线性唯象传热规律下驱动流体温度呈线性规律增加，Dulong-Petit 传热规律、辐射传热规律和 $q \propto (\Delta(T^4))^{1.25}$ 传热规律下驱动流体温度与牛顿传热规律下差别较小；不同传热规律下多级热机系统最大功率输出和多级热泵系统最小耗功率时所对应的卡诺温度 T' 随时间 t 的变化规律也不同；传热规律和内部不可逆性均影响多级热机和热泵系统中各级子系统的功率 P_i 随级数 i 的最优分布。

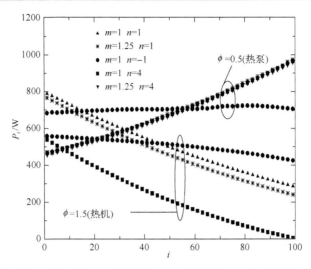

图 5.38　多级热机系统和多级热泵系统各级子系统功率 P_i 随级数 i 的最优变化规律

表 5.4 列出了多级热机系统和多级热泵系统极值功率优化结果的比较。由表 5.4 可见,各种传热规律下多级不可逆热机系统最大输出功率不仅均小于其相应内可逆系统输出功率性能界限,而且均小于共同的可逆系统输出功率界限 $P_{s,rev} = 6.29 \times 10^4\,W$;各种传热规律下多级不可逆热泵系统最小耗功率不仅均大于其相应内可逆系统最小耗功率性能界限,而且均大于共同的可逆系统耗功率界限 $P_{s,rev} = 6.29 \times 10^4\,W$。可见,传热规律既影响多级热机系统最大功率输出及与其对应的最优控制,又影响多级热泵系统最小耗功率及与其对应的最优控制;在经典热力学中,多级热机系统最大功率输出和多级热泵系统耗功率最小时的最优解均为可逆过程,与经典热力学不同,考虑有限传热速率损失后,两个对偶优化问题得到的最优解是不同的,与过程的具体路径有关,因此有限时间热力学性能界限是比经典热力学性能界限更为严格的性能界限。

表 5.4　多级热机和热泵系统极值功率优化结果比较($P_{s,rev} = 6.29 \times 10^4\,W$)

情形	多级内可逆热机系统($\phi = 1.0$)		多级内可逆热泵系统($\phi = 1.0$)	
	$T'(0)$ /K	$P_{s,max}$ /($\times 10^4$W)	$T'(0)$ /K	$P_{s,min}$ /($\times 10^4$W)
$m = 1, n = 1$	2153.1	5.96	1723.0	6.50
$m = 1.25, n = 1$	1899.0	5.77	1911.1	6.58
$m = 1, n = -1$	1780.3	5.84	1952.4	6.73
$m = 1, n = 4$	1026.2	4.41	1879.5	6.57
$m = 1.25, n = 4$	1000.6	4.32	1645.8	6.45

续表

情形	多级不可逆热机系统（$\phi = 1.5$）		多级不可逆热泵系统（$\phi = 0.5$）	
	$T'(0)$ /K	$P_{s,max}$ /($\times 10^4$W)	$T'(0)$ /K	$P_{s,min}$ /($\times 10^{10}$W)
$m = 1, n = 1$	1991.3	5.08	1642.5	6.93
$m = 1.25, n = 1$	1710.5	4.69	1781.6	6.96
$m = 1, n = -1$	1767.7	5.05	1943.1	7.06
$m = 1, n = 4$	898.9	2.28	1598.4	6.91
$m = 1.25, n = 4$	905.7	2.31	1525.7	6.89

5.4　本　章　小　结

本章应用 HJB 理论研究了普适传热规律 $[q \propto (\Delta(T^n))^m]$ 下多级不可逆卡诺热机和卡诺热泵系统的极值功率，基于普适的优化结果导出了牛顿传热规律下优化问题的精确解析解和线性唯象传热规律下优化问题的近似解析解，应用动态规划数值算法得到了其他非牛顿传热规律下优化问题的数值解。得到的主要结论如下。

（1）当末态时刻和流体末态温度均固定时，多级热机系统的极值输出功率为其最大输出功率，驱动流体温度最优构型与不可逆因子无关，但不可逆因子变化影响系统最大输出功率及相应的卡诺温度最优构型；当末态时刻自由和流体末态温度固定时，末态时刻存在一个下限值，即末态时刻必须大于此值，多级热机系统才有功率输出，以最大输出功率为目标优化等价于以最小熵产率为目标优化。

（2）当末态时刻固定和流体末态温度自由时，多级热机系统极值功率输出时高温流体末态温度存在一个高于低温热源温度的下限值，以往文献中"将驱动流体末态温度取为低温热源温度分析多级热机系统的最大功率输出"的研究结果是错误的，还存在一个最佳值使多级热机系统极值输出功率取最大值，随着不可逆因子的增加，系统最大输出功率降低，驱动流体温度和卡诺温度均升高，以最大输出功率为目标优化与以最小熵产率为目标优化不等价。

（3）牛顿传热规律下多级热机和热泵系统极值功率时高温流体温度随时间呈指数规律变化，线性唯象传热定律下高温流体温度随时间呈近似线性规律变化，多级热机系统的极值输出功率等于其可逆系统输出功率性能界限与一个耗散项之差，多级热泵系统的极值耗功率等于其可逆系统耗功率性能界限与一个耗散项之和，当过程时间趋于无限长(或热导率趋于无限大)时，内可逆装置性能界限均趋近于相同的可逆功率性能界限。

(4)装置类型、优化目标、传热规律、工质内部耗散、过程时间约束和温度边界条件等因素均对多级热力循环系统的动态优化结果有显著影响，在实际热力装置与系统优化设计时必须予以详细考虑和界定。

第6章 化学机循环动态优化

6.1 引　　言

热量总是自发地从高温物体流向低温物体，热机必须工作于具有温差的不同热源间才能对外做功。类似地，质量流动(如粒子流等)也总是自发地从高化学势区域流向低化学势区域，化学机必须在具有化学势差的不同物质库间工作才能对外做功，化学势和质量类比于温度和熵。de Vos[361-367]最先将仅考虑工质与热源间传热损失的内可逆热机循环模型拓广成"考虑库与工质间传热和传质损失的内可逆发动机模型"，据此研究了有限温差传热和有限化学势差传质的化学反应、太阳能电池等能量转换过程与装置的有限时间热力学性能。Gordon[368]研究了无限多个序接等温内可逆化学机从一个有限化学势库获取最大功问题，Gordon 和 Orlov[369]进一步研究了两库等温内可逆化学机平均输出功率最大时的最优构型，结果表明无限化学库下内可逆等温化学机最优构型包含两个等化学势分支和两个瞬时等质流分支。Gordon 和 Orlov[369]还用一"常数项"表示高势库的化学势容，研究了有限势库内可逆化学机最大输出功时循环最优构型。本书著者等[38, 69, 370-373]进一步导出了线性传质规律[$g \propto \Delta(\mu)$]下单个[38, 69, 370]和联合[38, 69, 381]内可逆等温化学机循环的输出功率效率基本优化关系，并分析了质漏对其性能的影响[38, 69, 372, 373]。林国星[78]和林国星等[374]导出了线性传质规律下存在有限速率传质、质漏和工质内部耗散等多种不可逆损失的广义不可逆等温化学机循环输出功率效率基本优化关系。夏丹[98] 和本书著者等[375, 376]则进一步导出了扩散传质规律[$g \propto \Delta(\mu / RT)$] [$g \propto \Delta(\mu / RT)$ 和 $g \propto \Delta c$ 是同一种传质规律的不同数学表述，详见 6.2.3.3 节]下内可逆[375]和广义不可逆[376]等温化学机循环输出功率效率基本优化关系。

除了上述等温化学机研究，还有一些学者开展了传热和传质同时进行的非等温化学机前期研究。de Vos[361-367]首先建立了非等温内可逆化学机物理模型，得到了基于热力学第一定律、热力学第二定律和质量守恒定律的 3 个基本方程，但没考虑具体的传热传质规律及传热传质相互间的耦合机理。Sieniutycz 和 Kubiak[402]、Sieniutycz[403]基于 Lewis 相似准则研究了传热和传质分别服从牛顿传热规律[$q \propto \Delta(T)$]和扩散传质规律[$g \propto \Delta c$]下非等温内可逆化学机的最优性能[402, 403]，并进一步研究了传热传质服从线性不可逆热力学中的 Onsager 方程[271, 512, 513]下非等温内可逆化学机的最优性能[402]。但文献[402]和[403]仅定性分析了传热和传质耦合因素对非等温内可逆化学机性能的影响，既没有导出单级非等温内可逆化学机的输出功率及相应矢量效率的解析解，又未考虑化学机内部的化学反应(在文献[402]和[403]中，本书讨论的非等温内可逆化学机称为 "generalized endoreversible engine" 即广义内可逆机)。蔡燕华等[410]、蔡燕华和苏国珍[411]研究了一类传热和传质分别服从牛顿传热规律[$q \propto \Delta(T)$]和线性传质规律[$g \propto \Delta(\mu)$]下非等温内可逆化学机最大功率输出。但文献[410]和[411]仅将传热和传质过程进行简单叠加，既未考虑传热与传质间的耦合作用，又未考虑非等温化学机存在一个矢量效率[146, 158, 162, 361-367, 402-409, 412-425]。

上述文献均侧重于对无限化学库下化学机最优性能的研究，文献[369]虽然研究有限化学势库下等温内可逆化学机最优构型，但其是在用一简单的 "常数项" 表示高势库的化学势容的基础上进行研究的，因此对于有限化学势库的建模及其与化学机工质间的传质机理研究不够深入，所得研究结果未能反映有限化学势库下等温内可逆化学机循环最优构型本质。

类比于热机高、低温侧各存在一套换热器，本章将考虑等温化学机高、低化学势侧各存在一套质量交换器，分别建立有限高势库内可逆化学机和存在质阻与质漏的等温不可逆化学机模型，考虑工质与化学势库间传质过程服从一类普适传质规律，应用最优控制理论导出对应于有限势库等温化学机最大输出功时循环最优构型，并讨论传质规律和化学势库势容对优化结果的影响；研究多个无限势库下工作的等温内可逆化学机最大功率输出时循环最优构型；建立有限高势库下非等温内可逆化学机模型，考虑工质与化学势库间传热传质服从线性不可逆热力学中的 Onsager 方程[271, 402, 512, 513]，应用最优控制理论导出其循环最大输出功时的最优性条件，并分析讨论其在纯传热和纯传质等各种特例下的优化结果。

6.2　有限高势库等温内可逆化学机最大输出功

6.2.1　物理模型

考虑如图 6.1 所示工作在有限高化学势库和无限低化学势库间的等温内可逆化学机。假定 t 时刻高化学势库总质量为 $M_1(t)$，在初始时刻 $t = 0$，有 $M_1(0) = M_{10}$，由于高化学势库为有限势容物质库，其中关键组分 B_1 的化学势(浓度)随着化学机工质的吸质会发生变化，令其浓度(以摩尔分数表示)和化学势分别为 $c_1(t)$ 和 $\mu_1(c_1)$。考虑化学机内的化学反应为可逆异构化学反应 $B_1 \rightleftharpoons B_2$[361-369]，反应过程不产生热量或产生热量较小可忽略不计，即循环过程温度不变。化学机工质对应于高、低化学势侧的关键组分 B_1 和 B_2 浓度分别为 $c_{1'}(t)$ 和 $c_{2'}(t)$，化学势分别为 $\mu_{1'}(c_{1'})$ 和 $\mu_{2'}(c_{2'})$，低化学势库为无限化学势库，其关键组分 B_2 的浓度和化学势均保持不变，分别为 c_2 和 $\mu_2(c_2)$。化学机一个循环从高化学势库的吸质量和向低化学势库的放质量分别为 G_1 和 G_2。循环周期为 τ，则有

$$G_1 = \int_0^\tau g_1(c_1, c_{1'}) \mathrm{d}t \tag{6.2.1}$$

$$G_2 = \int_0^\tau g_2(c_{2'}, c_2) \mathrm{d}t \tag{6.2.2}$$

式中，$g_1(c_1, c_{1'})$ 和 $g_2(c_{2'}, c_2)$ 分别为高、低化学势侧的传质流率，由质量守恒定律有 $G_1 = G_2$，即

$$\int_0^\tau g_1(c_1, c_{1'}) \mathrm{d}t - \int_0^\tau g_2(c_{2'}, c_2) \mathrm{d}t = 0 \tag{6.2.3}$$

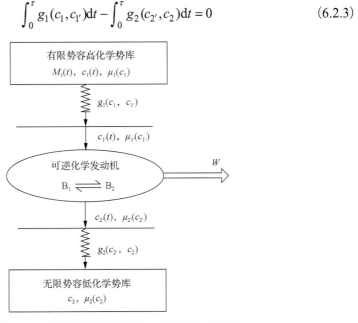

图 6.1 有限高化学势库等温内可逆化学机模型

由热力学第一定律，得循环过程能量守恒方程为

$$\int_0^\tau [\dot{E}_1(t) - \dot{E}_2(t)] \mathrm{d}t - \int_0^\tau P(t) \mathrm{d}t = 0 \tag{6.2.4}$$

式中，$\dot{E}_1(t)$ 和 $\dot{E}_2(t)$ 分别为高、低化学势侧化学势库与化学机工质间总能量传递流率；$P(t)$ 为化学机的瞬时输出功率。由热力学第二定律，循环过程内可逆，工质经历一个循环后熵变为零，即化学机的输入熵流等于其输出熵流：

$$\left\{ \int_0^\tau [\dot{E}_1(t) - g_1(c_1, c_{1'})\mu_{1'}(c_{1'})] \mathrm{d}t - \int_0^\tau [\dot{E}_2(t) - g_2(c_{2'}, c_2)\mu_{2'}(c_{2'})] \mathrm{d}t \right\} / T = 0 \tag{6.2.5}$$

式中，T 为传质过程的温度，为常数。由式 (6.2.4) 和式 (6.2.5) 得循环输出功 W 为

$$W = \int_0^\tau P(t)\mathrm{d}t = \int_0^\tau [g_1(c_1, c_{1'})\mu_{1'}(c_{1'}) - g_2(c_{2'}, c_2)\mu_{2'}(c_{2'})]\mathrm{d}t \qquad (6.2.6)$$

对于高化学势库，其总质量 $M_1(t)$ 随时间的变化规律服从如下微分方程式：

$$\mathrm{d}M_1 / \mathrm{d}t = -g_1(c_1, c_{1'}), \quad M_1(0) = M_{10} \qquad (6.2.7)$$

考虑高化学势侧传质过程中仅关键组分 B_1 参与传质过程，则有

$$\mathrm{d}(M_1 c_1) / \mathrm{d}t = \mathrm{d}M_1 / \mathrm{d}t \qquad (6.2.8)$$

由式 (6.2.7) 和式 (6.2.8) 得

$$\mathrm{d}c_1 / \mathrm{d}t = -(1 - c_1)g_1(c_1, c_{1'}) / M_1 \qquad (6.2.9)$$

在高势侧有限速率传质过程中，高化学势库混合物中惰性成分的质量 $\tilde{m}_1$ 保持不变，则如下关系式成立：

$$M_1(1 - c_1) = \tilde{m}_1 \qquad (6.2.10)$$

式中，$\tilde{m}_1 = M_{10}(1 - c_{10})$ 为常数。将式 (6.2.10) 代入式 (6.2.9) 得

$$\dot{c}_1 = -(1 - c_1)^2 g_1(c_1, c_{1'}) / \tilde{m}_1 \qquad (6.2.11)$$

式中，$\dot{c}_1 = \mathrm{d}c_1 / \mathrm{d}t$。

6.2.2　优化方法

现在的问题是求固定周期 τ 内等温内可逆化学机的最大输出功，即在式 (6.2.3) 和式 (6.2.11) 的约束下求式 (6.2.6) 中的 W 最大化所对应的浓度 $c_1(t)$、$c_{1'}(t)$ 和 $c_{2'}(t)$ 的最佳时间路径。通过将该最优控制问题转化为一类平均最优控制问题可简化问题的求解过程，可分为两个子问题。

(1) 当 $0 \leqslant t \leqslant t_1$ 时，在约束条件

$$\int_0^{t_1} g_1(c_1(t), c_{1'}(t))\mathrm{d}t = G_1 \qquad (6.2.12)$$

$$\tilde{m}_1 \dot{c}_1 = -(1 - c_1)^2 g_1(c_1, c_{1'}) \qquad (6.2.13)$$

下求目标函数的最大值：

$$\max \quad W^+ = \int_0^{t_1} g_1(c_1, c_{1'})\mu_{1'}(c_{1'})\mathrm{d}t \qquad (6.2.14)$$

(2) 当 $t_1 \leqslant t \leqslant \tau$ 时，在约束条件

$$\int_{t_1}^{\tau} g_2(c_{2'}(t), c_2(t))\mathrm{d}t = G_2 \tag{6.2.15}$$

下求目标函数的最大值：

$$\max \quad W^- = \int_{t_1}^{\tau} -g_2(c_{2'}, c_2)\mu_{2'}(c_{2'})\mathrm{d}t \tag{6.2.16}$$

对于 (1)，式 (6.2.13) 进一步变为

$$\int_{c_{10}}^{c_1(t_1)} \frac{-\tilde{m}_1}{g_1(c_1, c_{1'})(1-c_1)^2}\mathrm{d}c_1 = t_1 \tag{6.2.17}$$

将式 (6.2.13) 分别代入式 (6.2.12) 和式 (6.2.14) 得

$$\int_{c_{10}}^{c_1(t_1)} -\frac{\tilde{m}_1}{(1-c_1)^2}\mathrm{d}c_1 = G_1 \tag{6.2.18}$$

$$\max \quad W^+ = \int_{c_{10}}^{c_1(t_1)} -\frac{\tilde{m}_1}{(1-c_1)^2}\mu_{1'}(c_{1'})\mathrm{d}c_1 \tag{6.2.19}$$

现在的问题变为在式 (6.2.17) 和式 (6.2.18) 的约束下求式 (6.2.19) 中的 W^+ 最大值，建立变更的拉格朗日函数 L 如下：

$$L = -\frac{\tilde{m}_1}{(1-c_1)^2}\left[\mu_{1'}(c_{1'}) + \frac{\lambda_1}{g_1(c_1, c_{1'})} + \lambda_2\right] \tag{6.2.20}$$

式中，λ_1 和 λ_2 为拉格朗日乘子，均为待定常数。由极值条件 $\partial L / \partial c_{1'} = 0$ 得

$$\frac{\partial \mu_{1'}}{\partial c_{1'}} - \frac{\lambda_1}{g_1^2(c_1, c_{1'})}\frac{\partial g_1}{\partial c_{1'}} = 0 \tag{6.2.21}$$

由文献[119]、[361]、[362]可知，对于理想混合物，其组分物质 i 的化学势 μ_i 与其浓度 c_i 的关系式为

$$\mu_i(c_i) = \mu_{0i}(p, T) + RT\ln c_i, \quad i = 1, 1', 2', 2 \tag{6.2.22}$$

式中，p 和 T 分别为混合物的压力和温度；R 为普适气体常数；$\mu_{0i}(p, T)$ 为物质 i 的纯净物标准化学势 (对于大多数物质为已知量)。由式 (6.2.22) 得 $\partial \mu_{1'} / \partial c_{1'} = (RT)/(c_{1'})$，将其代入式 (6.2.21) 得

$$\frac{\partial g_1}{\partial c_{1'}} = \frac{RT}{\lambda_1 c_{1'}} g_1^2(c_1, c_{1'}) \tag{6.2.23}$$

对于(2)，建立变更的拉格朗日函数如下：

$$L = -g_2(c_{2'}, c_2)\mu_{2'}(c_{2'}) + \lambda g_2(c_{2'}, c_2) \tag{6.2.24}$$

式中，λ 为拉格朗日乘子，为待定常数。由极值条件 $\partial L / \partial c_{2'} = 0$ 得

$$\frac{\partial g_2}{\partial c_{2'}}(\mu_{2'} + \lambda) + g_2(c_{2'}, c_2)\frac{\partial \mu_{2'}}{\partial c_{2'}} = 0 \tag{6.2.25}$$

由式(6.2.22)得 $\partial \mu_{2'} / \partial c_{2'} = (RT) / (c_{2'})$，将其代入式(6.2.25)得

$$\frac{\partial g_2}{\partial c_{2'}} = \frac{RT g_2(c_{2'}, c_2)}{(\mu_{2'} + \lambda)c_{2'}} \tag{6.2.26}$$

当进一步给定传质流率 $g_1(c_1, c_{1'})$ 和 $g_2(c_{2'}, c_2)$ 的传质规律类型时，由式(6.2.21)和式(6.2.26)可分别得到等温内可逆化学机的高、低化学势侧传质过程最优构型。

6.2.3　特例分析与讨论

6.2.3.1　$g \propto \Delta(\mu)$ 传质规律和有限势容高化学势库下的最优构型

当高、低化学势侧传质过程均服从线性传质规律[$g \propto \Delta\mu$]时，传质流率 $g_1(c_1, c_{1'})$ 和 $g_2(c_{2'}, c_2)$ 分别为

$$g_1(c_1, c_{1'}) = h_1(t)[\mu_1(c_1) - \mu_{1'}(c_{1'})] \tag{6.2.27}$$

$$g_2(c_{2'}, c_2) = h_2(t)[\mu_{2'}(c_{2'}) - \mu_2(c_2)] \tag{6.2.28}$$

式中，$h_1(t)$ 和 $h_2(t)$ 分别为对应侧的传质系数。设 $t = 0$ 时，化学机开始从高化学势库吸质，在 $t = t_1$（$0 < t_1 < \tau$）时向低化学势库放质，化学机工质在高、低化学势库间经过瞬时等质流过程转换，因此有如下关系：

$$h_1(t) = \begin{cases} h_1, & 0 \leqslant t \leqslant t_1 \\ 0, & t_1 \leqslant t \leqslant \tau \end{cases}, \quad h_2(t) = \begin{cases} 0, & 0 \leqslant t \leqslant t_1 \\ h_2, & t_1 \leqslant t \leqslant \tau \end{cases} \tag{6.2.29}$$

式中，h_1 和 h_2 为常数；t_1 为化学机吸质过程时间。由式(6.2.27)得 $\partial g_1 / \partial c_{1'} = -h_1 \partial \mu_{1'} / \partial c_{1'}$，将其代入式(6.2.21)得

$$g_1(c_1, c_{1'}) = const \tag{6.2.30}$$

式(6.2.30)表明化学机与高化学势库接触时，传质过程的质流率为常数。将式(6.2.27)代入式(6.2.30)得

$$\mu_1 - \mu_{1'} = a_\mu, \quad 0 \leqslant t \leqslant t_1 \tag{6.2.31}$$

式中，a_μ 为积分常数。式(6.2.31)表明化学机与高化学势库接触时，工质与高化学势库中的关键组分 B_1 的化学势差为常数。将式(6.2.22)代入式(6.2.31)得

$$c_1(t) / c_{1'}(t) = \exp(a_\mu / RT) \tag{6.2.32}$$

由式(6.2.32)可见，最优构型下高化学势库与化学机工质中关键组分 B_1 的浓度比为常数。由式(6.2.28)得 $\partial g_2 / \partial c_{2'} = h_2 \partial \mu_{2'} / \partial c_{2'}$，将其与式(6.2.28)代入式(6.2.25)得

$$\mu_{2'} = (\mu_2 - \lambda) / 2, \quad t_1 \leqslant t \leqslant \tau \tag{6.2.33}$$

因为 μ_2 和 λ 均为常数，所以式(6.2.33)表明当化学机与无限低势库接触时，其工质中关键组分 B_2 的化学势 $\mu_{2'}$ 为常数。化学机与低化学势库传质过程满足 $\mu_{2'} > \mu_2$，由式(6.2.33)可知必有 $\lambda < 0$ 恒成立。由于 $\mu_{2'} = \mu_{02} + RT \ln(c_{2'})$，所以化学机工质中关键组分 B_2 的浓度 $c_{2'}$ 也为常数。将式(6.2.27)和式(6.2.31)代入式(6.2.7)得高化学势库总质量 $M_1(t)$ 为

$$M_1(t) = M_{10} - h_1 a_\mu t \tag{6.2.34}$$

将式(6.2.34)代入式(6.2.9)得

$$\frac{dc_1}{dt} = -\frac{(1-c_1)}{M_{10} - h_1 a_\mu t} h_1 a_\mu, \quad c_1(0) = c_{10} \tag{6.2.35}$$

由式(6.2.35)进一步得高化学势库关键组分 B_1 的浓度 $c_1(t)$ 为

$$c_1(t) = 1 - M_{10}(1 - c_{10}) / (M_{10} - h_1 a_\mu t) \tag{6.2.36}$$

将式(6.2.36)代入式(6.2.32)得化学机工质吸质过程关键组分 B_1 的浓度 $c_{1'}(t)$ 为

$$c_{1'}(t) = [1 - M_{10}(1 - c_{10}) / (M_{10} - h_1 a_\mu t)] / \exp(a_\mu / RT) \tag{6.2.37}$$

联立式(6.2.3)、式(6.2.28)和式(6.2.31)得化学机工质放质过程关键组分 B_2 浓度 $c_{2'}$ 为

$$c_{2'} = c_2 \exp\{h_1 a_\mu t_1 / [h_2 RT(\tau - t_1)]\} \tag{6.2.38}$$

由式 (6.2.38) 可见，$c_{2'}$ 为待定常数，且与化学机吸质过程时间 t_1 和积分常数 a_μ 有关。联立式 (6.2.6) 和式 (6.2.36)~式 (6.2.38) 得循环输出功 W 为

$$W = RT \left[h_1 a_\mu t_1 \ln \left(\frac{M_{10} c_{10} - h_1 a_\mu t_1}{M_{10} - h_1 a_\mu t_1} \right) + M_{10} \ln \left(\frac{M_{10} - h_1 a_\mu t_1}{M_{10}} \right) - M_{10} c_{10} \ln \left(\frac{M_{10} c_{10} - h_1 a_\mu t_1}{M_{10} c_{10}} \right) \right]$$

$$+ h_1 a_\mu t_1 (\Delta \mu_0 - RT \ln c_2) - h_1 a_\mu^2 t_1 \frac{h_2 (\tau - t_1) + h_1 t_1}{h_2 (\tau - t_1)}$$

$$(6.2.39)$$

式中，$\Delta \mu_0 = \mu_{01} - \mu_{02}$；$\mu_{01}$ 和 μ_{02} 分别为物质 B_1 和 B_2 的纯净物标准化学势。在 M_{10}、c_{10}、h_2、$\Delta \mu_0$ 和 T 等参数均一定的条件下，输出功 W 为积分常数 a_μ 和时间 t_1 的二元函数。极值条件 $\partial W / \partial t_1 = 0$ 和 $\partial W / \partial a_\mu = 0$ 不存在解析解，只能采用数值方法求解。由式 (6.2.31)、式 (6.2.32) 和式 (6.2.36)~式 (6.2.38) 可见，$g \propto \Delta \mu$ 传质规律下有限高势库等温内可逆化学机最大输出功时循环最优构型为：低化学势侧工质中关键组分的化学势 (或浓度) 为常数，而工质与有限高势库中关键组分的化学势 (或浓度) 均随时间呈非线性规律变化且化学势差 (浓度比) 为常数的内可逆化学机。

当高化学势库为有限势库时，M_{10} 为有限值。由式 (6.2.31) 可见，化学势 μ_1 和 $\mu_{1'}$ 之差为常数，即传质过程传质流率 g_1 保持不变，循环最优构型由两个等传质流率分支和两个瞬时等质流分支组成。定义高势库和化学机高势侧工质中关键组分 B_1 的等效化学势分别为 $\bar{\mu}_1 = 1 / t_1 \int_0^t \mu_1(t) dt$ 和 $\bar{\mu}_{1'} = 1 / t_1 \int_0^t \mu_{1'}(t) dt$，则循环平均输出功率 $\bar{P}$ 和效率 η 分别为

$$\bar{P} = W / \tau = (\bar{\mu}_1 - \mu_{2'}) G_1 / \tau \qquad (6.2.40)$$

$$\eta = W / W_{rev} = (\bar{\mu}_{1'} - \mu_{2'}) / (\bar{\mu}_1 - \mu_2) \qquad (6.2.41)$$

由式 (6.2.27)、式 (6.2.28)、式 (6.2.40) 和式 (6.2.41) 得给定吸质量 G_1 条件下有限势库等温内可逆化学机功率效率一般关系为

$$\bar{P} = \eta (1 - \eta)(\bar{\mu}_{1'} - \mu_2)^2 / \{\tau \{(h_1 t_1)^{-1} + [h_2(\tau - t_1)]^{-1}\}\} \qquad (6.2.42)$$

由于有限化学势库下 $\bar{\mu}_{1'}$ 为时间 t_1 的函数，由式 (6.2.36) 和式 (6.2.22) 得 $\bar{\mu}_1$ 为

$$\bar{\mu}_1 = \mu_{01} + RT \left[\ln \left(\frac{M_{10} c_{10} - G_1}{M_{10} - G_1} \right) + \frac{M_{10}}{G_1} \ln \left(\frac{M_{10} - G_1}{M_{10}} \right) - \frac{M_{10} c_{10}}{G_1} \ln \left(\frac{M_{10} c_{10} - G_1}{M_{10} c_{10}} \right) \right]$$

$$(6.2.43)$$

因为式(6.2.43)中 $\bar{\mu}_1$ 是吸质量 G_1 的函数,只有当 $M_{10} \to \infty$ 时,它才与 G_1 无关,所以由式(6.2.42)和 $\partial \bar{P} / \partial t_1 = 0$ 得不到功率效率基本优化关系的解析式。但由式(6.2.42)可见,$\bar{P}$ 存在两个零点,当 $\eta = \eta_{\min} = 0$ 和 $\eta = \eta_{\max} = 1$ 时均有 $\bar{P} = 0$,因此有限高势库等温内可逆化学机的功率效率最佳关系为抛物线型。

6.2.3.2　$g \propto \Delta\mu$ 传质规律和无限势容高化学势库下的最优构型

当高化学势库为无限势库时,有 $M_{10} \to \infty$。由式(6.2.36)可知,高势库关键组分 B_1 的浓度为 $c_1(t) = c_{10}$。由 $\mu_1 = \mu_{01} + RT \ln c_{10}$ 可知,μ_1 保持不变。由式(6.2.31)可见,此时化学机高势侧工质中关键组分 B_1 的化学势 $\mu_{1'}$ 也为常数。循环最优构型由两个等化学势传质分支和两个等质流分支组成,即文献[369]的研究结果。循环平均输出功率 $\bar{P}$ 和效率 η 分别为

$$\bar{P} = W / \tau = (\mu_{1'} - \mu_{2'})G_1 / \tau \tag{6.2.44}$$

$$\eta = W / W_{\text{rev}} = (\mu_{1'} - \mu_{2'}) / (\mu_1 - \mu_2) \tag{6.2.45}$$

由式(6.2.44)和式(6.2.45)得功率效率最佳关系为[38,69, 369, 370, 372, 374]

$$\bar{P} = h_1 \eta (1-\eta)(\mu_1 - \mu_2)^2 / [1 + (h_1 / h_2)^{0.5}]^2 \tag{6.2.46}$$

式(6.2.46)表明,两无限势库等温内可逆化学机的功率效率最佳关系为抛物线型。

6.2.3.3　$g \propto \Delta(c)$ 传质规律和有限势容高化学势库下的最优构型

当高、低化学势侧传质过程均服从扩散传质规律[$g \propto \Delta(c)$]时,传质流率 $g_1(c_1, c_{1'})$ 和 $g_2(c_{2'}, c_2)$ 分别为

$$g_1(c_1, c_{1'}) = h_1(t)[c_1(t) - c_{1'}(t)] \tag{6.2.47}$$

$$g_2(c_{2'}, c_2) = h_2(t)[c_{2'}(t) - c_2(t)] \tag{6.2.48}$$

式中,$h_1(t)$ 和 $h_2(t)$ 分别为对应侧的扩散传质系数。由 $\mu_i = \mu_{0i} + RT \ln(c_i)$ ($i = 1, 1', 2', 2$)得 $c_i = \exp[(\mu_i - \mu_{0i}) / (RT)]$,将其代入式(6.2.47)和式(6.2.48)得

$$g_1(\mu_1, \mu_{1'}) = h_1(t) \exp\left(-\frac{\mu_{01}}{RT}\right)\left[\exp\left(\frac{\mu_1}{RT}\right) - \exp\left(\frac{\mu_{1'}}{RT}\right)\right] \tag{6.2.49}$$

$$g_2(\mu_{2'}, \mu_2) = h_2(t) \exp\left(-\frac{\mu_{02}}{RT}\right)\left[\exp\left(\frac{\mu_{2'}}{RT}\right) - \exp\left(\frac{\mu_2}{RT}\right)\right] \tag{6.2.50}$$

由式 (6.2.47)~式 (6.2.50) 可见，$g \propto \Delta(c)$ 传质规律等价于 $g \propto \Delta(\mu / RT)$ 传质规律[18, 49, 341, 342, 343, 355, 356]，两者是同一种传质方式的不同数学表述。但使用以浓度表示的 $g \propto \Delta(c)$ 传质规律更便于传质过程和化学循环的分析应用与优化计算。设 $t = 0$ 时，化学机开始从高化学势库吸质，在 $t = t_1$（$0 < t_1 < \tau$）时向低化学势库放质，化学机工质在高、低化学势库间经过瞬时等质流过程转换，因此有如下关系：

$$h_1(t) = \begin{cases} h_1, & 0 \leqslant t \leqslant t_1 \\ 0, & t_1 \leqslant t \leqslant \tau \end{cases}, \quad h_2(t) = \begin{cases} 0, & 0 \leqslant t \leqslant t_1 \\ h_2, & t_1 \leqslant t \leqslant \tau \end{cases} \quad (6.2.51)$$

式中，h_1 和 h_2 为常数；t_1 为化学机吸质过程时间。将式 (6.2.47) 代入式 (6.2.23) 得

$$(c_1 - c_{1'})^2 / c_{1'} = a_c \quad (6.2.52)$$

式中，$a_c = -\lambda_1 / (h_1 RT)$ 为待定积分常数。由式 (6.2.52) 进一步得

$$c_{1'} = c_1 + a_c / 2 - \sqrt{a_c c_1 + a_c^2 / 4} \quad (6.2.53)$$

将式 (6.2.53) 代入式 (6.2.11) 得

$$\dot{c}_1 = -h_1 (1 - c_1)^2 \left(\sqrt{a_c c_1 + a_c^2 / 4} - a_c / 2 \right) / [M_{10}(1 - c_{10})], \quad c_1(0) = c_{10} \quad (6.2.54)$$

式 (6.2.54) 确定了高化学势库关键组分 B_1 的浓度 $c_{1,\text{opt}}(a_c, t)$，将其代入式 (6.2.53) 得化学机与高化学势库接触时化学机工质中关键组分 B_1 浓度 $c_{1',\text{opt}}(a_c, t)$。将式 (6.2.48) 代入式 (6.2.26) 得

$$c_{2'} = \text{const} \quad (6.2.55)$$

式 (6.2.55) 表明化学机与低化学势库接触时，化学机工质中关键组分 B_2 的浓度为常数。将 $c_{1,\text{opt}}(a_c, t)$、$c_{1',\text{opt}}(a_c, t)$ 代入式 (6.2.47) 得

$$g_1(a_c, t) = h_1 [c_{1,\text{opt}}(a_c, t) - c_{1',\text{opt}}(a_c, t)] \quad (6.2.56)$$

将式 (6.2.56) 代入式 (6.2.1) 得化学机从高化学势库的吸质量为 $G_1(a_c, t_1)$。由质量守恒定律得 $G_1 = G_2$，则化学机工质与无限低势库接触时其关键组分 B_2 的浓度为

$$c_{2',\text{opt}}(a_c, t_1) = c_2 + G_1(a_c, t_1) / [h_2(\tau - t_1)] \quad (6.2.57)$$

将 $c_{1,\text{opt}}(a_c, t)$、$c_{1',\text{opt}}(a_c, t)$ 和 $c_{2',\text{opt}}(a_c, t_1)$ 分别代入式 (6.2.22) 得

$$\mu_{i,\text{opt}}(a_c, t) = \mu_{01}(P, T) + RT \ln[c_{i,\text{opt}}(a_c, t)], \quad i = 1, \ 1' \quad (6.2.58)$$

$$\mu_{2',\text{opt}}(a_c, t_1) = \mu_{02}(P, T) + RT \ln[c_{2',\text{opt}}(a_c, t_1)] \tag{6.2.59}$$

将式(6.2.56)~式(6.2.59)代入式(6.2.6)得

$$W = \int_0^{t_1} \{h_1[c_{1,\text{opt}}(a_c, t) - c_{1',\text{opt}}(a_c, t)]\, \mu_{1',\text{opt}}(a_c, t)\} \mathrm{d}t - G_1(a_c, t_1)\mu_{2',\text{opt}}(a_c, t_1) \tag{6.2.60}$$

式(6.2.60)确定了循环输出功 W 与参数 a_c 和化学机吸质过程时间 t_1 的函数关系。由式(6.2.52)、式(6.2.54)、式(6.2.57)和式(6.2.59)可知，$g \propto \Delta c$ 传质规律下有限高势库等温内可逆化学机最大输出功时循环最优构型为：低化学势侧工质中关键组分的化学势为常数，而工质与高化学势库接触时化学机工质与化学势库中关键组分浓度差的平方 $(c_1 - c_{1'})^2$ 和化学机工质中关键组分的浓度 $c_{1'}$ 两者之比为常数的内可逆化学机循环，与 6.2.3.1 节中 $g \propto \Delta \mu$ 传质规律下的优化结果存在显著不同。由以上分析可见，传质规律影响有限高势库等温内可逆化学机最大输出功时的循环最优构型。

6.2.3.4　$g \propto \Delta(c)$ 传质规律和无限势容高化学势库下的最优构型

当高化学势库为无限势库时，有 $M_{10} \to \infty$。由式(6.2.54)可见，高化学势库关键组分 B_1 的浓度 $c_1(t) = c_{10}$，由 $\mu_1 = \mu_{01} + RT \ln c_{10}$ 可知，化学势 μ_1 保持不变。与 6.2.3.2 节一样，循环最优构型由两个等化学势传质分支和两个等质流分支组成。因此，当高化学势库为无限势容化学势库时，等温内可逆化学机最大输出功时循环最优构型由两个等化学势传质分支和两个等质流分支组成，与具体的传质规律无关。循环平均输出功率 $\bar{P}$ 和效率 η 分别为式(6.2.44)和式(6.2.45)，经推导得化学机功率效率最优关系为

$$\bar{P} = \frac{\begin{aligned}&h_1\eta[\mu_{01} - \mu_{02} + RT \ln(c_1/c_2)] \\ &\quad \times \{c_1 - c_2 \exp[(\eta-1)(\mu_{01}-\mu_{02})/(RT) + \eta \ln(c_1/c_2)]\}\end{aligned}}{\tau\{1 + \sqrt{(h_1/h_2)\exp[(\eta-1)(\mu_{01}-\mu_{02})/(RT) + \eta \ln(c_1/c_2)]}\}^2} \tag{6.2.61}$$

文献[98]、[375]、[376]基于扩散传质规律的另一类表述形式[$g \propto \Delta(\mu/RT)$]得到了等温内可逆化学机功率和效率最优关系，与式(6.2.61)是一致的，与文献[98]、[375]、[376]中的研究结果相比，式(6.2.61)的表述形式更为简洁。式(6.2.61)表明两无限势容化学势库间工作的等温内可逆化学机的最佳功率效率关系为抛物线型，当 $\eta = \eta_{\min} = 0$ 和 $\eta = \eta_{\max} = 1$ 时有 $\bar{P} = 0$，由中值定理可知 $\bar{P}$ 在效率 η 变化的闭区间[0, 1]上某点必存在最大值。

6.3　存在质漏的有限高势库等温不可逆化学机最大输出功

6.3.1　物理模型

在 6.2.1 节有限高势库等温内可逆化学机物理模型的基础上，进一步考虑高、低化学势库间的直接质漏，建立如图 6.2 所示存在质漏的有限高势库不可逆等温化学机模型，其他条件与 6.2.1 节相同。6.2.1 节中式(6.2.1)~式(6.2.6)、式(6.2.8)和式(6.2.10)对于本节也均是适用的。令高、低化学势库间的质漏流率为 $g_3(c_1, c_2)$，质漏量为 G_3，则有

$$G_3 = \int_0^\tau g_3(c_1, c_2) \mathrm{d}t \qquad (6.3.1)$$

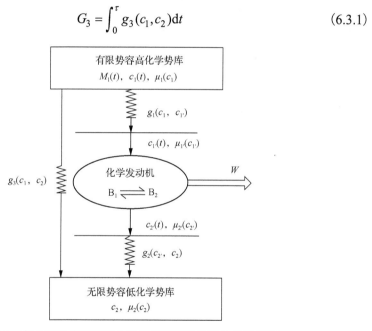

图 6.2　存在质漏的有限高化学势库不可逆等温化学机模型

对于高化学势库，其总质量 $M_1(t)$ 随时间的变化规律服从如下微分方程式：

$$\mathrm{d}M_1 / \mathrm{d}t = -g_1(c_1, c_{1'}) - g_3(c_1, c_2), \quad M_1(0) = M_{10} \qquad (6.3.2)$$

考虑高化学势侧传质过程中仅关键组分 B_1 参与传质过程，将式(6.2.8)代入式(6.3.2)得

$$\mathrm{d}c_1 / \mathrm{d}t = -(1 - c_1)[g_1(c_1, c_{1'}) + g_3(c_1, c_2)] / M_1 \qquad (6.3.3)$$

在有限速率传质过程中，高化学势库中惰性成分的质量保持不变，将式(6.2.10)

代入式(6.3.3)得

$$\dot{c}_1 = -[g_1(c_1,c_{1'}) + g_3(c_1,c_2)](1-c_1)^2 / \tilde{m}_1 \tag{6.3.4}$$

式中，$\dot{c}_1 = dc_1 / dt$。

6.3.2　优化方法

现在的问题是求固定周期 τ 内等温不可逆化学机的最大输出功，即在式(6.2.3)和式(6.3.4)的约束下求式(6.2.6)中的 W 最大化所对应的浓度 $c_1(t)$、$c_{1'}(t)$ 和 $c_{2'}(t)$ 的最佳时间路径。与 6.2.2 节一样，本节也采用平均最优控制优化方法，可分为两个子问题。

(1) 当 $0 \leqslant t \leqslant t_1$ 时，在式(6.2.12)和

$$\tilde{m}_1\dot{c}_1 = -(1-c_1)^2[g_1(c_1,c_{1'}) + g_3(c_1,c_2)] \tag{6.3.5}$$

的约束下求目标函数的最大值：

$$\max \quad W^+ = \int_0^{t_1} g_1(c_1,c_{1'})\mu_{1'}(c_{1'})dt \tag{6.3.6}$$

(2) 当 $t_1 \leqslant t \leqslant \tau$ 时，在式(6.2.15)和

$$\tilde{m}_1\dot{c}_1 = -(1-c_1)^2 g_3(c_1,c_2) \tag{6.3.7}$$

的约束下求目标函数的最大值：

$$\max \quad W^- = \int_{t_1}^{\tau} -g_2(c_{2'},c_2)\mu_{2'}(c_{2'})dt \tag{6.3.8}$$

对于(1)，由式(6.3.5)得

$$dt = -\frac{\tilde{m}_1 dc_1}{(1-c_1)^2[g_1(c_1,c_{1'}) + g_3(c_1,c_2)]} \tag{6.3.9}$$

由式(6.3.9)进一步得

$$\int_{c_{10}}^{c_1(t_1)} \left\{ -\frac{\tilde{m}_1}{(1-c_1)^2[g_1(c_1,c_{1'}) + g_3(c_1,c_2)]} \right\} dc_1 = t_1 \tag{6.3.10}$$

将式(6.3.9)分别代入式(6.2.12)和式(6.3.6)得

$$\int_{c_{10}}^{c_1(t_1)} \left\{ -\frac{\tilde{m}_1 \cdot g_1(c_1,c_{1'})}{(1-c_1)^2[g_1(c_1,c_{1'}) + g_3(c_1,c_2)]} \right\} dc_1 = G_1 \tag{6.3.11}$$

$$\max \quad W^+ = \int_{c_{10}}^{c_1(t_1)} \left\{ -\frac{\tilde{m}_1 g_1(c_1, c_{1'}) \mu_{1'}(c_{1'})}{(1-c_1)^2 [g_1(c_1, c_{1'}) + g_3(c_1, c_2)]} \right\} dc_1 \qquad (6.3.12)$$

(1) 变为在式 (6.3.10) 和式 (6.3.11) 的约束下求式 (6.3.12) 中 W^+ 的最大值，建立变更的拉格朗日函数如下：

$$L_1 = -\frac{\tilde{m}_1}{(1-c_1)^2 [g_1(c_1, c_{1'}) + g_3(c_1, c_2)]} [g_1(c_1, c_{1'})\mu_{1'}(c_{1'}) + \lambda_1 + \lambda_2 g_1(c_1, c_{1'})] \qquad (6.3.13)$$

式中，λ_1 和 λ_2 为拉格朗日乘子，均为待定常数。由极值条件 $\partial L_1 / \partial c_{1'} = 0$ 得

$$g_1^2 \frac{\partial \mu_{1'}}{\partial c_{1'}} \bigg/ \frac{\partial g_1}{\partial c_{1'}} + g_3 \left(g_1 \frac{\partial \mu_{1'}}{\partial c_{1'}} \bigg/ \frac{\partial g_1}{\partial c_{1'}} + \mu_{1'} + \lambda_2 \right) = \lambda_1 \qquad (6.3.14)$$

由于 $\partial g_1 / \partial c_{1'} = (\partial g_1 / \partial \mu_{1'}) \cdot (\partial \mu_{1'} / \partial c_{1'})$，式 (6.3.14) 变为

$$g_1^2 \bigg/ \frac{\partial g_1}{\partial \mu_{1'}} + g_3 \left(g_1 \bigg/ \frac{\partial g_1}{\partial \mu_{1'}} + \mu_{1'} + \lambda_2 \right) = \lambda_1 \qquad (6.3.15)$$

由式 (6.2.22) 得 $\partial \mu_{1'} / \partial c_{1'} = RT / c_{1'}$，将其代入式 (6.3.14) 得

$$\frac{RT g_1^2}{c_{1'}} \bigg/ \frac{\partial g_1}{\partial c_{1'}} + g_3 \left(\frac{RT g_1}{c_{1'}} \bigg/ \frac{\partial g_1}{\partial c_{1'}} + \mu_{1'} + \lambda_2 \right) = \lambda_1 \qquad (6.3.16)$$

对于 (2)，由式 (6.3.7) 得

$$dt = -\frac{\tilde{m}_1 dc_1}{(1-c_1)^2 g_3(c_1, c_2)} \qquad (6.3.17)$$

由式 (6.3.17) 得

$$\int_{c_1(t_1)}^{c_1(\tau)} \left[-\frac{\tilde{m}_1}{(1-c_1)^2 g_3(c_1, c_2)} \right] dc_1 = \tau - t_1 \qquad (6.3.18)$$

将式 (6.3.17) 分别代入式 (6.2.15) 和式 (6.3.8) 得

$$\int_{c_1(t_1)}^{c_1(\tau)} \left[-\frac{\tilde{m}_1 g_2(c_{2'}, c_2)}{(1-c_1)^2 g_3(c_1, c_2)} \right] dc_1 = G_2 \qquad (6.3.19)$$

$$\max \quad W^- = \int_{c_1(t_1)}^{c_1(\tau)} \left[\frac{\tilde{m}_1 g_2(c_{2'}, c_2) \mu_{2'}(c_{2'})}{(1-c_1)^2 g_3(c_1, c_2)} \right] dc_1 \qquad (6.3.20)$$

(2) 变为在式 (6.3.18) 和式 (6.3.19) 的约束下求式 (6.3.20) 中 W^- 的最大值, 建立变更的拉格朗日函数如下:

$$L_2 = \frac{\tilde{m}_1}{(1-c_1)^2 g_3(c_1,c_2)} \left[g_2(c_{2'},c_2)\mu_{2'}(c_{2'}) - \lambda_3 - \lambda_4 g_2(c_{2'},c_2) \right] \quad (6.3.21)$$

式中, λ_3 和 λ_4 为拉格朗日乘子, 均为待定常数。由极值条件 $\partial L_2 / \partial c_{2'} = 0$ 得

$$\frac{\partial g_2}{\partial c_{2'}}(\mu_{2'} - \lambda_4) + g_2(c_{2'},c_2)\frac{\partial \mu_{2'}}{\partial c_{2'}} = 0 \quad (6.3.22)$$

由于 $\partial g_2 / \partial c_{2'} = (\partial g_2 / \partial \mu_{2'}) \cdot (\partial \mu_{2'} / \partial c_{2'})$, 式 (6.3.22) 还可写为

$$\frac{\partial g_2}{\partial \mu_{2'}}(\mu_{2'} - \lambda_4) + g_2(c_{2'},c_2) = 0 \quad (6.3.23)$$

由式 (6.2.22) 得 $\partial \mu_{2'} / \partial c_{2'} = (RT) / (c_{2'})$, 将其代入式 (6.3.22) 得

$$\frac{\partial g_2}{\partial c_{2'}} = \frac{RTg_2(c_{2'},c_2)}{(\mu_{2'} - \lambda_4)c_{2'}} \quad (6.3.24)$$

当进一步给定传质流率 $g_1(c_1,c_{1'})$、$g_2(c_{2'},c_2)$ 和 $g_3(c_1,c_2)$ 的传质规律类型时, 由式 (6.3.16) 和式 (6.3.24) 可分别得到等温不可逆化学机的高、低化学势侧传质过程最优构型。特别地, 当无质漏时即 $g_3(c_1,c_2) = 0$, 式 (6.3.15) 和式 (6.3.16) 变为 6.2.2 节等温内可逆化学机最大输出功时的优化结果, 即式 (6.2.21) 和式 (6.2.23)。

6.3.3　特例分析与讨论

6.3.3.1　$g \propto \Delta\mu$ 传质规律和有限势容高化学势库下的最优构型

当化学机高、低化学势侧传质以及旁通质漏均服从线性传质规律 [$g \propto \Delta\mu$] 时, 传质流率 $g_1(c_1,c_{1'})$ 和 $g_2(c_{2'},c_2)$ 分别为式 (6.2.27) 和式 (6.2.28), 质漏流率 $g_3(c_1,c_2)$ 为

$$g_3(c_1,c_2) = h_3(t)[\mu_1(c_1) - \mu_2(c_2)] \quad (6.3.25)$$

式中, $h_3(t)$ 为质漏系数, 满足当 $0 \leqslant t \leqslant \tau$ 时有 $h_3(t) = h_3$。将式 (6.2.27)、式 (6.2.28) 和式 (6.3.25) 代入式 (6.3.15) 和式 (6.3.23) 得

$$-h_1(\mu_1 - \mu_{1'})^2 + h_3(\mu_1 - \mu_2)(2\mu_{2'} - \mu_1 + \lambda_2) = \lambda_1, \qquad 0 \leqslant t \leqslant t_1 \quad (6.3.26)$$

$$\mu_{2'} = (\mu_2 + \lambda_4) / 2, \qquad t_1 \leqslant t \leqslant \tau \quad (6.3.27)$$

式 (6.3.26) 和式 (6.3.27) 确定了存在质漏的等温不可逆化学机最大输出功时循环最优构型。特别地，当无质漏时即 $g_3(c_1,c_2)=0$，式 (6.3.26) 变为 6.2.3.1 节线性传质规律下有限势库内可逆化学机最大输出功的优化结果即式 (6.2.31)，可见质漏影响化学机最大输出功时工质与高势库中关键组分化学势之间的最优关系。

6.3.3.2　$g \propto \Delta(\mu)$ 传质规律和无限势容高化学势库下的最优构型

当高化学势库为无限势库时，有 $M_{10} \to \infty$。由 $\tilde{m}_1 = M_{10}(1-c_{10})$ 和式 (6.3.4) 可见，高化学势库关键组分 B_1 的浓度为 $c_1(t)=c_{10}$，其化学势 μ_1 为常数。由式 (6.3.26) 可见，化学机高势侧工质中关键组分 B_1 的化学势 $\mu_{1'}$ 也为常数。循环最优构型由两个等化学势传质分支和两个等质流分支组成。循环平均输出功率 $\bar{P}$ 和效率 η 分别为

$$\bar{P} = W/\tau = (\mu_{1'} - \mu_{2'})G_1/\tau \tag{6.3.28}$$

$$\eta = W/W_{rev} = (\mu_{1'} - \mu_{2'})G_1/[(\mu_1 - \mu_2)(G_1 + G_3)] \tag{6.3.29}$$

由式 (6.3.28) 和式 (6.3.29) 得化学机最佳功率和效率关系为[38, 69, 372, 374]

$$\bar{P}^2 - [2h_3 + y(1-\eta)](\mu_1 - \mu_2)^2 \eta\bar{P} + h_3(h_3 + y)(\mu_1 - \mu_2)^4 \eta^2 = 0 \tag{6.3.30}$$

式中，$y = h_1/[1+(h_1/h_2)^{0.5}]^2$，此时 $\bar{P}$-η 关系呈回原点的扭叶型。

6.3.3.3　$g \propto \Delta(c)$ 传质规律和有限势容高化学势库下的最优构型

当化学机高、低化学势侧传质和旁通质漏均服从 $g \propto \Delta(c)$ 传质规律，传质流率 $g_1(c_1,c_{1'})$ 和 $g_2(c_{2'},c_2)$ 分别为式 (6.2.47) 和式 (6.2.48)，质漏流率 $g_3(c_1,c_2)$ 为

$$g_3(c_1,c_2) = h_3(t)[c_1(t) - c_2(t)] \tag{6.3.31}$$

式中，$h_3(t)$ 为质漏系数，满足当 $0 \leqslant t \leqslant \tau$ 时有 $h_3(t) = h_3$。将式 (6.2.47)、式 (6.2.48) 和式 (6.3.31) 代入式 (6.3.16) 和式 (6.3.24) 得

$$-h_1 RT(c_1-c_{1'})^2/c_{1'} + h_3(c_1-c_2)[\mu_{1'} + \lambda_2 + RT(1-c_1/c_{1'})] = \lambda_1, \quad 0 \leqslant t \leqslant t_1 \tag{6.3.32}$$

$$\mu_{2'} - RT(1-c_2/c_{2'}) = \lambda_4, \quad t_1 \leqslant t \leqslant \tau \tag{6.3.33}$$

式 (6.3.32) 和式 (6.3.33) 确定了扩散传质规律下存在质漏的等温不可逆化学机最大输出功时循环最优构型。特别地，当无质漏时即 $g_3(c_1,c_2)=0$，式 (6.3.32) 变为 6.2.3.3 节扩散传质规律下等温内可逆化学机最大输出功时的优化结果即式

(6.2.52)，可见质漏影响等温不可逆化学机最大输出功时工质与高势库中关键组分化学势之间的最优关系。

6.3.3.4 $g \propto \Delta(c)$ 传质规律和无限势容高化学势库下的最优构型

当高化学势库为无限势库时，$M_{10} \to \infty$。与 6.3.3.2 节一样，循环最优构型由两个等化学势传质分支和两个等质流分支组成。由此可见，当高化学势库为无限势容化学势库时，等温不可逆化学机最大输出功时循环最优构型由两个等化学势传质分支和两个等质流分支组成，且与具体的传质规律和热漏均无关。循环平均输出功率 $\bar{P}$ 和效率 η 分别为式 (6.3.28) 和式 (6.3.29)。定义化学机工质浓度比 $x = c_{1'} / c_{2'}$，经推导得

$$\bar{P} = \frac{h_1 h_2 (c_1 - c_2 x)[\mu_{01} - \mu_{02} + RT\ln(x)]}{(\sqrt{h_1 x} + \sqrt{h_2})^2} \tag{6.3.34}$$

$$\eta = \frac{h_1 h_2 (c_1 - c_2 x)[\mu_{01} - \mu_{02} + RT\ln(x)]}{[\mu_{01} - \mu_{02} + RT\ln(c_1 / c_2)][h_1 h_2 (c_1 - c_2 x) + h_3 (c_1 - c_2)(\sqrt{h_1 x} + \sqrt{h_2})^2]} \tag{6.3.35}$$

式 (6.3.34) 和式 (6.3.35) 确定了 $g \propto \Delta c$ 传质规律下存在质漏的等温不可逆化学机功率和效率最优关系。由式 (6.3.34) 和 $\mathrm{d}\bar{P} / \mathrm{d}x = 0$ 得最大功率 $\bar{P}_{\max}$ 时的最佳浓度比 x_P 满足：

$$\begin{aligned} &\{RT(c_1 / x_P - c_2) - c_2[\mu_{01} - \mu_{02} + RT\ln(x_P)]\}(\sqrt{h_1 x_P} + \sqrt{h_2})^2 \\ &- (c_1 - c_2 x_P)[\mu_{01} - \mu_{02} + \ln(x_P)](h_1 + \sqrt{h_1 h_2 / x_P}) = 0 \end{aligned} \tag{6.3.36}$$

由式 (6.3.35) 和 $\mathrm{d}\eta / \mathrm{d}x = 0$ 得最大效率 $\eta_{\max}$ 时的最佳浓度比 x_η 满足：

$$\begin{aligned} &\{RT(c_1 / x_\eta - c_2) - c_2[\mu_{01} - \mu_{02} + RT\ln(x_\eta)]\} \\ &\times [h_1 h_2 (c_1 - c_2 x_\eta) + h_3 (c_1 - c_2)(\sqrt{h_1 x_\eta} + \sqrt{h_2})^2] \\ &- (c_1 - c_2 x)[\mu_{01} - \mu_{02} + RT\ln(x_\eta)][h_3 (c_1 - c_2)(h_1 + \sqrt{h_1 h_2 / x_\eta}) - h_1 h_2 c_2] = 0 \end{aligned} \tag{6.3.37}$$

由式 (6.3.34)~式 (6.3.37) 得最大功率 $\bar{P}_{\max}$ 及其相应的效率 $\eta_{\max P}$ 和最大效率 $\eta_{\max}$ 及其相应的功率 $\bar{P}_{\max \eta}$，当 $x_1 = \exp(\mu_{01} - \mu_{02})$ 和 $x_2 = c_1 / c_2$ 时，均有 $\bar{P} = 0$ 和 $\eta = 0$，因此存在质漏的等温不可逆化学机循环平均输出功率 $\bar{P}$ 和效率 η 之间的最优关系为回原点的扭叶型。文献[78]和[376]基于扩散传质规律的另一类数学表述形式 $[g \propto \Delta(\mu / RT)]$ 导出了广义不可逆等温化学机输出功率和效率之间最优关系，与式 (6.3.34)~式 (6.3.37) 是一致的，两者可相互转换。

6.4　多库等温内可逆化学机最大输出功率

6.4.1　物理模型

图 6.3 为多库等温内可逆化学机模型，该系统由一个等温内可逆化学机及与其相连的 N 个无限势容化学势库组成，化学机中工质的化学势为 $\mu(t)$，第 i 个化学势库的化学势为常数 μ_{0i}，$i \in [1, N]$ 且为整数。化学势库与工质间传质流率满足：

$$\tilde{g}_i(\mu_{0i}, \mu, \theta_i) = \theta_i g_i(\mu_{0i}, \mu) \tag{6.4.1}$$

式中，$\tilde{g}_i(\mu_{0i}, \mu, \theta_i)$ 为实际传质流率；$g_i(\mu_{0i}, \mu)$ 为理想传质流率；θ_i 为传质开关函数，表示化学势库与化学机间的接触程度，两者完全接触传质时 $\theta_i = 1$，两者无接触时 $\theta_i = 0$，因此 $\theta_i \in [0,1]$。化学势库及化学机内部工质流动等热力过程均是可逆的，系统唯一的不可逆性来源于化学势库和化学机工质间的有限速率传质。各化学势库和化学机工质间理想传质流率 $g_i(\mu_{0i}, \mu)$ 满足条件：① $\partial g_i(\mu_{0i}, \mu) / \partial \mu_{0i} > 0$；② $\partial g_i(\mu_{0i}, \mu) / \partial \mu < 0$；③当 $\mu_{0i} = \mu$ 时，$g_i(\mu_{0i}, \mu) = 0$。循环过程周期 τ 为定值。

由质量守恒定律得

$$\int_0^\tau \sum_{i=1}^N \theta_i g_i(\mu_{0i}, \mu) \mathrm{d}t = 0 \tag{6.4.2}$$

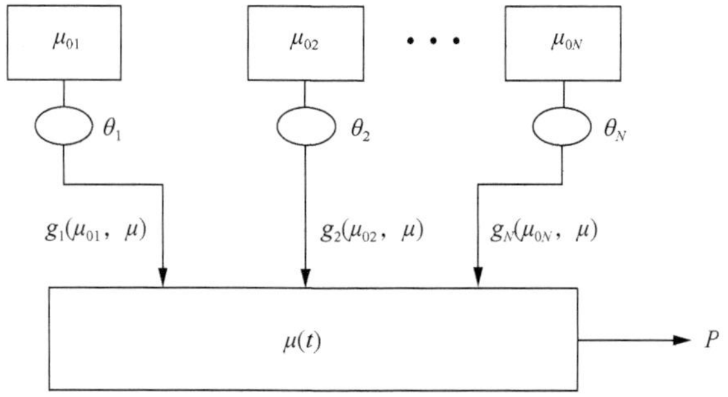

图 6.3　多库等温内可逆化学机模型

式中，$\theta_i(t)$ 和 $\mu(t)$ 的取值满足：$\theta_i(t) \in [0,1]$，$\mu(t) > 0$。由热力学第一定律得

$$\int_0^\tau \sum_{i=1}^N \theta_i \dot{E}_i \mathrm{d}t - \int_0^\tau P(t) \, \mathrm{d}t = 0 \tag{6.4.3}$$

式中，$\dot{E}_i$ 为第 i 个化学势库与化学发动机间的工质内能传递流率；$P(t)$ 为化学发

动机的输出功率。根据热力学第二定律，等温内可逆化学机工质经历一个循环后熵变为零，化学机的输入熵流等于输出熵流，同时各过程均是在等温条件下进行的，得

$$(1/T)\int_0^\tau \sum_{i=1}^N \theta_i [\dot{E}_i - g_i(\mu_{0i},\mu)\mu]\,\mathrm{d}t = 0 \tag{6.4.4}$$

联立式(6.4.3)和式(6.4.4)得循环的平均输出功率 $\bar{P}$ 为

$$\bar{P} = (1/\tau)\int_0^\tau [\sum_{i=1}^N \theta_i g_i(\mu_{0i},\mu)\mu]\mathrm{d}t \tag{6.4.5}$$

6.4.2 优化方法

现在的问题是求固定循环周期 τ 内多库等温内可逆化学机最大平均输出功率，即在式(6.4.2)的约束下求式(6.4.5)中 $\bar{P}$ 取最大值时的开关函数向量 $\boldsymbol{\theta}(t)=(\theta_1,\theta_2,\cdots,\theta_N)$ 和化学机工质化学势 $\mu(t)$ 的最佳时间路径。由目标函数式(6.4.5)和约束条件式(6.4.2)可见，本问题属于最优控制理论中一类平均非线性规划问题，建立变更的拉格朗日函数如下：

$$L = \sum_{i=1}^N \theta_i g_i(\mu_{0i},\mu)(\mu-\lambda) \tag{6.4.6}$$

式中，λ 为待定拉格朗日乘子。

6.4.2.1 开关函数 θ_i 最优路径

由式(6.4.6)可看出，因为 L 是 $\theta_i(\mu_{0i},\mu)$ 的线性函数，所以 θ_i 的最佳值为最优控制问题中的"bang bang"解[119, 514]，即 L 只能在 $\theta_i(\mu_{0i},\mu)$ 的可行域边界上取得最大值。$\theta_i(t)\in[0,1]$，因此 $\theta_i(\mu_{0i},\mu)$ 只能取 0 和 1。由庞特里亚金极小值原理，得最佳开关函数 θ_i 为

$$\theta_i(\mu_{0i},\mu) = \begin{cases} 1, & g_i(\mu_{0i},\mu)(\mu-\lambda) > 0 \\ 0, & g_i(\mu_{0i},\mu)(\mu-\lambda) < 0 \end{cases} \tag{6.4.7}$$

现在讨论化学势库与化学机工质间发生传质的可能情形（$\theta_i=1$）：①若 $\mu<\lambda$，必有 $g_i(\mu_{0i},\mu)<0$，表明这种条件下与化学机接触的是低化学势库即 $\mu_{0i}<\mu$；②若 $\mu>\lambda$，必有 $g_i(\mu_{0i},\mu)>0$，表明这种条件下与化学机接触的是高化学势库即 $\mu_{0i}>\mu$。因此式(6.4.7)将 N 个化学势库分为高化学势库和低化学势库

两类，并依据化学机工质化学势 μ 与拉格朗日乘子 λ 的相对大小决定化学机是从高化学势库吸收质量流还是向低化学势库释放质量流。

6.4.2.2　工质化学势 $\mu(t)$ 最优路径

为了更清楚地描述化学势库与化学机间的传质关系，定义质量输入率函数 $g_i^+(\mu_{0i},\mu)$ 及质量输出率函数 $g_i^-(\mu_{0i},\mu)$ 如下：

$$g_i^+(\mu_{0i},\mu) = \begin{cases} g_i(\mu_{0i},\mu), & \mu_{0i} > \mu \\ 0, & \mu_{0i} < \mu \end{cases} \tag{6.4.8}$$

$$g_i^-(\mu_{0i},\mu) = \begin{cases} 0, & \mu_{0i} > \mu \\ g_i(\mu_{0i},\mu), & \mu_{0i} < \mu \end{cases} \tag{6.4.9}$$

式中，$i \in [1,N]$ 且为整数，则总输入质量流率 $g^+(\mu_0,\mu)$ 和总输出质量流率 $g^-(\mu_0,\mu)$ 为

$$g^+(\mu_0,\mu) = \sum_{i=1}^{N} g_i^+(\mu_{0i},\mu) \tag{6.4.10}$$

$$g^-(\mu_0,\mu) = \sum_{i=1}^{N} g_i^-(\mu_{0i},\mu) \tag{6.4.11}$$

式中，$\mu_0 = (\mu_{01},\mu_{02},\cdots,\mu_{0N})$ 代表化学势库化学势矢量。由式 (6.4.7)~式 (6.4.11) 得化学势库与化学机间总的质量交换流率为

$$g_\Sigma(\mu_0,\mu) = \sum_{i=1}^{N} g_i(\mu_{0i},\mu) = \begin{cases} g^+(\mu_{0i},\mu), & \mu > \lambda \\ g^-(\mu_{0i},\mu), & \mu < \lambda \end{cases} \tag{6.4.12}$$

根据文献[115]、[117]、[121]、[125]、[129]、[130]、[154]中平均规划问题求解理论，若平均规划问题的约束条件个数为 i，那么相应问题的最优解为 $i+1$ 个常数。本问题仅有质量守恒定律一个约束条件即式 (6.4.2)，因此化学机工质的化学势为两个常数，与化学势库的数量和传质规律均无关。类比于热机的瞬时绝热分支即瞬时等热流分支，可设想各传质分支均由理想瞬时等质流分支连接[292, 293]。由此得多库等温内可逆化学机最大功率输出时的循环最优构型由两个等化学势分支和两个瞬时等质量流分支组成，且与化学势库的数量和传质规律均无关。不失一般性，设化学机工质化学势分别为 $\mu_{1'}$ 和 $\mu_{2'}$，由极值条件 $\partial L / \partial\mu = 0$ 得

$$\lambda = \mu + g_\Sigma(\mu_0,\mu) / (\partial g_\Sigma / \partial\mu) \tag{6.4.13}$$

式 $(6.4.13)$ 在 $\mu = \mu_{1'}$ 和 $\mu = \mu_{2'}$ 处均成立。另一个极值条件是拉格朗日函数 L 在两个最优解处的函数值相等，由式 $(6.4.6)$ 得

$$g_{\Sigma}(\mu_0, \mu_{1'})(\mu_{1'} - \lambda) = g_{\Sigma}(\mu_0, \mu_{2'})(\mu_{2'} - \lambda) \qquad (6.4.14)$$

若令 γ_1 和 γ_2 分别表示化学机工质化学势为 $\mu = \mu_{1'}$ 和 $\mu = \mu_{2'}$ 两个传质分支所耗费的时间占循环周期 τ 的比例。由式 $(6.4.2)$ 得

$$\gamma_1 g_{\Sigma}(\mu_0, \mu_{1'}) + \gamma_2 g_{\Sigma}(\mu_0, \mu_{2'}) = 0 \qquad (6.4.15)$$

$$\gamma_1 + \gamma_2 = 1, \quad \gamma_1 \geqslant 0, \quad \gamma_2 \geqslant 0 \qquad (6.4.16)$$

由式 $(6.4.15)$ 进一步得

$$\gamma_2 / \gamma_1 = -g_{\Sigma}(\mu_0, \mu_{1'}) / g_{\Sigma}(\mu_0, \mu_{2'}) \qquad (6.4.17)$$

联立式 $(6.4.14)$ 和式 $(6.4.17)$ 得

$$\lambda = (\gamma_1 \mu_{2'} + \gamma_2 \mu_{1'}) / (\gamma_1 + \gamma_2) = \gamma_1 \mu_{2'} + \gamma_2 \mu_1 \qquad (6.4.18)$$

由式 $(6.4.18)$ 可见，λ 的取值为 $\mu_{1'} \sim \mu_{2'}$。为便于分析，进一步假定化学机工质的最优化学势分别为 μ^+ 和 μ^-，而且满足 $\mu^+ > \lambda$ 和 $\mu^- < \lambda$。由式 $(6.4.8)$ 和式 $(6.4.9)$ 可知，当化学机工质的化学势为 μ^+ 时，化学机从高化学势库（$\mu_{0i} > \mu^+$）吸收质量流；当化学机工质的化学势为 μ^- 时，化学机向低化学势库（$\mu_{0i} < \mu^-$）释放质量流；化学势在 $\mu^- \sim \mu^+$ 的化学势库则不参与和化学机的传质过程。由此可得出结论：为获得等温内可逆化学机的最大功率，一些化学势库必须不参与和化学机的传质过程。

6.4.2.3　等化学势传质分支最佳时间 γ^+ 和 γ^- 的确定

定义 $g^{+\Delta}$ 和 $g^{-\Delta}$ 如下：

$$g^{+\Delta} = g^+(\mu_0, \mu^+) = g_{\Sigma}(\mu_0, \mu^+) \qquad (6.4.19)$$

$$g^{-\Delta} = g^-(\mu_0, \mu^-) = g_{\Sigma}(\mu_0, \mu^-) \qquad (6.4.20)$$

联立式 $(6.4.13)$、式 $(6.4.14)$、式 $(6.4.19)$ 和式 $(6.4.20)$ 得

$$[g^{+\Delta} / g^{-\Delta}]^2 = (\partial g^+ / \partial \mu)\big|_{\mu^+} / (\partial g^- / \partial \mu)\big|_{\mu^-} \qquad (6.4.21)$$

将式 $(6.4.17)$ 代入式 $(6.4.21)$ 得

$$\gamma^- / \gamma^+ = \sqrt{\left.(\partial g^+ / \partial \mu)\right|_{\mu^+} / \left.(\partial g^- / \partial \mu)\right|_{\mu^-}} \qquad (6.4.22)$$

由式(6.4.16)和式(6.4.21)进一步得

$$\gamma^+ = \sqrt{\left.-(\partial g^- / \partial \mu)\right|_{\mu^-}} \Big/ \left[\sqrt{\left.-(\partial g^+ / \partial \mu)\right|_{\mu^+}} + \sqrt{\left.-(\partial g^- / \partial \mu)\right|_{\mu^-}}\right] \qquad (6.4.23)$$

$$\gamma^- = \sqrt{\left.-(\partial g^+ / \partial \mu)\right|_{\mu^+}} \Big/ \left[\sqrt{\left.-(\partial g^+ / \partial \mu)\right|_{\mu^+}} + \sqrt{\left.-(\partial g^- / \partial \mu)\right|_{\mu^-}}\right] \qquad (6.4.24)$$

给定传质规律 $g(\mu_{0i}, \mu)$ 和化学势库化学势 $\mu_0 = (\mu_{01}, \mu_{02}, \cdots, \mu_{0N})$，由式(6.4.13)、式(6.4.14)、式(6.4.23)、式(6.4.24)可求出参数 λ、μ^+、μ^-、γ^+ 和 γ^- 的值。

6.4.3 数值算例与讨论

考虑一个三库等温内可逆化学机，各化学势库的化学势分别为 μ_{01}、μ_{02} 和 μ_{03}。传质过程均服从线性传质规律[$g \propto \Delta(\mu)$]，各化学势库与化学机工质间的传质流率为

$$g_i(\mu_{0i}, \mu) = h_i(\mu_{0i} - \mu), \quad i \in \{1, 2, 3\} \qquad (6.4.25)$$

式中，h_i 为化学机工质与相应化学势库间的传质系数。为简化问题，本节取 $h_1 = h_2 = h_3 = 1 \ \ \text{mol}^2 / (\text{J} \cdot \text{s})$。固定三个化学势库的最低化学势和最高化学势分别为 $\mu_{01} = 1 \, \text{J}/\text{mol}$ 和 $\mu_{03} = 4 \, \text{J}/\text{mol}$，令第 2 个化学库的化学势 μ_{02} 以步长为 0.05 在 $\mu_{01} \sim \mu_{03}$ 变化，以此研究中间化学势库化学势对化学机循环最优性能的影响。图 6.4 给出了指示函数 $\text{ind}(\mu_{02})$ 随化学势库 2 化学势 μ_{02} 的变化规律，图 6.5 给出了工质化学势 μ^+ 和 μ^- 随 μ_{02} 的变化规律，其中的虚线表示 μ_{02} 值。由图可见，当化学势 μ_{02} 较低且满足条件 $\mu_{02} < \mu^-$ 时，化学势库 2 与化学势库 1 均以低化学势库的形式从化学机吸收质量流，相应的指示函数为 $\text{ind}(\mu_{02}) = 1$；当化学势 μ_{02} 较高且满足条件 $\mu_{02} > \mu^+$ 时，化学势库 2 与化学势库 3 均以高化学势库的形式向化学机释放质量流，相应的指示函数为 $\text{ind}(\mu_{02}) = 3$；而化学势 μ_{02} 满足条件 $\mu^- < \mu_{02} < \mu^+$ 时，化学势库 2 不参与和化学机的传质过程，相应的指示函数为 $\text{ind}(\mu_{02}) = 0$。

图 6.6 给出了化学机最大输出功率 $P_{\max}$ 随化学势库 2 化学势 μ_{02} 的变化规律。由图可见，当化学势 μ_{02} 满足条件 $\mu_{02} < \mu^-$ 时，随着 μ_{02} 的增加，最大输出功率 $P_{\max}$ 减少；当化学势 μ_{02} 满足条件 $\mu^- < \mu_{02} < \mu^+$ 时，随着 μ_{02} 的增加，最大输出功率 $P_{\max}$ 保持不变；当化学势 μ_{02} 满足 $\mu_{02} > \mu^+$ 时，随着 μ_{02} 值的增加，最大输出功率 $P_{\max}$ 增加；当化学势 μ_{02} 满足 $\mu_{02} = \mu^-$ 和 $\mu_{02} = \mu^+$ 时，化学机的最大输出功率 $P_{\max}$

存在跳跃，此结果与文献[272]和[273]中热机的最大输出功率随热源温度在转折点处连续变化不同。差异的原因在于热机与等温化学机的做功原理不同，在内可逆热机中高温侧热流量与低温侧热流量之差即热机的输出功，热流量随热源温度变化连续，所以热机输出功率随热源温度变化也连续；而在内可逆等温化学机中，高化学势侧与低化学势侧的化学机工质化学势差和传质量的乘积为化学机的输出功，传质量随化学势库化学势变化连续，但是由图 6.5 可见，化学机工质化学势随化学势 μ_{02} 的变化却不连续，在转折点处存在跳跃，因此化学机循环平均输出功率随化学势库 2 变化不连续，在转折点处也存在跳跃。

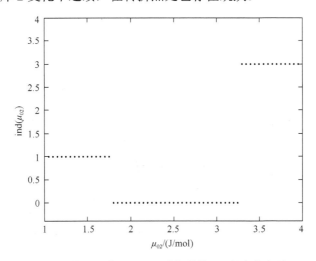

图 6.4　指示函数 $\mathrm{ind}(\mu_{02})$ 随化学势 μ_{02} 的变化规律

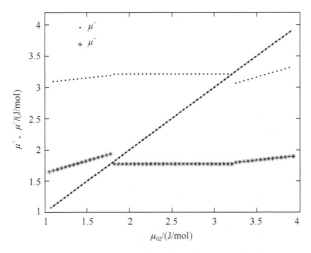

图 6.5　工质化学势 μ^+ 和 μ^- 随化学势 μ_{02} 的变化规律

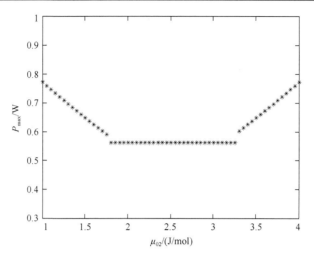

图 6.6　化学机最大输出功率 $P_{\max}$ 随化学势 μ_{02} 的变化规律

图 6.7 给出了化学机最大功率输出时的效率 $\eta_{\max P}$ 随化学势库 2 的化学势 μ_{02} 的变化规律。由图可见，当化学势 μ_{02} 满足条件 $\mu_{02} < \mu^-$ 时，随着 μ_{02} 的增加，效率 $\eta_{\max P}$ 降低，且 $\eta_{\max P}$ 的降低量也增大；当化学势 μ_{02} 满足条件 $\mu^- < \mu_{02} < \mu^+$ 时，随着 μ_{02} 的增加，效率 $\eta_{\max P}$ 保持不变；当化学势 μ_{02} 满足 $\mu_{02} > \mu^+$ 时，随着 μ_{02} 的增加，效率 $\eta_{\max P}$ 升高，但 $\eta_{\max P}$ 的增加量却减少；与文献[292]和[293]中对应于多源内可逆热机最大功率时的效率随中间热源的温度呈线性规律变化不同，当 $\mu_{02} < \mu^-$ 及 $\mu_{02} > \mu^+$ 时，对应于化学机最大功率输出时的效率 $\eta_{\max P}$ 与化学势 μ_{02} 为类抛物线关系。差异产生的原因除了两者功率变化规律不同，更为主要的是内

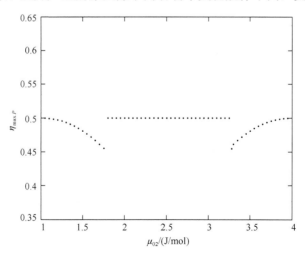

图 6.7　化学机最大输出功率时的效率 $\eta_{\max P}$ 随化学势 μ_{02} 的变化规律

可逆热机与等温内可逆化学机的效率定义不同，内可逆热机的效率为热机输出功与其吸热量之比即第一定律效率，而本节等温内可逆化学机的效率为输出功与同等条件下可逆化学机输出功之比即第二定律效率；当化学势 μ_{02} 满足条件 $\mu^- < \mu_{02} < \mu^+$ 时，对应于最大功率时的效率 $\eta_{\max P} = 0.5$，为相应可逆等温化学机效率的 $1/2$，这与文献[38]、[69]、[369]、[370]、[372]、[374]的研究结果一致。

6.5 基于 LIT 的有限高势库非等温内可逆化学机最大输出功

6.5.1 物理模型

在 3.2.1 节有限高温热源内可逆热机和 6.2.1 节有限高势库等温内可逆化学机的物理模型基础上，进一步建立如图 6.8 所示有限高势库非等温内可逆化学机的物理模型。对于高化学势库有热容 $C_1 = M_1 c_{p1}$，假定高势库混合物比热容 c_{p1} 不随高势库的传热传质发生变化，保持为常数，其他温度和浓度参数的定义与 3.2.1 节和 6.2.1 节相同。

考虑化学机工质与化学势库间的传热传质服从线性不可逆热力学中 Onsager 方程[271, 512, 513]，对于化学机高化学势侧，有

$$E_1 = \int_0^\tau \dot{E}_1(t)\mathrm{d}t = \int_0^\tau \left[\alpha_1(t)\left(\frac{1}{T_{1'}} - \frac{1}{T_1} \right) + \gamma_1(t)\left(\frac{\mu_1}{T_1} - \frac{\mu_{1'}}{T_{1'}} \right) \right]\mathrm{d}t \qquad (6.5.1)$$

$$G_1 = \int_0^\tau g_1(t)\mathrm{d}t = \int_0^\tau \left[\gamma_1(t)\left(\frac{1}{T_{1'}} - \frac{1}{T_1} \right) + h_1(t)\left(\frac{\mu_1}{T_1} - \frac{\mu_{1'}}{T_{1'}} \right) \right]\mathrm{d}t \qquad (6.5.2)$$

式中，$\dot{E}_1(t)$ 和 $g_1(t)$ 分别为高化学势侧的能量和质量传递流率；$\alpha_1(t)$ 和 $h_1(t)$ 分别为高化学势侧的传热唯象系数和传质唯象系数；$\gamma_1(t)$ 为高化学势侧传热传质交叉唯象系数。对于化学机低化学势侧，有

$$E_2 = \int_0^\tau \dot{E}_2(t)\mathrm{d}t = \int_0^\tau \left[\alpha_2(t)\left(\frac{1}{T_2} - \frac{1}{T_{2'}} \right) + \gamma_2(t)\left(\frac{\mu_{2'}}{T_{2'}} - \frac{\mu_2}{T_2} \right) \right]\mathrm{d}t \qquad (6.5.3)$$

$$G_2 = \int_0^\tau g_2(t)\mathrm{d}t = \int_0^\tau \left[\gamma_2(t)\left(\frac{1}{T_2} - \frac{1}{T_{2'}} \right) + h_2(t)\left(\frac{\mu_{2'}}{T_{2'}} - \frac{\mu_2}{T_2} \right) \right]\mathrm{d}t \qquad (6.5.4)$$

式中，$\dot{E}_2(t)$ 和 $g_2(t)$ 分别为低化学势侧的能量和质量传递流率；$\alpha_2(t)$ 和 $h_2(t)$ 分别为低化学势侧的传热唯象系数和传质唯象系数；$\gamma_2(t)$ 为低化学势侧传热传质交叉唯象系数。

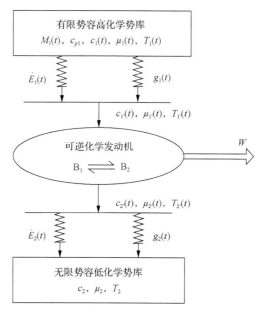

图 6.8 有限高势库非等温内可逆化学机模型

设 $t=0$ 时，化学机工质从高化学势库吸热吸质，在 $t=t_1$ ($0<t_1<\tau$) 时向低化学势库放热放质，工质在高、低化学势库间经过瞬时等能量流且等质流过程转换，有如下关系：

$$\alpha_1(t)=\begin{cases}\alpha_1, & 0\leqslant t\leqslant t_1\\ 0, & t_1\leqslant t\leqslant \tau\end{cases};\ \gamma_1(t)=\begin{cases}\gamma_1, & 0\leqslant t\leqslant t_1\\ 0, & t_1\leqslant t\leqslant \tau\end{cases};\ h_1(t)=\begin{cases}h_1, & 0\leqslant t\leqslant t_1\\ 0, & t_1\leqslant t\leqslant \tau\end{cases} \quad (6.5.5)$$

$$\alpha_2(t)=\begin{cases}0, & 0\leqslant t\leqslant t_1\\ \alpha_2, & t_1\leqslant t\leqslant \tau\end{cases};\ \gamma_2(t)=\begin{cases}0, & 0\leqslant t\leqslant t_1\\ \gamma_2, & t_1\leqslant t\leqslant \tau\end{cases};\ h_2(t)=\begin{cases}0, & 0\leqslant t\leqslant t_1\\ h_2, & t_1\leqslant t\leqslant \tau\end{cases} \quad (6.5.6)$$

式中，α_1、γ_1、h_1、α_2、γ_2 和 h_2 均为常数。由热力学第一定律得化学机的循环输出功 W 为

$$\begin{aligned}W &= \int_0^\tau P(t)\mathrm{d}t = \int_0^\tau [\dot{E}_1(t)-\dot{E}_2(t)]\mathrm{d}t\\ &= \int_0^\tau \left[\alpha_1(t)\left(\frac{1}{T_{1'}}-\frac{1}{T_1}\right)+\gamma_1(t)\left(\frac{\mu_1}{T_1}-\frac{\mu_{1'}}{T_{1'}}\right)-\alpha_2(t)\left(\frac{1}{T_2}-\frac{1}{T_{2'}}\right)-\gamma_2(t)\left(\frac{\mu_{2'}}{T_{2'}}-\frac{\mu_2}{T_2}\right)\right]\mathrm{d}t\end{aligned}$$

$$(6.5.7)$$

式中，$P(t)$ 为化学机的瞬时输出功率。化学机为内可逆循环，由热力学第二定律可知化学机的输入熵流等于输出熵流，得熵平衡方程如下：

$$\int_0^\tau \left[\frac{\dot{E}_1(t) - g_1(t)\mu_{1'}}{T_{1'}} - \frac{\dot{E}_2(t) - g_2(t)\mu_{2'}}{T_{2'}} \right] dt = 0 \tag{6.5.8}$$

由质量守恒定律 $G_1 = G_2$ 进一步得

$$\int_0^\tau \left[\gamma_1(t)\left(\frac{1}{T_{1'}} - \frac{1}{T_1}\right) + h_1(t)\left(\frac{\mu_1}{T_1} - \frac{\mu_{1'}}{T_{1'}}\right) - \gamma_2(t)\left(\frac{1}{T_2} - \frac{1}{T_{2'}}\right) - h_2(t)\left(\frac{\mu_{2'}}{T_{2'}} - \frac{\mu_2}{T_2}\right) \right] dt = 0 \tag{6.5.9}$$

对于有限高化学势库，其质量为 M_1，关键组分的浓度为 c_1，考虑高化学势侧传质过程中仅关键组分 B_1 参与传质过程，则有

$$\mathrm{d}M_1 / \mathrm{d}t = \mathrm{d}(M_1 c_1) / \mathrm{d}t = -g_1, \qquad M_1(0) = M_{10}, \quad c_1(0) = c_{10} \tag{6.5.10}$$

$$\mathrm{d}(M_1 T_1) / \mathrm{d}t = -\dot{E}_1 / c_{p1}, \qquad T_1(0) = T_{10} \tag{6.5.11}$$

由式 (6.5.10) 和式 (6.5.11) 进一步得

$$\mathrm{d}c_1 / \mathrm{d}t = -g_1(1 - c_1) / M_1 \tag{6.5.12}$$

$$\mathrm{d}T_1 / \mathrm{d}t = (g_1 T_1 - \dot{E}_1 / c_{p1}) / M_1 \tag{6.5.13}$$

在高化学势侧有限速率传质过程中，高化学势库混合物中惰性成分的质量保持不变，则有如下关系式成立：

$$M_1(1 - c_1) = \tilde{m}_1 \tag{6.5.14}$$

式中，$\tilde{m}_1$ 为高势库中惰性成分的质量。将式 (6.5.14) 代入式 (6.5.12) 和式 (6.5.13) 得

$$\mathrm{d}c_1 / \mathrm{d}t = -g_1(1 - c_1)^2 / \tilde{m}_1 \tag{6.5.15}$$

$$\mathrm{d}T_1 / \mathrm{d}t = (g_1 T_1 - \dot{E}_1 / c_{p1})(1 - c_1) / \tilde{m}_1 \tag{6.5.16}$$

6.5.2　优化方法

现在的问题是求固定周期 τ 内非等温内可逆化学机的最大输出功，即在式 (6.5.8)、式 (6.5.9)、式 (6.5.12) 和式 (6.5.13) 的约束下求式 (6.5.7) 中的 W 最大化所对应的浓度 $c_i(t)$ 和温度 $T_i(t)$（$i = 1, 1', 2'$）的最佳时间路径。建立变更的拉格朗日函数 L 如下：

$$
\begin{aligned}
L = {}& \dot{E}_1 - \dot{E}_2 + \lambda_1 \left(\frac{\dot{E}_1 - g_1 \mu_{1'}}{T_{1'}} - \frac{\dot{E}_2 - g_2 \mu_{2'}}{T_{2'}} \right) + \lambda_2 (g_1 - g_2) \\
& + u_1(t) \left[\frac{\mathrm{d}c_1}{\mathrm{d}t} + \frac{g_1 (1 - c_1)^2}{\tilde{m}_1} \right] + u_2(t) \left[\frac{\mathrm{d}T_1}{\mathrm{d}t} - \frac{(g_1 T_1 - \dot{E}_1 / c_{p1})(1 - c_1)}{\tilde{m}_1} \right]
\end{aligned}
\tag{6.5.17}
$$

式中，λ_1 和 λ_2 为待定拉格朗日乘子；$u_1(t)$ 和 $u_2(t)$ 为时间相关函数。式 (6.5.17) 进一步变为

$$
\begin{aligned}
L = {}& \dot{E}_1 \left(1 + \frac{\lambda_1}{T_{1'}} \right) - \dot{E}_2 \left(1 + \frac{\lambda_1}{T_{2'}} \right) + g_1 \left(\lambda_2 - \frac{\lambda_1 \mu_{1'}}{T_{1'}} \right) - g_2 \left(\lambda_2 - \frac{\lambda_1 \mu_{2'}}{T_{2'}} \right) \\
& + u_1(t) \left[\frac{\mathrm{d}c_1}{\mathrm{d}t} + \frac{g_1 (1 - c_1)^2}{\tilde{m}_1} \right] + u_2(t) \left[\frac{\mathrm{d}T_1}{\mathrm{d}t} - \frac{(g_1 T_1 - \dot{E}_1 / c_{p1})(1 - c_1)}{\tilde{m}_1} \right]
\end{aligned}
\tag{6.5.18}
$$

式 (6.5.18) 取极值的必要条件为如下欧拉-拉格朗日方程组成立：

$$
\frac{\partial L}{\partial c_1} - \frac{\mathrm{d}}{\mathrm{d}t} \frac{\partial L}{\partial (\mathrm{d}c_1 / \mathrm{d}t)} = 0, \qquad \frac{\partial L}{\partial T_1} - \frac{\mathrm{d}}{\mathrm{d}t} \frac{\partial L}{\partial (\mathrm{d}T_1 / \mathrm{d}t)} = 0
\tag{6.5.19}
$$

$$
\frac{\partial L}{\partial c_{1'}} - \frac{\mathrm{d}}{\mathrm{d}t} \frac{\partial L}{\partial (\mathrm{d}c_{1'} / \mathrm{d}t)} = 0, \qquad \frac{\partial L}{\partial T_{1'}} - \frac{\mathrm{d}}{\mathrm{d}t} \frac{\partial L}{\partial (\mathrm{d}T_{1'} / \mathrm{d}t)} = 0
\tag{6.5.20}
$$

$$
\frac{\partial L}{\partial c_{2'}} - \frac{\mathrm{d}}{\mathrm{d}t} \frac{\partial L}{\partial (\mathrm{d}c_{2'} / \mathrm{d}t)} = 0, \qquad \frac{\partial L}{\partial T_{2'}} - \frac{\mathrm{d}}{\mathrm{d}t} \frac{\partial L}{\partial (\mathrm{d}T_{2'} / \mathrm{d}t)} = 0
\tag{6.5.21}
$$

忽略温度 T 对化学势 μ 的影响，假定物质的化学势仅与浓度 c 有关。将式 (6.5.18) 分别代入式 (6.5.19)~式 (6.5.21) 得如下结论。

(1) 当 $0 \leqslant t \leqslant t_1$ 时，有

$$
\begin{aligned}
& \left[1 + \frac{\lambda_1}{T_{1'}} + \frac{u_2(1 - c_1)}{\tilde{m}_1 c_{p1}} \right] \frac{\partial \dot{E}_1}{\partial c_1} + \left[\left(\lambda_2 - \frac{\lambda_1 \mu_{1'}}{T_{1'}} \right) + \frac{u_1(1 - c_1)^2 - u_2(1 - c_1)T_1}{\tilde{m}_1} \right] \frac{\partial g_1}{\partial c_1} \\
& + \frac{2 u_1 g_1 (c_1 - 1) + u_2 (g_1 T_1 - \dot{E}_1 / c_{p1})}{\tilde{m}_1} - \frac{\mathrm{d}u_1}{\mathrm{d}t} = 0
\end{aligned}
\tag{6.5.22}
$$

$$
\left(1 + \frac{\lambda_1}{T_{1'}} \right) \frac{\partial \dot{E}_1}{\partial T_1} + \left[\left(\lambda_2 - \frac{\lambda_1 \mu_{1'}}{T_{1'}} \right) + \frac{u_1(1 - c_1)^2}{\tilde{m}_1} \right] \frac{\partial g_1}{\partial T_1} + \frac{u_2(c_1 - 1)}{\tilde{m}_1} \left(g_1 - \frac{1}{c_{p1}} \frac{\partial \dot{E}_1}{\partial T_1} \right) - \frac{\mathrm{d}u_2}{\mathrm{d}t} = 0
$$

$$
\tag{6.5.23}
$$

$$\left[1+\frac{\lambda_1}{T_{1'}}-\frac{u_2(c_1-1)}{\tilde{m}_1 c_{p1}}\right]\frac{\partial \dot{E}_1}{\partial c_{1'}}+\left[\lambda_2-\frac{\lambda_1\mu_{1'}}{T_{1'}}+\frac{u_1(1-c_1)^2+u_2(c_1-1)T_1}{\tilde{m}_1}\right]\frac{\partial g_1}{\partial c_{1'}}-\frac{\lambda_1 g_1}{T_{1'}}\frac{\partial \mu_{1'}}{\partial c_{1'}}=0$$

$$(6.5.24)$$

$$\left[1+\frac{\lambda_1}{T_{1'}}-\frac{u_2(c_1-1)}{\tilde{m}_1 c_{p1}}\right]\frac{\partial \dot{E}_1}{\partial T_{1'}}-\frac{\lambda_1 \dot{E}_1}{T_{1'}^2}+\left[\lambda_2-\frac{\lambda_1\mu_{1'}}{T_{1'}}+\frac{u_1(1-c_1)^2}{\tilde{m}_1}+\frac{u_2(c_1-1)T_1}{\tilde{m}_1}\right]\frac{\partial g_1}{\partial T_{1'}}+\frac{\lambda_1 g_1\mu_{1'}}{T_{1'}^2}=0$$

$$(6.5.25)$$

（2）当 $t_1 \leqslant t \leqslant \tau$ 时，有

$$-\frac{\partial \dot{E}_2}{\partial c_{2'}}\left(1+\frac{\lambda_1}{T_{2'}}\right)-\left(\lambda_2-\frac{\lambda_1\mu_{2'}}{T_{2'}}\right)\frac{\partial g_2}{\partial c_{2'}}+\frac{\lambda_1 g_2}{T_{2'}}\frac{\partial \mu_{2'}}{\partial c_{2'}}=0 \qquad (6.5.26)$$

$$-\frac{\partial \dot{E}_2}{\partial T_{2'}}\left(1+\frac{\lambda_1}{T_{2'}}\right)+\frac{\lambda_1 \dot{E}_2}{T_{2'}^2}-\left(\lambda_2-\frac{\lambda_1\mu_{2'}}{T_{2'}}\right)\frac{\partial g_2}{\partial T_{2'}}-\frac{\lambda_1 g_2\mu_{2'}}{T_{2'}^2}=0 \qquad (6.5.27)$$

式(6.5.22)~式(6.5.27)不存在解析解，需要采用数值方法求解。

6.5.3　特例分析与讨论

6.5.3.1　无限热源内可逆热机最优构型

若有 $M_{10} \to \infty$，$\gamma_1 = \gamma_2 = h_1 = h_2 = 0$，$E_1 = Q_1$ 和 $E_2 = Q_2$，即原有限高势库非等温内可逆化学机变为恒温热源内可逆卡诺热机[247]，循环由两个等温分支和两个绝热分支组成。由式(6.5.1)、式(6.5.3)、式(6.5.7)和式(6.5.8)得其功率效率基本优化关系为

$$P=\frac{W}{\tau}=\alpha_1 \frac{(1-\eta_T)/T_2-1/T_1}{[1+\sqrt{\alpha_1/\alpha_2}(1-\eta_T)]^2} \qquad (6.5.28)$$

式中，$\eta_T = 1-T_{2'}/T_{1'}$ 为热效率。式(6.5.28)为文献[38]、[69]、[254]、[263]、[267]、[285]、[315]和 3.2.3.3 节中线性唯象传热规律下恒温热源内可逆卡诺热机的研究结果。

6.5.3.2　有限热源内可逆热机最优构型

当传热传质过程变为纯传热过程时，有 $\gamma_1 = \gamma_2 = h_1 = h_2 = 0$，$E_1 = Q_1$，$E_2 = Q_2$，$\dot{E}_1 = q_1$，$\dot{E}_2 = q_2$，其中 Q_1 和 Q_2 分别为热机高、低温侧传热量，q_1 和 q_2 分别为相应侧传热流率，即原有限高势库非等温内可逆化学机变为有限高温热源内可逆热

机。式(6.5.23)、式(6.5.25)和式(6.5.27)分别变为

$$\frac{\partial q_1}{\partial T_1}\left(1+\frac{\lambda_1}{T_{1'}}\right)+\frac{u_2}{M_1 c_{p1}}\frac{\partial q_1}{\partial T_1}-\frac{\mathrm{d}u_2}{\mathrm{d}t}=0 \tag{6.5.29}$$

$$\frac{\partial q_1}{\partial T_{1'}}\left(1+\frac{\lambda_1}{T_{1'}}\right)-\frac{\lambda_1 q_1}{T_{1'}^2}+\frac{u_2}{M_1 c_{p1}}\frac{\partial q_1}{\partial T_{1'}}=0 \tag{6.5.30}$$

$$-\frac{\partial q_2}{\partial T_{2'}}\left(1+\frac{\lambda_1}{T_{2'}}\right)+\frac{\lambda_1 q_2}{T_{2'}^2}=0 \tag{6.5.31}$$

由式(6.5.29)~式(6.5.31)可解得

$$\frac{1}{T_{1'}}-\frac{1}{T_1}=\frac{Q_1}{\alpha_1 t_1}=\mathrm{const} \tag{6.5.32}$$

$$\frac{1}{T_{2'}}-\frac{1}{T_2}=-\frac{Q_2}{\alpha_2(\tau-t_1)}=\mathrm{const} \tag{6.5.33}$$

式(6.5.32)和式(6.5.33)为文献[96]、[285]~[287]、[289]、[290]和 3.2.3.1 节中线性唯象传热规律下有限高温热源内可逆卡诺热机的研究结果。

6.5.3.3 无限势库等温内可逆化学机最优构型

若有 $M_{10}\to\infty$、$\alpha_1=\alpha_2=0$ 和 $T_1=T_{1'}=T_{2'}=T_2=T$，即原有限势库非等温内可逆化学机变为无限势库等温内可逆化学机，循环分支由两个等化学势传质分支和两个瞬时等质流分支组成。化学机功率效率最佳关系为式(6.2.46)，此时两无限势库等温内可逆化学机的功率效率最佳关系为抛物线型[38, 69, 369, 370, 372, 374]。

6.5.3.4 有限势库等温内可逆化学机最优构型

当传热传质过程变为等温传质过程时，有 $\alpha_1=\alpha_2=0$ 和 $T_1=T_{1'}=T_{2'}=T_2=T$，即原有限势库非等温内可逆化学机变为有限势库等温内可逆化学机。式(6.5.22)、式(6.5.24)和式(6.5.26)分别变为

$$\frac{\partial g_1}{\partial c_1}(\mu_{1'}+\lambda_2)+u_1\frac{(1-c_1)^2}{\tilde{m}_1}\frac{\partial g_1}{\partial c_1}+u_1\frac{2g_1(c_1-1)}{\tilde{m}_1}-\frac{\mathrm{d}u_1}{\mathrm{d}t}=0 \tag{6.5.34}$$

$$\frac{\partial g_{1'}}{\partial c_{1'}}(\mu_{1'}+\lambda_2)+g_1\frac{\partial \mu_{1'}}{\partial c_{1'}}=0 \tag{6.5.35}$$

$$\frac{\partial g_2}{\partial c_{2'}}(\mu_{2'} + \lambda_2) + g_2 \frac{\partial \mu_{2'}}{\partial c_{2'}} = 0 \tag{6.5.36}$$

由式(6.5.34)~式(6.5.36)得

$$\mu_1 - \mu_{1'} = G_1 T / (h_1 t_1) = \text{const} \tag{6.5.37}$$

$$\mu_{2'} - \mu_2 = G_1 T / [(\tau - t_1)h_2] = \text{const} \tag{6.5.38}$$

式(6.5.37)和式(6.5.38)为6.2.3.1节线性传质规律下有限高势库等温内可逆化学机最大输出功时的优化结果即式(6.2.31)和式(6.2.33)。

6.5.3.5　无限势库非等温内可逆化学机最优构型

若进一步有 $M_{10} \to \infty$，高势库的温度 T_1 和化学势 μ_1 均为常数，即原有限势库非等温内可逆化学机最优构型为无限势库非等温内可逆化学机，循环最优构型由两个等温且等化学势传热传质分支和两个瞬时绝热且等质流分支[361-367]构成。式(6.5.1)~式(6.5.4)分别变为

$$E_1 = \left[\alpha_1 \left(\frac{1}{T_{1'}} - \frac{1}{T_1} \right) + \gamma_1 \left(\frac{\mu_1}{T_1} - \frac{\mu_{1'}}{T_{1'}} \right) \right] t_1 \tag{6.5.39}$$

$$G_1 = \left[\gamma_1 \left(\frac{1}{T_{1'}} - \frac{1}{T_1} \right) + h_1 \left(\frac{\mu_1}{T_1} - \frac{\mu_{1'}}{T_{1'}} \right) \right] t_1 \tag{6.5.40}$$

$$E_2 = \left[\alpha_2 \left(\frac{1}{T_2} - \frac{1}{T_{2'}} \right) + \gamma_2 \left(\frac{\mu_{2'}}{T_{2'}} - \frac{\mu_2}{T_2} \right) \right] (\tau - t_1) \tag{6.5.41}$$

$$G_2 = \left[\gamma_2 \left(\frac{1}{T_2} - \frac{1}{T_{2'}} \right) + h_2 \left(\frac{\mu_{2'}}{T_{2'}} - \frac{\mu_2}{T_2} \right) \right] (\tau - t_1) \tag{6.5.42}$$

熵平衡方程式(6.5.8)可变为[361-367]

$$\frac{E_1 - G_1 \mu_{1'}}{T_{1'}} - \frac{E_2 - G_2 \mu_{2'}}{T_{2'}} = 0 \tag{6.5.43}$$

由 $G_1 = G_2$、式(6.5.7)和式(6.5.43)可进一步得[361-367]

$$W = E_1 \left(1 - \frac{T_{2'}}{T_{1'}} \right) + T_{2'} \left(\frac{\mu_{1'}}{T_{1'}} - \frac{\mu_{2'}}{T_{2'}} \right) G_1 \tag{6.5.44}$$

定义 $W = E_1\eta_T + G_1\eta_\mu$，则由式(6.5.44)得一个矢量效率 $\boldsymbol{\eta} = (\eta_T, \eta_\mu)$，其中 η_T 和 η_μ 分别为[361-367]

$$\eta_T = 1 - \frac{T_{2'}}{T_{1'}}, \quad \eta_\mu = \frac{T_{2'}}{T_{1'}}\mu_{1'} - \mu_{2'} \tag{6.5.45}$$

如果循环过程可逆，则有 $T_{1'} = T_1$、$\mu_{1'} = \mu_1$、$T_{2'} = T_2$ 和 $\mu_{2'} = \mu_2$，其可逆循环效率 $\boldsymbol{\eta}_{rev} = (\eta_{T,rev}, \eta_{\mu,rev})$，其中 $\eta_{T,rev}$ 和 $\eta_{\mu,rev}$ 分别为[361-367]

$$\eta_{T,rev} = 1 - \frac{T_2}{T_1}, \quad \eta_{\mu,rev} = \frac{T_2}{T_1}\mu_1 - \mu_2 \tag{6.5.46}$$

由式(6.5.39)~式(6.5.44)可见，若进一步有 $\gamma_1 = \gamma_2 = h_1 = h_2 = 0$，$E_1 = Q_1$ 和 $E_2 = Q_2$，同样得线性唯象传热规律[$q \propto \Delta(T^{-1})$]下内可逆卡诺热机的研究结果[38, 69, 254, 263, 267, 285, 315]；若进一步有 $\alpha_1 = \alpha_2 = 0$ 和 $T_1 = T_{1'} = T_{2'} = T_2 = T$，同样得线性传质规律[$g \propto \Delta\mu$]下等温内可逆化学机的优化结果[38, 69, 369, 370, 372, 374]。由式(6.5.39)和式(6.5.40)可解得

$$\frac{1}{T_{1'}} = \frac{1}{T_1} + \frac{h_1 E_1 - \gamma_1 G_1}{t_1(\alpha_1 h_1 - \gamma_1^2)} \tag{6.5.47}$$

$$\frac{\mu_{1'}}{T_{1'}} = \frac{\mu_1}{T_1} - \frac{\alpha_1 G_1 - \gamma_1 E_1}{t_1(\alpha_1 h_1 - \gamma_1^2)} \tag{6.5.48}$$

由式(6.5.41)和式(6.5.42)可解得

$$\frac{1}{T_{2'}} = \frac{1}{T_2} - \frac{h_2 E_2 - \gamma_2 G_1}{(\tau - t_1)(\alpha_2 h_2 - \gamma_2^2)} \tag{6.5.49}$$

$$\frac{\mu_{2'}}{T_{2'}} = \frac{\mu_2}{T_2} + \frac{\alpha_2 G_1 - \gamma_2 E_2}{(\tau - t_1)(\alpha_2 h_2 - \gamma_2^2)} \tag{6.5.50}$$

将式(6.5.47)~式(6.5.50)代入式(6.5.43)得

$$\frac{E_1 - \mu_1 G_1}{T_1} + \frac{(h_1 E_1^2 - 2\gamma_1 G_1 E_1 + \alpha_1 G_1^2)}{t_1(\alpha_1 h_1 - \gamma_1^2)} - \frac{E_2 - \mu_2 G_1}{T_2} + \frac{(h_2 E_2^2 - 2\gamma_2 G_1 E_2 + \alpha_2 G_1^2)}{(\tau - t_1)(\alpha_2 h_2 - \gamma_2^2)} = 0 \tag{6.5.51}$$

式(6.5.51)为关于 E_2 的一元二次方程，可解得 $E_2(E_1, G_1, t_1)$ 关于参数 E_1、G_1、t_1 的函数。而化学机总输出功为 $W = E_1 - E_2$，优化问题为在式(6.5.51)的约束下求输出功 W 的最大值，建立拉格朗日函数如下：

$$L = E_1 - E_2 + \lambda \left[\frac{E_1 - \mu_1 G_1}{T_1} + \frac{(h_1 E_1^2 - 2\gamma_1 G_1 E_1 + \alpha_1 G_1^2)}{t_1(\alpha_1 h_1 - \gamma_1^2)} \right.$$
$$\left. - \frac{E_2 - \mu_2 G_1}{T_2} + \frac{(h_2 E_2^2 - 2\gamma_2 G_1 E_2 + \alpha_2 G_1^2)}{(\tau - t_1)(\alpha_2 h_2 - \gamma_2^2)} \right] \tag{6.5.52}$$

式中，λ 为拉格朗日乘子，为待定常数。由极值条件 $\partial L / \partial E_1 = 0$、$\partial L / \partial E_2 = 0$、$\partial L / \partial t_1 = 0$ 和 $\partial L / \partial G_1 = 0$ 分别得

$$1 + \lambda \left[\frac{1}{T_1} + \frac{2h_1 E_1 - 2\gamma_1 G_1}{t_1(\alpha_1 h_1 - \gamma_1^2)} \right] = 0 \tag{6.5.53}$$

$$-1 + \lambda \left[-\frac{1}{T_2} + \frac{2h_2 E_2 - 2\gamma_2 G_1}{(\tau - t_1)(\alpha_2 h_2 - \gamma_2^2)} \right] = 0 \tag{6.5.54}$$

$$\frac{(h_2 E_2^2 - 2\gamma_2 G_1 E_2 + \alpha_2 G_1^2)}{(\tau - t_1)^2(\alpha_2 h_2 - \gamma_2^2)} - \frac{(h_1 E_1^2 - 2\gamma_1 N_1 E_1 + \alpha_1 G_1^2)}{t_1^2(\alpha_1 h_1 - \gamma_1^2)} = 0 \tag{6.5.55}$$

$$-\frac{\mu_1}{T_1} + \frac{2\alpha_1 G_1 - 2\gamma_1 E_1}{t_1(\alpha_1 h_1 - \gamma_1^2)} + \frac{\mu_2}{T_2} + \frac{2h_2 E_2 - 2\gamma_2 G_1}{(\tau - t_1)(\alpha_2 h_2 - \gamma_2^2)} = 0 \tag{6.5.56}$$

由式(6.5.55)进一步可解得时间 t_1 为

$$t_1 = \tau \left/ \left[1 + \sqrt{\frac{(h_2 E_2^2 - 2\gamma_2 G_1 E_2 + \alpha_2 G_1^2)(\alpha_1 h_1 - \gamma_1^2)}{(h_1 E_1^2 - 2\gamma_1 G_1 E_1 + \alpha_1 G_1^2)(\alpha_2 h_2 - \gamma_2^2)}} \right] \right. \tag{6.5.57}$$

联立式(6.5.53)、式(6.5.54)和式(6.5.57)得

$$\frac{1}{T_1} - \frac{1}{T_2} + \left[1 + \sqrt{\frac{(h_2 E_2^2 - 2\gamma_2 G_1 E_2 + \alpha_2 G_1^2)(\alpha_1 h_1 - \gamma_1^2)}{(h_1 E_1^2 - 2\gamma_1 G_1 E_1 + \alpha_1 G_1^2)(\alpha_2 h_2 - \gamma_2^2)}} \right]$$
$$\times \left[\frac{(2h_1 E_1 - 2\gamma_1 G_1)}{\tau(\alpha_1 h_1 - \gamma_1^2)} + \frac{(2h_2 E_2 - 2\gamma_2 G_1)}{(\alpha_2 h_2 - \gamma_2^2)} \sqrt{\frac{(h_1 E_1^2 - 2\gamma_1 G_1 E_1 + \alpha_1 G_1^2)(\alpha_2 h_2 - \gamma_2^2)}{(h_2 E_2^2 - 2\gamma_2 G_1 E_2 + \alpha_2 G_1^2)(\alpha_1 h_1 - \gamma_1^2)}} \right] = 0 \tag{6.5.58}$$

将式(6.5.57)代入式(6.5.56)得

$$
\frac{\mu_2}{T_2} - \frac{\mu_1}{T_1} + \left[1 + \sqrt{\frac{(h_2\varepsilon_2^2 - 2\gamma_2 N_1\varepsilon_2 + \alpha_2 N_1^2)(\alpha_1 h_1 - \gamma_1^2)}{(h_1\varepsilon_1^2 - 2\gamma_1 N_1\varepsilon_1 + \alpha_1 N_1^2)(\alpha_2 h_2 - \gamma_2^2)}} \right]
$$

$$
\times \left[\frac{2\alpha_1 N_1 - 2\gamma_1\varepsilon_1}{\tau(\alpha_1 h_1 - \gamma_1^2)} + \frac{2h_2\varepsilon_2 - 2\gamma_2 N_1}{\tau(\alpha_2 h_2 - \gamma_2^2)} \sqrt{\frac{(h_1\varepsilon_1^2 - 2\gamma_1 N_1\varepsilon_1 + \alpha_1 N_1^2)(\alpha_2 h_2 - \gamma_2^2)}{(h_2\varepsilon_2^2 - 2\gamma_2 N_1\varepsilon_2 + \alpha_2 N_1^2)(\alpha_1 h_1 - \gamma_1^2)}} \right] = 0 \tag{6.5.59}
$$

在 T_i、μ_i、α_i、γ_i 和 h_i（$i = 1, 2$）等参数均给定的条件下，由式（6.5.51）、式（6.5.58）和式（6.5.59）组成的非线性方程组不存在解析解，只能通过数值方法求解 $E_{1,\text{opt}}$、$E_{2,\text{opt}}$ 和 $G_{1,\text{opt}}$。将 $E_{1,\text{opt}}$、$E_{2,\text{opt}}$ 和 $G_{1,\text{opt}}$ 代入式（6.5.57）得 $t_{1,\text{opt}}$。由式（6.5.46）~式（6.5.50）得最大输出功时的效率 $\eta_{\max P} = (\eta_{T,\max P}, \eta_{\mu,\max P})$，其中 $\eta_{T,\max P}$ 和 $\eta_{\mu,\max P}$ 分别为

$$
\eta_{T,\max P} = \frac{(\tau - t_{1,\text{opt}})(\alpha_2 h_2 - \gamma_2^2)}{(\tau - t_{1,\text{opt}})(\alpha_2 h_2 - \gamma_2^2) - (h_2 E_{2,\text{opt}} - \gamma_2 G_{1,\text{opt}})T_2}
$$

$$
\times \left[\eta_{TC} - \frac{T_2(h_1 E_{1,\text{opt}} - \gamma_1 G_{1,\text{opt}})}{t_{1,\text{opt}}(\alpha_1 h_1 - \gamma_1^2)} - \frac{T_2(h_2 E_{2,\text{opt}} - \gamma_2 G_{1,\text{opt}})}{(\tau - t_{1,\text{opt}})(\alpha_2 h_2 - \gamma_2^2)} \right] \tag{6.5.60}
$$

$$
\eta_{\mu,\max P} = \frac{(\tau - t_{1,\text{opt}})(\alpha_2 h_2 - \gamma_2^2)}{(\tau - t_{1,\text{opt}})(\alpha_2 h_2 - \gamma_2^2) - (h_2 E_{2,\text{opt}} - \gamma_2 G_{1,\text{opt}})T_2}
$$

$$
\times \left[\eta_{\mu C} - \frac{T_2(\alpha_1 G_{1,\text{opt}} - \gamma_1 E_{1,\text{opt}})}{t_{1,\text{opt}}(\alpha_1 h_1 - \gamma_1^2)} - \frac{T_2(\alpha_2 N_{1,\text{opt}} - \gamma_2 E_{2,\text{opt}})}{(\tau - t_{1,\text{opt}})(\alpha_2 h_2 - \gamma_2^2)} \right] \tag{6.5.61}
$$

6.6　本　章　小　结

本章研究了普适传质规律下有限高势库等温内可逆化学机、存在有限速率传质和质漏的等温不可逆化学机、非等温内可逆化学机与多无限势库等温内可逆化学机的循环最大输出功的最优构型。得到的主要结论如下。

（1）传质规律和质漏均影响有限高势库等温化学机最大输出功时循环最优构型与最优性能，在有限势库等温化学机循环动态优化时必须予以详细考虑；传质规律和化学机模型的普适化，完成了两库等温化学机循环最优构型研究结果的集成。

（2）多库等温内可逆化学机最大功率输出时循环的最优构型由两个等化学势分支和两个瞬时等质流分支组成，与化学势库的数量和具体的传质规律均无关；

为获得化学机的最大输出功率，一些化学势库必须不参与和化学机的传质过程，这些未使用的化学势库的化学势介于化学机工质的高、低化学势之间。

(3)基于 LIT 的非等温内可逆化学机循环最大输出功时的最优性条件为一组复杂微分方程组，需要通过数值方法求解；本章得到的优化结果具有一定普适性，包括线性唯象传热规律$[q \propto \Delta(T^{-1})]$下有限和无限热容高温热源内可逆热机、线性传质规律$[g \propto \Delta(\mu)]$下有限和无限势容高势库等温内可逆化学机以及传热传质服从线性不可逆热力学中 Onsager 方程的无限势库非等温内可逆化学机等各种特例下的优化结果。

第7章 基于HJB理论的多级等温 化学循环系统动态优化

7.1 引　言

6.1节详细地介绍了单级等温化学机热力学优化的相关研究进展。热机的逆循环为制冷机和热泵，化学机的逆循环为化学泵。林国星[78]、林国星和陈金灿[383]导出了线性传质规律下两库内可逆化学泵循环泵能率与性能系数的基本优化关系。林比宏和林国星[384]导出了线性传质规律下存在有限速率传质和质漏等不可逆性损失的两库不可逆化学泵循环泵能率与性能系数的基本优化关系，并进一步导出了扩散传质规律下存在有限速率传质和质漏等不可逆性损失的不可逆化学泵循环泵能率与性能系数的一般关系。林国星[78]和林国星等[385]导出了线性传质规律下存在有限速率传质、质漏和工质内部耗散等多种损失的两库广义不可逆化学泵循环泵能率与性能系数的基本优化关系。夏丹[98]和本书著者等[386-401]则分别导出了扩散传质规律下两库内可逆以及广义不可逆等温化学泵循环泵能率和生态学性能与性能系数的基本优化关系。

文献[96]、[135]、[146]、[334]~[349]、[353]、[354]和本书第5章研究了多级热力循环(热机和热泵)系统的动态优化问题。2007~2012 年，Sieniutycz 将HJB 理论优化的研究对象从多级热力循环系统进一步拓展到多级等温化学循环系统[146, 404-409, 412-417]。Sieniutycz 和 Jezowski[146, 158]、Sieniutycz[162, 404-409, 412-417]应用 HJB 理论和变分法导出了扩散传质规律 $[g \propto \Delta(c)]$ 下多级连续等温内可逆化学机系统最大功率输出时的最优性条件，由于优化问题不存在解析解，所以文献[146]、[162]、[404]~[409]、[412]~[417]仅对研究结果作了定性分析。Sieniutycz 和 Jezowski[146, 158]、Sieniutycz[412-417]还分析了工质内部耗散对单级非等温不可逆化学机最优性能的影响。

本章将应用HJB 理论首先研究线性传质规律和扩散传质规律下存在有限速率传质与工质内部耗散等不可逆性损失的多级等温不可逆化学机系统最大功率输出的最优构型，然后研究线性传质规律下多级等温内可逆化学泵系统的耗功率最小的最优构型，并将其与多级等温化学机系统最大功率输出时的最优构型结果相比较。

7.2　线性传质规律下多级等温不可逆化学机系统最大输出功率优化

7.2.1　系统建模与特性描述

图 7.1 和图 7.2 分别为多级连续和多级离散等温不可逆化学机系统模型，图 7.3 为单级等温不可逆化学机模型。流体 1(驱动流体)沿坐标 x 的方向流动，微等温不可逆化学机连续排列放置在两流体边界层之间，每一微等温化学机都是完全相同的，在微长度 dx 上，微化学机从流体 1 吸质，对低化学势库 2 放质，最后输出累积功率。驱动流体的势容是有限的，由于多级化学机的吸质，流体 1 在流动的过程中其关键组分的浓度逐渐降低，所以该多级等温不可逆化学机系统的流体高化学势库是非稳态的。虽然多级化学机系统的流体高化学势库是非稳态的，但是对于每一微元级等温化学机其高化学势库却可认为是稳态的。本节将首先导出单级稳态化学势库微等温不可逆化学机的基本特性，然后导出非稳态流体高化学势库下多级连续和多级离散等温不可逆化学机系统的基本特性。

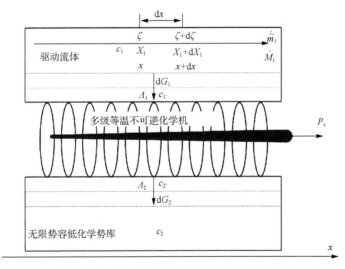

图 7.1　多级连续等温不可逆化学机系统模型

7.2.1.1　单级稳态等温不可逆化学机基本特性

对于图 7.1 和图 7.2 中的每一微元级等温不可逆化学机，均可作为单级稳态化学势库下等温不可逆化学机来分析，如图 7.3 所示。本节的单级化学机模型与 6.2.1 节模型的区别在于本节化学机模型的高化学势库为无限势库且存在工质内部耗散

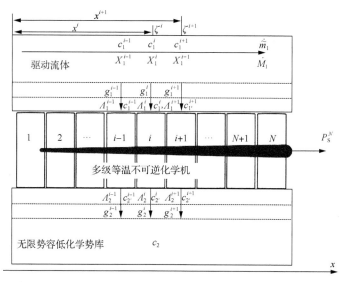

图 7.2　多级离散等温不可逆化学机系统模型

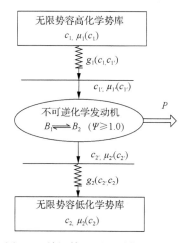

图 7.3　单级等温不可逆化学机模型

不可逆性，除此之外，6.2.1 节的模型描述和相关变量对本节均是适用的。考虑化学势库与工质间传质服从线性传质规律，则有

$$g_1 = h_1(\mu_1 - \mu_{1'}), \quad g_2 = h_2(\mu_{2'} - \mu_2) \tag{7.2.1}$$

式中，h_1 和 h_2 分别为相应的传质系数。由热力学第一定律得等温化学机的输出功率 P 为

$$P = \dot{E}_1 - \dot{E}_2 \tag{7.2.2}$$

式中，$\dot{E}_1$ 和 $\dot{E}_2$ 分别为高、低化学势侧总能量传递流率。由于化学机内部存在化学反应、摩擦和涡流等工质内部耗散，由热力学第二定律可知化学机输入熵流小于输出熵流，即

$$\frac{\dot{E}_1 - g_1 \mu_{1'}}{T_{1'}} < \frac{\dot{E}_2 - g_2 \mu_{2'}}{T_{2'}} \tag{7.2.3}$$

式中，$T_{1'}$ 和 $T_{2'}$ 分别为化学机高、低势侧工质的温度，等温化学机内各种物理化学过程均是在等温条件下进行的，则有 $T = T_{1'} = T_{2'}$。考虑内部化学反应过程 $B_1 \rightleftharpoons B_2$ 完全转换，由质量守恒定律得 $g = g_1 = g_2$。若化学反应过程为非完全转换过程，则系统还存在质量损失不可逆性，详见文献[412]~[425]和式(8.2.8)，此时优化问题不存在解析解，优化结果缺乏普适性。为简化问题，本节考虑完全转换的情形，对于质量损失不可逆将在本书第 8 章非等温不可逆化学机性能优化中进行分析研究。联立式(7.2.2)和式(7.2.3)得

$$(\mu_{1'} g - P) - \mu_{2'} g > 0 \tag{7.2.4}$$

文献[78]、[98]、[374]、[376]定义化学机内部不可逆因子 ψ' 为

$$\psi' = g \mu_{1'}/(P + \mu_{2'} g) > 1 \tag{7.2.5}$$

与文献[78]、[98]、[374]、[376]略有不同，本节定义化学机内部不可逆因子 ψ 为

$$\psi = (g \mu_{1'} - P)/(g \mu_{2'}) > 1 \tag{7.2.6}$$

式(7.2.5)和式(7.2.6)是等价的，两者定义的不可逆因子均能概括化学机内部各种不可逆性。但使用式(7.2.6)定义的不可逆性因子 ψ 对于本节多级化学机系统优化研究更为方便。由式(7.2.2)得输出 P 和效率 η_μ 分别为

$$P = (\mu_{1'} - \psi \mu_{2'}) g \tag{7.2.7}$$

$$\eta_\mu = \mu_{1'} - \psi \mu_{2'} \tag{7.2.8}$$

根据文献[162]、[404]~[409]、[412]~[417]定义变量 μ' 如下：

$$\mu' \equiv \mu_2 + \mu_{1'} - \mu_{2'} = \mu_2 + \eta_\mu + (\psi - 1)\mu_{2'} \tag{7.2.9}$$

当 $\psi = 1$ 时，由式(7.2.8)进一步得等温内可逆化学机的效率为 $\eta_\mu = \mu' - \mu_2$，而同等条件下可逆化学机(类似于可逆卡诺循环)的效率为 $\eta_{\mu,\text{rev}} = \mu_1 - \mu_2$，对比 η_μ 和 $\eta_{\mu,\text{rev}}$ 可知两者形式极为相似，因此文献[162]、[404]~[409]、[412]~[417]称 μ' 为

卡诺化学势。经推导得效率 η_μ 随 g 的变化关系为

$$\eta_\mu = \mu_1 - \psi\mu_2 - g(h_1 + \psi h_2)/(h_1 h_2) \tag{7.2.10}$$

进一步得质量流率 g、功率 P 和熵产率 σ 随卡诺化学势 μ' 的变化关系式分别为

$$g = h_1(\mu_1 - \mu')\big/\big[(h_1/h_2) + 1\big] \tag{7.2.11}$$

$$P = \frac{h_1(\mu_1 - \mu')}{(h_1/h_2) + 1}\left[\frac{(h_2 + \psi h_1)\mu' + (1 - \psi)h_1\mu_1}{h_1 + h_2} - \psi\mu_2\right] \tag{7.2.12}$$

$$\sigma = [g(\psi h_1 + h_2)(\mu_1 - \mu') + g(h_1 + h_2)(\psi - 1)\mu_2]/[(h_1 + h_2)T] \tag{7.2.13}$$

7.2.1.2 多级等温不可逆化学机系统基本特性

1. 连续模型

对于图 7.1 中的多级连续等温不可逆化学机系统，$\dot{M}_1$ 为高势侧驱动流体的总摩尔流率，$\dot{m}_1$ 和 $\tilde{\dot{m}}_1$ 分别为驱动流体中关键组分和惰性组分的摩尔流率，得关系式 $\dot{M}_1 = \tilde{\dot{m}}_1/(1 - c_1)$。令 Λ_1 和 Λ_2 分别为高、低温侧单位面积的传质系数，f_{V1} 为单位体积驱动流体与化学机高化学势侧工质的质量交换面积，A_1 为驱动流体的横截面积，以上参数对于具体的系统均为已知量。为便于分析，定义 X_1 为高化学势侧驱动流体中关键组分与惰性组分之比即关键组分的相对浓度，传质单元高度为 $H_{TU} = \tilde{\dot{m}}_1/(\Lambda_1 f_{V1} F_1)$，则有 $c_1 = X_1/(1 + X_1)$。由质量守恒定律得

$$\frac{g}{h_1} = \frac{\mathrm{d}G_1}{h_1} = \frac{-\tilde{\dot{m}}_1 \mathrm{d}X_1}{\Lambda_1 \mathrm{d}F_1} = \frac{-\tilde{\dot{m}}_1 \mathrm{d}X_1}{\Lambda_1 f_{V1} A_1 \mathrm{d}x} = \frac{-\tilde{\dot{m}}_1 \mathrm{d}X_1}{\Lambda_1 f_{V1} A_1 v \mathrm{d}t} \equiv -\frac{\mathrm{d}X_1}{\mathrm{d}\zeta} \tag{7.2.14}$$

式中，G_1 为单位时间内多级系统高势侧关键组分总传质量；v 为驱动流体的流速；F_1 为高化学势侧传质面积；$\zeta = x/H_{TU} = vt/H_{TU}$ 为传质特征时间，它的单位与化学势倒数的单位相同。ζ 为高势侧的传质系数与驱动流体中惰性成分之比，类似于文献[96]、[135]、[146]、[334]~[349]、[353]、[354]和本书第 5 章多级热机系统中高温侧换热器的传热单元数，它是衡量高势侧总传质系数的物理量。由此可见，以 ζ 为变量优化和以位置 x 或物理时间 t 为变量优化是等价的。在高化学势侧传质过程中，考虑仅有关键组分 B_1 参与传质过程，得

$$g = \mathrm{d}\dot{m}_1 = \mathrm{d}\dot{M}_1 = \mathrm{d}\left(\frac{\tilde{\dot{m}}_1}{1 - c_1}\right) = \frac{\tilde{\dot{m}}_1}{(1 - c_1)^2}\mathrm{d}c_1 \tag{7.2.15}$$

对于给定的积分区域 $[\zeta_i, \zeta_f]$ ，流体高化学势库中关键组分的边界浓度分别为 $c_1(\zeta_i) = c_{1i}$ 和 $c_1(\zeta_f) = c_{1f}$ ，输出功率 P_s 和熵产率 σ_s 分别为

$$P_s = \int_{c_{1i}}^{c_{1f}} \frac{\dot{m}_1}{(1-c_1)^2} \left[\frac{(\psi h_1 + h_2)\mu' + (1-\psi)h_1\mu_1}{h_1 + h_2} - \psi\mu_2 \right] \mathrm{d}c_1 \qquad (7.2.16)$$

$$\sigma_s = -\int_{c_{1i}}^{c_{1f}} \frac{\dot{m}_1 \left[(\psi h_1 + h_2)(\mu_1 - \mu') + (h_1 + h_2)(\psi - 1)\mu_2 \right]}{(h_1 + h_2)(1-c_1)^2 T} \mathrm{d}c_1 \qquad (7.2.17)$$

当多级等温不可逆化学机系统变为多级等温可逆化学机系统时，有 $\psi = 1$ 、 $\mu' = \mu_{1'} = \mu_1$ 和 $\mu_{2'} = \mu_1$ ，由式(7.2.17)得 $\sigma_s = 0$ ，多级化学机系统的输出功率 P_s 变为可逆系统的功率性能界限 $P_{s,\text{rev}}$ ，由式(7.2.16)得

$$\frac{P_{s,\text{rev}}}{\dot{m}_1} = \frac{(c_{1i} - c_{1f})(\mu_{01} - \mu_2)}{(1-c_{1f})(1-c_{1i})} - RT \left(\frac{\ln c_{1f}}{1-c_{1f}} - \frac{\ln c_{1i}}{1-c_{1i}} + \ln\frac{1-c_{1f}}{c_{1f}} - \ln\frac{1-c_{1i}}{c_{1i}} \right)$$

$$(7.2.18)$$

对于本节的多级等温不可逆化学机系统，由于存在有限速率传质和工质内部耗散等不可逆性，所以式(7.2.16)的最大值必定比 $P_{s,\text{rev}}$ 小。式(7.2.16)还可写为

$$P_s = -\dot{m}_1 \int_{X_{1i}}^{X_{1f}} \eta_\mu \mathrm{d}X_1 = -\dot{m}_1 \int_{\zeta_i}^{\zeta_f} \left\{ \left[\frac{(\psi h_1 + h_2)\mu' + (1-\psi)h_1\mu_1}{h_1 + h_2} - \psi\mu_2 \right] \frac{\mathrm{d}X_1}{\mathrm{d}\zeta} \right\} \mathrm{d}\zeta$$

$$(7.2.19)$$

联立式(7.2.11)和式(7.2.14)得

$$\mathrm{d}X_1 / \mathrm{d}\zeta = (\mu' - \mu_1) / [(h_1 / h_2) + 1] \qquad (7.2.20)$$

由 $\mu_1 = \mu_{01} + RT\ln(c_1)$ 和 $c_1 = X_1/(1+X_1)$ 得

$$X_1/(1+X_1) = \exp[(\mu_1 - \mu_{01})/(RT)] \qquad (7.2.21)$$

定义参数 $c_m(\mu_1) \equiv \mathrm{d}X_1/\mathrm{d}\mu_1$ ，它表示关键组分相对浓度 X_1 与其化学势的相对变化量之比。由式(7.2.21)得 $c_m(\mu_1)$ 为

$$c_m(\mu_1) = \frac{1}{RT} \exp\left(\frac{\mu_1 - \mu_{01}}{RT} \right) \Big/ \left[1 - \exp\left(\frac{\mu_1 - \mu_{01}}{RT} \right) \right]^2 \qquad (7.2.22)$$

由于 $\mathrm{d}X_1/\mathrm{d}\zeta = (\mathrm{d}X_1/\mathrm{d}\mu_1) \cdot (\mathrm{d}\mu_1/\mathrm{d}\zeta)$ ，联立式(7.2.20)和式(7.2.22)得

$$\frac{\mathrm{d}\mu_1}{\mathrm{d}\zeta} = (\mu' - \mu_1)RT\left[1 - \exp\left(\frac{\mu_1 - \mu_{01}}{RT}\right)\right]^2 \bigg/ \left\{\left[(h_1/h_2) + 1\right]\exp\left(\frac{\mu_1 - \mu_{01}}{RT}\right)\right\}$$

$$(7.2.23)$$

将式 (7.2.20) 代入式 (7.2.16) 得

$$P_s = -\dot{m}_1 \int_{\zeta_i}^{\zeta_f} \left\{\left[\frac{(\psi h_1 + h_2)\mu' + (1-\psi)h_1\mu_1}{h_1 + h_2} - \psi\mu_2\right]\frac{(\mu' - \mu_1)}{(h_1/h_2) + 1}\right\}\mathrm{d}\zeta \quad (7.2.24)$$

2. 离散模型

考虑如图 7.2 所示多级离散等温不可逆化学机系统, 对于系统中第 i 级等温不可逆化学机, 由质量守恒定律得

$$g^i \equiv \dot{m}_1^{i-1} - \dot{m}_1^i = -\dot{m}_1(X_1^i - X_1^{i-1}) = -\tilde{\dot{m}}_1 c_m(\mu_1^i - \mu_1^{i-1}) \quad (7.2.25)$$

式中, i 为级数; $\dot{m}_1^i$ 为前 i 级等温不可逆化学机高势库中关键组分的总累积摩尔流率; $\tilde{\dot{m}}_1$ 为惰性成分的摩尔流率。由式 (7.2.14) 和式 (7.2.25) 得

$$-\dot{m}_1(X_1^i - X_1^{i-1}) = \dot{m}_1^{i-1} - \dot{m}_1^i = \frac{\mu_{01} + RT\ln[X_1/(1+X_1)] - \psi\mu_2 - \eta_\mu}{(\psi h_1/h_2) + 1}\Lambda_1^i(F_1^i - F_1^{i-1})$$

$$(7.2.26)$$

式中, $\Lambda_1^i(F_1^i - F_1^{i-1}) = h_1^i$。由式 (7.2.26) 进一步得

$$\frac{-\tilde{\dot{m}}_1(X_1^i - X_1^{i-1})}{\Lambda_1^i(F_1^i - F_1^{i-1})} \equiv \frac{g^i}{h_1^i} = \frac{\mu_{01} + RT\ln[X_1/(1+X_1)] - \psi\mu_2 - \eta_\mu}{(\psi h_1/h_2) + 1} \quad (7.2.27)$$

将式 (7.2.27) 代入式 (7.2.10) 得

$$\eta_\mu^i = \mu_{01} + RT\ln\frac{X_1^i}{1+X_1^i} - \psi\mu_2 + \frac{\tilde{\dot{m}}_1(X_1^i - X_1^{i-1})[(\psi h_1/h_2) + 1]}{\Lambda_1^i(F_1^i - F_1^{i-1})} \quad (7.2.28)$$

由于 $F_1^i - F_1^{i-1} = f_{V1}^i A^i(x^i - x^{i-1})$, 将其代入式 (7.2.28) 得

$$\eta_\mu^i = \mu_{01} + RT\ln\frac{X_1^i}{1+X_1^i} - \psi\mu_2 + \frac{\tilde{\dot{m}}_1(X_1^i - X_1^{i-1})[(\psi h_1/h_2) + 1]}{\Lambda_1^i f_{V1}^i A^i(x^i - x^{i-1})} \quad (7.2.29)$$

类似于连续模型, 定义 $\zeta^i \equiv \Lambda_1^i f_{V1}^i A^i x^i / \tilde{\dot{m}}_1$, 由式 (7.2.25) 和式 (7.2.29) 进一步得第 i 级化学机的输出功率 P_i 为

$$P_i = -\dot{\tilde{m}}_1 \left\{ \mu_{01} + RT \ln \frac{X_1^i}{1+X_1^i} - \psi\mu_2 + \frac{(X_1^i - X_1^{i-1})[(\psi h_1/h_2)+1]}{(\zeta^i - \zeta^{i-1})} \right\}(X_1^i - X_1^{i-1})$$

$$(7.2.30)$$

则 N 级等温不可逆化学机系统总的累积输出功率 P_s^N 为

$$P_s^N \equiv \sum_{i=1}^{N} P_i$$

$$= -\dot{\tilde{m}}_1 \sum_{i=1}^{N} \left\{ \mu_{01} + RT \ln \frac{X_1^i}{1+X_1^i} - \psi\mu_2 + \frac{(X_1^i - X_1^{i-1})[(\psi h_1/h_2)+1]}{(\zeta^i - \zeta^{i-1})} \right\}(X_1^i - X_1^{i-1})$$

$$(7.2.31)$$

当多级等温不可逆化学机系统变为多级等温可逆化学机系统时，有 $\psi=1$、$\mu'=\mu_{1'}=\mu_1$ 和 $\mu_{2'}=\mu_1$，由式 (7.2.31) 得多级离散可逆化学机系统的总功率输出 $P_{s,rev}^N$ 为

$$\frac{P_{s,rev}^N}{\dot{\tilde{m}}_1} = \frac{(c_{1i}-c_{1f})(\mu_{01}-\mu_2)}{(1-c_{1i})(1-c_{1f})} \frac{RT(c_{1i}-c_{1f})}{N(1-c_{1i})(1-c_{1f})} \left\{ \sum_{i=1}^{N} \ln\left[\frac{N(1-c_{1i})(1-c_{1f})-i(c_{1i}-c_{1f})}{N(1-c_{1f})-i(c_{1i}-c_{1f})} \right] \right\}$$

$$(7.2.32)$$

7.2.2　优化方法

本节将对多级化学机系统的连续模型和离散模型分别进行优化，对于连续模型采用 HJB 方程和欧拉-拉格朗日方程两种不同方法进行优化，对于离散模型则采用离散极小值原理进行优化。

7.2.2.1　连续模型优化

对于连续模型优化问题，HJB 方程是性能函数取极值的充分条件，而欧拉-拉格朗日方程是性能函数取极值的必要条件。

1. HJB 方程优化

现在的问题为在式 (7.2.23) 的约束下求式 (7.2.24) 中 P_s 的最大值。由于控制变量为 $\mu'=\mu_2+\mu_{1'}-\mu_{2'}$，对于化学机满足关系式 $\mu_1>\mu_{1'}>\mu_{2'}>\mu_2$，所以有 $\mu_2\leqslant\mu'\leqslant\mu_1$。令其最优性能指标为 $P_{s,max}[\mu_1(\zeta_i),\zeta_i,\mu_1(\zeta_f),\zeta_f]$，控制变量 $\mu'(\zeta)$ 的容许控制集为 Ω，该控制问题的性能指标可表述如下：

$$P_{s,max}[\mu_1(\zeta_i),\zeta_i,\mu_1(\zeta_f),\zeta_f] \equiv \max_{\mu'(\zeta)\in\Omega}\{P_s[\mu_1(\zeta_i),\zeta_i,\mu_1(\zeta_f),\zeta_f]\}$$

$$= \max_{\mu'(\zeta)\in\Omega}\left[\int_{\zeta_i}^{\zeta_f} y_1(\mu_1,\mu',\zeta)d\zeta\right] \tag{7.2.33}$$

式中，

$$y_1(\mu_1,\mu',\zeta) = -\left\{\dot{m}_1\left[\frac{(\psi h_1+h_2)\mu'+(1-\psi)h_1\mu_1}{h_1+h_2}-\psi\mu_2\right]\frac{(\mu'-\mu_1)}{(h_1/h_2)+1}\right\} \tag{7.2.34}$$

由式(7.2.23)和式(7.2.24)得优化问题的 HJB 方程为

$$\frac{\partial P_{s,max}}{\partial \zeta}+\max_{\mu'(\zeta)\in\Omega}\left[y_1(\mu_1,\mu',\zeta)+\frac{\partial P_{s,max}}{\partial \mu_1}y_2(\mu_1,\mu',\zeta)\right]=0 \tag{7.2.35}$$

式中，

$$y_2(\mu_1,\mu',\zeta)=(\mu'-\mu_1)RT\left[1-\exp\left(\frac{\mu_1-\mu_{01}}{RT}\right)\right]^2\bigg/\left\{[(h_1/h_2)+1]\exp\left(\frac{\mu_1-\mu_{01}}{RT}\right)\right\}$$

$$\tag{7.2.36}$$

由式(7.2.23)和式(7.2.35)经推导得高化学势侧关键组分的浓度 $c_1(\zeta)$、化学势 $\mu_1(\zeta)$ 和卡诺化学势 $\mu'(\zeta)$ 随时间 ζ 的最优变化规律分别为

$$c_1(\zeta)=1-\frac{(1-c_{1i})(1-c_{1f})(\zeta_f-\zeta_i)}{(1-c_{1f})(\zeta_f-\zeta)-(1-c_{1i})(\zeta_i-\zeta)} \tag{7.2.37}$$

$$\mu_1(\zeta)=\mu_{01}+RT\ln\left[1-\frac{(1-c_{1i})(1-c_{1f})(\zeta_f-\zeta_i)}{(1-c_{1f})(\tau_f-\tau)-(1-c_{1i})(\zeta_i-\zeta)}\right] \tag{7.2.38}$$

$$\mu'(\zeta)=\mu_{01}+RT\ln\left[1-\frac{(1-c_{1i})(1-c_{1f})(\zeta_f-\zeta_i)}{(1-c_{1f})(\zeta_f-\zeta)-(1-c_{1i})(\zeta_i-\zeta)}\right]-\frac{[(h_1/h_2)+1](c_{1i}-c_{1f})}{(1-c_{1i})(1-c_{1f})(\zeta_f-\zeta_i)}$$

$$\tag{7.2.39}$$

由式(7.2.37)可见，多级连续等温不可逆化学机最大输出功率时高化学势库中关键组分的浓度 c_1 随时间 ζ 呈非线性递减变化。将式(7.2.38)和式(7.2.39)代入式(7.2.24)得多级系统的极值输出功率 $P_{s,max}$ 为

$$\frac{P_{s,\max}}{\tilde{m}_1} = \frac{(c_{1i} - c_{1f})(\mu_{01} - \psi\mu_2)}{(1 - c_{1f})(1 - c_{1i})} - RT\left\{\frac{\ln(c_{1f})}{(1 - c_{1f})} - \frac{\ln(c_{1i})}{(1 - c_{1i})} + \ln\left[\frac{c_{1i}(1 - c_{1f})}{c_{1f}(1 - c_{1i})}\right]\right\}$$

$$- \frac{(c_{1i} - c_{1f})^2\left[\psi(h_1/h_2) + 1\right]}{(1 - c_{1i})^2(1 - c_{1f})^2(\zeta_f - \zeta_i)}$$

$$(7.2.40)$$

相应的熵产率 σ_s 为

$$\frac{\sigma_s}{\tilde{m}_1} = \frac{(c_{1i} - c_{1f})(\psi - 1)\mu_2}{T(1 - c_{1f})(1 - c_{1i})} + \frac{(c_{1i} - c_{1f})^2\left[\psi(h_1/h_2) + 1\right]}{T(1 - c_{1i})^2(1 - c_{1f})^2(\zeta_f - \zeta_i)} \tag{7.2.41}$$

当 $\psi = 1$ 时，式(7.2.40)变为多级等温内可逆化学机最大输出功率时的优化结果，即

$$\frac{P_{s,\max}}{\tilde{m}_1} = \frac{(c_{1i} - c_{1f})(\mu_{01} - \mu_2)}{(1 - c_{1f})(1 - c_{1i})} - RT\left\{\frac{\ln(c_{1f})}{(1 - c_{1f})} - \frac{\ln(c_{1i})}{(1 - c_{1i})} + \ln\left[\frac{c_{1i}(1 - c_{1f})}{c_{1f}(1 - c_{1i})}\right]\right\}$$

$$- \frac{(c_{1i} - c_{1f})^2[(h_1/h_2) + 1]}{(1 - c_{1i})^2(1 - c_{1f})^2(\zeta_f - \zeta_i)}$$

$$(7.2.42)$$

由式(7.2.18)、式(7.2.40)和式(7.2.41)得 $P_{s,\max} = P_{s,rev} - T\sigma_s$，由此可见，多级连续等温不可逆化学机系统的极值输出功率等于其可逆系统输出功率性能界限与一个耗散项之差。由式(7.2.40)可见，当初始时刻 ζ_i、初始浓度 c_{1i} 和不可逆因子 ψ 等参数均给定时，极值功率 $P_{s,\max}$ 为末态时刻 ζ_f 和末态浓度 c_{1f} 的函数。当末态时刻 ζ_f 和末态浓度 c_{1f} 均固定时，式(7.2.40)的极值功率为多级等温不可逆化学机系统的最大输出功率。

当末态时刻 ζ_f 固定时，极值性能函数为式(7.2.40)的必要条件是各级能量转换子系统必须工作在化学机模式，即各微等温化学机的效率 η_μ 不小于零，由式(7.2.9)、式(7.2.38)和式(7.2.39)得

$$\mu_{01} + RT\ln\left[1 - \frac{(1 - c_{1i})(1 - c_{1f})(\zeta_f - \zeta_i)}{(1 - c_{1f})(\zeta_f - \zeta) - (1 - c_{1i})(\zeta_i - \zeta)}\right] - \frac{[(\psi h_1/h_2) + 1](c_{1i} - c_{1f})}{(1 - c_{1i})(1 - c_{1f})(\zeta_f - \zeta_i)} \geqslant \psi\mu_2$$

$$(7.2.43)$$

由式(7.2.43)可见，在 ζ_f 为有限值下，$[(\psi h_1/h_2) + 1](c_{1i} - c_{1f})/[(1 - c_{1i})(1 - c_{1f})(\xi_f - \xi_i)] > 0$ 总是成立的，因此高化学势侧流体中关键组分的末态浓度 c_{1f} 存在一个下限值 $\bar{c}_{1f}$。可通过将式(7.2.43)的不等式变为等式，然后数值求解该超越方程得到 $\bar{c}_{1f}$。

当末态时刻 ζ_f 自由和末态浓度 c_{1f} 固定时，由式 (7.2.43) 可见，$P_{s,\max}$ 为 ζ_f 的单调递增函数，由 $P_{s,\max} = 0$ 得 ζ_f 的阈值 $\bar{\zeta}_f$ 为

$$\bar{\zeta}_f = \frac{(c_{1i}-c_{1f})^2(1-c_{1i})^{-2}(1-c_{1f})^{-2}[\psi(h_1/h_2)+1]}{\dfrac{(c_{1i}-c_{1f})(\mu_{01}-\psi\mu_2)}{(1-c_{1f})(1-c_{1i})} - RT\left\{\dfrac{\ln(c_{1f})}{(1-c_{1f})} - \dfrac{\ln(c_{1i})}{(1-c_{1i})} + \ln\left[\dfrac{c_{1i}(1-c_{1f})}{c_{1f}(1-c_{1i})}\right]\right\}} + \zeta_i \tag{7.2.44}$$

也就是说当末端时刻 ζ_f 自由和末态浓度 c_{1f} 固定时，ζ_f 必须大于 $\bar{\zeta}_f$，多级化学机系统才有功率输出。

当末端时刻 ζ_f 固定和末端状态 $c_1(\zeta_f)$ 自由时，由式 (7.2.40) 和式 (7.2.41) 可见，随着 c_{1f} 的降低，可逆系统输出功率 $P_{s,rev}$ 和熵产率 σ_s 均增加，因此在闭区间 $[\bar{c}_{1f}, c_{1i}]$ 上必存在最佳末态浓度 $c_{1f,opt}$ 使多级化学机系统极值输出功率 $P_{s,\max}$ 取最大值 $P_{s,\max,\max}$。

2. 欧拉-拉格朗日方程优化

将式 (7.2.20) 代入式 (7.2.19) 得

$$P_s = -\dot{m}_1 \int_{\zeta_i}^{\zeta_f} \left\{ \left\{ \mu_1 + [(\psi h_1/h_2)+1]\frac{dX_1}{d\tau} - \psi\mu_2 \right\} \frac{dX_1}{d\zeta} \right\} d\zeta \tag{7.2.45}$$

建立拉格朗日函数 L 如下：

$$L = -\left\{ \mu_{01} + RT\ln\frac{X_1}{1+X_1} - \psi\mu_2 + [(\psi h_1/h_2)+1]\dot{X}_1 \right\} \dot{X}_1 \tag{7.2.46}$$

式中，$\dot{X}_1 = dX_1/d\zeta$。已知边界条件 $X_1(\zeta_i) = c_{1i}/(1-c_{1i})$ 和 $X_1(\zeta_f) = c_{1f}/(1-c_{1f})$，由式 (7.2.46) 经推导得关键组分相对浓度 X_1 随时间 ζ 的最优变化规律为

$$X_1(\zeta) = \frac{c_{1i}(1-c_{1f})(\zeta_f-\zeta) - c_{1f}(1-c_{1i})(\zeta_i-\zeta)}{(1-c_{1i})(1-c_{1f})(\zeta_f-\zeta_i)} \tag{7.2.47}$$

由式 (7.2.47) 可知，线性传质规律下多级等温不可逆化学机最大输出功率时高化学势侧关键组分的相对浓度随时间呈线性规律变化。将式 (7.2.47) 对时间 ζ 求导得

$$\dot{X}_1 = -\frac{(c_{1i}-c_{1f})}{(1-c_{1i})(1-c_{1f})(\zeta_f-\zeta_i)} \tag{7.2.48}$$

将式 (7.2.47) 和式 (7.2.48) 代入式 (7.2.45) 同样可得式 (7.2.40)。

7.2.2.2 离散模型优化

对于离散模型优化，引入描述关键组分消耗的控制变量 $\upsilon^i \equiv -g^i/h_1$，则有

$$\upsilon^i \equiv -\frac{\dot{m}_1(X_1^i - X_1^{i-1})}{\dot{A}_1(F^i - F^{i-1})} = \frac{X_1^i - X_1^{i-1}}{\zeta^i - \zeta^{i-1}} \tag{7.2.49}$$

优化问题的目标函数式 (7.2.31) 变为

$$P_s^N = -\dot{m}_1 \sum_{i=1}^{N} \left\{ \mu_{01} + RT \ln \frac{X_1^i}{1+X_1^i} - \psi\mu_2 + [(\psi h_1/h_2)+1]\upsilon^i \right\} \upsilon^i \gamma^i \tag{7.2.50}$$

对应的微分约束为

$$X_1^i - X_1^{i-1} = \upsilon^i \gamma^i \tag{7.2.51}$$

$$\zeta^i - \zeta^{i-1} = \gamma^i \tag{7.2.52}$$

优化问题为在式 (7.2.51) 和式 (7.2.52) 的约束下求式 (7.2.50) 中 P_s^N 的最大值，可应用离散极小值原理求解。建立离散哈密顿函数如下：

$$H^{i-1} = \lambda^{i-1}\upsilon^i + I\left\{ \mu_{01} + RT \ln \frac{X_1^i}{1+X_1^i} - \psi\mu_2 + [(\psi h_1/h_2)+1]\upsilon^i \right\}\upsilon^i \tag{7.2.53}$$

式中，λ 为与相对浓度 X_1 相对应的协态变量。由于哈密顿函数沿最优轨线保持为常数，假定该常数为 a_2，则有 $H^{i-1} = a_2$。由式 (7.2.53) 进一步得如下离散方程组：

$$\frac{X_1^i - X_1^{i-1}}{\gamma^i} = \frac{\partial H^{i-1}}{\partial \lambda^{i-1}} = \upsilon^i \tag{7.2.54}$$

$$\frac{\lambda^i - \lambda^{i-1}}{\gamma^i} = -\frac{\partial H^{i-1}}{\partial X_1^i} = -\frac{\dot{m}_1 RT \upsilon^i}{(1+X_1^i)X_1^i} \tag{7.2.55}$$

$$\lambda^{i-1}\upsilon^i + \dot{m}_1\left\{ \mu_{01} + RT \ln \frac{X_1^i}{1+X_1^i} - \psi\mu_2 + [(\psi h_1/h_2)+1]\upsilon^i \right\}\upsilon^i = a_2 \tag{7.2.56}$$

$$\frac{\partial H^{i-1}}{\partial \upsilon^i} = \lambda^{i-1} + \dot{m}_1\left\{ \mu_{01} + RT \ln \frac{X_1^i}{1+X_1^i} - \psi\mu_2 + 2[(\psi h_1/h_2)+1]\upsilon^i \right\} = 0 \tag{7.2.57}$$

经推导得多级离散化学机系统的总输出功率 $P_{s,max}^N$ 为

$$
\begin{aligned}
\frac{P_{s,max}^N}{\dot{m}_1} = {} & \frac{(c_{1i}-c_{1f})(\mu_{01}-\psi\mu_2)}{(1-c_{1i})(1-c_{1f})} - \frac{(c_{1i}-c_{1f})^2[(\psi h_1/h_2)+1]}{(1-c_{1i})^2(1-c_{1f})^2(\zeta_f-\zeta_i)} \\
& + \frac{RT(c_{1i}-c_{1f})}{N(1-c_{1i})(1-c_{1f})}\left\{\sum_{i=1}^N \ln\left[\frac{N(1-c_{1i})(1-c_{1f})-i(c_{1i}-c_{1f})}{N(1-c_{1f})-i(c_{1i}-c_{1f})}\right]\right\}
\end{aligned}
\tag{7.2.58}
$$

由式(7.2.32)和式(7.2.58)可见,多级离散化学机的输出功率 $P_{s,max}^N$ 也可表示为可逆系统输出功率 $P_{s,rev}^N$ 和一个耗散项之差,当 $N \to \infty$ 时,多级离散化学机输出功率 $P_{s,max}^N$ 趋近于连续化学机的输出功率 $P_{s,max}$ 即式(7.2.40)。

7.2.3 数值算例与讨论

本节将分别给出多级连续等温内可逆和不可逆化学机系统下的数值算例。对于多级连续等温内可逆化学机系统,主要分析末态浓度和过程时间变化对优化结果的影响,而对于多级连续等温不可逆化学机系统,则主要分析内部不可逆性因子变化对优化结果的影响。

7.2.3.1 多级连续等温内可逆化学机系统最优构型

假定驱动流体中惰性成分的摩尔流率为 $I = 30 \text{ mol/s}$,驱动流体的流速为 $v = 0.1 \text{ m/s}$,传质单元高度 $H_{TU} = \dot{m}_1/(\Lambda_1 f_{V1}\Lambda_1) = 1 \times 10^3 \text{ J·m/mol}$, $\zeta_i = 0 \text{ mol/J}$ 。普适气体常数 $R = 8.3145 \text{ J/(mol·K)}$,系统内温度恒为 $T = 298.15 \text{ K}$,关键组分 B_1 的标准化学势为 $\mu_{01} = 2.0RT = 4850.6 \text{ J/mol}$,关键组分 B_2 的标准化学势为 $\mu_{02} = 1.8RT = 4365.5 \text{ J/mol}$,高势侧驱动流体中关键组分 B_1 的初始浓度为 $c_{1i} = 0.8$,低化学势侧关键组分 B_2 的浓度 $c_2 = 0.3$ 。为分析方便,考虑微元等温内可逆化学机传质系数满足 $h_1 = h_2$ 。对于该多级化学机系统,当初态时刻 ζ_i 和初态浓度 c_{1i} 均固定时,末态时刻 ζ_f 和末态浓度 c_{1f} 可固定也可自由,因此存在四种可能情形,分别为:① ζ_f 和 c_{1f} 均自由;② ζ_f 自由, c_{1f} 固定;③ ζ_f 和 c_{1f} 均固定;④ ζ_f 固定, c_{1f} 自由。图 7.4 为多级等温内可逆化学机系统极值输出功率 $P_{s,max}$ 与末态时刻 ζ_f 和末态浓度 c_{1f} 的三维关系图。由图可见,对于 ζ_f 和 c_{1f} 均自由的情形,显然末态时刻 ζ_f 趋于无穷大,末态浓度 c_{1f} 与低化学势库处于化学平衡时,系统最大输出功率趋近于可逆系统功率性能界限,所以对于第一种情形可不予考虑。本节将针对其他三类情形逐一讨论。

1. 末态时刻 ζ_f 自由和末态浓度 c_{1f} 固定

当末态时刻 ζ_f 自由和末态浓度 c_{1f} 固定时,令 c_{1f} 分别取为 0.3、0.4 和 0.5。

图 7.5 和图 7.6 分别为多级化学机系统极值输出功率 $P_{s,max}$ 和总熵产率 $\sigma_{s,min}$ 随末态时刻 ζ_f 的最优变化规律。由图可见，极值输出功率 $P_{s,max}$ 随着 ζ_f 的增加而增加，并且存在一个阈值 $\overline{\zeta}_f$，这表明为了使系统达到预定的输出功率，传质总面积有一个下限值，实际能量系统设计时必须予以考虑；随着末态时刻 ζ_f 的增加，熵产率 $\sigma_{s,min}$ 减少，当 $\zeta_f \to \infty$ 时，$\sigma_{s,min} \to 0$，即有限时间热力学性能界限变为可逆系统输出功率性能界限；当末态浓度 c_{1f} 一定时，系统总熵产率越小，极值输出功率越大，此时以熵产率最小为目标优化等价于以输出功率最大为目标优化。

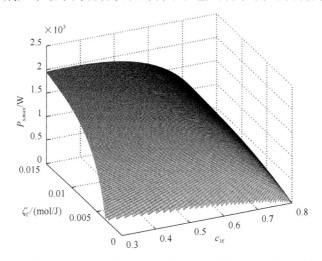

图 7.4　多级等温内可逆化学机系统极值输出功率 $P_{s,max}$ 与末态时刻 ζ_f 和
末态浓度 c_{1f} 的三维关系图

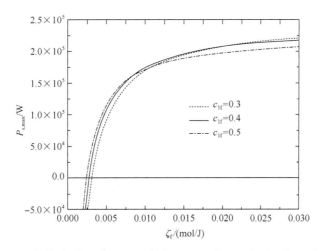

图 7.5　多级化学机系统极值输出功率 $P_{s,max}$ 随末态时刻 ζ_f 的最优变化规律

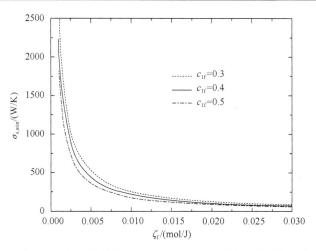

图 7.6　多级化学机系统总熵产率 $\sigma_{s,\min}$ 随末态时刻 ζ_f 的最优变化规律

表 7.1 列出了三类不同边界条件下多级化学机系统最大输出功率时的优化结果。由表可见，随着末态浓度 c_{1f} 的增加，阈值 $\bar{\zeta}_f$ 和多级可逆化学机系统输出功率 $P_{s,rev}$ 均减少，这是因为随着 c_{1f} 的增加，系统中可参与能量转换的关键组分数量减少，驱动流体的可用能相应减少，完成该能量转换过程所需的最小传质面积减少；当末态时刻 $\zeta_f > \bar{\zeta}_f$ 且其值较小时，极值输出功率 $P_{s,\max}$ 随着 c_{1f} 的升高而增加，这表明在系统总传质面积一定的条件下，极值输出功率 $P_{s,\max}$ 并不总随着末态浓度 c_{1f} 降低而增大，流体关键组分浓度和系统传质设备间存在最优匹配；当末态时刻 ζ_f 趋于无限大即传质总面积趋于无限大时，极值输出功率 $P_{s,\max}$ 趋于可逆系统的功率性能界限 $P_{s,rev}$。

表 7.1　三类不同边界条件下多级化学机最大输出功率时的优化结果

情形	(1) ζ_f 自由、c_{1f} 固定		(2) ζ_f 和 c_{1f} 均固定（$\zeta_f = 0.015$）	
	$\bar{\zeta}_f$ /(mol/J)	$P_{s,rev}$/W	$\mu'(0)$/(J/mol)	$P_{s,\max}$/W
$c_{1f} = 0.3$	0.0031	2.463×10^5	3833.2	1.953×10^5
$c_{1f} = 0.4$	0.0028	2.401×10^5	3865.0	1.956×10^5
$c_{1f} = 0.5$	0.0024	2.253×10^5	3909.4	1.893×10^5
情形	(3) ζ_f 固定、c_{1f} 自由			
	ζ_f /(mol/J)	$c_{1f,opt}$	$\mu'(0)$/(J/mol)	$P_{s,\max,\max}$/W
$t_1 = 50$ s	0.005	0.5810	3264.0	1.210×10^5
$t_1 = 100$ s	0.010	0.4212	3655.0	1.735×10^5
$t_1 = 150$ s	0.015	0.3587	3850.7	1.961×10^5

2. 末态时刻 ζ_f 和末态浓度 c_{1f} 均固定

当末态时刻 ζ_f 和末态浓度 c_{1f} 均固定时，令总时间 $t_1=150\text{s}$，得 $\zeta_f=0.015\text{mol/J}$，$c_{1f}$ 分别取为 0.3、0.4 和 0.5。由式 (7.2.43) 得末态浓度 c_{1f} 的下限值 $\overline{c}_{1f}$ 随过程时间 t_1 的变化关系，如图 7.7 所示。计算结果表明，当 $t_1=150\text{ s}$ 时，末态浓度 c_{1f} 的下限值为 $\overline{c}_{1f}=0.299$；当过程的时间趋于无限长时，末态浓度的下限值趋于 0.246，此时 $\mu_1(\zeta_f)\to\mu_2$。图 7.8~图 7.10 分别为驱动流体中关键组分 B_1 浓度 c_1、化学势 μ_1 和卡诺化学势 μ' 随时间 ζ 的最优变化规律。由图可见，浓度 c_1 和化学势 μ_1 均随着时间 ζ 呈非线性规律递减；μ_1 和 μ' 两者随时间 ζ 的变化规律较为接近，这是因为

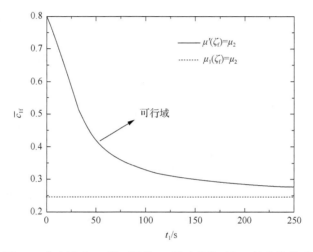

图 7.7　末态浓度 c_{1f} 的下限值 $\overline{c}_{1f}$ 随过程总时间 t_1 的变化关系

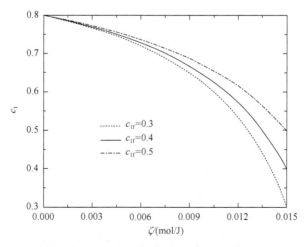

图 7.8　关键组分 B_1 浓度 c_1 随时间 ζ 的最优变化规律（c_{1f} 固定）

多级等温化学机系统最大功率输出时两者之差为常数；随着末态浓度 c_{1f} 的升高，各级化学机工作的高势库关键组分化学势 $\mu_1(\zeta)$ 增加。由表 7.1 可见，随着末态浓度 c_{1f} 的升高，初始卡诺化学势 $\mu'(0)$ 升高，最大输出功率 $P_{s,max}$ 减少，这是因为对于给定的多级化学机系统，参与化学反应的关键组分总质量减少，所以系统输出功率 $P_{s,max}$ 减少。

3. 末态时刻 ζ_f 固定和末态浓度 c_{1f} 自由

当末态时刻 ζ_f 固定和末态浓度 c_{1f} 自由时，令总时间 t_1 分别为 $50\,s$、$100\,s$ 和 $150\,s$，由 $\zeta_f = vt_1 / H_{TU}$ 进一步得相应的末态时刻 ζ_f 分别为 $0.005\,mol/J$、$0.01\,mol/J$ 和 $0.015\,mol/J$。图 7.11 和图 7.12 分别为多级化学机系统的极值输出功率 $P_{s,max}$ 和总熵产率 σ_s 随末态浓度 c_{1f} 的最优变化规律。由图可见，极值输出功率 $P_{s,max}$ 随着 c_{1f} 的升高先增加后减少，总熵产率 σ_s 随末态浓度 c_{1f} 的增加单调减少。这表明此时存在最佳 $c_{1f,opt}$ 使多级化学机系统极值输出功率 $P_{s,max}$ 取其最大值 $P_{s,max,max}$，以输出功率最大为目标优化与以熵产率最小为目标优化不等价。图 7.13 为多级化学机系统最大功率输出时浓度 c_1 随时间 ζ 的最优变化规律，图 7.14 和图 7.15 分别为相应的关键组分化学势 μ_1 和卡诺化学势 μ' 随时间 ζ 的最优变化规律。由表 7.1 可见，随着总时间 t_1 的增加，最佳末态浓度 $c_{1f,opt}$ 降低，初始卡诺化学势 $\mu'(0)$ 升高，最大输出功率 $P_{s,max,max}$ 也增加。这是因为随着传质设备总面积增加，系统的能量转换能力得到增强，将更多关键组分的化学能转化为功率输出。

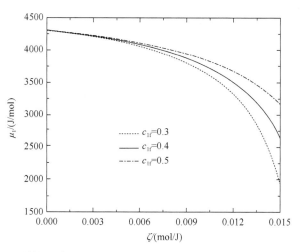

图 7.9　关键组分 B_1 化学势 μ_1 随时间 ζ 的最优变化规律（c_{1f} 固定）

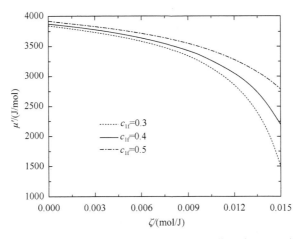

图 7.10 卡诺化学势 μ' 随时间 ζ 的最优变化规律(c_{1f} 固定)

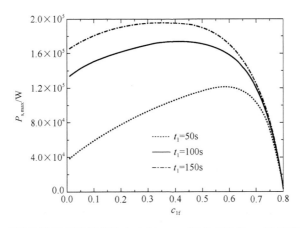

图 7.11 多级化学机系统极值输出功率 $P_{s,max}$ 随末态浓度 c_{1f} 的最优变化规律

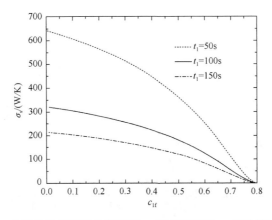

图 7.12 多级化学机系统总熵产率 σ_s 随末态浓度 c_{1f} 的最优变化规律

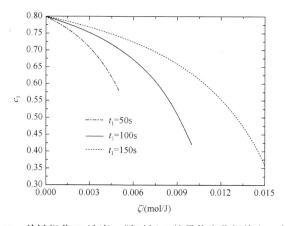

图 7.13　关键组分 B_1 浓度 c_1 随时间 ζ 的最优变化规律（c_{1f} 自由）

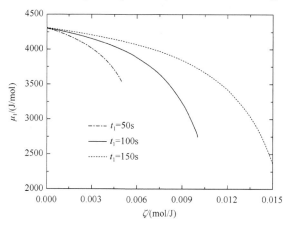

图 7.14　关键组分 B_1 化学势 μ_1 随时间 ζ 的最优变化规律（c_{1f} 自由）

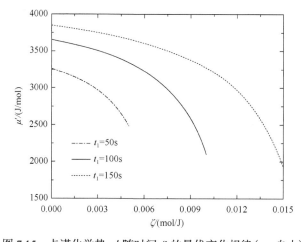

图 7.15　卡诺化学势 μ' 随时间 ζ 的最优变化规律（c_{1f} 自由）

7.2.3.2　多级连续等温不可逆化学机系统最优构型

低化学势侧关键组分 B_2 的浓度 $c_2 = 0.3$，不可逆因子分别取为 $\psi = 1.0$、$\psi = 1.2$ 和 $\psi = 1.5$，其他参数的取值与 7.2.3.1 节相同。

1. 末态时刻 ζ_f 自由、末态浓度 c_{1f} 固定

当末态时刻 ζ_f 自由和末态浓度 c_{1f} 固定时，c_{1f} 取为 0.4。图 7.16 和图 7.17 分别为多级化学机的极值输出功率 $P_{s,max}$ 和总熵产率 $\sigma_{s,min}$ 随末态时刻 ζ_f 的最优变化规律。由图可见，极值输出功率 $P_{s,max}$ 随着 ζ_f 的增加而增加，并且存在一个阈

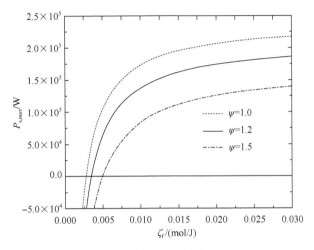

图 7.16　多级化学机极值输出功率 $P_{s,max}$ 随末态时刻 ζ_f 的最优变化规律

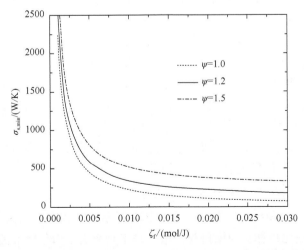

图 7.17　多级化学机总熵产率 $\sigma_{s,min}$ 随末态时刻 ζ_f 的最优变化规律

值 $\bar{\zeta}_f$；随着末态时刻 ζ_f 的增加，熵产率在 $\sigma_{s,\min}$ 减少，当 $\zeta_f \to \infty$ 时，$\sigma_{s,\min} \to 0$。

表 7.2 列出了三类不同边界条件下多级化学机系统最大功率输出时的优化结果。由表可见，随着化学机不可逆因子 ψ 的增加，阈值 $\bar{\zeta}_f$ 增加；输出功率 $P_{s,\max}$ 随着 ψ 的增加而减少。

表 7.2　三类不同边界条件下多级化学机系统最大功率输出时的优化结果

情形	(1) ζ_f 自由和 c_{1f} 固定		(2) ζ_f 和 c_{1f} 均固定（ $\zeta_f = 0.015$ ）	
	$\bar{\zeta}_f$ (mol/J)	$P_{s,rev}$/W	$\mu'(0)/(\text{J/mol})$	$P_{s,\max}$/W
$\psi = 1.0$	0.0028	2.401×10^5	3872.6	1.956×10^5
$\psi = 1.2$	0.0035	2.401×10^5	3872.6	1.622×10^5
$\psi = 1.5$	0.0050	2.401×10^5	3872.6	1.123×10^5

情形	(3) ζ_f 固定和 c_{1f} 自由			
	$c_{1f,opt}$	$\mu'(0)/(\text{J/mol})$	$P_{s,\max,\max}$/W	σ_s (W/K)
$\psi = 1.0$	0.3587	3850.7	1.961×10^5	158.8
$\psi = 1.2$	0.4125	3869.7	1.623×10^5	161.8
$\psi = 1.5$	0.4995	3909.1	1.152×10^5	153.3

2. 末态时刻 ζ_f 和末态浓度 c_{1f} 均固定

当末态时刻 ζ_f 和末态浓度 c_{1f} 均固定时，令总时间 $t_1 = 150\text{s}$，则有 $\zeta_f = vt_1 / H_{\text{TU}} = 0.015\,\text{mol/J}$。图 7.18 为末态浓度 c_{1f} 的下限值随过程时间的变化关系。计算结果表明，当不可逆因子 ψ 分别为 1.0、1.2 和 1.5 时，末态浓度下限值 $\bar{c}_{1f}$ 分别为 0.299、0.342 和 0.415，因此 c_{1f} 的取值不应低于 0.415。令 $c_{1f} = 0.42$，图 7.19 为驱动流体中关键组分 B_1 浓度 c_1 随时间 ζ 的最优变化规律，图 7.20 为相应的化学势 μ_1 和卡诺化学势 μ' 随时间 ζ 的最优变化规律。由图可见，浓度 c_1 和化学势 μ_1 均随着时间 ζ 呈非线性递减，且与不可逆因子 ψ 无关。由表 7.2 可见，在末态时刻 ζ_f 和末态浓度 c_{1f} 均固定条件下，随着不可逆因子 ψ 值的增加，多级化学机最大输出功率 $P_{s,\max}$ 降低，但最优控制 μ' 保持不变。

3. 末态时刻 ζ_f 固定、末态浓度 c_{1f} 自由

令总时间 t_1 为 150s。图 7.21 为多级化学机系统的极值输出功率 $P_{s,\max}$ 随末态浓度 c_{1f} 的最优变化规律。由图可见，极值输出功率 $P_{s,\max}$ 随着 c_{1f} 的增加先增加后减少，即存在最佳 $c_{1f,opt}$ 使多级化学机系统极值输出功率 $P_{s,\max}$ 取最大值 $P_{s,\max,\max}$。

图 7.22 为多级等温不可逆化学机系统最大功率输出时浓度 c_1 随时间 ζ 的最优变化规律。由图可见，c_1 随时间 ζ 的增加呈非线性递减；随着不可逆因子 ψ 值的增加，关键组分浓度 c_1 升高。由表 7.2 计算结果可见，随着内部不可逆因子 ψ 的增加，最佳末态浓度 $c_{1f,opt}$ 增加，最大输出功率 $P_{s,max,max}$ 减少，总熵产率 σ_s 增加。这主要是因为随着内部不可逆性的增加，系统可利用的关键组分数量减少，所以关键组分的末态浓度增加，系统的最大输出功率减少。

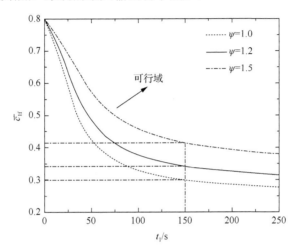

图 7.18　末态浓度 c_{1f} 的下限值随过程总时间 t_1 的变化关系

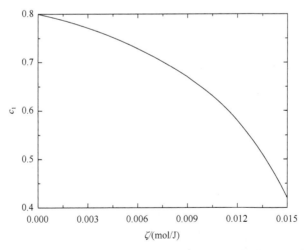

图 7.19　关键组分 B_1 浓度 c_1 随时间 ζ 的最优变化规律（c_{1f} 固定）

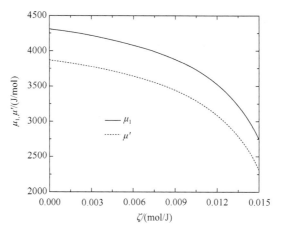

图 7.20 关键组分 B_1 化学势 μ_1 和卡诺化学势 μ' 随时间 ζ 的最优变化规律（c_{1f} 固定）

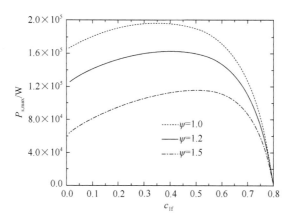

图 7.21 多级化学机极值输出功率 $P_{s,max}$ 随末态浓度 c_{1f} 的最优变化规律

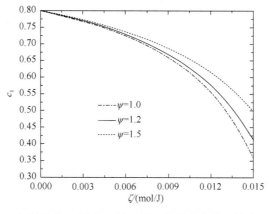

图 7.22 关键组分 B_1 浓度 c_1 随时间 ζ 的最优变化规律（c_{1f} 自由）

7.3　扩散传质规律下多级等温不可逆化学机系统最大功率输出优化

7.3.1　系统建模与特性描述

物理模型与 7.2.1 节相同。与 7.2.1 节一样，本节将首先导出稳态化学势库单级等温不可逆化学机的基本特性，然后进一步导出非稳态流体化学势库多级连续等温不可逆化学机系统的基本特性。

7.3.1.1　单级稳态等温不可逆化学机基本特性

本节与 7.2.1.1 节讨论的单级稳态等温不可逆化学机间唯一区别在于传质规律不同，其他条件均相同，因此 7.2.1.1 节对于等温不可逆化学机的相关描述以及式 (7.2.2)~式(7.2.9) 对于本节均是适用的。令 g_1 和 g_2 分别为化学机高、低势侧传质流率，考虑传质服从扩散传质规律 $[g \propto \Delta c]$，则有

$$g_1 = h_1(c_1 - c_{1'}), \quad g_2 = h_2(c_{2'} - c_2) \tag{7.3.1}$$

式中，h_1 和 h_2 分别为相应的传质系数。经推导得效率 η_μ 随传质流率 g 的变化关系为

$$\eta_\mu = \mu_{01} - \psi\mu_{02} + RT \ln\left[(c_1 - g/h_1)/(c_2 + g/h_2)^\psi\right] \tag{7.3.2}$$

进一步得传质流率 g、功率 P、效率 η_μ 和熵产率 σ 随卡诺化学势 μ' 的变化关系分别为

$$g = h_1 h_2 c_2 \left[c_1 - \exp\left(\frac{\mu' - \mu_{01}}{RT}\right)\right] \bigg/ \left[h_1 \exp\left(\frac{\mu' - \mu_{01}}{RT}\right) + h_2 c_2\right] \tag{7.3.3}$$

$$P = \frac{h_1 h_2 c_2 \left[c_1 - \exp\left(\dfrac{\mu' - \mu_{01}}{RT}\right)\right]}{h_1 \exp\left(\dfrac{\mu' - \mu_{01}}{RT}\right) + h_2 c_2} \left\{\mu' - \psi\mu_2 + (\psi - 1)RT \ln\left[\frac{h_1 \exp\left(\dfrac{\mu' - \mu_{01}}{RT}\right) + h_2 c_2}{h_1 c_1 + h_2 c_2}\right]\right\} \tag{7.3.4}$$

$$\eta_\mu = \mu' - \psi\mu_2 + (\psi - 1)RT \ln\left\{\left[h_1 \exp\left(\frac{\mu' - \mu_{01}}{RT}\right) + h_2 c_2\right] \bigg/ (h_1 c_1 + h_2 c_2)\right\} \tag{7.3.5}$$

$$\sigma_{\mathrm{s}} = \frac{g}{T}\left\{\mu_1 - \mu' + (\psi-1)\left\{\mu_2 - RT\ln\left\{\left[h_1\exp\left(\frac{\mu'-\mu_{01}}{RT}\right) + h_2 c_2\right]\bigg/(h_1 c_1 + h_2 c_2)\right\}\right\}\right\}$$

$$(7.3.6)$$

7.3.1.2 多级等温不可逆化学机系统基本特性

类似地，本节与 7.2.1.2 节讨论的多级等温不可逆化学机系统唯一区别也仅在于传质规律的不同，其他条件均相同，因此 7.2.1.2 节中的式 (7.2.14)、式 (7.2.15)、式 (7.2.18)、式 (7.2.21) 和式 (7.2.22) 对于本节也均是适用的。需要指出的是，不同传质规律下的传质系数单位不同，因此式 (7.2.14) 中的特征时间 ζ 在本节扩散传质规律下为无量纲量。多级等温不可逆化学机系统的输出功率 P_{s} 和熵产率 σ_{s} 分别为

$$P_{\mathrm{s}} = \int_{c_{1\mathrm{i}}}^{c_{1\mathrm{f}}} \frac{\dot{\tilde{m}}_1}{(1-c_1)^2}\left\{\mu' - \psi\mu_2 + (\psi-1)RT\ln\left\{\frac{h_1\exp[(\mu'-\mu_{01})/(RT)] + h_2 c_2}{h_1 c_1 + h_2 c_2}\right\}\right\}\mathrm{d}c_1$$

$$(7.3.7)$$

$$\sigma_{\mathrm{s}} = -\int_{c_{1\mathrm{i}}}^{c_{1\mathrm{f}}} \frac{\dot{\tilde{m}}_1}{(1-c_1)^2 T}\left\{\mu_1 - \mu' + (\psi-1)\left\{\mu_2 - RT\ln\left[\frac{h_1\exp\left(\frac{\mu'-\mu_{01}}{RT}\right) + h_2 c_2}{h_1 c_1 + h_2 c_2}\right]\right\}\right\}\mathrm{d}c_1$$

$$(7.3.8)$$

式 (7.3.7) 还可写为

$$P_{\mathrm{s}} = -\int_{\zeta_{\mathrm{i}}}^{\zeta_{\mathrm{f}}} \dot{\tilde{m}}_1\left\{\left\{\mu' - \psi\mu_2 + (\psi-1)RT\ln\left[\frac{h_1\exp\left(\frac{\mu'-\mu_{01}}{RT}\right) + h_2 c_2}{h_1 c_1 + h_2 c_2}\right]\right\}\frac{\mathrm{d}X_1}{\mathrm{d}\zeta}\right\}\mathrm{d}\zeta$$

$$(7.3.9)$$

联立式 (7.2.14) 和式 (7.3.3) 得

$$\mu' = \mu_{01} + RT\ln\left\{\frac{c_2[X_1/(1+X_1) + \mathrm{d}X_1/\mathrm{d}\zeta]}{c_2 - (h_1/h_2)\mathrm{d}X_1/\mathrm{d}\zeta}\right\}$$

$$(7.3.10)$$

由式 (7.3.10) 得

$$\frac{\mathrm{d}X_1}{\mathrm{d}\zeta} = c_2\left[\exp\left(\frac{\mu'-\mu_{01}}{RT}\right)-\frac{X_1}{1+X_1}\right]\Bigg/\left[c_2+(h_1/h_2)\exp\left(\frac{\mu'-\mu_{01}}{RT}\right)\right] \tag{7.3.11}$$

由式(7.2.22)和式(7.3.11)得

$$\mathrm{d}\mu_1/\mathrm{d}\zeta = y_1(c_1,\mu',\zeta) \tag{7.3.12}$$

式中,

$$y_1(c_1,\mu',\zeta) = \frac{RTc_2\left\{\exp[(\mu'-\mu_{01})/(RT)]-c_1\right\}\left\{1-\exp[(\mu'-\mu_{01})/(RT)]\right\}^2}{\left\{c_2+(h_1/h_2)\exp[(\mu'-\mu_{01})/(RT)]\right\}\exp[(\mu'-\mu_{01})/(RT)]} \tag{7.3.13}$$

将式(7.3.11)代入式(7.3.9)得

$$P_{\mathrm{s}} = \int_{\zeta_{\mathrm{i}}}^{\zeta_{\mathrm{f}}} y_2(c_1,\mu',\zeta)\mathrm{d}\zeta \tag{7.3.14}$$

式中,

$$y_2(c_1,\mu',\zeta) = -\frac{\dot{\bar{m}}_1 c_2\left\{\exp[(\mu'-\mu_{01})/(RT)]-c_1\right\}}{c_2+(h_1/h_2)\exp[(\mu'-\mu_{01})/(RT)]}$$
$$\times\left\{\mu'-\psi\mu_2+(\psi-1)RT\ln\left\{\frac{h_1\exp[(\mu'-\mu_{01})/(RT)]+h_2c_2}{h_1c_1+h_2c_2}\right\}\right\} \tag{7.3.15}$$

7.3.2　优化方法

优化问题为在式(7.3.12)的约束下求式(7.3.14)中 P_{s} 的最大值, 以卡诺化学势 μ' 为控制变量, 得优化问题的 HJB 方程为

$$\frac{\partial P_{\mathrm{s,max}}}{\partial \zeta}+\max_{\mu'(\zeta)\in\Omega}\left\{y_2(c_1,\mu',\zeta)+\frac{\partial P_{\mathrm{s,max}}}{\partial\mu_1}y_1(c_1,\mu',\zeta)\right\}=0 \tag{7.3.16}$$

对式(7.3.16)中等号左边第二项求最大值不存在解析解, 必须通过数值方法求解。 进一步选 $\dot{X}_1=\mathrm{d}X/\mathrm{d}\zeta$ 为优化控制变量, 由式(7.3.5)和式(7.3.10)得

$$\eta_\mu = \mu_{01}-\psi\mu_{02}+RT\ln\{[X_1/(1+X_1)+\dot{X}_1]/[c_2-(h_1/h_2)\dot{X}_1]^\psi\} \tag{7.3.17}$$

将式(7.3.17)代入式(7.3.9)得

$$P_{\mathrm{s}} = -\dot{m}_1 \int_{\zeta_{\mathrm{i}}}^{\zeta_{\mathrm{f}}} \left\{ \left\{ \mu_{01} - \psi\mu_{02} + RT \ln \left\{ \frac{X_1 / (1 + X_1) + \dot{X}_1}{[c_2 - (h_1 / h_2)\dot{X}_1]^{\psi}} \right\} \right\} \dot{X}_1 \right\} \mathrm{d}\zeta \qquad (7.3.18)$$

建立变更的拉格朗日函数 L 如下:

$$L = \left\{ \mu_{01} - \psi\mu_{02} + RT \ln \left\{ \frac{X_1 / (1 + X_1) + \dot{X}_1}{[c_2 - (h_1 / h_2)\dot{X}_1]^{\psi}} \right\} \right\} \dot{X}_1 \qquad (7.3.19)$$

由式(7.3.19)进一步得作为拉格朗日函数式(7.3.19)勒让德变换的能量函数:

$$H(X_1, \dot{X}_1) = L - \dot{X}_1 \frac{\partial L}{\partial \dot{X}_1} = RT\dot{X}_1^2 \frac{c_2 + (h_1 / h_2)[(\psi - 1)\dot{X}_1 + \psi c_1]}{[c_2 - (h_1 / h_2)\dot{X}_1](\dot{X}_1 + c_1)} = a \quad (7.3.20)$$

式中, a 为待定积分常数。当 $\psi = 1$ 时, 式(7.3.20)变为

$$H(X_1, \dot{X}_1) = RT\dot{X}_1^2 \frac{c_2 + (h_1 / h_2)c_1}{[c_2 - (h_1 / h_2)\dot{X}_1](\dot{X}_1 + c_1)} \qquad (7.3.21)$$

式(7.3.21)为文献[142]、[367]~[372]、[375]~[380]中扩散传质规律下多级连续等温内可逆化学机最大功率输出时的优化结果。式(7.3.20)和式(7.3.21)均需要采用数值方法求解。对连续模型进行离散化, 引入描述关键组分消耗的控制变量 υ^i:

$$\upsilon^i \equiv -\frac{g^i}{h_1} = \frac{X_1^i - X_1^{i-1}}{\zeta^i - \zeta^{i-1}} \qquad (7.3.22)$$

优化问题的目标函数式(7.3.18)变为

$$P_{\mathrm{s}}^N = -\dot{m}_1 \sum_{i=1}^{N} \left\{ \mu_{01} - \psi\mu_{02} + RT \ln \left\{ \frac{X_1^i / (1 + X_1^i) + \upsilon^i}{[c_2 - (h_1 / h_2)\upsilon^i]^{\psi}} \right\} \right\} \upsilon^i \gamma^i \qquad (7.3.23)$$

对应的微分约束为

$$X_1^i - X_1^{i-1} = \upsilon^i \gamma^i \qquad (7.3.24)$$

$$\zeta^i - \zeta^{i-1} = \gamma^i \qquad (7.3.25)$$

由式(7.3.23)~式(7.3.25)得如下贝尔曼逆向递推方程:

$$P_{s,max}^i(X_1^i,\gamma^i) = \max_{\upsilon^i,\gamma^i}\left\{\begin{matrix}-\dot{m}_1\left\{\mu_{01}-\psi\mu_{02}+RT\ln\left\{\dfrac{X_1^i/(1+X_1^i)+\upsilon^i}{[c_2-(h_1/h_2)\upsilon^i]^\psi}\right\}\right\}\upsilon^i\gamma^i\\+P_{s,max}^{i-1}\left(X_1^i-\upsilon^i\gamma^i,\zeta^i-\gamma^i\right)\end{matrix}\right\}$$

$$(7.3.26)$$

由式(7.3.24)~式(7.3.26)可通过动态规划数值方法求其数值解。

7.3.3　数值算例与讨论

传质单元高度 $H_{TU}=0.1\,m$ ，不可逆因子分别取为 $\psi=1.0$ 、 $\psi=1.2$ 和 $\psi=1.5$ ，多级化学机系统的总级数为 $N=40$ 。令 $\zeta_i=0$ ，总时间为 $t_1=150s$ ，有 $\zeta_f=150$ ，其他参数与 7.2.3.1 节相同，对无量纲时间轴采用线性划分网格，则有 $\gamma^i=\zeta_f/N=3.75$ 。

1. 末态浓度固定

取末态浓度 $c_{1f}=0.42$ 。图 7.23 为控制变量 υ^i 随级数 i 的最优变化规律，图 7.24 和图 7.25 分别为关键组分相对浓度 X_1 和浓度 c_1 随时间 t 的最优变化规律，图 7.26 为各级化学机输出功率 P_i 沿级数 i 的最优变化规律。由图可见，控制变量 υ^i 随级数 i 的增加而增加，这表明系统的高化学势库关键组分浓度随着化学机的吸质在下降；相对浓度 X_1 随时间 t 呈近似线性下降，浓度 c_1 随时间 t 呈非线性下降；随着级数 i 的增加，各级化学机输出功率 P_i 降低；随着不可逆因子 ψ 的增加，各级化学机输出功率 P_i 降低。

2. 末态浓度自由

图 7.27 为控制变量 υ^i 随级数 i 的最优变化规律，图 7.28 和图 7.29 为关键组分相对浓度 X_1 和浓度 c_1 随时间 t 的最优变化规律，图 7.30 为各级化学机输出功率 P_i 沿级数 i 的最优变化规律。由图可见，控制变量 υ^i 随着级数 i 的增加而增加，这表明各级化学机质量流率 g^i 降低；随着不可逆因子 ψ 的增加，控制变量 υ^i 增加；相对浓度 X_1 随着时间 t 的增加呈近似线性下降；随着不可逆因子 ψ 的增加，对应于系统最大功率输出时最佳末态相对浓度 X_1 增加，这表明随着系统不可逆性的增加，系统的关键组分的可利用量减少；关键组分浓度 c_1 随着时间 t 的增加呈非线性下降，不同不可逆因子 ψ 下关键组分浓度 c_1 随时间 t 的变化规律之间相差较大；各级化学机输出功率 P_i 随着级数 i 的增加而降低，当级数 i 较小时，不同 ψ 值下化学机输出功率 P_i 相差较大，当级数 i 较大时，不同 ψ 值下化学机输出功率 P_i 相差较小。由以上分析可见，边界浓度条件变化和内不可逆因子影响多级化学机系统最大功率输出及与其对应的高化学势库关键组分浓度最优构型。

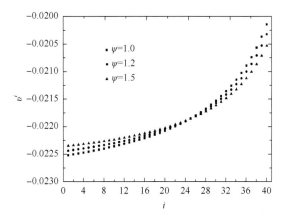

图 7.23 控制变量 v^i 随级数 i 的最优变化规律（c_{1f} 固定）

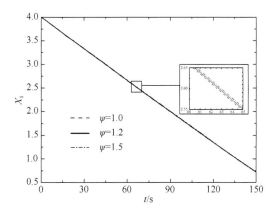

图 7.24 关键组分相对浓度 X_1 随时间 t 的最优变化规律（c_{1f} 固定）

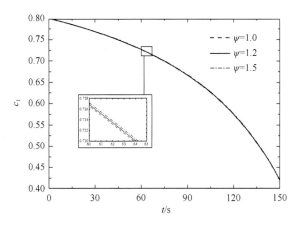

图 7.25 关键组分浓度 c_1 随时间 t 的最优变化规律（c_{1f} 固定）

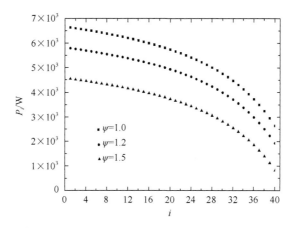

图 7.26　各级化学机输出功率 P_i 沿级数 i 的最优变化规律（c_{1f} 固定）

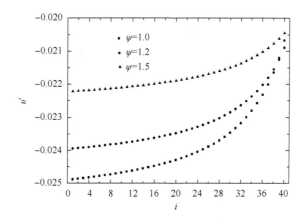

图 7.27　控制变量 v^i 随级数 i 的最优变化规律（c_{1f} 自由）

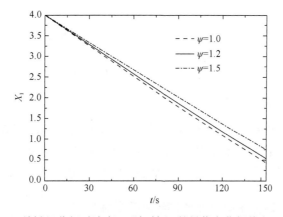

图 7.28　关键组分相对浓度 X_1 随时间 t 的最优变化规律（c_{1f} 自由）

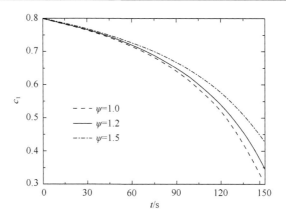

图 7.29 关键组分浓度 c_1 随时间 t 的最优变化规律（c_{1f} 自由）

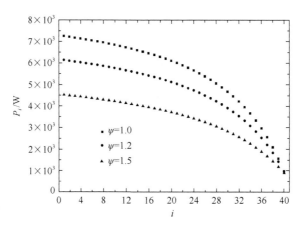

图 7.30 各级化学机输出功率 P_i 沿级数 i 的最优变化规律（c_{1f} 自由）

7.4 线性传质规律下多级等温内可逆化学泵系统耗功率最小优化

7.4.1 系统建模与特性描述

图 7.31 为多级等温内可逆化学泵系统模型，图 7.32 为单级等温内可逆化学泵模型。本节首先导出单级稳态化学势库微等温内可逆化学泵的基本特性，然后进一步导出多级连续非稳态流体化学势库等温内可逆化学泵系统的基本特性。

7.4.1.1 单级稳态等温内可逆化学泵基本特性

对于图 7.31 中的每一微元级等温内可逆化学泵，均可作为单级稳态化学势库下等温内可逆化学泵来分析，如图 7.32 所示。高、低化学势库均为无限势容化学势库，考虑化学泵内的化学反应为可逆异构化学反应 $B_1 \rightleftharpoons B_2$，反应过程不产生热量或产生热量较小可忽略不计，即循环过程温度不变。高化学势库中关键组分 B_1 的浓度(以摩尔分数表示)和化学势分别为 $c_1(t)$ 和 $\mu_1(c_1)$，化学泵工质对应于高、低化学势侧的关键组分 B_1 和 B_2 浓度分别为 $c_{1'}(t)$ 和 $c_{2'}(t)$，化学势分别为 $\mu_{1'}(c_{1'})$ 和 $\mu_{2'}(c_{2'})$，低化学势库关键组分 B_2 的浓度和化学势分别为 c_2 和 $\mu_2(c_2)$。令 g_1 和 g_2 分别为化学泵内工质的放、吸质流率，考虑化学势库与工质间传质服从线性传质规律 $[g \propto \Delta\mu]$，则有

$$g_1 = h_1(\mu_{1'} - \mu_1), \quad g_2 = h_2(\mu_2 - \mu_{2'}) \tag{7.4.1}$$

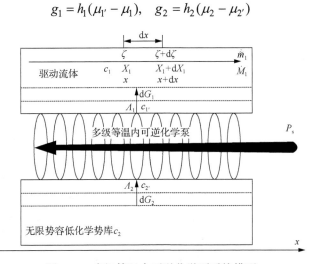

图 7.31　多级等温内可逆化学泵系统模型

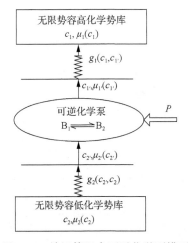

图 7.32　单级等温内可逆化学泵模型

式中，h_1 和 h_2 分别为相应的传质系数。由质量守恒定律得 $g = g_1 = g_2$。等温内可逆化学泵的耗功率 P 和性能系数 χ 分别为

$$P = g(\mu_{1'} - \mu_{2'}) = g\mu_{1'}/\chi \tag{7.4.2}$$

$$\chi = (g\mu_{1'})/P = \mu_{1'}/(\mu_{1'} - \mu_{2'}) \tag{7.4.3}$$

根据文献[162]、[404]~[409]、[412]、[417]和式(7.2.9)，定义变量 μ' 如下：

$$\mu' \equiv \mu_2 + \mu_{1'} - \mu_{2'} = \mu_2 + \mu_{1'}/\chi \tag{7.4.4}$$

式中，μ' 也称为卡诺化学势。等温内可逆化学泵唯一的不可逆性来源于化学泵工质和化学势库间的有限速率传质，得过程熵产率 σ 为

$$\sigma = g(\mu_{1'} - \mu_1 + \mu_2 - \mu_{2'})/T = g(\mu' - \mu_1)/T \tag{7.4.5}$$

由式(7.4.1)和式(7.4.4)得质量流率 g 随卡诺化学势 μ' 的变化关系式为

$$g = h_1 h_2 (\mu' - \mu_1)/(h_1 + h_2) \tag{7.4.6}$$

由式(7.4.3)和式(7.4.6)可进一步得性能系数 χ 随 g 的变化关系式为

$$\chi = \frac{\mu_1 + g/h_1}{(\mu_1 - \mu_2) + (1 + h_1/h_2)\, g/h_1} \tag{7.4.7}$$

将式(7.4.7)代入式(7.4.2)得耗功率 P 随卡诺化学势 μ' 的变化关系式为

$$P = \frac{h_1 h_2 (\mu' - \mu_1)(\mu' - \mu_2)}{h_1 + h_2} \tag{7.4.8}$$

7.4.1.2　多级等温内可逆化学泵系统基本特性

本节的多级化学泵系统的驱动流体中关键组分浓度增加的过程为 7.2.1.2 节多级化学机系统的驱动流体中关键组分浓度减少的逆过程，因此式(7.2.14)、式(7.2.15)、式(7.2.18)和式(7.2.23)也适用于本节。多级化学泵系统的耗功率 P_s 和熵产率 σ_s 分别为

$$P_s = \int_{c_{1i}}^{c_{1f}} (\mu_{1'} - \mu_{2'})\, \mathrm{d}G_1 = \int_{c_{1i}}^{c_{1f}} (\mu' - \mu_2)\, \mathrm{d}G_1 = \int_{c_{1i}}^{c_{1f}} \frac{\dot{m}_1 (\mu' - \mu_2)}{(1 - c_1)^2}\, \mathrm{d}c_1 \tag{7.4.9}$$

$$\sigma_s = \int_{c_{1i}}^{c_{1f}} \frac{(\mu' - \mu_1)}{T}\, \mathrm{d}G_1 = \int_{c_{1i}}^{c_{1f}} \frac{\dot{m}_1 (\mu' - \mu_1)}{T(1 - c_1)^2}\, \mathrm{d}c_1 \tag{7.4.10}$$

对于本节的多级等温内可逆化学泵系统，由于存在有限速率传质引起的不可逆损失，所以式 (7.4.9) 的最小值必定比式 (7.2.18) 的 $P_{s,rev}$ 大。式 (7.4.9) 还可写为

$$P_s = -\int_{X_{1i}}^{X_{1f}} (\dot{m}_1 \mu' / \chi) \mathrm{d}X_1 = \int_{\zeta_i}^{\zeta_f} \left[\dot{m}_1 (\mu' - \mu_2) \frac{\mathrm{d}X_1}{\mathrm{d}\zeta} \right] \mathrm{d}\zeta \tag{7.4.11}$$

联立式 (7.2.14) 和式 (7.4.4) 得

$$\frac{\mathrm{d}X_1}{\mathrm{d}\zeta} = (\mu' - \mu_1) / [(h_1 / h_2) + 1] \tag{7.4.12}$$

将式 (7.4.12) 代入式 (7.4.11) 得

$$P_s = \int_{\zeta_i}^{\zeta_f} \{ \dot{m}_1 (\mu' - \mu_2)(\mu' - \mu_1) / [(h_1 / h_2) + 1] \} \mathrm{d}\zeta \tag{7.4.13}$$

7.4.2　优化方法

现在的问题为在式 (7.2.23) 的约束下求式 (7.4.13) 的最小值，得优化问题的 HJB 方程为

$$\frac{\partial P_{s,\min}}{\partial \zeta} + \min_{\mu'(\zeta) \in \Omega} \left\{ \frac{\dot{m}_1 (\mu' - \mu_2)(\mu - \mu_1)}{(h_1 / h_2) + 1} + \frac{\partial P_{s,\min}}{\partial \mu_1} \frac{(\mu' - \mu_1) RT \left[1 - \exp\left(\dfrac{\mu_1 - \mu_{01}}{RT} \right) \right]^2}{[(h_1 / h_2) + 1] \exp\left(\dfrac{\mu_1 - \mu_{01}}{RT} \right)} \right\} = 0 \tag{7.4.14}$$

经推导得浓度 c_1、化学势 μ_1 和卡诺化学势 μ' 随时间 ζ 的最优变化规律为

$$c_1(\zeta) = 1 - \frac{(1 - c_{1i})(1 - c_{1f})(\zeta_f - \zeta_i)}{(1 - c_{1f})(\zeta_f - \zeta) - (1 - c_{1i})(\zeta_i - \zeta)} \tag{7.4.15}$$

$$\mu_1(\zeta) = \mu_{01} + RT \ln \left[1 - \frac{(1 - c_{1i})(1 - c_{1f})(\zeta_f - \zeta_i)}{(1 - c_{1f})(\zeta_f - \zeta) - (1 - c_{1i})(\zeta_i - \zeta)} \right] \tag{7.4.16}$$

$$\mu'(\zeta) = \mu_{01} + RT \ln \left[1 - \frac{(1 - c_{1i})(1 - c_{1f})(\zeta_f - \zeta_i)}{(1 - c_{1f})(\zeta_f - \zeta) - (1 - c_{1i})(\zeta_i - \zeta)} \right] + \frac{[(h_1 / h_2) + 1](c_{1f} - c_{1i})}{(1 - c_{1i})(1 - c_{1f})(\zeta_f - \zeta_i)} \tag{7.4.17}$$

相应的最小耗功率 $P_{s,\min}$ 和熵产率 σ_s 分别为

$$
\frac{P_{s,\min}}{\dot{m}_1} = \left\{ \begin{array}{l} \dfrac{(c_{1f}-c_{1i})(\mu_{01}-\mu_2)}{(1-c_{1f})(1-c_{1i})} + \dfrac{(c_{1f}-c_{1i})^2[(h_1/h_2)+1]}{(1-c_{1i})^2(1-c_{1f})^2(\zeta_f-\zeta_i)} \\[3mm] +RT\left\{ \dfrac{\ln(c_{1f})}{(1-c_{1f})} - \dfrac{\ln(c_{1i})}{(1-c_{1i})} + \ln\left[\dfrac{c_{1i}(1-c_{1f})}{c_{1f}(1-c_{1i})}\right] \right\} \end{array} \right\} \tag{7.4.18}
$$

$$
\sigma_s = \frac{\dot{m}_1[(h_1/h_2)+1](c_{1f}-c_{1i})^2}{T(1-c_{1i})^2(1-c_{1f})^2(\zeta_f-\zeta_i)} \tag{7.4.19}
$$

联立式(7.2.18)、式(7.4.18)和式(7.4.19)得

$$
P_{s,\min} = P_{s,rev} + T\sigma_s \tag{7.4.20}
$$

由式(7.4.20)可见，多级连续等温内可逆化学泵的耗功率 $P_{s,\min}$ 等于可逆系统耗功率性能界限 $P_{s,rev}$ 与一个耗散项之和。由式(7.4.18)可见，当初始时刻 ζ_i 和初始浓度 c_{1i} 均固定时，最小耗功率 $P_{s,\min}$ 为末态时刻 ζ_f 和末态浓度 c_{1f} 的函数。当末态时刻 ζ_f 和末态浓度 c_{1f} 均固定时，存在一个最佳控制策略使多级化学泵耗功率最小；当末态时刻 ζ_f 固定和末态浓度 c_{1f} 自由时，可逆系统耗功率 $P_{s,rev}$ 和熵产率 σ_s 均随着 c_{1f} 的增加而增加，所以系统最小耗功率 $P_{s,\min}$ 也增加，当 $c_{1f}=c_{1i}$ 时最小耗功率为零；当末态时刻 ζ_f 自由和末态浓度 c_{1f} 固定时，可逆系统耗功率 $P_{s,rev}$ 一定，随着 ζ_f 的增加，熵产率 σ_s 减少，所以系统最小耗功率 $P_{s,\min}$ 也减少，当 $\zeta_f \to \infty$ 时，$P_{s,\min} \to P_{s,rev}$。由以上分析可见，多级化学泵系统必须在末态时刻 ζ_f 和末态浓度 c_{1f} 均固定的条件下优化，即其高化学势侧关键组分的传质量必须给定，7.2.2.1 节对于多级等温化学机系统最大功率输出时研究结果表明，在末态时刻 ζ_f 一定的条件下，末态浓度 c_{1f} 既可以固定也可以自由，即其高化学势侧关键组分的传质量是可以优化的，这是多级化学机系统最大功率输出与多级化学泵系统耗功率最小优化的不同之处。

7.4.3　数值算例与讨论

高化学势侧驱动流体中关键组分 B_1 的初始浓度为 $c_{1i}=0.3$，末态浓度 c_{1f} 分别取为 0.7、0.8 和 0.9，其他参数的取值与 7.2.3.1 节相同。图 7.33 和图 7.34 分别为多级化学泵系统最小耗功率 $P_{s,\min}$ 和总熵产率 $\sigma_{s,\min}$ 随末态时刻 ζ_f 的最优变化规律。由图可见，随着末态时刻 ζ_f 的增加，最小耗功率 $P_{s,\min}$ 和总熵产率 $\sigma_{s,\min}$ 均减少，当 $\zeta_f \to \infty$ 时有 $P_{s,\min} \to P_{s,rev}$ 和 $\sigma_s \to 0$；对于相同末态时刻 ζ_f，随着末态浓度 c_{1f} 的增加，最小耗功率 $P_{s,\min}$ 和总熵产率 $\sigma_{s,\min}$ 均增加。可见熵产率越小，多级化学泵的耗功率越小，若进一步给定过程总时间，以耗功率最小为目标优化等价

于以熵产率最小为目标优化。

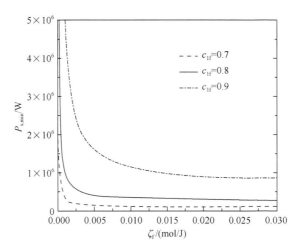

图 7.33 多级化学泵系统最小耗功率 $P_{s,min}$ 随末态时刻 ζ_f 的变化规律

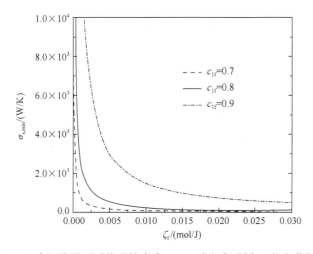

图 7.34 多级化学泵系统总熵产率 $\sigma_{s,min}$ 随末态时刻 ζ_f 的变化规律

令过程总时间为 $t_1 = 150\,\text{s}$，则末态时刻为 $\zeta_f = vt_1 / H_{TU} = 0.015\,\text{mol/J}$。图 7.35~图 7.37 分别为浓度 c_1、化学势 μ_1 和卡诺化学势 μ' 随时间 ζ 的最优变化规律。由图可见，浓度 c_1、化学势 μ_1 和卡诺化学势 μ' 均随着时间 ζ 的增加均呈非线性规律增加；相同的时间 ζ 下，随着末态浓度 c_{1f} 的增加，卡诺化学势 μ' 增加。计算结果表明，当 $c_{1f} = 0.7$ 时，系统最小耗功率为 $P_{s,min} = 1.24 \times 10^5\,\text{W}$，初始卡诺化学势为 $\mu'(0) = 2184.6\,\text{J/mol}$；当 $c_{1f} = 0.8$ 时，分别为 $P_{s,min} = 2.97 \times 10^5\,\text{W}$ 和 $\mu'(0) =$

2406.8 J/mol；当 $c_{1f} = 0.9$ 时，分别为 $P_{s,\min} = 9.96 \times 10^5$ W 和 $\mu'(0) = 3073.5$ J/mol，可见随着末态浓度的增加，系统最小耗功率和初始卡诺化学势均增加。

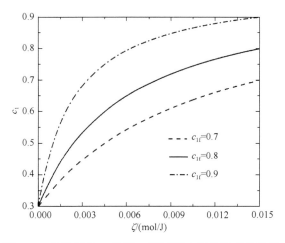

图 7.35　关键组分 B_1 浓度 c_1 随时间 ζ 的最优变化规律

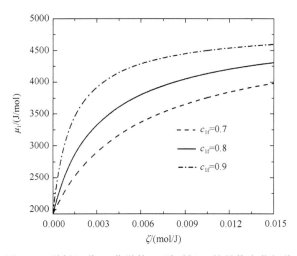

图 7.36　关键组分 B_1 化学势 μ_1 随时间 ζ 的最优变化规律

7.2.3.1 节研究了线性传质规律下多级等温内可逆化学机的最大功率输出，因此本节的优化结果可与 7.2.3.1 节研究结果相比较。对于多级化学机系统，关键组分初始浓度取为 $c_{1i} = 0.8$；对于多级化学泵系统，关键组分末态浓度为 $c_{1f} = 0.8$；两系统其他参数取值均相同。图 7.38 为多级化学机和化学泵系统极值功率随末态时刻 ζ_f、浓度 c_{1i} 或 c_{1f} 的三维关系。由图可见，多级化学泵的最小耗功率 $P_{s,\min}$ 曲面总是位于可逆系统功率性能界限 $P_{s,rev}$ 的上方，多级化学机的最大输出功率

$P_{s,max}$ 曲面总是位于可逆系统功率性能界限 $P_{s,rev}$ 的下方。

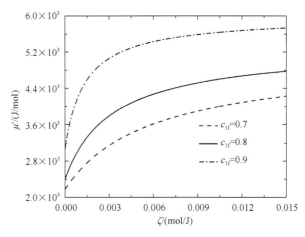

图 7.37　卡诺化学势 μ' 随时间 ζ 的最优变化规律

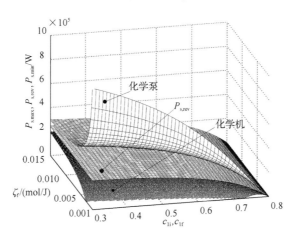

图 7.38　多级化学机和化学泵系统极值功率随末态时刻 ζ_f、浓度 c_{1i} 或 c_{1f} 的三维关系

图 7.39 为多级化学机和化学泵系统极值功率随末态时刻 ζ_f 的变化规律，图 7.39 也就是图 7.38 中多级化学泵系统初始浓度 $c_{1i}=0.3$ 和多级化学机系统末态浓度 $c_{1f}=0.3$ 时的截面。由图可见，在 ζ_f 为有限值条件下，多级等温内可逆化学机系统总输出功率 $P_{s,max}$ 小于可逆系统输出功率 $P_{s,rev}$，当过程的时间趋于无限长 (或传质系数趋于无限大) 即 $\zeta_f \to \infty$ 时，总输出功率 $P_{s,max}$ 趋近于其可逆系统功率性能界限 $P_{s,rev}$，对于实际装置，除存在传质不可逆性损失外，还有工质内部耗散不可逆性损失，因此实际装置输出功率必然比 $P_{s,max}$ 更小，如图 7.39 下半部分阴影所示；在 ζ_f 为有限值条件下，多级等温内可逆化学泵系统总耗功率 $P_{s,min}$ 大于可逆系

耗功率 $P_{s,rev}$，当过程的时间趋于无限长即 $\zeta_f \to \infty$ 时，总耗功率 $P_{s,min}$ 趋近于其可逆性能界限 $P_{s,rev}$，对于实际装置，除存在传质不可逆性损失外，还有装置工质内部耗散不可逆性损失，因此实际装置耗功率必然比 $P_{s,min}$ 更大，如图 7.39 上半部分阴影所示；仅当过程的时间趋于无限长即 $\zeta_f \to \infty$ 时，两个相反过程的性能界限均变为可逆性能界限 $P_{s,rev}$，对应的最优解为可逆过程。图 7.40 为多级化学机和化学泵系统关键组分浓度 c_1 随时间 t 的最优变化规律。

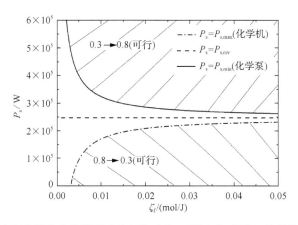

图 7.39　多级化学机和化学泵系统极值功率 P_s 随末态时刻 ζ_f 的最优变化规律

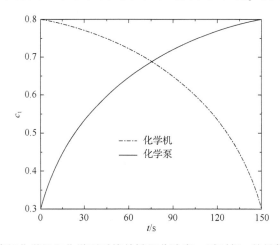

图 7.40　多级化学机和化学泵系统关键组分浓度 c_1 随时间 t 的最优变化规律

计算结果表明，多级内可逆化学机系统的最大输出功率为 $P_{s,max} = 1.95 \times 10^5$ W，小于多级可逆化学机系统输出功率 $P_{s,rev} = 2.46 \times 10^5$ W，初始卡诺化学势 $\mu'(0) = 1893.0$ J/mol；多级内可逆化学泵系统的最小耗功率为 $P_{s,min} = 2.97 \times 10^5$ W，大于多级可逆化学泵系统的耗功率 $P_{s,rev} = 2.46 \times 10^5$ W ，初始卡诺化学势 $\mu'(0) = 2406.8$ J/mol 。在经典热力学中，两个对偶优化问题的最优解均为可逆过程，多级等温化学机输出功率或多级等温化学泵耗功率仅与流体高势库的初态和末态有关；与经典热力学给出的结论不同，考虑有限速率传质损失后，两个对偶优化问题得到的最优解是不同的，与过程的具体路径有关，因此有限时间热力学性能界限是比经典热力学性能界限更为严格的性能界限。

7.5 本 章 小 结

本章研究了线性与扩散传质规律下多级等温不可逆化学机系统最大功率输出和线性传质规律下多级等温内可逆化学泵系统的耗功率最小最优构型。得到的主要结论如下。

(1) 当末态时刻和末态浓度均固定时，多级等温化学机系统的极值输出功率为其最大功率输出，最大输出功率随着不可逆因子的增加而降低，但最大输出功率时的高化学势库关键组分浓度和卡诺化学势与不可逆因子无关；当末态时刻自由和末态浓度固定时，末态时刻存在一个下限值，即末态时刻必须大于此下限值，多级等温化学机系统才有功率输出，以最大输出功率为优化目标与以最小熵产率为优化目标是等价的。

(2) 当末态时刻固定和末态浓度自由时，多级等温化学机系统极值功率输出的流体高势库关键组分末态浓度存在一个阈值，同时还存在一个最佳值使多级等温化学机系统极值功率取最大值，随着不可逆因子的增加，系统最大输出功率降低，流体高势库关键组分浓度和卡诺化学势均增加，以最大输出功率为目标优化与以最小熵产率为目标优化不等价。

(3) 线性传质规律下多级化学机和化学泵系统极值功率时高势库关键组分的相对浓度随时间呈线性规律变化，多级等温内可逆化学机系统的极值输出功率等于其可逆系统的输出功率与一个耗散项之差，多级等温内可逆化学泵的极值耗功率等于其可逆系统的耗功率与一个耗散项之和，当过程时间趋于无限长(或传质系数趋于无限大)时，两者均趋近于相同的可逆系统功率性能界限。

(4) 装置类型、优化目标、传质规律、工质内部耗散、过程时间约束和浓度边界条件等因素均对多级等温化学循环系统的动态优化结果有显著影响，在实际化学装置与系统优化设计时必须予以详细考虑和界定。

第 8 章 基于 HJB 理论的多级非等温不可逆化学机系统动态优化

8.1 引　　言

本书第 5 章和第 7 章应用 HJB 理论分别研究了多级热力和等温化学循环系统的最优构型问题。更为普适的模型是非等温化学循环，即有限速率传热和传质过程两者同时进行并相互耦合。本书 6.1 节对单级非等温化学机的研究进展作了详细的介绍，同时本书 6.5 节也研究了单级有限高势库往复式非等温内可逆化学机循环的最大输出功。对于多级非等温化学机循环系统动态优化研究可以追溯到 1999 年，Sieniutycz[403]在基于 Lewis 相似的单级非等温内可逆化学机最优性能研究的基础上，初步地研究了多级非等温内可逆化学机最大功率输出。但文献[403]由于没有导出单级非等温内可逆化学机的输出功率及相应矢量效率的解析解，所以仅对多级非等温内可逆化学机最大功率输出进行了定性的分析，同时文献[403]也未考虑非等温化学机内部的化学反应。

本章将进一步考虑有限速率传热传质和化学机工质内部耗散等不可逆性损失，分别基于传热传质的 Lewis 相似准则和服从线性不可逆热力学的 Onsager 方程，首先导出单级无限势库定常流非等温不可逆化学机功率输出及相应矢量效率的解析解，接着将此优化结果进一步应用于多级非等温不可逆化学机系统最大输出功率最优构型。

8.2 基于 Lewis 相似的单级非等温不可逆化学机最大输出功率

8.2.1 物理模型

考虑如图 8.1 所示工作在两无限化学势库间的定常流非等温不可逆化学机模型。本节化学机各温度、浓度和化学势等基本参数的定义与 6.5.1 节相同。本节和 6.5.1 节讨论的非等温化学机两者区别主要有以下四点：①6.5.1 节的化学机高势库为有限势库，本节的化学机高势库为无限势库；②6.5.1 节的化学机工作模式为往复式的，本节的化学机工作模式是定常流的；③6.5.1 节的化学机是内可逆的，本节的化学机同时存在有限速率传热传质和工质内部耗散等不可逆性损失，即是不可逆的；④6.5.1 节的化学机传热传质服从线性不可逆热力学中的 Onsager 方程，本节考虑化学机传热传质遵循 Lewis 相似准则。考虑化学势库与化学机间传热和传质分别服从牛顿传热规律和扩散传质规律，得

$$q_{1'} = k_1(T_1 - T_{1'}), \qquad q_{2'} = k_2(T_{2'} - T_2) \tag{8.2.1}$$

$$g_1 = h_1(c_1 - c_{1'}), \qquad g_2 = h_2(c_{2'} - c_2) \tag{8.2.2}$$

式中，k_1 和 k_2 分别为相应侧热导率；h_1 和 h_2 分别为相应侧的传质系数。根据 Lewis 相似准则[402, 403]，有关系式 $k_i / h_i = Le_i \ (i = 1, 2)$ 成立，Le_i 为 Lewis 准则数。

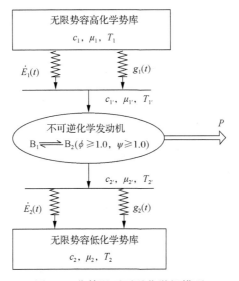

图 8.1　非等温不可逆化学机模型

由热力学第一定律得化学机输出功率 P 为

$$P = \dot{E}_1 - \dot{E}_2 = q_{1'} + \overline{h}_{1'} g_1 - q_{2'} - \overline{h}_{2'} g_2 \tag{8.2.3}$$

式中，$q_{1'}$ 和 $q_{2'}$ 分别为通过有限温差传热进入和流出化学机的热流率；$\overline{h}_{1'}$ 和 $\overline{h}_{2'}$（本节为与传质系数 h 相区分，采用 $\overline{h}$ 表示比焓）分别为进入和流出化学机的物质所携带的比焓。由关系式 $\mu_i = \overline{h}_i - T_i s_i \ (i = 1, 1', 2', 2)$，式 (8.2.3) 进一步变为

$$
\begin{aligned}
P &= q_{1'} + g_1 T_{1'} s_{1'} + g_1 \mu_{1'} - q_{2'} - g_2 T_{2'} s_{2'} + g_2 \mu_{2'} \\
&= \dot{Q}_{1'} + g_1 \mu_{1'} - \dot{Q}_{2'} - g_2 \mu_{2'}
\end{aligned}
\tag{8.2.4}
$$

式中，$\dot{Q}_i = q_i + g_i T_i s_i$ 为总热流率。

文献[78]、[98]、[374]、[376]及本书第 7 章均研究了等温化学机工质内部耗散不可逆性,其不可逆性因子均是基于热力学第二定律间接定义的,详见式(7.2.5)和式(7.2.6),它们不是化学机输出熵流与输入熵流之比;此外,在文献[78]、[98]、[374]、[376]及本章第 7 章中均考虑完全转换即仅考虑了热力学不可逆损失,未考虑化学反应非完全转换或副反应导致的质量损失。根据文献[146]、[412]~[415]可知,非等温化学机的不可逆性主要包括两个方面:内部熵产率 σ_s^{int} 和内部质漏损失 σ_m^{int},前者是文献[78]、[98]、[374]、[376]及本章第 7 章主要考虑的内部不可逆性的来源,后者与有限化学反应速率、非完全转换和反应物 B_1 的副消耗有关,具体为[146, 412-425]

$$\frac{\dot{Q}_{2'}}{T_{2'}} - \frac{\dot{Q}_{1'}}{T_{1'}} = \sigma_s^{int} \tag{8.2.5}$$

$$g_2 - g_1 = \sigma_m^{int} \tag{8.2.6}$$

式(8.2.5)为化学机工质经历一个循环后回到初始态,循环输出熵流率 $\dot{Q}_{2'}/T_{2'}$ 与输入熵流率 $\dot{Q}_{1'}/T_{1'}$ 之差为内部熵产率 σ_s^{int};式(8.2.6)表示反应腔室的高、低化学势侧两个截面处遵守质量守恒定律。分别定义不可逆因子 $\phi = 1 + T_{1'}\sigma_s^{int}/\dot{Q}_{1'}$ 和 $\psi = 1 + \sigma_m^{int}/g_1$[146, 412-425],式(8.2.5)和式(8.2.6)分别变为

$$\phi \frac{\dot{Q}_{1'}}{T_{1'}} = \frac{\dot{Q}_{2'}}{T_{2'}} \tag{8.2.7}$$

$$\psi g_1 = g_2 \tag{8.2.8}$$

将式(8.2.7)和式(8.2.8)代入式(8.2.4)得[146, 412-425]

$$P = \dot{Q}_{1'}\left(1 - \frac{\phi T_{2'}}{T_{1'}}\right) + g_1(\mu_{1'} - \psi\mu_{2'}) \tag{8.2.9}$$

由式(8.2.9)可见,式(8.2.9)中包含矢量效率 $\boldsymbol{\eta}_1 = (\eta_{T1}, \eta_{\mu1})$,$\eta_{T1}$ 和 $\eta_{\mu1}$ 分别为

$$\eta_{T1} = 1 - \frac{\phi T_{2'}}{T_{1'}}, \qquad \eta_{\mu1} = \mu_{1'} - \psi\mu_{2'} \tag{8.2.10}$$

由式(8.2.10)可见,熵产生和内质漏等各种不可逆性使非等温化学机的效率 η_{T1} 和 $\eta_{\mu1}$ 均降低。令 q_1 和 $\bar{h}_1$ 为流出高势库的热流率和比焓,令 q_2 和 $\bar{h}_2$ 为流入低势库的热流率和比焓,由能量守恒定律得

$$E_1 = q_1 + \bar{h}_1 g_1 = q_{1'} + \bar{h}_{1'} g_1 = E_{1'} \tag{8.2.11}$$

$$E_{2'} = q_{2'} + \bar{h}_{2'} g_2 = q_2 + \bar{h}_2 g_2 = E_2 \tag{8.2.12}$$

由关系式 $\mu = \bar{h} - Ts$ 和式 (8.2.9) 得

$$P = q_{1'}\left(1 - \frac{\phi T_{2'}}{T_{1'}}\right) + g_1\left[\left(\bar{h}_{1'} - \psi \bar{h}_{2'}\right) - T_{2'}\left(\phi s_{1'} - \psi s_{2'}\right)\right] \tag{8.2.13}$$

式中，$s_{1'}(T_{1'}, c_{1'})$ 和 $s_{2'}(T_{2'}, c_{2'})$ 分别为化学机高、低势侧工质的比熵，其为工质关键组分的浓度和温度的函数。式 (8.2.13) 中包含矢量效率 $\boldsymbol{\eta}_2 = (\eta_{T2}, \eta_{\mu2})$，其中 η_{T2} 和 $\eta_{\mu2}$ 分别为

$$\eta_{T2} = 1 - \frac{\phi T_{2'}}{T_{1'}}, \quad \eta_{\mu2} = \left(\bar{h}_{1'} - \psi \bar{h}_{2'}\right) - T_{2'}\left(\phi s_{1'} - \psi s_{2'}\right) \tag{8.2.14}$$

由于 $\bar{h}_1 - \bar{h}_{1'} = c_{p1}(T_1 - T_{1'})$，将式 (8.2.11) 代入式 (8.2.13) 得

$$P = q_1\left(1 - \frac{\phi T_{2'}}{T_{1'}}\right) + g_1\left[c_{p1}\left(T_1 - T_{1'}\right)\left(1 - \frac{\phi T_{2'}}{T_{1'}}\right) + \left(\bar{h}_{1'} - \psi \bar{h}_{2'}\right) - T_{2'}\left(\phi s_{1'} - \psi s_{2'}\right)\right] \tag{8.2.15}$$

同样的，式 (8.2.15) 中也包含矢量效率 $\boldsymbol{\eta}_3 = (\eta_{T3}, \eta_{\mu3})$，其中 η_{T3} 和 $\eta_{\mu3}$ 分别为

$$\eta_{T3} = 1 - \frac{\phi T_{2'}}{T_{1'}}, \quad \eta_{\mu3} = c_{p1}\left(T_1 - T_{1'}\right)\left(1 - \frac{\phi T_{2'}}{T_{1'}}\right) + \left(\bar{h}_{1'} - \psi \bar{h}_{2'}\right) - T_{2'}\left(\phi s_{1'} - \psi s_{2'}\right) \tag{8.2.16}$$

8.2.2　优化方法

选热流率 q_1 和传质流率 g_1 为优化变量，现在的问题为在式 (8.2.7) 和式 (8.2.8) 的约束下求式 (8.2.15) 中 P 的最大值。若将化学机工质的温度 T_i、浓度 c_i 和比熵 s_i（$i = 1', 2'$）等参数表示为热流率 q_1 和传质流率 g_1 的函数，此优化问题就变为输出功率 P 关于热流率 q_1 和传质流率 g_1 的二维优化问题。由式 (8.2.1) 得

$$T_{1'} = T_1 - \frac{q_{1'}}{Le_1 h_1} = T_1 - \frac{q_1 + c_{p1}(T_1 - T_{1'})g_1}{Le_1 h_1} \tag{8.2.17}$$

由式 (8.2.17) 进一步得

$$q_1 = (Le_1 h_1 - g_1 c_{p1})(T_1 - T_{1'}) \tag{8.2.18}$$

由式 (8.2.18) 得高势侧工质温度 $T_{1'}$ 与热流率 q_1 和传质流率 g_1 的关系式为

$$T_{1'}(q_1, g_1) = T_1 - \frac{q_1}{Le_1 h_1 - g_1 c_{p1}} \tag{8.2.19}$$

联立式 (8.2.1) 和式 (8.2.19) 得

$$q_{1'} = \frac{Le_1 h_1}{Le_1 h_1 - g_1 c_{p1}} q_1 \tag{8.2.20}$$

由式 (8.2.8) 和式 (8.2.2) 得化学机工质中关键组分浓度 $c_{1'}$ 和 $c_{2'}$ 与传质流率 g_1 的关系式分别为

$$c_{1'} = c_1 - g_1/h_1 \qquad c_{2'} = c_2 + \psi g_1/h_2 \tag{8.2.21}$$

非等温化学机为不可逆循环，由式 (8.2.7) 进一步得熵平衡方程为

$$\frac{\phi q_{1'}}{T_{1'}} + s_{1'}(T_{1'}, c_{1'}) \phi g_1 = \frac{q_{2'}}{T_{2'}} + s_{2'}(T_{2'}, c_{2'}) g_2 \tag{8.2.22}$$

将式 (8.2.1) 和式 (8.2.2) 代入式 (8.2.22) 得

$$\frac{\phi Le_1 h_1 (T_1 - T_{1'})}{T_{1'}} + s_{1'} \phi h_1 (c_1 - c_{1'}) = \frac{Le_2 h_2 (T_{2'} - T_2)}{T_{2'}} + s_{2'} h_2 (c_{2'} - c_2) \tag{8.2.23}$$

将式 (8.2.19)~式 (8.2.21) 代入式 (8.2.23) 得

$$\begin{aligned}
\frac{\phi Le_1 h_1 q_1}{T_1 (Le_1 h_1 - g_1 c_{p1}) - q_1} &+ s_{1'}\left(T_1 - \frac{q_1}{Le_1 h_1 - g_1 c_{p1}}, c_1 - g_1/h_1\right) \phi g_1 \\
&= \frac{Le_2 h_2 (T_{2'} - T_2)}{T_{2'}} + s_{2'}(T_{2'}, c_2 + \psi g_1/h_2) \psi g_1
\end{aligned} \tag{8.2.24}$$

　　一般而言，在式 (8.2.24) 基础上进一步推导出非等温化学机的功率和效率表达式是非常困难的，因为混合物的比熵 $s(T, c)$ 随其温度 T 和组分浓度 c 的变化规律常常是非常复杂数学关系式或者大多数根本无法用数学表达式来描述，只能查工质热力学性质相关的图表。本节为进一步细化上述关系式和简化问题，忽略潜热的影响，引入理想混合物的等压熵的近似表达式 $s(T, c)$ [402, 403, 515]：

$$s(T,c) = c_p \ln \frac{T}{T_*} - (1-c)R\ln(1-c) - cR\ln c$$

$$= c_p \ln \frac{T}{T_*} - R\ln[(1-c)^{1-c}c^c] \tag{8.2.25}$$

式中，R 为普适气体常数；T_* 为所选择计算基准点温度，如水和水蒸气在热工计算中常选定水的三相点即 273.15K 的液相水作为计算基准点温度。将式 (8.2.25) 代入式 (8.2.24) 得

$$\frac{T_2}{T_{2'}} - y_1 \ln\left(\frac{T_{2'}}{T_{2*}}\right) - y_2 = 0 \tag{8.2.26}$$

式中，函数 y_1 和 y_2 分别为

$$y_1(q_1, g_1) = \psi g_1 c_{p2} / (Le_2 h_2) \tag{8.2.27}$$

$$y_2(q_1, g_1) = \frac{T_1(Le_1 h_1 - g_1 c_{p1}) - (1 + \phi Le_1 h_1 / Le_2 h_2)q_1}{T_1(Le_1 h_1 - g_1 c_{p1}) - q_1} - \frac{\phi g_1 c_{p1}}{Le_2 h_2}\ln\left[\frac{T_1 - q_1(Le_1 h_1 - g_1 c_{p1})^{-1}}{T_{1*}}\right]$$

$$+ \frac{g_1 R}{Le_2 h_2}\ln\left[\frac{(1-c_1+g_1/h_1)^{\phi(1-c_1+g_1/h_1)}(c_1-g_1/h_1)^{\phi(c_1-g_1/h_1)}}{(1-c_2-\psi g_1/h_2)^{\psi(1-c_2-\psi g_1/h_2)}(c_2+\psi g_1/h_2)^{\psi(c_2+\psi g_1/h_2)}}\right] \tag{8.2.28}$$

T_{1*} 和 T_{2*} 分别为反应物 B_1 和生成物 B_2 热工计算所选择的基准点温度，式 (8.2.26) 为温度 $T_{2'}$ 关于热流率 q_1 和质量流率 g_1 的超越方程。由式 (8.2.26) 得

$$T_{2'}(q_1, g_1) = T_{2*}\exp\left\{\text{Lambertw}\left[T_2\exp(y_2/y_1)/(y_1 T_{2*})\right] - y_2/y_1\right\} \tag{8.2.29}$$

式中，$\beta = \text{Lambertw}(x)$ 表示的是朗伯超越方程 $\beta\exp(\beta) = x$ 的根。将式 (8.2.19) 和式 (8.2.29) 代入式 (8.2.16) 得效率 $\eta_{T3}(q_1, g_1)$ 为

$$\eta_{T3}(q_1, g_1) = 1 - \frac{\phi T_{2*}\exp\left\{\text{Lambertw}\left[T_2\exp(y_2/y_1)/(y_1 T_{2*})\right] - y_2/y_1\right\}}{T_1 - q_1(Le_1 h_1 - g_1 c_{p1})^{-1}} \tag{8.2.30}$$

将式 (8.2.19) 代入式 (8.2.25) 得 $s_{1'}(q_1, g_1)$ 为

$$s_{1'}(q_1, g_1) = \ln\left\{\frac{[T_1/T_2 - q_1(Le_1 h_1 T_2 - g_1 c_{p1}T_2)^{-1}]^{c_{p1}}}{[(1-c_1+g_1/h_1)^{1-c_1+g_1/h_1}(c_1-g_1/h_1)^{c_1-g_1/h_1}]^R}\right\} \tag{8.2.31}$$

将式 (8.2.29) 代入式 (8.2.25) 得 $s_{2'}(q_1, g_1)$ 为

$$
\begin{aligned}
s_{2'}(q_1, g_1) =\ & c_{p2} \left\{ \text{Lambertw} \left[T_2 \exp(y_2/y_1)/(y_1 T_{2*}) \right] - y_2/y_1 \right\} \\
& - R \ln \left[(1 - c_2 - \psi g_1/h_2)^{(1-c_2-\psi g_1/h_2)} (c_2 + \psi g_1/h_2)^{c_2+\psi g_1/h_2} \right]
\end{aligned}
\tag{8.2.32}
$$

将式 (8.2.19)、式 (8.2.30)~式 (8.2.32) 代入式 (8.2.16) 得效率 $\eta_{\mu3}(q_1, g_1)$ 为

$$
\begin{aligned}
\eta_{\mu3}(q_1, g_1) =\ & \frac{c_{p1} q_1 \eta_{T3}(q_1, g_1)}{Le_1 h_1 - g_1 c_{p1}} + c_{p1} \left(T_1 - \frac{q_1}{Le_1 h_1 - g_1 c_{p1}} \right) - \psi c_{p2} T_{2'}(q_1, g_1) \\
& - T_{2'}(q_1, g) \left[\phi s_{1'}(q_1, g_1) - \psi s_{2'}(q_1, g_1) \right]
\end{aligned}
\tag{8.2.33}
$$

将式 (8.2.19)、式 (8.2.29)~式 (8.2.33) 代入式 (8.2.15) 得输出功率 $P(q_1, g_1)$ 为

$$
\begin{aligned}
P(q_1, g_1) =\ & \frac{Le_1 h_1 q_1 \eta_{T3}(q_1, g_1)}{Le_1 h_1 - g_1 c_{p1}} + g_1 \left\{ c_{p1} \left[T_1 - q_1 (Le_1 h_1 - g_1 c_{p1})^{-1} \right] - \psi c_{p2} T_{2'}(q_1, g_1) \right. \\
& \left. - T_{2'}(q_1, g_1) [\phi s_{1'}(q_1, g_1) - \psi s_{2'}(q_1, g_1)] \right\}
\end{aligned}
\tag{8.2.34}
$$

式 (8.2.34) 确定了输出功率 P 关于热流率 q_1 和质流率 g_1 的函数关系, 只能应用数值方法优化。当 $\phi = 1$ 且 $\psi = 1$ 时, 式 (8.2.30)、式 (8.2.33) 和式 (8.2.34) 变为非等温内可逆化学机下的研究结果。

8.2.3　特例分析

本节将针对纯传热的热机和纯传质的化学机分别进行讨论。

8.2.3.1　纯传热的热机最优构型

此时 $g_1 = g_2 = 0$, 即化学势库与能量转换器间仅存在有限速率传热, 式 (8.2.29)、式 (8.2.30) 和式 (8.2.34) 相应地变为

$$
T_{2'}(q_1) = T_2 \frac{T_1 - q_1/(Le_1 h_1)}{T_1 - (\phi Le_1 h_1 + Le_2 h_2) q_1/(Le_1 h_1 Le_2 h_2)}
\tag{8.2.35}
$$

$$
\eta_T(q_1) = 1 - \frac{\phi T_2}{T_1 - (\phi Le_1 h_1 + Le_2 h_2) q_1/(Le_1 h_1 Le_2 h_2)}
\tag{8.2.36}
$$

$$P(q_1) = q_1 \left[1 - \frac{\phi T_2}{T_1 - (\phi Le_1 h_1 + Le_2 h_2) q_1 / (Le_1 h_1 Le_2 h_2)} \right] \tag{8.2.37}$$

由于 $k_i = Le_i h_i$（$i = 1, 2$），由极值条件 $\mathrm{d}P/\mathrm{d}q_1 = 0$ 可解得 $P_{\max}$ 和效率 $\eta_{T3,\max P}$ 分别为

$$P_{\max} = \frac{k_1 k_2 (\sqrt{T_1} - \sqrt{\phi T_2})^2}{(\phi k_1 + k_2)} \tag{8.2.38}$$

$$\eta_{T3,\max P} = 1 - \sqrt{\phi T_2 / T_1} \tag{8.2.39}$$

式 (8.2.38) 和式 (8.2.39) 为文献 [269]、[272]、[342]~[344]、[361]、[362] 中牛顿传热规律下存在热阻和工质内部耗散等不可逆损失的不可逆卡诺热机的研究结果。应该指出的是，文献 [38]、[69]、[96]、[266]~[268] 考虑循环周期或总面积 (热导率) 约束即 $k_1 + k_2 = \mathrm{const}$，在求解往复式热机的最佳吸、放热时间比或定常流热机的高、低温侧最佳面积 (热导率) 比的基础上，得到的热机最大功率与本节在高、低温侧热导率均已知的条件下得到的式 (8.2.38) 不同，最大功率时的效率与式 (8.2.39) 相同，本节工作主要是为本章第 3 节中多级非等温化学机系统最大功率输出优化服务的，不需要考虑循环周期和总面积的最优分配规律，因为在多级系统中单级热机输出功率最大并不是多级热机系统输出功率最大的必要条件，即局部最优并不等价于全局最优。

8.2.3.2　纯传质的等温化学机最优构型

对于纯传质的等温不可逆化学机，本节的不可逆性损失包括内部化学反应的熵产生不可逆性和质量损失不可逆性，基于热力学第二定律直接定义的不可逆性因子下不存在等温不可逆化学机最大输出功率的解析表达式，基于热力学第二定律间接定义的不可逆因子下优化问题也不存在解析解，详见本书 7.3 节，因此本节的讨论仅限于等温内可逆化学机。此时 $T_1 = T_{1'} = T_{2'} = T_2 = T$ 和 $\psi = 1$，即化学势库与能量转换器间仅存在有限速率传质，由关系式 $\mu_i = \mu_{0i} + RT \ln c_i$（$i = 1', 2'$）可知，式 (8.2.33) 和式 (8.2.34) 分别变为[412-425]

$$\eta_{\mu 3} = \mu_{01} - \mu_{02} + RT \ln \left(\frac{c_1 - g/h_1}{c_2 + g/h_2} \right) \tag{8.2.40}$$

$$P = g \left[\mu_{01} - \mu_{02} + RT \ln \left(\frac{c_1 - g/h_1}{c_2 + g/h_2} \right) \right] \tag{8.2.41}$$

由极值条件 $\mathrm{d}P/\mathrm{d}g = 0$ 得关于 g_{opt} 的方程为

$$\mu_{01} - \mu_{02} + RT \ln\left(\frac{c_1 - g_{\mathrm{opt}}/h_1}{c_2 + g_{\mathrm{opt}}/h_2}\right) + \frac{g_{\mathrm{opt}} RT(h_1 c_1 + h_2 c_2)}{(g_{\mathrm{opt}} - h_1 c_1)(g_{\mathrm{opt}} + h_2 c_2)} = 0 \quad (8.2.42)$$

式(8.2.42)为文献[146]、[158]、[162]、[412]~[425]和6.3.3.1节中扩散传质规律下等温内可逆化学机的研究结果。

8.2.4　数值算例与讨论

普适气体常数 $R = 8.314\,\mathrm{J/(mol \cdot K)}$，摩尔热容 $c_{p1} = c_{p2} = 2.5R$，Lewis 相似数 $Le_1/c_{p1} = Le_2/c_{p2} = 1$，传质系数 $h_1 = h_2 = 1\,\mathrm{mol/s}$，$T_1 = 1000\,\mathrm{K}$，$T_2 = 300\,\mathrm{K}$，计算基准点温度 $T_{1*} = T_{2*} = 273\mathrm{K}$，$X_1 = 0.9$，$X_2 = 0.3$，标准化学势 $\mu_{01} = \mu_{02} = 1.8RT_2$，不可逆因子 ϕ 和 ψ 分别取为1.0、1.1、1.2。图8.2~图8.4 分别为非等温不可逆化学机输出功率 P、效率 η_{T3} 和 $\eta_{\mu3}$ 随热流率 q_1 和质流率 g_1 的变化关系，图8.5 为非等温化学机输出功率 P 随效率 η_{T3} 和 $\eta_{\mu3}$ 的变化关系。由图可见，输出功率 P 与热流率 q_1 和质流率 g_1 的三维曲面为抛物面型，即存在最佳的质流率 $g_{1,\mathrm{opt}}$ 和热流率 $q_{1,\mathrm{opt}}$ 使化学机输出功率 P 取最大值 $P_{\max}$，随着不可逆因子 ϕ 和 ψ 的增加，最大输出功率 $P_{\max}$ 降低；在质流率 g_1 一定的条件下，随着热流率 q_1 的增加，效率 η_{T3} 和 $\eta_{\mu3}$ 降低；在热流率 q_1 一定的条件下，随着质流率 g_1 的增加，效率 η_{T3} 和 $\eta_{\mu3}$ 均增大；随着不可逆因子 ϕ 和 ψ 的增加，效率 η_{T3} 和 $\eta_{\mu3}$ 降低；非等温化学机输出功率 P 与矢量效率 $[\eta_{T3}, \eta_{\mu3}]$ 的三维曲面也为抛物面型，这表明非等温化学机存在最大输出功率 $P_{\max}$ 及与其对应的效率 $\eta_{T3,\max P}$ 和效率 $\eta_{\mu3,\max P}$。

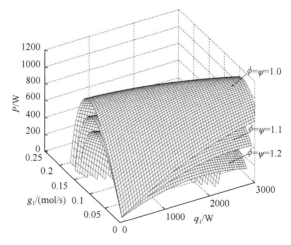

图 8.2　非等温化学机输出功率 P 随热流率 q_1 和质流率 g_1 的变化关系

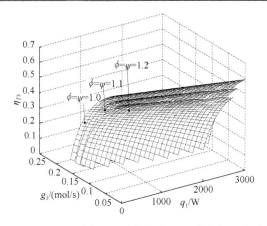

图 8.3 非等温化学机效率 η_{T3} 随热流率 q_1 和质流率 g_1 的变化关系

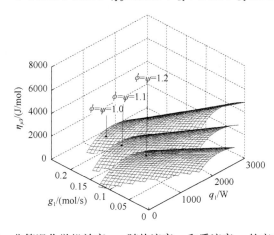

图 8.4 非等温化学机效率 $\eta_{\mu3}$ 随热流率 q_1 和质流率 g_1 的变化关系

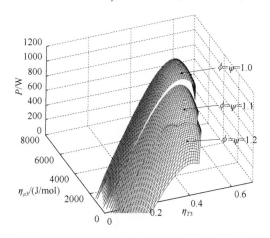

图 8.5 非等温化学机输出功率 P 随效率 η_{T3} 和 $\eta_{\mu3}$ 的变化关系

图 8.6 为 $g_1 = g_2 = 0$ 时不可逆热机输出功率 P 随效率 η_{T3} 的变化关系，图 8.7 为 $T_1 = T_{1'} = T_{2'} = T_2 = 300\,\text{K}$ 时等温不可逆化学机输出功率 P 随效率 $\eta_{\mu 3}$ 的变化关系。由图可见，热机和等温化学机输出功率 P 随相应效率的变化关系均为抛物线型，随着不可逆性的增加，热机和等温化学机的最大输出功率 $P_{\max}$ 及相应的效率 $\eta_{T3,\max P}$ 和 $\eta_{\mu 3,\max P}$ 均降低。

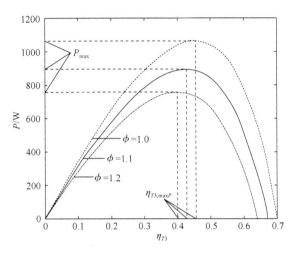

图 8.6　热机输出功率 P 随效率 η_{T3} 的变化关系

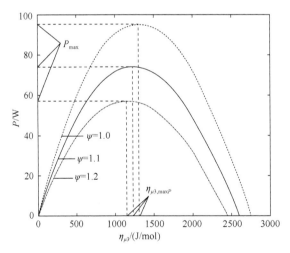

图 8.7　等温化学机输出功率 P 随效率 $\eta_{\mu 3}$ 的变化关系

8.3 基于 Lewis 相似的多级非等温不可逆化学机系统最大输出功率

8.2 节导出了基于 Lewis 相似的单级无限势库非等温不可逆化学机的输出功率解析解，其研究结果可应用于本节多级非等温不可逆化学机系统最大输出功率优化。

8.3.1 系统建模与特性描述

考虑图 8.8 中的多级连续非等温不可逆化学机系统模型。本节的多级非等温化学机系统的物理模型是 5.2.1.2 节多级热机系统和 7.2.1.2 节多级等温化学机系统的复合模型。因此本书 5.2.1.2 节多级热机系统和 7.2.1.2 节多级等温化学机系统模型参数及各种假设条件对于本节均是适用的。本节将以 7.2.1.2 节的多级等温化学机系统物理模型为基础，进一步根据传热传质的 Lewis 准则将其拓展到多级非等温化学机系统的物理模型。由式 (7.2.14) 得

$$\frac{g_1}{h_1} = \frac{\mathrm{d}G_1}{h_1} = \frac{-\tilde{\dot{m}}_1 \mathrm{d}X_1}{\varLambda_1 \mathrm{d}F_1} = \frac{-\tilde{\dot{m}}_1 \mathrm{d}X_1}{\varLambda_1 f_{V1} A_1 \mathrm{d}x} = \frac{-\tilde{\dot{m}}_1 \mathrm{d}X_1}{\varLambda_1 f_{V1} A_1 v \mathrm{d}t} \equiv -\frac{\mathrm{d}X_1}{\mathrm{d}\zeta} = -\upsilon \tag{8.3.1}$$

式中，$\zeta = x/H_{\mathrm{TU}} = vt/H_{\mathrm{TU}}$ 为无量纲时间，υ 为驱动流体中关键组分相对浓度 X_1 随无量纲时间 ζ 的变化率。

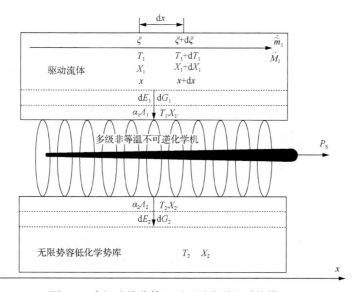

图 8.8 多级连续非等温不可逆化学机系统模型

对于高势侧的传热过程，由热力学第一定律得

$$\frac{q_1}{k_1} = \frac{q_1}{Le_1 h_1} = -\frac{\dot{M}_1 c_{p1} \mathrm{d}T_1}{Le_1 \Lambda_1 \mathrm{d}F_1} = -\frac{\dot{m}_1 c_{p1} \mathrm{d}T_1 / (1-c_1)}{Le_1 \Lambda_1 f_{V1} A_1 \mathrm{d}x} \equiv -\frac{c_{p1}}{Le_1(1-c_1)} \frac{\mathrm{d}T_1}{\mathrm{d}\zeta} = -\frac{c_{p1}}{Le_1(1-c_1)} u$$

$$(8.3.2)$$

式中，u 为驱动流体温度 T_1 随无量纲时间 ζ 的变化率。由式 (8.3.1) 和式 (8.3.2) 得 g_1 和 q_1 分别为

$$g_1 = -h_1 \upsilon \tag{8.3.3}$$

$$q_1 = -h_1 c_{p1} u / (1-c_1) \tag{8.3.4}$$

将式 (8.3.3) 和式 (8.3.4) 代入式 (8.2.19) 得

$$T_{1'}(u,\upsilon) = T_1 + \frac{c_{p1}u}{(1-c_1)(Le_1 + c_{p1}\upsilon)} \tag{8.3.5}$$

将式 (8.3.3) 和式 (8.3.4) 代入式 (8.2.27) 和式 (8.2.28) 得

$$y_1(u,\upsilon) = -\psi c_{p2} \upsilon h_1 / (Le_2 h_2) \tag{8.3.6}$$

$$\begin{aligned}
y_2(u,\upsilon) = {} & \frac{T_1(Le_1 + \upsilon c_{p1})(1-c_1) + (1 + \phi Le_1 h_1 / Le_2 h_2) c_{p1} u}{T_1(Le_1 + \upsilon c_{p1})(1-c_1) + c_{p1} u} \\
& + \frac{\phi h_1 \upsilon c_{p1}}{Le_2 h_2} \ln\left[\frac{c_{p1}u / [(1-c_1)(Le_1 + c_{p1}\upsilon)] + T_1}{T_{1*}}\right] \\
& + \frac{h_1 \upsilon R}{Le_2 h_2} \ln\left[\frac{(1-c_1-\upsilon)^{\phi(1-c_1-\upsilon)}(c_1+\upsilon)^{\phi(c_1+\upsilon)}}{(1-c_2+\psi h_1 \upsilon / h_2)^{\psi(1-c_2+\psi h_1 \upsilon / h_2)}(c_2 - \psi h_1 \upsilon / h_2)^{\psi(c_2 - \psi h_1 \upsilon / h_2)}}\right]
\end{aligned}$$

$$(8.3.7)$$

则有低势侧工质的温度 $T_{2'}(u,\upsilon)$ 为

$$T_{2'}(u,\upsilon) = T_{2*} \exp\left\{\mathrm{Lambertw}\left[T_2 \exp(y_2/y_1) / (y_1 T_{2*})\right] - y_2/y_1\right\} \tag{8.3.8}$$

将式 (8.3.5) 和式 (8.3.8) 代入式 (8.2.30) 得效率 $\eta_T(u,\upsilon)$ 为

$$\eta_{T3}(u,\upsilon) = 1 - \frac{\phi T_{2*} \exp\left\{\mathrm{Lambertw}\left[T_2 \exp(y_2/y_1)/(y_1 T_{2*})\right] - y_2/y_1\right\}}{c_{p1}u / [(1-c_1)(Le_1 + c_{p1}\upsilon)] + T_1} \tag{8.3.9}$$

将式 (8.3.5) 和式 (8.3.8) 代入式 (8.2.31) 和式 (8.2.32) 可分别得

$$s_{1'}(u,\upsilon) = c_{p1}\ln\left[\frac{c_{p1}u/[(1-c_1)(Le_1+c_{p1}\upsilon)]+T_1}{T_{1*}}\right] - R\ln\left[(1-c_1-\upsilon)^{1-c_1-\upsilon}(c_1+\upsilon)^{c_1+\upsilon}\right]$$

$$(8.3.10)$$

$$\begin{aligned} s_{2'}(u,\upsilon) = {} & c_{p2}\left\{\mathrm{Lambertw}\left[T_2\exp(y_2/y_1)/(y_1T_{2*})\right] - y_2/y_1\right\} \\ & - R\ln[(1-c_2+\psi h_1\upsilon/h_2)^{(1-c_2+\psi h_1\upsilon/h_2)}(c_2-\psi h_1\upsilon/h_2)^{c_2-\psi h_1\upsilon/h_2}] \end{aligned}$$

$$(8.3.11)$$

进一步得效率 $\eta_{\mu3}(u,\upsilon)$ 为

$$\begin{aligned} \eta_{\mu3}(u,\upsilon) = {} & \frac{-c_{p1}^2 u\eta_T(u,\upsilon)}{(1-c_1)(Le_1+c_{p1}\upsilon)} + c_{p1}\left[T_1 + \frac{c_{p1}u}{(1-c_1)(Le_1+c_{p1}\upsilon)}\right] \\ & - \psi c_{p2}T_{2'}(u,\upsilon) - T_{2'}(u,\upsilon)[\phi s_{1'}(u,\upsilon) - \psi s_{2'}(u,\upsilon)] \end{aligned}$$

$$(8.3.12)$$

由此得多级化学机的累积输出功率 P_s 为

$$P_s = -\int_{T_{1i},c_{1i}}^{T_{1f},c_{1f}}\dot{M}_1 c_{p1}\eta_{T3}\mathrm{d}T_1 + \dot{m}_1\eta_{\mu3}\mathrm{d}X_1 = \int_{\zeta_i}^{\zeta_f} D_1(u,\upsilon)\mathrm{d}\zeta \qquad (8.3.13)$$

式中,

$$\begin{aligned} D_1(u,\upsilon) = {} & \frac{\dot{m}_1 c_{p1}Le_1 u}{(1-c_1)(Le_1+c_{p1}\upsilon)}\left\{1 - \frac{\phi T_{2'}(u,\upsilon)}{c_{p1}u/[(1-c_1)(Le_1+c_{p1}\upsilon)]+T_1}\right\} \\ & + \dot{m}_1\upsilon\left\{c_{p1}\left[T_1 + \frac{c_{p1}u}{(1-c_1)(Le_1+c_{p1}\upsilon)}\right] - \psi c_{p2}T_{2'}(u,\upsilon)\right. \\ & \left. - T_{2'}(u,\upsilon)[\phi s_{1'}(u,\upsilon) - \psi s_{2'}(u,\upsilon)]\right\} \end{aligned}$$

$$(8.3.14)$$

8.3.2　优化方法

对应于性能泛函式(8.3.13)的极值条件(即欧拉-拉格朗日方程)为

$$L(T_1,X_1,u,\upsilon) = \frac{\partial D_1}{\partial u}u + \frac{\partial D_1}{\partial \upsilon}\upsilon - D_1 = a_1 \qquad (8.3.15)$$

式中, a_1 为积分常数, 由式(8.3.14)得优化问题的 HJB 方程为

$$\frac{\partial P_{s,\max}}{\partial \zeta} + \max_{[u(\zeta),\upsilon(\zeta)]\in\Omega}\left\{D_1[u(\zeta),\upsilon(\zeta)] - \frac{\partial P_{s,\max}}{\partial T_1}u(\zeta) - \frac{\partial P_{s,\max}}{\partial X_1}\upsilon(\zeta)\right\} = 0 \quad (8.3.16)$$

式(8.3.15)和式(8.3.16)需采用动态规划数值方法求解。

考虑到在计算机上计算一般先要将方程离散化，由式(8.3.1)、式(8.3.2)和式(8.3.13)得如下离散方程组：

$$P_s^N = \sum_{i=1}^{N} D_1^i(u^i, v^i)\bar{\gamma}^i \tag{8.3.17}$$

$$T_1^i - T_1^{i-1} = u^i \bar{\gamma}^i \tag{8.3.18}$$

$$X_1^i - X_1^{i-1} = v^i \bar{\gamma}^i \tag{8.3.19}$$

$$\zeta^i - \zeta^{i-1} = \bar{\gamma}^i \tag{8.3.20}$$

最优控制问题变为在式(8.3.18)~式(8.3.20)下求式(8.3.17)中 P_s^N 的最大值，由式(8.3.17)~式(8.3.20)得如下贝尔曼逆向递推方程：

$$P_{s,max}^i(T_1^i, X_1^i, \zeta^i) = \max_{u^i, v^i, \bar{\gamma}^i} \{D_1^i(u^i, v^i)\bar{\gamma}^i + P_{s,max}^{i-1}(T_1^i - u^i\bar{\gamma}^i, X_1^i - v^i\bar{\gamma}^i, \zeta^i - \bar{\gamma}^i)\} \tag{8.3.21}$$

由式(8.3.21)进一步得

$$\max_{u^i, v^i, \bar{\gamma}^i} \{D_1^i(u^i, v^i)\bar{\gamma}^i - [P_{s,max}^i(T_1^i, X_1^i, \zeta^i) - P_{s,max}^{i-1}(T_1^i - u^i\theta^i, X_1^i - v^i\bar{\gamma}^i, \zeta^i - \bar{\gamma}^i)]\} = 0 \tag{8.3.22}$$

对于无约束的 $\bar{\gamma}^i$ 和存在约束的 u^i 和 v^i，得与式(8.3.22)等价的方程组为

$$D_1^i(u^i, v^i)\bar{\gamma}^i - [P_{s,max}^i(T_1^i, X_1^i, \zeta^i) - P_{s,max}^{i-1}(T_1^i - u^i\bar{\gamma}^i, X_1^i - v^i\bar{\gamma}^i, \zeta^i - \bar{\gamma}^i)] = 0 \tag{8.3.23}$$

$$D_1^i(u^i, v^i) - \frac{\partial P_s^{i-1}}{\partial T_1^{i-1}}u^i - \frac{\partial P_s^{i-1}}{\partial X_1^{i-1}}v^i = 0 \tag{8.3.24}$$

$$\max_{u^i, v^i}\{D_1^i(u^i, v^i)\bar{\gamma}^i - [P_{s,max}^i(T_1^i, X_1^i, \zeta^i) - P_{s,max}^{i-1}(T_1^i - u^i\bar{\gamma}^i, X_1^i - v^i\bar{\gamma}^i, \zeta^i - \bar{\gamma}^i)]\} = 0 \tag{8.3.25}$$

在式(8.3.25)中应用极值间隔 $\bar{\gamma}^i$ 的稳定性条件，$\bar{\gamma}^i$ 为有限的正值。由(8.3.23)~式(8.3.25)进一步得

$$\max_{u^i,\upsilon^i}\left[D_1^i(u^i,\upsilon^i)-\frac{\partial P_s^{i-1}}{\partial T_1^{i-1}}u^i-\frac{\partial P_s^{i-1}}{\partial X_1^{i-1}}\upsilon\right]^i=0 \qquad (8.3.26)$$

对应于最大值原理式(8.3.26)的哈密顿函数为

$$H^{i-1}(T_1^i,X_1^i,\lambda_1^{i-1},\lambda_2^{i-1},u^i,\upsilon^i)=D_1^i+\lambda_1^{i-1}u^i+\lambda_2^{i-1}\upsilon^i \qquad (8.3.27)$$

式中，λ_1 和 λ_2 分别为对应于状态变量 T_1 和 X_1 的协态变量，式(8.3.27)的正则方程为

$$\frac{T_1^i-T_1^{i-1}}{\overline{\gamma}^i}=\frac{\partial H^{i-1}}{\partial \lambda_1^{i-1}},\qquad \frac{X_1^i-X_1^{i-1}}{\overline{\gamma}^i}=\frac{\partial H^{i-1}}{\partial \lambda_2^{i-1}} \qquad (8.3.28)$$

$$\frac{\lambda_1^i-\lambda_1^{i-1}}{\overline{\gamma}^i}=-\frac{\partial H^{i-1}}{\partial T_1^i},\qquad \frac{\lambda_2^i-\lambda_2^{i-1}}{\overline{\gamma}^i}=-\frac{\partial H^{i-1}}{\partial X_1^i} \qquad (8.3.29)$$

式(8.3.28)为哈密顿函数的状态方程组，式(8.3.29)为哈密顿函数的协态方程组。将本书第 5 章多级热机系统和第 7 章多级等温化学机系统的研究结果拓展至本节多级非等温化学机系统的最大功率输出优化，可得出如下结论：①在流体势库初态温度 T_{1i}、关键组分初态浓度 X_{1i} 和过程总时间 $\zeta_f-\zeta_i$ 一定的条件下，多级非等温化学机系统最大输出功率 $P_{s,max}$ 可在末态温度 T_{1f} 和末态浓度 X_{1f} 自由与固定条件下优化；②当末态温度 T_{1f} 和末态浓度 X_{1f} 均自由时，存在最佳的末态温度 $T_{1f,opt}$ 和末态浓度 $X_{1f,opt}$ 使多级非等温化学机系统输出功率取最大值；③为保证多级能量转换系统工作在化学机模式，约束条件 $\eta_{T3}(T_{1f},X_{1f})\geqslant 0$ 和 $\eta_{\mu3}(T_{1f},X_{1f})\geqslant 0$ 均应成立，这表明末态温度 T_{1f} 和末态浓度 c_{1f} 分别存在下限值 $\overline{T}_{1f}$ 和 $\overline{c}_{1f}$，且满足条件 $\overline{T}_{1f}>T_2$ 和 $\overline{c}_{1f}>c_2$。

8.3.3　特例分析

8.3.3.1　纯传热的多级热机系统最优构型

当流体高势库与化学机间仅存在有限速率传热时，即 $\upsilon=0$，式(8.3.5)、式(8.3.8)和式(8.3.9)分别变为

$$T_{1'}(u)=T_1+\frac{c_{p1}u}{(1-c_1)Le_1} \qquad (8.3.30)$$

$$T_{2'}(u)=\phi T_2\frac{T_1+c_{p1}u/[Le_1(1-c_1)]}{T_1+(Le_1h_1+Le_2h_2)c_{p1}u/[Le_1(1-c_1)Le_2h_2]} \qquad (8.3.31)$$

$$\eta_T(u) = 1 - \frac{\phi T_2}{T_1 + (Le_1 h_1 + Le_2 h_2) c_{p1} u / [Le_1(1-c_1)Le_2 h_2]} \tag{8.3.32}$$

式(8.3.13)变为

$$P_s = -\int_{\zeta_i}^{\zeta_f} \frac{\dot{\tilde{m}}_1 c_{p1} u}{1-c_1} \left\{ 1 - \frac{\phi T_2}{T_1 + (Le_1 h_1 + Le_2 h_2) c_{p1} u / [Le_1(1-c_1)Le_2 h_2]} \right\} d\zeta \tag{8.3.33}$$

作变量代换令 $u' = c_{p1} u / [Le_1(1-c_1)]$，$\xi = (1-c_1)Le_1 \zeta / c_{p1}$，$C_1 = \dot{\tilde{m}}_1 c_{p1} / (1-c_1)$，式(8.3.33)变为

$$P_s = -\int_{\xi_i}^{\xi_f} G c_{p1} u' \left[1 - \frac{\phi T_2}{T_1 + (1 + k_1/k_2) u'} \right] d\xi \tag{8.3.34}$$

将式(8.3.34)代入式(8.3.15)得

$$H(T_1, u') = -\frac{C_1 (1 + k_1/k_2) u'^2}{[T_1 + (1 + k_1/k_2) u']^2} = a_1 \tag{8.3.35}$$

已知边界条件 $T_1(\xi_i) = T_{1i}$ 和 $T_1(\xi_f) = T_{1f}$，由式(8.3.34)和式(8.3.35)得 $T_1(\xi)$ 和 $P_{s,max}$ 分别为[96, 135, 146, 334~349, 353, 354]

$$T_1(\xi) = T_{1i} (T_{1f}/T_{1i})^{(\xi - \xi_i)/(\xi_f - \xi_i)} \tag{8.3.36}$$

$$P_{s,max} = C_1(T_{1i} - T_{1f}) - \phi C_1 T_2 \ln(T_{1i}/T_{1f}) - \frac{\phi C_1 T_2 [\ln(T_{1i}/T_{1f})]^2}{(\xi_f - \xi_i)/[1 + (k_1/k_2)] - \ln(T_{1i}/T_{1f})} \tag{8.3.37}$$

$$= P_{s,rev} - T_2 \sigma_s$$

式(8.3.37)为文献[96]、[135]、[146]、[334]~[349]、[353]、[354]和5.2.3.2节中牛顿传热规律下多级不可逆卡诺热机系统最大功率输出时的优化结果，即式(5.2.44)。若进一步有 $\phi = 1$，式(8.3.37)变为文献[96]、[135]、[146]、[334]~[349]、[353]、[354]和5.2.3.1节中牛顿传热规律下多级内可逆卡诺热机最大功率输出时的优化结果即式(5.2.27)。

8.3.3.2　纯传质的多级化学机系统最优构型

与8.2.3.2节一样，本节的讨论也仅限于等温内可逆化学机。当流体势库与化学机间仅存在有限速率传质时，即 $u = 0$、$\phi = \psi = 1$ 和 $T_1 = T_{1'} = T_{2'} = T_2$，由关系式 $\mu = h - Ts$，式(8.3.12)和式(8.3.13)分别变为

$$\eta(\upsilon) = \mu_{01} - \mu_{02} + RT \ln \left[\frac{X_1/(1+X_1)+\upsilon}{c_2-(h_1/h_2)\upsilon} \right] \qquad (8.3.38)$$

$$P_{\rm s} = -I \int_{\zeta_{\rm i}}^{\zeta_{\rm f}} \left\{ \left\{ \mu_{01} - \mu_{02} + RT \ln \left[\frac{X_1/(1+X_1)+\upsilon}{c_2-(h_1/h_2)\upsilon} \right] \right\} \upsilon \right\} {\rm d}\zeta \qquad (8.3.39)$$

将式 (8.3.39) 代入式 (8.3.15) 得

$$L(X_1,\upsilon) = RT\upsilon^2 \frac{c_2+(h_1/h_2)X_1/(1+X_1)}{[c_2-(h_1/h_2)\upsilon][\upsilon+X_1/(1+X_1)]} = a_1 \qquad (8.3.40)$$

式 (8.3.40) 需要采用数值方法。式 (8.3.40) 为文献[146]、[158]、[162]、[412]~[425] 和 7.3.1.2 节中扩散传质规律下多级等温内可逆化学机最大功率输出时的优化结果即式 (7.3.21)。

8.4　基于 LIT 的单级非等温不可逆化学机最大输出功率

8.4.1　物理模型

本节与 8.2.1 节的物理模型唯一区别在于传热传质规律及其相互间耦合机理不同，除此之外，8.2.1 节的物理模型相关描述和式 (8.2.3)~式 (8.2.16) 对于本节也均是适用的。考虑循环过程中化学机工质与化学势库间的传热传质过程服从线性不可逆热力学中 Onsager 方程[271, 402, 512, 513]，则对于化学机高化学势侧，有

$$\dot{E}_1 = \alpha_1 \left(\frac{1}{T_{1'}} - \frac{1}{T_1} \right) + \gamma_1 \left(\frac{\mu_1}{T_1} - \frac{\mu_{1'}}{T_{1'}} \right) \qquad (8.4.1)$$

$$g_1 = \gamma_1 \left(\frac{1}{T_{1'}} - \frac{1}{T_1} \right) + h_1 \left(\frac{\mu_1}{T_1} - \frac{\mu_{1'}}{T_{1'}} \right) \qquad (8.4.2)$$

式中，α_1 和 h_1 分别为高化学势侧的传热唯象系数和传质唯象系数；γ_1 为高化学势侧传热传质交叉唯象系数。对于化学机低化学势侧，有

$$\dot{E}_2 = \alpha_2 \left(\frac{1}{T_2} - \frac{1}{T_{2'}} \right) + \gamma_2 \left(\frac{\mu_{2'}}{T_{2'}} - \frac{\mu_2}{T_2} \right) \qquad (8.4.3)$$

$$g_2 = \gamma_2 \left(\frac{1}{T_2} - \frac{1}{T_{2'}} \right) + h_2 \left(\frac{\mu_{2'}}{T_{2'}} - \frac{\mu_2}{T_2} \right) \qquad (8.4.4)$$

式中，α_2 和 h_2 分别为低化学势侧的传热唯象系数和传质唯象系数；γ_2 为低化学势侧传热传质交叉唯象系数。由于 $Q_{1'} = \dot{E}_1 - \mu_{1'}g_1$ 和 $Q_{2'} = \dot{E}_2 - \mu_{2'}g_2$，式 (8.2.7) 变为

$$\phi \frac{\dot{E}_1 - g_1\mu_{1'}}{T_{1'}} = \frac{\dot{E}_2 - \psi g_1\mu_{2'}}{T_{2'}} \tag{8.4.5}$$

由式 (8.2.3) 和式 (8.4.5) 得

$$P = \dot{E}_1 - \dot{E}_2 = \dot{E}_1\left(1 - \phi\frac{T_{2'}}{T_{1'}}\right) + T_{2'}\left(\frac{\phi\mu_{1'}}{T_{1'}} - \frac{\psi\mu_{2'}}{T_{2'}}\right)g_1 \tag{8.4.6}$$

式 (8.4.6) 存在矢量效率 $\eta_4 = (\eta_{T4}, \eta_{\mu4})$，式中 η_{T4} 和 $\eta_{\mu4}$ 分别为

$$\eta_{T4} = 1 - \phi\frac{T_{2'}}{T_{1'}}, \qquad \eta_{\mu4} = T_{2'}\left(\frac{\phi\mu_{1'}}{T_{1'}} - \frac{\psi\mu_{2'}}{T_{2'}}\right) \tag{8.4.7}$$

对比式 (8.2.10) 和式 (8.4.7) 可知，效率 η_{T2} 和 η_{T4} 是相同的，效率 $\eta_{\mu2}$ 和 $\eta_{\mu4}$ 定义式是不同的，$\eta_{\mu2}$ 仅取决于 $\mu_{1'}$、$\mu_{2'}$ 和 ψ 等参数，而 $\eta_{\mu4}$ 则取决于 $T_{1'}$、$T_{2'}$、$\mu_{1'}$、$\mu_{2'}$、ψ 和 ϕ 等参数，为了便于结果的分析与讨论，本节单级非等温化学机性能分析采用式 (8.2.10) 中的效率 $\eta_{\mu2}$。

8.4.2 优化方法

选能流率 $\dot{E}_1$ 和传质流率 g_1 为优化变量，现在的问题为在式 (8.2.7) 和式 (8.2.8) 的约束下求式 (8.4.6) 中 P 的最大值。若将化学机工质的温度 T_i 和化学势 μ_i（$i = 1', 2'$）等参数表示为能流率 $\dot{E}_1$ 与传质流率 g_1 的函数，那么此优化问题变为输出功率 P 关于能流率 $\dot{E}_1$ 和传质流率 g_1 的二维优化问题。由式 (8.4.1) 和式 (8.4.2) 可解得

$$\frac{\mu_{1'}}{T_{1'}} = \frac{\mu_1}{T_1} - \frac{\gamma_1\dot{E}_1 - \alpha_1 g_1}{\gamma_1^2 - h_1\alpha_1} \tag{8.4.8}$$

$$\frac{1}{T_{1'}} = \frac{1}{T_1} + \frac{h_1\dot{E}_1 - \gamma_1 g_1}{h_1\alpha_1 - \gamma_1^2} \tag{8.4.9}$$

由式 (8.4.8) 和式 (8.4.9) 得化学机高化学势侧的工质化学势 $\mu_{1'}(\dot{E}_1, g_1)$ 和温度 $T_{1'}(\dot{E}_1, g_1)$ 分别为

$$\mu_{1'}(\dot{E}_1, g_1) = \left(\frac{\mu_1}{T_1} - \frac{\gamma_1 \dot{E}_1 - \alpha_1 g_1}{\gamma_1^2 - h_1 \alpha_1} \right) \Big/ \left(\frac{1}{T_1} + \frac{h_1 \dot{E}_1 - \gamma_1 g_1}{h_1 \alpha_1 - \gamma_1^2} \right) \tag{8.4.10}$$

$$T_{1'}(\dot{E}_1, g_1) = 1 \Big/ \left(\frac{1}{T_1} + \frac{h_1 \dot{E}_1 - \gamma_1 g_1}{h_1 \alpha_1 - \gamma_1^2} \right) \tag{8.4.11}$$

由式 (8.4.3) 和式 (8.4.4) 得

$$\frac{\mu_{2'}}{T_{2'}} = \frac{\mu_2}{T_2} + \frac{\gamma_2 \dot{E}_2 - \alpha_2 \psi g_1}{\gamma_2^2 - \alpha_2 h_2} \tag{8.4.12}$$

$$\frac{1}{T_{2'}} = \frac{1}{T_2} - \frac{h_2 \dot{E}_2 - \gamma_2 \psi g_1}{h_2 \alpha_2 - \gamma_2^2} \tag{8.4.13}$$

由式 (8.4.12) 和式 (8.4.13) 得低化学势侧的工质化学势 $\mu_{2'}$ 和温度 $T_{2'}$ 分别为

$$\mu_{2'} = \left(\frac{\mu_2}{T_2} + \frac{\gamma_2 \dot{E}_2 - \alpha_2 \psi g_1}{\gamma_2^2 - \alpha_2 h_2} \right) \Big/ \left(\frac{1}{T_2} - \frac{h_2 \dot{E}_2 - \gamma_2 \psi g_1}{h_2 \alpha_2 - \gamma_2^2} \right) \tag{8.4.14}$$

$$T_{2'} = 1 \Big/ \left(\frac{1}{T_2} - \frac{h_2 \dot{E}_2 - \gamma_2 \psi g_1}{h_2 \alpha_2 - \gamma_2^2} \right) \tag{8.4.15}$$

将式 (8.4.10)、式 (8.4.11)、式 (8.4.14) 和式 (8.4.15) 代入式 (8.4.5) 得

$$\begin{aligned}
&\phi \dot{E}_1 \left(\frac{1}{T_1} + \frac{h_1 \dot{E}_1 - \gamma_1 g_1}{h_1 \alpha_1 - \gamma_1^2} \right) - \phi g_1 \left(\frac{\mu_1}{T_1} - \frac{\gamma_1 \dot{E}_1 - \alpha_1 g_1}{\gamma_1^2 - \alpha_1 h_1} \right) \\
&- \dot{E}_2 \left(\frac{1}{T_2} - \frac{h_2 \dot{E}_2 - \gamma_2 \psi g_1}{h_2 \alpha_2 - \gamma_2^2} \right) + \psi g_1 \left(\frac{\mu_2}{T_2} + \frac{\gamma_2 U_2 - \alpha_2 \psi g_1}{\gamma_2^2 - \alpha_2 h_2} \right) = 0
\end{aligned} \tag{8.4.16}$$

将式 (8.4.16) 整理后得

$$\begin{aligned}
&\frac{h_2 \dot{E}_2^2}{\alpha_2 h_2 - \gamma_2^2} - \left(\frac{1}{T_2} + \frac{2 \gamma_2 \psi g_1}{\alpha_2 h_2 - \gamma_2^2} \right) \dot{E}_2 + \phi \dot{E}_1 \left(\frac{1}{T_1} + \frac{h_1 \dot{E}_1 - \gamma_1 g_1}{\alpha_1 h_1 - \gamma_1^2} \right) \\
&+ g_1 \left[\frac{\psi \mu_2}{T_2} + \frac{\alpha_2 \psi^2 g_1}{\alpha_2 h_2 - \gamma_2^2} - \frac{\phi \mu_1}{T_1} - \frac{\phi(\gamma_1 \dot{E}_1 - \alpha_1 g_1)}{\alpha_1 h_1 - \gamma_1^2} \right] = 0
\end{aligned} \tag{8.4.17}$$

由式 (8.4.17) 可解得 $\dot{E}_2(\dot{E}_1, g_1)$ 为

$$
\begin{aligned}
\dot{E}_2\left(\dot{E}_1, g_1\right) = {} & \frac{\alpha_2 h_2 - \gamma_2^2}{2 h_2 T_2} + \frac{\gamma_2 \psi g_1}{h_2} \\
& - \sqrt{\begin{aligned} & \left(\frac{\alpha_2 h_2 - \gamma_2^2}{2 h_2 T_2} + \frac{\gamma_2 \psi g_1}{h_2}\right)^2 - \frac{\alpha_2 h_2 - \gamma_2^2}{h_2}\left\{\phi \dot{E}_1\left(\frac{1}{T_1} + \frac{h_1 \dot{E}_1 - \gamma_1 g_1}{\alpha_1 h_1 - \gamma_1^2}\right)\right. \\ & \left. + g_1\left[\frac{\psi \mu_2}{T_2} + \frac{\alpha_2 \psi^2 g_1}{\alpha_2 h_2 - \gamma_2^2} - \frac{\phi \mu_1}{T_1} - \frac{\phi\left(\gamma_1 \dot{E}_1 - \alpha_1 g_1\right)}{\alpha_1 h_1 - \gamma_1^2}\right]\right\} \end{aligned}}
\end{aligned} \tag{8.4.18}
$$

将式 (8.4.18) 代入式 (8.4.14) 得 $\mu_{2'}\left(\dot{E}_1, g_1\right)$ 为

$$
\mu_{2'}\left(\dot{E}_1, g_1\right) = \frac{\begin{aligned} & \frac{\mu_2}{T_2} + \frac{\alpha_2 \psi g_1}{\alpha_2 h_2 - \gamma_2^2} - \frac{\gamma_2}{2 h_2 T_2} - \frac{\gamma_2^2 \psi g_1}{h_2\left(\alpha_2 h_2 - \gamma_2^2\right)} \\ & + \gamma_2 \sqrt{\begin{aligned} & \left(\frac{1}{2 h_2 T_2} + \frac{\gamma_2 \psi g_1}{h_2\left(\alpha_2 h_2 - \gamma_2^2\right)}\right)^2 - \frac{1}{h_2\left(\alpha_2 h_2 - \gamma_2^2\right)} \\ & \times\left\{\phi \dot{E}_1\left(\frac{1}{T_1} + \frac{h_1 \dot{E}_1 - \gamma_1 g_1}{\alpha_1 h_1 - \gamma_1^2}\right) + g_1\left[\frac{\psi \mu_2}{T_2} + \frac{\alpha_2 \psi^2 g_1}{\alpha_2 h_2 - \gamma_2^2}\right.\right. \\ & \left.\left. - \frac{\phi \mu_1}{T_1} - \frac{\phi\left(\gamma_1 \dot{E}_1 - \alpha_1 g_1\right)}{\alpha_1 h_1 - \gamma_1^2}\right]\right\} \end{aligned}} \end{aligned}}{\begin{aligned} & \frac{1}{2 T_2} + \sqrt{\begin{aligned} & \left[\frac{1}{2 T_2} + \frac{\gamma_2 \psi g_1}{\left(\alpha_2 h_2 - \gamma_2^2\right)}\right]^2 - \frac{h_2}{\left(\alpha_2 h_2 - \gamma_2^2\right)}\left\{\phi \dot{E}_1\left(\frac{1}{T_1} + \frac{h_1 \dot{E}_1 - \gamma_1 g_1}{\alpha_1 h_1 - \gamma_1^2}\right)\right. \\ & \left. + g_1\left[\frac{\psi \mu_2}{T_2} + \frac{\alpha_2 \psi^2 g_1}{\alpha_2 h_2 - \gamma_2^2} - \frac{\phi \mu_1}{T_1} - \frac{\phi\left(\gamma_1 \dot{E}_1 - \alpha_1 g_1\right)}{\alpha_1 h_1 - \gamma_1^2}\right]\right\} \end{aligned}} \end{aligned}}
$$

$$\tag{8.4.19}$$

将式 (8.4.18) 代入式 (8.4.15) 得 $T_{2'}\left(\dot{E}_1, g_1\right)$ 为

$$
T_{2'}\left(\dot{E}_1, g_1\right) = \left\{\frac{1}{2 T_2} + \sqrt{\begin{aligned} & \left(\frac{1}{2 T_2} + \frac{\gamma_2 \psi g_1}{\alpha_2 h_2 - \gamma_2^2}\right)^2 - \frac{h_2}{\left(\alpha_2 h_2 - \gamma_2^2\right)}\left\{\phi \dot{E}_1\left(\frac{1}{T_1} + \frac{h_1 \dot{E}_1 - \gamma_1 g_1}{\alpha_1 h_1 - \gamma_1^2}\right)\right. \\ & \left. + g_1\left[\frac{\psi \mu_2}{T_2} + \frac{\alpha_2 \psi^2 g_1}{\alpha_2 h_2 - \gamma_2^2} - \frac{\phi \mu_1}{T_1} - \frac{\phi\left(\gamma_1 \dot{E}_1 - \alpha_1 g_1\right)}{\alpha_1 h_1 - \gamma_1^2}\right]\right\} \end{aligned}}\right\}^{-1}
$$

$$\tag{8.4.20}$$

将式 (8.4.11) 和式 (8.4.20) 代入式 (8.4.7) 得 $\eta_{T4}\left(\dot{E}_1, g_1\right)$ 为

$$\eta_{T4}(\dot{E}_1, g_1) = 1 - \cfrac{\phi\left(\cfrac{1}{T_1} + \cfrac{h_1\dot{E}_1 - \gamma_1 g_1}{h_1\alpha_1 - \gamma_1^2}\right)}{\cfrac{1}{2T_2} + \sqrt{\left[\cfrac{1}{2T_2} + \cfrac{\gamma_2\psi g_1}{(\alpha_2 h_2 - \gamma_2^2)}\right]^2 - \cfrac{h_2}{(\alpha_2 h_2 - \gamma_2^2)}\left\{\phi\dot{E}_1\left(\cfrac{1}{T_1} + \cfrac{h_1\dot{E}_1 - \gamma_1 g_1}{\alpha_1 h_1 - \gamma_1^2}\right) + g_1\left[\cfrac{\psi\mu_2}{T_2} + \cfrac{\alpha_2\psi^2 g_1}{\alpha_2 h_2 - \gamma_2^2} - \cfrac{\phi\mu_1}{T_1} - \cfrac{\phi(\gamma_1\dot{E}_1 - \alpha_1 g_1)}{\alpha_1 h_1 - \gamma_1^2}\right]\right\}}}$$

$$(8.4.21)$$

将式(8.4.10)、式(8.4.11)、式(8.4.19)和式(8.4.20)代入式(8.2.10)得 $\eta_{\mu2}(\dot{E}_1, g_1)$ 为

$$\eta_{\mu2}(\dot{E}_1, g_1) = \left(\frac{\mu_1}{T_1} + \frac{\gamma_1\dot{E}_1 - \alpha_1 g_1}{\alpha_1 h_1 - \gamma_1^2}\right)\Bigg/\left(\frac{1}{T_1} + \frac{h_1\dot{E}_1 - \gamma_1 g_1}{h_1\alpha_1 - \gamma_1^2}\right)$$

$$- \cfrac{\cfrac{\psi\mu_2}{T_2} + \cfrac{\alpha_2\psi^2 g_1}{\alpha_2 h_2 - \gamma_2^2} - \cfrac{\psi\gamma_2}{2h_2 T_2} - \cfrac{\gamma_2^2\psi^2 g_1}{h_2(\alpha_2 h_2 - \gamma_2^2)} + \psi\gamma_2\sqrt{\left[\cfrac{1}{2h_2 T_2} + \cfrac{\gamma_2\psi g_1}{h_2(\alpha_2 h_2 - \gamma_2^2)}\right]^2 - \cfrac{1}{h_2(\alpha_2 h_2 - \gamma_2^2)}\left\{\phi\dot{E}_1\left(\cfrac{1}{T_1} + \cfrac{h_1\dot{E}_1 - \gamma_1 g_1}{\alpha_1 h_1 - \gamma_1^2}\right) + g_1\left[\cfrac{\psi\mu_2}{T_2} + \cfrac{\alpha_2\psi^2 g_1}{\alpha_2 h_2 - \gamma_2^2} - \cfrac{\phi\mu_1}{T_1} - \cfrac{\phi(\gamma_1\dot{E}_1 - \alpha_1 g_1)}{\alpha_1 h_1 - \gamma_1^2}\right]\right\}}}{\cfrac{1}{2T_2} + \sqrt{\left[\cfrac{1}{2T_2} + \cfrac{\gamma_2\psi g_1}{(\alpha_2 h_2 - \gamma_2^2)}\right]^2 - \cfrac{h_2}{(\alpha_2 h_2 - \gamma_2^2)}\left\{\phi\dot{E}_1\left(\cfrac{1}{T_1} + \cfrac{h_1\dot{E}_1 - \gamma_1 g_1}{\alpha_1 h_1 - \gamma_1^2}\right) + g_1\left[\cfrac{\psi\mu_2}{T_2} + \cfrac{\alpha_2\psi^2 g_1}{\alpha_2 h_2 - \gamma_2^2} - \cfrac{\phi\mu_1}{T_1} - \cfrac{\phi(\gamma_1\dot{E}_1 - \alpha_1 g_1)}{\alpha_1 h_1 - \gamma_1^2}\right]\right\}}}$$

$$(8.4.22)$$

将式(8.4.18)代入式(8.4.6)得 $P(\dot{E}_1, g_1)$ 为

$$P(\dot{E}_1, g_1) = \dot{E}_1 - \frac{\alpha_2 h_2 - \gamma_2^2}{2h_2 T_2} - \frac{\gamma_2\psi g_1}{h_2}$$

$$+ \sqrt{\left(\frac{\alpha_2 h_2 - \gamma_2^2}{2h_2 T_2} + \frac{\gamma_2\psi g_1}{h_2}\right)^2 - \frac{\alpha_2 h_2 - \gamma_2^2}{h_2}\left\{\phi\dot{E}_1\left(\frac{1}{T_1} + \frac{h_1\dot{E}_1 - \gamma_1 g_1}{\alpha_1 h_1 - \gamma_1^2}\right) + g_1\left[\frac{\psi\mu_2}{T_2} + \frac{\alpha_2\psi^2 g_1}{\alpha_2 h_2 - \gamma_2^2} - \frac{\phi\mu_1}{T_1} - \frac{\phi(\gamma_1\dot{E}_1 - \alpha_1 g_1)}{\alpha_1 h_1 - \gamma_1^2}\right]\right\}} \quad (8.4.23)$$

式(8.4.23)确定了非等温不可逆化学机输出功率 $P(\dot{E}_1, g_1)$ 关于能流率 $\dot{E}_1$ 和质流率 g_1 的函数关系,只能应用数值方法求解。当 $\phi = 1$ 且 $\psi = 1$ 时,式(8.4.21)~式(8.4.23)变为非等温内可逆化学机下的优化结果。

8.4.3 特例分析

8.4.3.1 纯传热的热机最优构型

此时 $g_1 = g_2 = 0$、$\gamma_1 = \gamma_2 = 0$、$q_1 = \dot{Q}_1 = \dot{Q}_{1'}$ 和 $q_2 = \dot{Q}_{2'} = \dot{Q}_2$,即化学势库与能量转换器间仅存在有限速率传热,式(8.4.20)、式(8.4.21)和式(8.4.23)相应地变为

$$T_{2'}(q_1) = \left[\frac{1}{2T_2} + \sqrt{\left(\frac{1}{2T_2}\right)^2 - \frac{\phi q_1}{\alpha_2 T_1} - \frac{\phi q_1}{\alpha_1 \alpha_2}} \right]^{-1} \tag{8.4.24}$$

$$\eta_{T4}(q_1) = 1 - \left(\frac{1}{T_1} + \frac{\dot{Q}_1}{\alpha_1}\right) \Bigg/ \left[\frac{1}{2T_2} + \sqrt{\left(\frac{1}{2T_2}\right)^2 - \frac{\phi q_1}{\alpha_2 T_1} - \frac{\phi q_1}{\alpha_1 \alpha_2}} \right] \tag{8.4.25}$$

$$P(q_1) = q_1 \left\{ 1 - \left(\frac{1}{T_1} + \frac{q_1}{\alpha_1}\right) \Bigg/ \left[\frac{1}{2T_2} + \sqrt{\left(\frac{1}{2T_2}\right)^2 - \frac{\phi q_1}{\alpha_2 T_1} - \frac{\phi q_1}{\alpha_1 \alpha_2}} \right] \right\} \tag{8.4.26}$$

由式(8.4.25)和式(8.4.26)可解得功率 P 与 η_{T4} 的关系为

$$P = \alpha_1 \eta_{T4} [(1 - \eta_{T4})/T_2 - \phi/T_1] / [\phi + \alpha_1 (1 - \eta_{T4})^2 / \alpha_2] \tag{8.4.27}$$

由式(8.4.27)可解得对应于 $P_{\max}$ 的效率 $\eta_{T4,\max}$ 所满足的方程为

$$\alpha_1 (3T_1 - \phi T_2) \eta_{T4,\max}^2 / \alpha_2 - 2T_1 (\phi + \alpha_1/\alpha_2) \eta_{T4,\max} + (\alpha_1/\alpha_2 + \phi)(T_1 - \phi T_2) = 0 \tag{8.4.28}$$

若令传热唯象系数 $\alpha_1 = k_1$ 和 $\alpha_2 = k_2$,式(8.4.27)变为文献[135]、[146]、[347]~[352]广义辐射传热规律 $\left[q \propto \Delta(T^n) \right]$ 和 5.2.1.1 节普适传热规律 $\left[q \propto (\Delta(T^n))^m \right]$ 下单级稳态热机基本特性在线性唯象传热规律下的特例。与 8.2.3.1 节情形类似,文献[38]、[96]、[144]、[266]、[268]、[285]考虑有限循环周期和有限面积约束,在求解往复式热机的最佳吸、放热时间比或定常流热机的高、低温侧最佳面积比的基础上得到的热机功率效率基本优化关系与式(8.4.27)不同,本节只需要得到稳态热机功率和效率一般关系式,不需要考虑循环周期和总面积的最优分配规律。

8.4.3.2　纯传质的等温化学机最优构型

与 8.2.3.2 节相同,本节讨论也仅限于等温内可逆化学机。$T_1 = T_{1'} = T_{2'} = T_2 = T$ 和 $\gamma_1 = \gamma_2 = 0$ 即化学势库与能量转换器间仅存在有限速率传质,式(8.4.19)、式(8.4.22)和式(8.4.23)相应地变为

$$\mu_{2'}(g_1) = g_1 T/(h_2) + \mu_2 \qquad (8.4.29)$$

$$\eta_{\mu 2}(g_1) = \mu_1 - \mu_2 - g_1 T(h_1 + h_2)/(h_1 h_2) \qquad (8.4.30)$$

$$P(g_1) = g_1 \left[\mu_1 - \mu_2 - g_1 T(h_1 + h_2)/(h_1 h_2) \right] \qquad (8.4.31)$$

由式(8.4.30)和式(8.4.31)得

$$\eta_{\mu 2, \max P} = (\mu_1 - \mu_2)/2 \qquad (8.4.32)$$

$$P_{\max} = h_1 h_2 (\mu_1 - \mu_2)^2 / [4T(h_1 + h_2)] \qquad (8.4.33)$$

式(8.4.32)和式(8.4.33)为文献[369]的研究结果,同时式(8.4.32)与文献[38]、[69]、[78]、[370]、[372]、[374]考虑有限时间周期约束,在求解化学机最佳吸、放质时间分配的基础上得到的最大功率输出时的效率表达式相同,两者均为可逆化学机效率的 1/2,$\eta_{\mu 2, \max P} = \eta_{\mu, \mathrm{rev}}/2$,$\eta_{\mu, \mathrm{rev}}$ 为可逆化学机效率。

8.4.4　数值算例与讨论

令 $T_1 = 1000\,\mathrm{K}$,$T_2 = 300\,\mathrm{K}$,$c_1 = 0.9$,$c_2 = 0.3$,$R = 8.314\,\mathrm{J/(mol \cdot K)}$,$\mu_{01} = 1.8RT_1$,$\mu_{02} = 1.8RT_2$,$h_1 = h_2 = 0.5\,\mathrm{mol^2 \cdot K/s}$,$\alpha_1 = \alpha_2 = 2.5 \times 10^6\,\mathrm{W \cdot K}$,$\gamma_1 = \gamma_2 = 100\,\mathrm{mol \cdot K/s}$。不可逆因子 ϕ 和 ψ 分别取为 1.0、1.1 和 1.2。图 8.9~图 8.11 分别为非等温不可逆化学机输出功率 P、效率 η_{T4} 和 $\eta_{\mu 2}$ 随能流率 $\dot{E}_1$ 和质流率 g_1 的变化关系。由图可见,输出功率 P 与能流率 $\dot{E}_1$ 和质流率 g_1 的三维曲面为抛物面型,即存在最佳的能流率 $\dot{E}_{1,\mathrm{opt}}$ 和质流率 $g_{1,\mathrm{opt}}$ 使化学机输出功率 P 取最大值 $P_{\max}$,随着不可逆因子 ϕ 和 ψ 的增加,最大输出功率 $P_{\max}$ 降低;在能流率 $\dot{E}_1$ 一定的条件下,随着质流率 g_1 的增加,效率 η_T 和 $\eta_{\mu 2}$ 减少;随着不可逆因子 ϕ 和 ψ 的增加,效率 η_{T4} 和 $\eta_{\mu 2}$ 降低;在质流率 g_1 一定的条件下,随着能流率 $\dot{E}_1$ 的增加,效率 $\eta_{\mu 2}$ 减少。图 8.12 为非等温化学机输出功率 P 随效率 η_{T4} 和 $\eta_{\mu 2}$ 的变化关系。由图可见,非等温化学机输出功率 P 与矢量效率 $[\eta_{T4}, \eta_{\mu 2}]$ 的三维曲面也为抛物面型,这表明非等温化学机存在最大输出功率 $P_{\max}$,与之相对应的效率 $\eta_{T4, \max P}$ 和 $\eta_{\mu 2, \max P}$ 均存在极值。

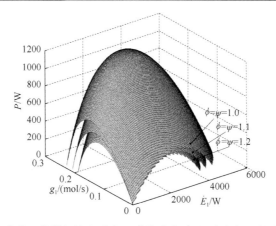

图 8.9　非等温化学机输出功率 P 随能流率 $\dot{E}_1$ 和质流率 g_1 的变化关系

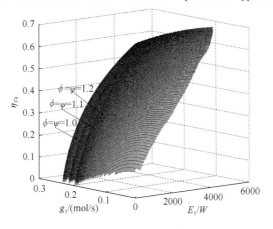

图 8.10　非等温化学机效率 η_{T4} 随热流率 $\dot{E}_1$ 和质流率 g_1 的变化关系

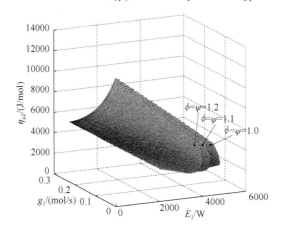

图 8.11　非等温化学机效率 $\eta_{\mu 2}$ 随热流率 $\dot{E}_1$ 和质流率 g_1 的变化关系

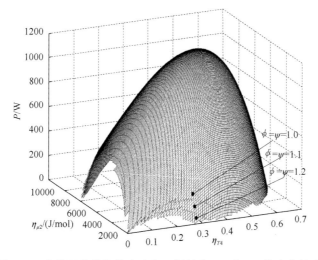

图 8.12　非等温化学机输出功率 P 随效率 η_{T4} 和 $\eta_{\mu2}$ 的变化关系

图 8.13 为 $g_1 = 0$ 时不可逆热机输出功率 P 随效率 η_{T4} 的变化关系。图 8.14 为 $T_1 = T_{1'} = T_{2'} = T_2 = 300\,\mathrm{K}$ 时等温不可逆化学机输出功率 P 随效率 $\eta_{\mu2}$ 的变化关系。由图可见，热机和等温化学机输出功率 P 随相应效率的变化关系均为抛物线型，随着不可逆性的增加，热机和等温化学机的最大输出功率 $P_{\max}$ 及相应的效率 $\eta_{T4,\max P}$ 和 $\eta_{\mu2,\max P}$ 均降低。

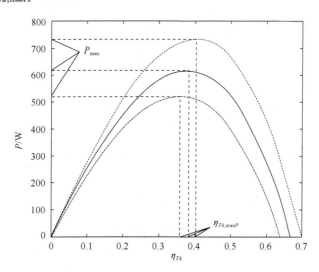

图 8.13　不可逆热机输出功率 P 随效率 η_{T4} 的变化关系

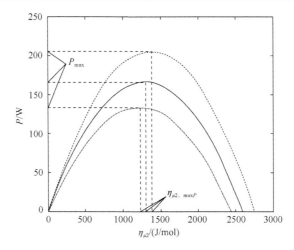

图 8.14　等温不可逆化学机输出功率 P 随效率 $\eta_{\mu2}$ 的变化关系

8.5　基于 LIT 的多级非等温不可逆化学机系统最大输出功率

8.5.1　系统建模与特性描述

本节的多级非等温化学机系统与 8.3.1 节的唯一区别在于传热传质规律及其相互间耦合机理不同，因此 8.3.1 节物理模型相关描述和式 (8.3.1) 对于本节也均是适用的。式 (8.3.1) 中 ζ 的单位为化学势单位的倒数。对于高势侧的能量传递过程，有

$$\frac{\dot{E}_1}{\alpha_1} = \frac{-\mathrm{d}(\dot{M}_1 c_{p1} T_1)}{h_1} \frac{h_1}{\alpha_1} = -\frac{h_1 \mathrm{d}(\dot{M}_1 c_{p1} T_1)}{\alpha_1 \Lambda_1 \mathrm{d}F_1} = -\frac{h_1 c_{p1} T_1 \mathrm{d}\dot{M}_1}{\alpha_1 \Lambda_1 f_{V1} A_1 \mathrm{d}x} - \frac{h_1 \dot{M}_1 c_{p1} \mathrm{d}T_1}{\alpha_1 \Lambda_1 f_{V1} A_1 \mathrm{d}x}$$
$$\equiv -\frac{h_1 c_{p1} T_1}{\alpha_1} \frac{\mathrm{d}X_1}{\mathrm{d}\zeta} - \frac{h_1 c_{p1}}{(1-c_1)\alpha_1} \frac{\mathrm{d}T_1}{\mathrm{d}\zeta} = -\left[\frac{h_1 c_{p1} T_1 \upsilon}{\alpha_1} + \frac{h_1 c_{p1} u}{(1-c_1)\alpha_1} \right] \tag{8.5.1}$$

由式 (8.3.1) 和式 (8.5.1) 得 g_1 与 $\dot{E}_1$ 分别为

$$g_1 = -h_1 \upsilon \tag{8.5.2}$$
$$\dot{E}_1 = -h_1 c_{p1} T_1 \upsilon - h_1 c_{p1} u / (1-c_1) \tag{8.5.3}$$

将式 (8.5.2) 和式 (8.5.3) 代入式 (8.4.10) 得 $\mu_{1'}(u, \upsilon)$ 为

$$\mu_{1'}(u, \upsilon) = \left[\frac{\mu_1}{T_1} - \frac{\alpha_1 h_1 \upsilon - \gamma_1 h_1 c_{p1} T_1 \upsilon - \gamma_1 h_1 c_{p1} u / (1-c_1)}{\gamma_1^2 - h_1 \alpha_1} \right] \Big/$$

$$
\left[\frac{1}{T_1} + \frac{\gamma_1 h_1 \upsilon - h_1^2 c_{p1} T_1 \upsilon - h_1^2 c_{p1} u / (1 - c_1)}{h_1 \alpha_1 - \gamma_1^2} \right] \tag{8.5.4}
$$

将式 (8.5.2) 和式 (8.5.3) 代入式 (8.4.11) 得 $T_{1'}(u,\upsilon)$ 为

$$
T_{1'}(u,\upsilon) = 1 / \left[\frac{1}{T_1} - \frac{h_1^2 c_{p1} T_1 \upsilon + h_1^2 c_{p1} u / (1 - c_1) - \gamma_1 h_1 \upsilon}{h_1 \alpha_1 - \gamma_1^2} \right] \tag{8.5.5}
$$

将式 (8.5.2) 和式 (8.5.3) 代入式 (8.4.19) 得 $\mu_{2'}(u,\upsilon)$ 为

$$
\mu_{2'}(u,\upsilon) = \cfrac{\cfrac{\mu_2}{T_2} - \cfrac{\alpha_2 h_1 \upsilon}{\alpha_2 h_2 - \gamma_2^2} - \cfrac{\gamma_2}{2 h_2 T_2} + \cfrac{\gamma_2^2 h_1 \upsilon}{h_2(\alpha_2 h_2 - \gamma_2^2)}}{+ \gamma_2 \sqrt{ \begin{array}{c} \left[\cfrac{1}{2 h_2 T_2} - \cfrac{\gamma_2 h_1 \upsilon}{h_2(\alpha_2 h_2 - \gamma_2^2)} \right]^2 + \cfrac{1}{h_2(\alpha_2 h_2 - \gamma_2^2)} \\ \times \left\{ \left[h_1 c_{p1} T_1 \upsilon + \cfrac{h_1 c_{p1} u}{(1 - c_1)} \right] \left[\cfrac{1}{T_1} - \cfrac{h_1^2 c_{p1} T_1 \upsilon + h_1^2 c_{p1} u / (1 - c_1) - \gamma_1 h_1 \upsilon}{\alpha_1 h_1 - \gamma_1^2} \right] \right. \\ \left. + h_1 \upsilon \left[\cfrac{\mu_2}{T_2} - \cfrac{\alpha_2 h_1 \upsilon}{\alpha_2 h_2 - \gamma_2^2} - \cfrac{\mu_1}{T_1} + \cfrac{\gamma_1 h_1 c_{p1} T_1 \upsilon + \gamma_1 h_1 c_{p1} u / (1 - c_1) - \alpha_1 h_1 \upsilon}{\alpha_1 h_1 - \gamma_1^2} \right] \right\} \end{array} }}{\cfrac{1}{2 T_2} + \sqrt{ \begin{array}{c} \left[\cfrac{1}{2 T_2} - \cfrac{\gamma_2 h_1 \upsilon}{(\alpha_2 h_2 - \gamma_2^2)} \right]^2 + \cfrac{h_2}{(\alpha_2 h_2 - \gamma_2^2)} \\ \times \left\{ \left[h_1 c_{p1} T_1 \upsilon + \cfrac{h_1 c_{p1} u}{(1 - c_1)} \right] \left[\cfrac{1}{T_1} - \cfrac{h_1^2 c_{p1} T_1 \upsilon + h_1^2 c_{p1} u / (1 - c_1) - \gamma_1 h_1 \upsilon}{\alpha_1 h_1 - \gamma_1^2} \right] \right. \\ \left. + h_1 \upsilon \left[\cfrac{\mu_2}{T_2} - \cfrac{\alpha_2 h_1 \upsilon}{\alpha_2 h_2 - \gamma_2^2} - \cfrac{\mu_1}{T_1} + \cfrac{\gamma_1 h_1 c_{p1} T_1 \upsilon + \gamma_1 h_1 c_{p1} u / (1 - c_1) - \alpha_1 h_1 \upsilon}{\alpha_1 h_1 - \gamma_1^2} \right] \right\} \end{array} }} \tag{8.5.6}
$$

将式 (8.5.2) 和式 (8.5.3) 代入式 (8.4.20) 得 $T_{2'}(u,\upsilon)$ 为

$$
T_{2'}(u,\upsilon) = \left\{ \cfrac{1}{2 T_2} + \sqrt{ \begin{array}{c} \left[\cfrac{1}{2 T_2} - \cfrac{\gamma_2 \psi h_1 \upsilon}{(\alpha_2 h_2 - \gamma_2^2)} \right]^2 + \cfrac{h_2}{(\alpha_2 h_2 - \gamma_2^2)} \\ \times \left\{ \phi \left(h_1 c_{p1} T_1 \upsilon + \cfrac{h_1 c_{p1} u}{1 - c_1} \right) \left[\cfrac{1}{T_1} - \cfrac{h_1^2 c_{p1} T_1 \upsilon + h_1^2 c_{p1} u / (1 - c_1) - \gamma_1 h_1 \upsilon}{\alpha_1 h_1 - \gamma_1^2} \right] \right. \\ \left. + h_1 \upsilon \left[\cfrac{\psi \mu_2}{T_2} - \cfrac{\alpha_2 \psi^2 h_1 \upsilon}{\alpha_2 h_2 - \gamma_2^2} - \cfrac{\phi \mu_1}{T_1} + \cfrac{\phi \gamma_1 h_1 c_{p1} T_1 \upsilon + \phi \gamma_1 h_1 c_{p1} u / (1 - c_1) - \phi \alpha_1 h_1 \upsilon}{\alpha_1 h_1 - \gamma_1^2} \right] \right\} \end{array} } \right\}^{-1} \tag{8.5.7}
$$

由式(8.5.5)和式(8.5.7)得效率 $\eta_{T4}(u,\upsilon)$ 为

$$\eta_{T4}(u,\upsilon) = 1 - \frac{\phi\left[\dfrac{1}{T_1} - \dfrac{h_1^2 c_{p1}T_1\upsilon + h_1^2 c_{p1}u/(1-c_1) - \gamma_1 h_1\upsilon}{h_1\alpha_1 - \gamma_1^2}\right]}{\dfrac{1}{2T_2} + \sqrt{\begin{array}{l}\left[\dfrac{1}{2T_2} - \dfrac{\gamma_2\psi h_1\upsilon}{(\alpha_2 h_2 - \gamma_2^2)}\right]^2 + \dfrac{h_2}{(\alpha_2 h_2 - \gamma_2^2)}\left\{\phi\left[h_1 c_{p1}T_1\upsilon + \dfrac{h_1 c_{p1}u}{(1-c_1)}\right]\right.\\[2mm] \times\left[\dfrac{1}{T_1} - \dfrac{h_1^2 c_{p1}T_1\upsilon + h_1^2 c_{p1}u/(1-c_1) - \gamma_1 h_1\upsilon}{\alpha_1 h_1 - \gamma_1^2}\right] + h_1\upsilon\left[\dfrac{\psi\mu_2}{T_2}\right.\\[2mm] \left.\left.- \dfrac{\alpha_2\psi^2 h_1\upsilon}{\alpha_2 h_2 - \gamma_2^2} - \dfrac{\phi\mu_1}{T_1} + \dfrac{\phi\gamma_1 h_1 c_{p1}T_1\upsilon + \phi\gamma_1 h_1 c_{p1}u/(1-c_1) - \phi\alpha_1 h_1\upsilon}{\alpha_1 h_1 - \gamma_1^2}\right]\right\}\end{array}}}$$

$$\text{(8.5.8)}$$

将式(8.5.4)~式(8.5.7)代入式(8.4.7)得 $\eta_{\mu4}(u,\upsilon)$ 为

$$\eta_{\mu4}(u,\upsilon) = \frac{\begin{array}{l}\dfrac{\phi\mu_1}{T_1} - \dfrac{\phi\gamma_1 h_1 c_{p1}T_1\upsilon + \phi\gamma_1 h_1 c_{p1}u/(1-c_1) - \phi\alpha_1 h_1\upsilon}{\alpha_1 h_1 - \gamma_1^2}\\[3mm] - \dfrac{\psi\mu_2}{T_2} + \dfrac{\psi^2\alpha_2 h_1\upsilon}{\alpha_2 h_2 - \gamma_2^2} + \dfrac{\gamma_2\psi^2}{2h_2 T_2} - \dfrac{\gamma_2^2\psi h_1\upsilon}{h_2(\alpha_2 h_2 - \gamma_2^2)}\\[3mm] -\psi\gamma_2\sqrt{\begin{array}{l}\left[\dfrac{1}{2h_2 T_2} - \dfrac{\gamma_2\psi h_1\upsilon}{h_2(\alpha_2 h_2 - \gamma_2^2)}\right]^2 + \dfrac{1}{h_2(\alpha_2 h_2 - \gamma_2^2)}\\[2mm] \times\left\{\phi\left[h_1 c_{p1}T_1\upsilon + \dfrac{h_1 c_{p1}u}{(1-c_1)}\right]\left[\dfrac{1}{T_1} - \dfrac{h_1^2 c_{p1}T_1\upsilon + h_1^2 c_{p1}u/(1-c_1) - \gamma_1 h_1\upsilon}{\alpha_1 h_1 - \gamma_1^2}\right] + h_1\upsilon\right.\\[2mm] \left.\times\left[\dfrac{\psi\mu_2}{T_2} - \dfrac{\alpha_2\psi^2 h_1\upsilon}{\alpha_2 h_2 - \gamma_2^2} - \dfrac{\phi\mu_1}{T_1} + \dfrac{\phi\gamma_1 h_1 c_{p1}T_1\upsilon + \phi\gamma_1 h_1 c_{p1}u/(1-c_1) - \phi\alpha_1 h_1\upsilon}{\alpha_1 h_1 - \gamma_1^2}\right]\right\}\end{array}}\end{array}}{\dfrac{1}{2T_2} + \sqrt{\begin{array}{l}\left[\dfrac{1}{2T_2} - \dfrac{\gamma_2\psi h_1\upsilon}{(\alpha_2 h_2 - \gamma_2^2)}\right]^2 + \dfrac{h_2}{(\alpha_2 h_2 - \gamma_2^2)}\\[2mm] \times\left\{\phi\left[h_1 c_{p1}T_1\upsilon + \dfrac{h_1 c_{p1}u}{(1-c_1)}\right]\left[\dfrac{1}{T_1} - \dfrac{h_1^2 c_{p1}T_1\upsilon + h_1^2 c_{p1}u/(1-c_1) - \gamma_1 h_1\upsilon}{\alpha_1 h_1 - \gamma_1^2}\right] + h_1\upsilon\right.\\[2mm] \left.\times\left[\dfrac{\psi\mu_2}{T_2} - \dfrac{\alpha_2\psi^2 h_1\upsilon}{\alpha_2 h_2 - \gamma_2^2} - \dfrac{\phi\mu_1}{T_1} + \dfrac{\phi\gamma_1 h_1 c_{p1}T_1\upsilon + \phi\gamma_1 h_1 c_{p1}u/(1-c_1) - \phi\alpha_1 h_1\upsilon}{\alpha_1 h_1 - \gamma_1^2}\right]\right\}\end{array}}}$$

$$\text{(8.5.9)}$$

由此得多级化学机的累积输出功率 P_s 为

$$
\begin{aligned}
P_s &= -\int_{T_{1i},c_{1i}}^{T_{1f},c_{1f}} \eta_{T4}\mathrm{d}E_1 + I\eta_{\mu4}\mathrm{d}X_1 = -\int_{T_{1i},c_{1i}}^{T_{1f},c_{1f}} \eta_{T4}\mathrm{d}(\dot{M}_1 c_{p1} T_1) + \eta_{\mu4}\mathrm{d}\dot{M}_1 \\
&= -\int_{T_{1i},c_{1i}}^{T_{1f},c_{1f}} (c_{p1}\dot{M}_1\eta_{T4}\mathrm{d}T_1 + c_{p1}T_1\eta_{T4}\mathrm{d}\dot{M}_1 + \eta_{\mu4}\mathrm{d}\dot{M}_1) = \int_{\zeta_i}^{\zeta_f} D_2(u,\upsilon)\mathrm{d}\zeta
\end{aligned}
\tag{8.5.10}
$$

式中，

$$
D_2(u,\upsilon) = -\left[\frac{u}{(1-c_1)} + T_1\upsilon\right]\dot{m}_1 c_{p1}\eta_{T4}(u,\upsilon) - \dot{m}_1\upsilon\eta_{\mu4}(u,\upsilon)
\tag{8.5.11}
$$

8.5.2　优化方法

8.3.2 节的优化方法对于本节同样适用，对应于性能泛函式 (8.5.10) 的极值条件为

$$
L(T_1, X_1, u, \upsilon) = \frac{\partial D_2}{\partial u}u + \frac{\partial D_2}{\partial \upsilon}\upsilon - D_2 = a_2
\tag{8.5.12}
$$

式中，a_2 为积分常数，由式 (8.5.10) 得优化问题的 HJB 方程为

$$
\frac{\partial P_{s,\max}}{\partial \zeta} + \max_{[u(\zeta),\upsilon(\zeta)]\in\Omega}\left\{D_2[u(\zeta),\upsilon(\zeta)] - \frac{\partial P_{s,\max}}{\partial T_1}u(\zeta) - \frac{\partial P_{s,\max}}{\partial X_1}\upsilon(\zeta)\right\} = 0
\tag{8.5.13}
$$

8.5.3　特例分析

8.5.3.1　纯传热的多级热机系统最优构型

当流体势库与化学机间仅存在有限速率传热即 $\upsilon = 0$ 时，式 (8.5.8) 和式 (8.5.10) 分别变为

$$
\eta_T(u) = 1 - \phi\left[\frac{1}{T_1} - \frac{h_1 c_{p1} u}{(1-c_1)\alpha_1}\right]\bigg/\left[\left(\frac{1}{2T_2}\right) + \sqrt{\left(\frac{1}{2T_2}\right)^2 + \frac{\phi h_1 c_{p1} u}{(1-c_1)\alpha_2 T_1} - \frac{(\phi h_1 c_{p1} u)^2}{(1-c_1)^2 \alpha_1 \alpha_2}}\right]
\tag{8.5.14}
$$

$$
P_s = -\int_{\zeta_i}^{\zeta_f} \frac{\dot{m}_1 c_{p1} u}{1-c_1}\left\{1 - \phi\left[\frac{1}{T_1} - \frac{h_1 c_{p1} u}{(1-c_1)\alpha_1}\right]\bigg/\left[\frac{1}{2T_2} + \sqrt{\left(\frac{1}{2T_2}\right)^2 + \frac{\phi h_1 c_{p1} u}{(1-c_1)\alpha_2 T_1} - \frac{(\phi h_1 c_{p1} u)^2}{(1-c_1)^2 \alpha_1 \alpha_2}}\right]\right\}\mathrm{d}\zeta
\tag{8.5.15}
$$

作变量代换 $u' = h_1 c_{p1} u / [(1 - c_1)\alpha_1]$、$\xi = (1 - c_1)\alpha_1 \zeta / (h_1 c_{p1} u)$ 和 $C_1 = \dot{m}_1 c_{p1} / (1 - c_1)$，式(8.5.15)可变为

$$P_{\rm s} = -\int_{\xi_{\rm i}}^{\xi_{\rm f}} C_1 u' \left\{ 1 - \phi \left(\frac{1}{T_1} - u' \right) \middle/ \left[\frac{1}{2T_2} + \sqrt{\left(\frac{1}{2T_2} \right)^2 + \frac{\phi \alpha_1 u'}{\alpha_2 T_1} - \frac{\alpha_1 \phi^2 u'^2}{\alpha_2}} \right] \right\} {\rm d}\xi \quad (8.5.16)$$

一般地，将式(8.5.16)代入式(8.5.12)不存在解析解，只能采用动态规划方法求其数值解。特别地，当 $\alpha_1 \ll \alpha_2$ 时得到解析解，式(8.5.16)变为

$$P_{\rm s} = -\int_{\xi_{\rm i}}^{\xi_{\rm f}} \left[C_1 u' \left(1 - \frac{\phi T_2}{T_1} + \phi T_2 u' \right) \right] {\rm d}\xi \quad (8.5.17)$$

将式(8.5.17)代入式(8.5.12)得

$$L(T_1, u') = -C_1 \phi T_2 u'^2 = a_2 \quad (8.5.18)$$

式中，a_2 为积分常数。已知边界条件 $T_1(\xi_{\rm i}) = T_{\rm 1i}$ 和 $T_1(\xi_{\rm f}) = T_{\rm 1f}$，由式(8.5.17)和式(8.5.18)得热源温度 T_1 和极值功率 $P_{\rm s,max}$ 分别为

$$T_1(\xi) = T_{\rm 1i} + (T_{\rm 1f} - T_{\rm 1i})(\xi - \xi_{\rm i})/(\xi_{\rm f} - \xi_{\rm i}) \quad (8.5.19)$$

$$P_{\rm s,max} = C_1(T_{\rm 1i} - T_{\rm 1f}) - C_1 \phi T_2 \ln \frac{T_{\rm 1i}}{T_{\rm 1f}} - \frac{C_1 \phi T_2 (T_{\rm 1f} - T_{\rm 1i})^2}{\xi_{\rm f} - \xi_{\rm i}} \quad (8.5.20)$$

式(8.5.20)为 5.2.3.2 节线性唯象传热规律下多级不可逆卡诺热机最大功率输出时的优化结果即式(5.2.49)。若进一步有 $\phi = 1$，式(8.5.20)变为 5.2.3.1 节线性唯象传热规律下多级内可逆卡诺热机最大功率输出时的优化结果即式(5.2.34)。

8.5.3.2　纯传质的多级化学机系统最优构型

与 8.3.3.2 节相同，本节的讨论也仅限于多级等温内可逆化学机系统。当化学势库与化学机间仅存在有限速率传质时，即 $u = 0$、$T_1 = T_{1'} = T_{2'} = T_2 = T$、$\phi = \psi = 1$ 和 $\gamma_1 = \gamma_2 = 0$，式(8.5.9)和式(8.5.10)分别变为

$$\eta_\mu(\upsilon) = \mu_1 + [(h_1 / h_2) + 1]T\upsilon - \mu_2 \quad (8.5.21)$$

$$P_{\rm s} = -\dot{m}_1 \int_{\zeta_{\rm i}}^{\zeta_{\rm f}} \left\{ \{ \mu_1 + [(h_1/h_2) + 1]T\upsilon - \mu_2 \} \upsilon \right\} {\rm d}\zeta \quad (8.5.22)$$

将式(8.5.22)代入式(8.5.12)得

$$L(X_1, \upsilon) = -\dot{m}_1[(h_1/h_2) + 1]T\upsilon^2 = a_3 \tag{8.5.23}$$

式中，a_3 为积分常数。由式(8.5.22)和式(8.5.23)，关键组分相对浓度 X_1 和极值功率 $P_{s,max}$ 分别为

$$X_1(\zeta) = \frac{c_{1i}(1-c_{1f})(\zeta_f - \zeta) - c_{1f}(1-c_{1i})(\zeta_i - \zeta)}{(1-c_{1i})(1-c_{1f})(\zeta_f - \zeta_i)} \tag{8.5.24}$$

$$\frac{P_{s,max}}{\dot{m}_1} = \frac{(c_{1i} - c_{1f})(\mu_{01} - \mu_2)}{(1-c_{1f})(1-c_{1i})} - RT\left\{\frac{\ln(c_{1f})}{(1-c_{1f})} - \frac{\ln(c_{1i})}{(1-c_{1i})} + \ln\left[\frac{c_{1i}(1-c_{1f})}{c_{1f}(1-c_{1i})}\right]\right\}$$
$$- \frac{(c_{1i} - c_{1f})^2[(h_1/h_2) + 1]T}{(1-c_{1i})^2(1-c_{1f})^2(\zeta_f - \zeta_i)} \tag{8.5.25}$$

式(8.5.25)为 7.2.2.1 节线性传质规律下多级等温内可逆化学机系统最大功率输出时的研究结果，即本书式(7.2.42)。

8.6　本 章 小 结

本章分别基于 Lewis 相似准则和线性不可逆热力学研究了存在有限速率传热传质与工质内部耗散等不可逆性的单级非等温不可逆化学机最大功率输出，导出了其输出功率及相应矢量效率的解析解，并应用数值方法对其进行了优化，接着将此优化结果进一步应用于多级非稳态非等温不可逆化学机系统输出功率优化。得到的主要结论如下。

(1)对于基于传热传质 Lewis 相似的单级非等温不可逆化学机，存在最佳的吸热流率和质流率使非等温化学机功率输出最大，非等温化学机输出功率与其矢量效率间的关系为抛物面型；随着内部不可逆性的增加，非等温化学机的最大输出功率减少，相应的效率均降低；所得优化结果包括牛顿传热规律下内可逆卡诺热机、同时存在热阻和工质内部耗散等不可逆性损失的不可逆卡诺热机、扩散传质规律下等温内可逆化学机等各种特例下的优化结果。

(2)对于传热传质规律服从线性不可逆热力学的 Onsager 方程的单级非等温不可逆化学机，存在最佳的能流率和质流率使非等温化学机功率输出最大，非等温化学机输出功率与其矢量效率间的关系为抛物面型；随着内部不可逆性的增加，非等温化学机最大输出功率减少，相应的效率均降低；所得优化结果包括线性唯象传热规律下内可逆卡诺热机、同时存在热阻和工质内部耗散等不可逆性的不可

逆卡诺热机、线性传质规律下等温内可逆化学机等各种特例下的优化结果。

(3)基于传热传质 Lewis 相似的多级非等温不可逆化学机系统最大功率输出时的优化结果包括牛顿传热规律下多级内可逆和不可逆卡诺热机系统以及扩散传质规律下多级等温内可逆化学机系统最大功率输出等各种特例下的优化结果；基于线性不可逆热力学的 Onsager 方程的多级非等温不可逆化学机系统最大功率输出时的优化结果，包括线性唯象传热规律下多级内可逆和不可逆卡诺热机系统以及线性传质规律下多级等温内可逆化学机系统最大功率输出等各种特例下的优化结果。

第9章 全书总结

有限时间热力学主要研究的是不可逆热力过程的极值问题。存在两类极值问题，一类是确定给定热力过程最佳热力性能的函数极值问题，另一类是确定对应于热力性能极值的最佳热力过程的泛函极值问题。对前一类静态优化问题，可由一般高等数学中的求偏导数或拉格朗日法求解，对后一类动态优化(最优构型)问题，则需最优控制理论方法来求解。最优路径一旦求出，所有其他的热力学量都可以从中导出，因此回答有关最佳热力过程路径的问题比有关最佳性能的问题更复杂，需要更大的计算工作量，也更具有实际意义。

本书在全面系统地了解有限时间热力学、熵产生最小化、广义热力学优化理论和㶲理论等现今各种热力学优化理论与总结前人现有的研究成果的基础上，重点研究了各种功、热能、化学能能量转换循环与系统的动态优化问题。本书完成的一系列工作，为广义热力学动态优化的深入研究和应用打下了重要基础。其主要内容和基本结论体现在如下几个方面。

(1)基于内可逆热机的理论模型，在广义辐射传热规律下，采用最优控制理论和数值解法，以最大功率输出为优化目标，对给定循环时间且无定压比约束的内可逆热机的最优构型进行了研究，求出了其循环最优构型；以最大功率输出为优化目标，对给定循环时间且有定压比约束的内可逆热机的最优构型进行了研究，求出了其循环最优构型；以最大效率为优化目标，对给定循环时间和输入能的内可逆热机的最优构型进行了研究，求出了其循环最优构型。根据所给出的数值算例，将几种循环最优构型结果进行比较，分析了传热规律、压比、输入能等因素对内可逆热机循环最优构型的影响，结果表明：

①广义辐射传热规律下给定循环时间且无定压比约束的内可逆热机最大功率输出时的循环最优构型由六个分支组成，其中包括两个等温分支和四个最大功率分支，最优构型中不包括绝热分支；广义辐射传热规律下给定循环时间且有定压比约束的内可逆热机最大功率输出时的循环最优构型由八个分支组成，其中包括两个等温分支、四个最大功率分支和两个等容分支，最优构型中也不包括绝热分支；广义辐射传热规律下给定循环时间和输入能的内可逆热机最大效率的循环最优构型由八个分支组成，其中包括两个等温分支、四个最大效率分支和两个绝热分支；传热规律对上述内可逆热机循环最优构型有显著影响。实现这些循环最优构型可有多种途径，其一是采用凸轮轴的机械传动，其二是采用电磁联轴节[128, 509]。

②对于广义辐射传热规律下给定循环时间且无定压比约束的内可逆热机最大功率输出时的最优构型，随着热导率的增加，循环的最大平均功率增加，而所对应的效率却减小；对于广义辐射传热规律下给定循环时间且有定压比约束的内可逆热机最大功率输出时的最优构型，随着压比的增加，最大输出功率和对应的效率都会增加；对于广义辐射传热规律下给定循环时间和输入能的内可逆热机最大效率时的最优构型，随着输入能的增加，内可逆热机最大效率和对应的循环平均功率都会增加。

③采用一阶泰勒级数展开的方法得出了各分支过程的时间和热源及工质温度的表达式，给出了数值算例。循环的过程时间越短，泰勒级数展开的阶数越高，计算的精度就越高。

(2)在不考虑具体的热源热容和热阻模型的条件下，应用欧拉-拉格朗日方程和平均最优控制理论分别研究了两有限热源内可逆热机和存在热阻与热漏的有限高温热源不可逆热机最大输出功，分析了热源热容、传热规律和热漏等因素对热机循环最优构型与最优性能的影响。结果表明：热源热容、传热规律和热漏均显著影响变温热源最大输出功时的循环最优构型；传热规律和热机模型的普适化，完成了变温热源热机循环最优构型研究结果的集成。

(3)研究了线性唯象传热规律$[q \propto \Delta(T^{-1})]$下具有非均匀工质的一类非回热不可逆热机最大功率和最大效率性能界限，并与牛顿传热规律下的优化结果相比较；以存在有限速率传热、流体流动和内部化学反应的理论热机为研究对象，考虑燃烧和传热分别服从一类普适的反应速率方程和线性唯象传热规律，应用最优控制理论和非线性规划方法进行优化，给出了燃烧过程最小熵产生的解析解，导出了热机最大功率和效率，并与前人优化结果相比较。结果表明：

①传热规律对热机性能有较大影响，牛顿传热规律与线性唯象传热规律下热机功率性能界限变化规律截然相反；本书建立的模型中没有包含回热过程，研究的是一类非回热不可逆热机模型，所得结果不适合存在不可逆回热过程的热机，但本书分布式参数模型下所得优化结果可用于估算理想回热条件下热机(包括Stirling 热机)的最大功率。

②在高温热源温度变化振幅较小时以不同的热效率计算结果几乎相等，但当高温热源温度变化振幅较大时以不同的热效率计算结果是不同的；传热规律对热机效率性能界限有较大影响，牛顿传热规律下热机效率界限对于热源温度变化较为敏感，线性唯象传热规律下热源温度变化对热机效率界限影响较小。

③与前人已有研究相比，本书对于燃烧化学反应熵产生最小化的研究方法更具有普适性，可应用到其他化学反应相关研究中；不同反应速率方程下化学反应熵产下限是不同的，热阻模型影响理论热机的性能界限；不同反应速率方程和热

阻模型下热机最佳性能界限研究，丰富了有限时间热力学理论，这些研究结果可进一步应用到实际热机的设计优化中去。

(4) 应用 HJB 理论研究了普适传热规律$[q \propto (\Delta(T^n))^m]$下多级不可逆卡诺热机系统最大输出功率和多级不可逆卡诺热泵系统耗功率最小优化，基于普适的优化结果，导出牛顿传热规律下优化问题的精确解析解和线性唯象传热规律下优化问题的近似解析解；对于非牛顿传热规律，将连续 HJB 控制方程离散化并应用动态规划方法得到了优化问题的数值解。结果表明：

① 当末态时刻和流体末态温度均固定时，多级热机系统的极值输出功率为其最大输出功率，驱动流体温度最优构型与不可逆因子无关，但不可逆因子变化影响系统最大输出功率及相应的卡诺温度最优构型；当末态时刻自由和流体末态温度固定时，末态时刻存在一个下限值，即末态时刻必须大于此值，多级热机系统才有功率输出，以最大输出功率为目标优化等价于以最小熵产率为目标优化。

② 当末态时刻固定和流体末态温度自由时，多级热机系统极值功率输出时高温流体末态温度存在一个高于低温热源温度的下限值，以往文献中"将驱动流体末态温度取为低温热源温度分析多级热机系统的最大功率输出"的研究结果是错误的，还存在一个最佳值使多级热机系统极值输出功率取最大值，随着不可逆因子的增加，系统最大输出功率降低，驱动流体温度和卡诺温度均升高，以最大输出功率为目标优化与以最小熵产率为目标优化不等价。

③ 牛顿传热规律下多级热机和热泵系统极值功率时高温流体温度随时间呈指数规律变化，线性唯象传热定律下高温流体温度随时间呈近似线性规律变化，多级热机系统的极值输出功率等于其可逆系统输出功率性能界限与一个耗散项之差，多级热泵系统的极值耗功率等于其可逆系统耗功率性能界限与一个耗散项之和，当过程时间趋于无限长（或热导率趋于无限大）时，内可逆装置性能界限均趋近于相同的可逆功率性能界限。

④ 装置类型、优化目标、传热规律、工质内部耗散、过程时间约束和温度边界条件等因素均对多级热力循环系统的动态优化结果有显著影响，在实际热力装置与系统优化设计时必须予以详细考虑和界定。

(5) 建立了有限高势库等温内可逆化学机和存在热阻与质漏的等温不可逆化学机模型，考虑工质与化学势库间传质服从普适传质规律，应用平均最优控制理论导出了其最大输出功时循环最优构型，并讨论传质规律、化学势库势容和质漏等因素对优化结果的影响；研究了多库等温内可逆化学机最大功率输出时循环最优构型，分析了中间化学势库化学势对化学机最优性能的影响；建立了有限高势库非等温内可逆化学机模型，考虑工质与化学势库传热传质服从线性不可逆热力学中的 Onsager 方程，应用最优控制理论导出了其循环最大输出功时的最优性条件。结果表明：

①传质规律和质漏均影响有限高势库等温化学机最大输出功时循环最优构型与最优性能，在有限势库等温化学机循环动态优化时必须予以详细考虑；传质规律和化学机模型的普适化，完成了两库等温化学机循环最优构型研究结果的集成。

②多库等温内可逆化学机最大功率输出时循环的最优构型由两个等化学势分支和两个瞬时等质流分支组成，与化学势库的数量和具体的传质规律均无关；为获得化学机的最大输出功率，一些化学势库必须不参与和化学机的传质过程，这些未使用的化学势库的化学势介于化学机工质的高、低化学势之间。

③基于 LIT 的非等温内可逆化学机循环最大输出功时的优化结果具有一定普适性，包括线性唯象传热规律下有限和无限热容高温热源内可逆热机、线性传质规律下有限和无限势容高势库等温内可逆化学机以及传热传质服从线性不可逆热力学中 Onsager 方程的无限势库非等温内可逆化学机等各种特例下的优化结果。

(6)研究了线性和扩散传质规律下多级等温不可逆化学机系统最大功率输出，首先应用 HJB 理论和欧拉-拉格朗日方程得到了线性传质规律下多级连续等温化学机系统优化问题的解析解，然后应用离散极小值原理得到了对应离散系统优化问题的解析解，接着应用动态规划方法得到了扩散传质规律下多级等温化学机系统优化问题的数值解；应用 HJB 理论研究了线性传质规律下多级等温内可逆化学泵系统的耗功率最小优化，得到了优化问题的解析解，并与多级等温化学机系统的优化结果进行了比较。结果表明：

①当末态时刻和末态浓度均固定时，多级等温化学机系统的极值功率输出为其最大输出功率，最大输出功率随着不可逆因子的增加而降低，但最大输出功率时的高化学势库关键组分浓度和卡诺化学势与不可逆因子无关；当末态时刻自由和末态浓度固定时，末态时刻存在一个下限值，即末态时刻必须大于此下限值，多级等温化学机系统才有功率输出，以最大输出功率为优化目标与以最小熵产率为优化目标是等价的。

②当末态时刻固定和末态浓度自由时，多级等温化学机系统极值功率输出的流体高势库关键组分末态化学势存在一个大于低势库关键组分化学势的下限值，同时还存在一个最佳值使多级等温化学机系统极值功率取最大值，随着不可逆因子的增加，系统最大输出功率降低，流体高势库关键组分浓度和卡诺化学势均增加，以最大输出功率为目标优化与以最小熵产率为目标优化不等价。

③线性传质规律下多级化学机和化学泵系统极值功率时高势库关键组分的相对浓度随时间呈线性规律变化，多级等温内可逆化学机系统的极值输出功率等于其可逆系统的输出功率与一个耗散项之差，多级等温内可逆化学泵的极值耗功率等于其可逆系统的耗功率与一个耗散项之和，当过程时间趋于无限长(或传质系数

趋于无限大)时，两者均趋近于相同的可逆系统功率性能界限。

④装置类型、优化目标、传质规律、工质内部耗散、过程时间约束和浓度边界条件等因素均对多级等温化学循环系统的动态优化结果有显著影响，在实际化学装置与系统优化设计时必须予以详细考虑和界定。

(7)分别基于 Lewis 相似准则和线性不可逆热力学研究了无限势库存在有限速率传热传质与工质内部耗散等不可逆性的单级稳态非等温不可逆化学机最大功率输出，导出了其输出功率及相应矢量效率的解析解，并应用数值方法对其进行了优化，接着将此优化结果进一步应用于有限流体高势库多级非等温不可逆化学机系统最大输出功率优化。结果表明：

①单级非等温化学机输出功率与其矢量效率间的关系为抛物面型；传热传质耦合规律和工质内部耗散等对单级非等温化学机的最优性能有显著影响，在非等温化学机优化时必须予以考虑；所得优化结果具有一定包容性，包括牛顿和线性唯象传热规律下内可逆和存在有限速率传热与工质内部耗散的不可逆卡诺热机、线性和扩散传质规律下等温内可逆化学机等各种特例下的优化结果。

②基于传热传质 Lewis 相似的多级非等温不可逆化学机系统最大功率输出时的优化结果包括牛顿传热规律下多级内可逆和不可逆卡诺热机系统以及扩散传质规律下多级等温内可逆化学机系统最大功率输出等各种特例下的优化结果；基于线性不可逆热力学的 Onsager 方程的多级非等温不可逆化学机系统最大功率输出时的优化结果包括线性唯象传热规律下多级内可逆和不可逆卡诺热机系统以及线性传质规律下多级等温内可逆化学机系统最大功率输出等各种特例下的优化结果。

综上所述，本书在以下两个方面有较大创新之处。

一是开展了非牛顿传热规律下恒温热源内可逆热机循环最优构型、变温热源热机循环最优构型、非均匀工质热机性能界限等动态优化问题研究，建立了有限势库等温内可逆化学机、存在热漏的有限势库等温不可逆化学机、多库等温内可逆化学机和有限势库非等温内可逆化学机模型，应用最优控制理论导出这一系列循环的最优构型和最优性能，全面系统地揭示了传热传质规律、压比、输入能、热漏与质漏、热源热容与物质库势容、变热导率等因素对优化结果定性和定量的影响，丰富了有限时间热力学理论。

二是应用 HJB 理论较为系统地开展了多级热力循环系统、多级等温化学循环系统和多级非等温化学机系统的动态优化问题研究，获得了普适的优化结果，并基于普适的优化结果得到了线性唯象传热规律下多级热力循环系统以及线性传质规律下多级等温化学循环系统相应优化问题的解析解，对于其他非线性传热传质规律，应用动态规划方法得到了优化问题的数值解，发现并订正了以往文献中"将高温流体末态温度取为低温热源温度分析多级热机系统最大功率输出"的错误研究结果,得到了"高温侧流体存在最佳的末态温度使多级热机系统输出功率达到最大"等一系列研究新结果。

参 考 文 献

[1] Andresen B, Berry R S, Nitzan A, et al. Thermodynamics in finite time. I. The step-Carnot cycle [J]. Phys. Rev. A, 1977, 15(5): 2086-2093.

[2] Salamon P, Andresen B, Berry R S. Thermodynamics in finite time. II. Potentials for finite-time processes [J]. Phys. Rev. A, 1977, 15(5): 2094-2101.

[3] Andresen B, Salamon P, Berry R S. Thermodynamics in finite time: Extremals for imperfect heat engines [J]. J. Chem. Phys., 1977, 66(4): 1571-1578.

[4] Andresen B, Berry R S, Ondrechen M J, et al. Thermodynamics for processes in finite time [J]. Acc. Chem. Res., 1984, 17(8): 266-271.

[5] Andresen B, Salamon P, Berry R S. Thermodynamics in finite time [J]. Phys. Today, 1984, 37(9): 62-70.

[6] Andresen B. Finite-time thermodynamics and thermodynamic length [J]. Rev. Gen. Therm, 1996, 35(418/419): 647-650.

[7] Andresen B. Finite Time Thermodynamics and Simulated Annealing[M]//Shiner J. Entropy and Entropy Generation. Amsterdam: Kluwer Academic Publishers, 1996.

[8] Andresen B. Finite-Time Thermodynamics [D]. Copenhagen: University of Copenhagen, 1983.

[9] Sieniutycz S, Shiner J S. Thermodynamics of irreversible processes and its relation to chemical engineering: Second law analyses and finite time thermodynamics[J]. J. Non-Equilib. Thermodyn., 1994, 19(4): 303-348.

[10] Orlov V N, Rudenko A V. Optimal control in problems of extremal of irreversible thermodynamic processes [J]. Avtomatika i Telemekhanika, 1985, (5): 7-41.

[11] Feidt M. Thermodynamique et Optimisation Energetique des Systems et Procedes[M]. 2nd ed. Paris: Technique et Documentation Lavoisier, 1996.

[12] Gordon J M, Ng K C. Cool Thermodynamics [M]. Cambridge: Cambridge Int. Science Publishers, 2000.

[13] Sieniutycz S. Hamilton-Jacobi-Bellman framework for optimal control in multistage energy systems [J]. Phys. Reports, 2000, 326(4): 165-285.

[14] Chen L G, Wu C, Sun F R. The recent advances in finite time thermodynamics and its future application[J]. Int. J. Energy, Environ. & Econ., 2001, 11(1): 69-81.

[15] Denton J C. Thermal cycles in classical thermodynamics and nonequilibrium thermodynamics in contrast with finite time thermodynamics[J]. Energy Conver. Manage., 2002, 43(13): 1583-1617.

[16] Sieniutycz S. Thermodynamic limits on production or consumption of mechanical energy in practical and industry systems[J]. Prog. Energy & Combu. Sci., 2003, 29(3): 193-246.

[17] Sieniutycz S, Farkas H. Variational and Extremum Principles in Macroscopic Systems[M]. London: Elsevier Science Publishers, 2005.

[18] Senft J R. Mechanical Efficiency of Heat Engines[M]. Cambridge: Cambridge University Press, 2007.

[19] Wu C. Power optimization of a finite-time Carnot heat engine[J]. Energy, 1988, 13(9): 681-687.

[20] Petrescu S, Costea M. Development of Thermodynamics with Finite Speed and Direct Method[M]. Bucuresti: Editura AGIR, 2012.

[21] Kosloff R. Quantum thermodynamics: A dynamical viewpoint[J]. Entropy, 2013, 15(6): 2100-2128.

[22] Feidt M. Thermodynamique Optimale en Dimensions Physiques Finies[M]. Paris: Hermès, 2013.

[23] Medina A, Curto-Risso P L, Calvo-Hernández A, et al. Quasi-Dimensional Simulation of Spark Ignition Engines: From Thermodynamic Optimization to Cyclic Variability[M]. London: Springer, 2014.

[24] 陈林根, 孟凡凯, 戈延林, 等. 半导体热电装置的热力学研究进展[J]. 机械工程学报, 2013, 49(24): 144-154.

[25] Vaudrey A V, Lanzetta F, Feidt M H B. Reitlinger and the origins of the efficiency at maximum power formula for heat engines[J]. J. Non-Equilib. Thermodyn. , 2014, 39(4): 199-204.

[26] Perescu S, Costea M, Feidt M, et al. Advanced Thermodynamics of Irreversible Processes with Finite Speed and Finite Dimensions[M]. Bucharest: Editura AGIR, 2015.

[27] Chen L G, Feng H J, Xie Z H. Generalized thermodynamic optimization for iron and steel production processes: Theoretical exploration and application cases[J]. Entropy, 2016, 18(10): 353.

[28] 毕月红, 陈林根. 空气热泵性能有限时间热力学优化[M]. 北京: 科学出版社, 2017.

[29] 陈林根, 孙丰瑞, 陈文振. 有限时间热力学研究新进展[J]. 自然杂志, 1992, 15(4): 249-253.

[30] Wu C, Kiang R L, Lopardo V J, et al. Finite-time thermodynamics and endoreversible heat engines [J]. Int. J. Mech. Eng. Edu. , 1993, 21(4): 337-346.

[31] Chen L G, Wu C, Sun F R. Finite time thermodynamic optimization or entropy generation minimization of energy systems [J]. J. Non-Equilib. Thermodyn. , 1999, 22(4): 327-359.

[32] Wu C, Chen L G, Chen J C. Recent Advances in Finite Time Thermodynamics [M]. New York: Nova Science Publishers, 1999.

[33] 陈林根, 孙丰瑞. 有限时间热力学研究的一些进展[J]. 海军工程大学学报, 2001, 13(6): 41-46, 62.

[34] Kongtragool B, Wongwises S. A review of solar-powered Stirling engines and low temperature differential Stirling engines [J]. Renew. Sustain. Energy Rev. , 2003, 7(1): 131-154.

[35] Durmayaz A, Sogut O S, Sahin B, et al. Optimization of thermal systems based on finite-time thermodynamics and thermoeconomics [J]. Prog. Energy Combus. Sci. , 2004, 30(2): 175-217.

[36] Chen L G, Sun F R. Advances in Finite Time Thermodynamics: Analysis and Optimization [M]. New York: Nova Science Publishers, 2004.

[37] Stitou D, Spinner B. A new realistic characteristics of real energy conversion process: A contribution of finite size thermodynamics [J]. Heat Transf. Eng. , 2005, 26(5): 66-72.

[38] 陈林根. 不可逆过程和循环的有限时间热力学分析[M]. 北京: 高等教育出版社, 2005.

[39] Feidt M. Optimal use of energy systems and processes [J]. Int. J. Exergy, 2008, 5(5/6): 500-531.

[40] 吴锋, 陈林根, 孙丰瑞, 等. 斯特林机的有限时间热力学优化[M]. 北京: 化学工业出版社, 2008.

[41] Feidt M. Optimal thermodynamics-New upperbounds [J]. Entropy, 2009, 11(4): 529-547.

[42] Feidt M. Thermodynamics applied to reverse cycle machines, a review [J]. Int. J. Refrigeration, 2010, 33(7): 1327-1342.

[43] 林国星, 陈金灿. 多种能量转换系统的性能优化与参数设计的研究[J]. 厦门大学学报(自然科学版), 2011, 50(2): 227-238.

[44] Tu Z C. Recent advance on the efficiency at maximum power of heat engines [J]. Chin. Phys. B, 2012, 21(2): 020513.

[45] Feidt M. Thermodynamics of energy systems and processes: A review and perspectives [J]. J. Appl. Fluid Mech. , 2012, 5(2): 85-98.

[46] 王文华, 陈林根, 戈延林, 等. 燃气轮机循环有限时间热力学研究新进展[J]. 热力透平, 2012, 41(3): 171-178, 208.

[47] 张万里, 陈林根, 韩文玉, 等. 正反向布雷顿循环有限时间热力学分析与优化研究进展[J]. 燃气轮机技术, 2012, 25(2): 1-11.

[48] 吴锋, 李青, 郭方中, 等. 热声理论的研究进展[J]. 武汉工程大学学报, 2012, 34(1): 1-6.

[49] 李俊, 陈林根, 戈延林, 等. 正反向两源热力循环有限时间热力学性能优化的研究进展[J]. 物理学报, 2013, 62(13): 130501.

[50] Reddy V S, Kaushik S C, Ranjan K R, et al. State-of-the-art of solar thermal power plants- A review [J]. Renew. Sustain. Energy Rev. , 2013, 27(6): 258-273.

[51] Petrescu S, Costea M, Boriaru N, et al. Thermodynamics with finite speed (TFS) I. The main moments in the development of TFS [J]. Termotehnica, 2013, 17(1): 5-18.

[52] Petrescu S, Costea M, Florea T, et al. Thermodynamics with finite speed (TFS) II. Validation of the direct method for Stirling engine cycles with finite speed [J]. Termotehnica, 2013, 17(2): 3-17.

[53] Wouagfack P A N, Tchinda R. Finite-time thermodynamics optimization of absorption refrigeration systems: A review [J]. Renew. Sustain. Energy Rev. , 2013, 21(5): 524-536.

[54] Qin X Y, Chen L G, Ge Y L, et al. Finite time thermodynamic studies on absorption thermodynamic cycles: A state of the arts review [J]. Ara. J. Sci. Eng. , 2013, 38(3): 405-419.

[55] Feidt M. Evolution of thermodynamic modelling for three and four heat reservoirs reverse cycle machines: A review and new trends [J]. Int. J. Refrigeration, 2013, 36(1): 8-23.

[56] Sarkar J. A review on thermodynamic optimization of irreversible refrigerator and verification with transcritical CO_2 system [J]. Int. J. Thermodyn. , 2014, 17(2): 71-79.

[57] Petrescu S, Feidt M, Enache V, et al. Unification perspective of finite physical dimensions thermodynamics and finite speed thermodynamics [J]. Int. J. Energy & Environ. Eng. , 2015, 6(3): 245-254.

[58] 丁泽民, 陈林根, 王文华, 等. 三类微型能量转换系统有限时间热力性能优化的研究进展[J]. 中国科学: 技术科学, 2015, 45(9): 889-918.

[59] Chen L G, Meng F K, Sun F R. Thermodynamic analyses and optimization for thermoelectric devices: The state of the arts [J]. Sci. China: Tech. Sci. , 2016, 59(3): 442-455.

[60] Ge Y L, Chen L G, Sun F R. Progress in finite time thermodynamic studies for internal combustion engine cycles [J]. Entropy, 2016, 18(4): 139.

[61] 马一太. 混合工质热泵循环节能及高温压缩式热泵变速容量调节的研究[D]. 天津: 天津大学, 1989.

[62] Douglass J W. Optimization and Thermodynamic Performance Measures for a Class of Finite-Time Thermodynamic Cycles [D]. Portland: Portland State University, 1990.

[63] Stanescu G. The Study of the Mechanism of Irreversibility Generation in Order to Improve the Performance of Thermal Machines and Devices [D]. Bucarest: Universite Politechica of Bucarest, 1992.

[64] Popescu G. Finite Time Thermodynamics Optimization of the Endoregenerative and Exoirreversible Stirling Systems [D]. Bucarest: Universite Politechica of Bucarest, 1993.

[65] Vargas J V C. Combined Heat Transfer and Thermodynamic Problems with Applications in Refrigeration [D]. Durham: Duke University, 1994.

[66] Geva E. Finite Time Thermodynamics for Quantum Heat Engine and Heat Pump [D]. Jerusalem: The Hebrew University, 1995.

[67] Chen J C. Optimal Performance Analysis of Several Typical Thermodynamic Cycles Systems [D]. Amsterdam: Universiteit van Amsterdam, 1997.

[68] Costea M. Improvement of Heat Exchangers Performance in View of the Thermodynamic Optimization of the Stirling Machine: Unsteady-State Heat Transfer in Porous Media [D]. Bucarest: Universite Politechica of Bucarest, 1997.

[69] 陈林根. 不可逆过程和循环的有限时间热力学分析[D]. 武汉: 海军工程大学, 1998.

[70] 吴锋. 斯特林机的有限时间热力学研究[D]. 武汉: 海军工程大学, 1998.

[71] Tyagi S K. Finite Time Thermodynamics and Second Law Evaluation of Thermal Energy Conversion System [D]. Meerut: C C S University, 2000.

[72] 郑飞. 吸收式制冷循环与绝热吸热过程的理论和实验研究[D]. 杭州: 浙江大学, 2000.

[73] 隋军. 溴化锂吸收循环系统优化分析[D]. 大连: 大连理工大学, 2001.

[74] Humphrey T. Mesoscopic Quantum Ratchets and the Thermodynamics of Energy Selective Electron Heat Engines [D]. Sydney: The University of New South Wales, 2003.

[75] Khaliq A. Heat Transfer and Thermodynamic Studies in Thermal Power Cycles and Thermo Fluid Systems [D]. Kharagpur: Indian Institute of Technology, 2003.

[76] 何济洲. 两类回热式热力学循环性能的研究[D]. 厦门: 厦门大学, 2003.

[77] 黄新武. 不可逆循环的热力学优化研究及在吸收式系统中的应用[D]. 哈尔滨: 哈尔滨工业大学, 2003.

[78] 林国星. 传热、传质对三源热力循环性能影响的研究[D]. 厦门: 厦门大学, 2003.

[79] 毕月虹. 气体水合物蓄冷系统的热力学优化与实验研究[D]. 北京: 中国科学院大学, 2004.

[80] Su Y F. Application of Finite-Time Thermodynamics and Exergy Method to Refrigeration Systems [D]. Taiwan: Cheng-Kung University, 2005.

[81] 秦晓勇. 四温位吸收式泵热循环的热力学优化[D]. 武汉: 海军工程大学, 2005.

[82] 张晓晖. 热电冷联供中节能与环保问题研究[D]. 上海: 上海理工大学, 2005.

[83] Ebrahimi R. Experimental Study on the Auto Ignition in HCCI Engine [D]. Valenciennes: Universite de Valenciennes et du Hainaut-Cambresis, 2006.

[84] 欧聪杰. 广延统计物理中的四个基本问题与广义量子气体的热力学性质[D]. 厦门: 厦门大学, 2006.

[85] 张悦. 布雷顿循环和布朗马达的优化性能研究[D]. 厦门: 厦门大学, 2007.

[86] 韩宗伟. 太阳能热泵潜热蓄热供暖系统性能研究[D]. 哈尔滨: 哈尔滨工业大学, 2008.

[87] 郝小礼. Brayton 联产循环有限时间热力学分析与优化[D]. 长沙: 湖南大学, 2008.

[88] 刘宏升. 基于多孔介质燃烧技术的超绝热发动机的基础研究[D]. 大连: 大连理工大学, 2008.

[89] 吴大为. 分布式冷热电联产系统的多目标热力学优化理论与应用研究[D]. 上海: 上海交通大学, 2008.

[90] 赵英汝. 两类典型能量转换系统-燃料电池和内燃机循环-的性能特性与优化理论研究[D]. 厦门: 厦门大学, 2008.

[91] Curto-Risso P L. Simulacion Numerica y Modelizacion Teorica de un Ciclo Tipo Otto Irreversible [D]. Salamanca: Universadad de Salamanca, 2009.

[92] 高天附. 三种典型布朗马达的定向输运与非平衡态热力学分析[D]. 厦门: 厦门大学, 2009.

[93] 顾伟. 低品位热能有机物朗肯动力循环机理研究和实验验证[D]. 上海: 上海交通大学, 2009.

[94] 莫松平. 辐射热力学的基础理论及其应用研究[D]. 合肥: 中国科学技术大学, 2009.

[95] 舒礼伟. 分离过程的有限时间热力学研究[D]. 武汉: 海军工程大学, 2009.

[96] 李俊. 传热规律对正、反向热力循环最优性能和最优构型的影响[D]. 武汉: 海军工程大学, 2010.

[97] 汪城. 气固反应热变温器系统的传热传质及系统性能研究[D]. 上海: 上海交通大学, 2010.

[98] 夏丹. 有限速率传质正、反向等温化学循环最优特性[D]. 武汉: 海军工程大学, 2010.

[99] 张万里. 考虑压降不可逆性的开式正反向布雷顿循环热力学优化[D]. 武汉: 海军工程大学, 2010.

[100] 丁泽民. 三类不可逆微型能量转换系统的热力学优化[D]. 武汉: 海军工程大学, 2011.

[101] 戈延林. 不可逆内燃机循环性能有限时间热力学分析与优化[D]. 武汉: 海军工程大学, 2011.

[102] 孟凡凯. 多种热电装置的有限时间热力学分析与优化[D]. 武汉: 海军工程大学, 2011.

[103] 王文华. 复杂燃气轮机循环有限时间热力学优化[D]. 武汉: 海军工程大学, 2011.

[104] Sanchez-Orgaz S. Model and Optimization of Multistep Brayton Plants: Application to Thermosolar Plants [D]. Salamanca: Universadad de Salamanca, 2012.

[105] 何弦. 相互作用量子系统热力学循环性能研究[D]. 南昌: 南昌大学, 2012.

[106] 王建. 高温超导直接冷却固体接触界面热输运研究[D]. 武汉: 华中科技大学, 2012.

[107] 王俊朴. 闭式等温加热修正 Brayton 循环有限时间热力学分析与优化[D]. 武汉: 海军工程大学, 2012.

[108] 吴晓辉. 正反向热力和化学循环的局部稳定性分析[D]. 武汉: 海军工程大学, 2012.

[109] 刘晓威. 正反向不可逆量子循环最优性能[D]. 武汉: 海军工程大学, 2013.

[110] 柳长昕. 半导体温差发电系统实验研究及其应用[D]. 大连: 大连理工大学, 2013.

[111] 王焕光. 加速器驱动次临界系统(ADS)堆芯冷却系统换热优化[D]. 北京: 中国科学院大学, 2013.

[112] Gielen R. The Second Law of Thermodynamics in Applied Engineering Science [D]. Leuven: KU Leuven, 2014.

[113] 杨博. 布雷顿热电和热电冷联产装置有限时间热力学分析与优化[D]. 武汉: 海军工程大学, 2014.

[114] 隆瑞. 不可逆热力循环分析及低品位能量利用热力系统研究[D]. 武汉: 华中科技大学, 2016.

[115] Tsirlin A M. Optimal Cycles and Cycle Regimes [M]. Moscow: Energomizdat, 1985.

[116] Hoffmann K H, Burzler J M, Schubert S. Endoreversible thermodynamics [J]. J. Non- Equilib. Thermodyn. , 1997, 22(4): 311-355.

[117] Tsirlin A M. Methods of Averaging Optimization and Their Application [M]. Moscow: Physical and Mathematical Literature Publishing Company, 1997.

[118] Sauar E. Energy Efficient Process Design by Equipartition of Forces: With Applications to Distillation and Chemical Reaction [D]. Trondheim: Norwegian University of Science and Technology, 1998.

[119] Berry R S, Kazakov V A, Sieniutycz S, et al. Thermodynamic Optimization of Finite Time Processes [M]. Chichester: Wiley, 1999.

[120] Sieniutycz S, de Vos A. Thermodynamics of Energy Conversion and Transport [M]. New York: Springer-Verlag, 2000.

[121] Mironova V A, Amelkin S A, Tsirlin A M. Mathematical Methods of Finite Time Thermodynamics [M]. Moscow: Khimia, 2000.

[122] Salamon P, Nulton J D, Siragusa G, et al. Principles of control thermodynamics [J]. Energy, 2001, 26(3): 307-319.

[123] Nummedal L. Entropy Production Minimization of Chemical Reactors and Heat Exchangers [D]. Trondheim: Norwegian University of Science and Technology, 2001.

[124] Hoffmann K H. Recent developments in finite time thermodynamics [J]. Technische Mechanik, 2002, 22(1): 14-25.

[125] Tsirlin A M. Optimization Methods in Thermodynamics and Microeconomics [M]. Moscow: Nauka, 2002.

[126] Burzler J M. Performance Optima for Endoreversible Systems [D]. Chemnitz: Technical University of Chemnitz, 2002.

[127] de Koeijer G. Energy Efficient Operation of Distillation Columns and a Reactor Applying Irreversible Thermodynamics [D]. Trondheim: Norwegian University of Science and Technology, 2002.

[128] Hoffmann K H, Burzler J M, Fischer A, et al. Optimal process paths for endoreversible systems [J]. J. Non-Equilib. Thermodyn. , 2003, 28(3): 233-268.

[129] Tsirlin A M. Irreversible Estimates of Limiting Possibilities of Thermodynamic and Microeconomic systems [M]. Moscow: Nauka, 2003.

[130] Tsirlin A M, Kazakov V A. Average relaxations of extremal problems and generalized maximum principle[J]. Advances in Mathematics Research, 2005, 6: 141.

[131] Johannessen E. The State of Minimizing Entropy Production in an Optimally Controlled Systems [D]. Trondheim: Norwegian University of Science and Technology, 2004.

[132] Røsjorde A. Minimization of Entropy Production in Separate and Connected Process Units [D]. Trondheim: Norwegian University of Science and Technology, 2004.

[133] Kubiak M. Thermodynamic Limits for Production and Consumption of Mechanical Energy in Theory of Heat Pumps and Heat Engines [D]. Warsaw: Warsaw University of Technology, 2005.

[134] Muschik W, Hoffmann K H. Endoreversible thermodynamics: A tool for simulating and comparing processes of discrete systems [J]. J. Non-Equilib. Thermodyn. , 2006, 31(3): 293-317.

[135] Kuran P. Nonlinear Models of Production of Mechanical Energy in Non-ideal Generators Driven by Thermal or Solar Energy [D]. Warsaw: Warsaw University of Technology, 2006.

[136] Hoffmann K H. Quantifying dissipation [J]. Communications to SIM AI Congress, 2007, 2: 1-12.

[137] Teh K Y. Thermodynamics of Efficient, Simple-Cycle Combustion Engines [D]. Palo Alto: Stanford University, 2007.

[138] Schaller M. Numerically Optimized Diabatic Distillation Columns [D]. Chemnitz: Technical University of Chemnitz, 2007.

[139] Tsirlin A M. Problems and methods of averaged optimization [J]. Proc. Steklov Ins. Math. , 2008, 261(1): 270-286.

[140] Hoffmann K H. An introduction to endoreversible thermodynamics [J]. Atti dell'Accademia Peloritana dei Pericolanti Classe di Scienze Fisiche, Matematiche e Naturali, 2008, LXXXVI(C1S0801011): 1-18.

[141] Andresen B. The need for entropy in finite-time thermodynamics and elsewhere[C]. Meeting the Entropy Challenge: An International Thermodynamics Symposium in Honor and Memory of Professor Joseph H. Keenan. AIP Conference Proceedings, 2008, 1033: 213-218.

[142] Andresen B. Tools of Finite Time Thermodynamics[M]. Natarajan G S, Bhalekar A A, Dhondge S S, et al. Recent Advances in Thermodynamics Research Including Nonequilibrium Thermodynamics. Nagpur: R. T. M. Nagpur University, 2008: 24-41.

[143] 夏少军, 陈林根, 孙丰瑞. $q \propto (\Delta(T^n))^m$ 传热规律下换热过程最小熵产生优化[J]. 热科学与技术, 2008, 7(3): 226-230.

[144] 宋汉江. 一类热力和化学过程与系统的最优构型[D]. 武汉: 海军工程大学, 2008.

[145] Schon J C. Finite-time thermodynamics and the optimal control of chemical syntheses [J]. Z. Anorg. Allg. Chem. , 2009, 635(12): 1794-1806.

[146] Sieniutycz S, Jezowski J. Energy Optimization in Process Systems [M]. Oxford: Elsevier, 2009.

[147] Chen L G, Xia S J, Sun F R. Optimal paths for minimizing entropy generation during heat transfer processes with a generalized heat transfer law [J]. J. Appl. Phys. , 2009, 105(4): 44907.

[148] Xia S J, Chen L G, Sun F R. Optimal paths for minimizing lost available work during heat transfer processes with complex heat transfer law [J]. Brazilian J. Phys. , 2009, 39(1): 98-105.

[149] Miller S L. Theory and Implementation of Low-Irreversibility Chemical Engines [D]. Palo Alto: Stanford University, 2009.

[150] 马康. 发动机活塞运动与强迫冷却过程最优构型[D]. 武汉: 海军工程大学, 2010.

[151] Xia S J, Chen L G, Sun F R. Effects of mass transfer laws on finite-time exergy [J]. J. Energy Ins. , 2010, 83(4): 210-216.

[152] Xia S J, Chen L G, Sun F R. Finite-time exergy with a finite heat reservoir and generalized radiative heat transfer law [J]. Rev. Mex. Fis. , 2010, 56(4): 287-296.

[153] Andresen B. Current trends in finite-time thermodynamics [J]. Angew. Chem. Int. Ed. , 2011, 50(12): 2690-2704.

[154] Tsirlin A M. Optimization for Thermodynamic and Economic Systems [M]. Moscow: Nauka, 2011.

[155] 夏少军. 不可逆过程与循环的广义热力学动态优化[D]. 武汉: 海军工程大学, 2012.

[156] Ramakrishnan S. Maximum-Efficiency Architectures for Regenerative Steady-Flow Combustion Engines [D]. Palo Alto: Stanford University, 2012.

[157] Tsirlin A M, Grigorevsky I N. Minimum Dissipation Conditions of the Mass Transfer and Optimal Separation Sequence Selection for Multicomponent Mixtures[M]. Rijeka: InTech-Open Access Publisher, 2013.

[158] Sieniutycz S, Jezowski J. Energy Optimization in Process Systems and Fuel Cells [M]. Oxford: Elsevier, 2013.

[159] 夏少军, 陈林根, 戈延林, 等. 存在热漏的换热过程熵产生最小化[J]. 工程热物理学报, 2013(6): 1008-1011.

[160] Wagner K. Endoreversible Thermodynamics for Multi-Extensity Fluxes and Chemical Reaction Processes [D]. Chemnitz: Technical University of Chemnitz, 2014.

[161] Hoffmann K H, Andresen B, Salamon P. Finite-time thermodynamics tools to analyze dissipative processes [C]// Dinner A R. Proceedings of The 240 Conference: Science's Great Challenges, Advances in Chemical Physics. Wiley, 2015, 157: 57-67.

[162] Sieniutycz S. Thermodynamic Approaches in Engineering Systems [M]. Oxford: Elsevier, 2016.

[163] Wang C, Chen L G, Xia S J, et al. Optimal concentration configuration of consecutive chemical reaction $A \rightleftharpoons B \rightleftharpoons C$ for minimum entropy generation [J]. J. Non-Equilib. Thermodyn. , 2016, 41(4): 313-326.

[164] Wang C, Chen L G, Xia S J, et al. Maximum production rate optimization for sulphuric acid decomposition process in tubular plug-flow reactor [J]. Energy, 2016, 99: 152-158.

[165] Bejan A. The concept of irreversibility in heat exchanger design: Counter-flow heat exchangers for gas-to-gas applications [J]. Trans. ASME J. Heat Transf. , 1977, 99(3): 374-380.

[166] Bejan A. Entropy Generation through Heat and Fluid Flow [M]. New York: Wiley, 1982.

[167] Bejan A. Entropy generation minimization: The new thermodynamics of finite-size devices and finite-time processes [J]. J. Appl. Phys. , 1996, 79(3): 1191-1218.

[168] Bejan A. Entropy Generation Minimization [M]. Boca Raton: CRC Press, 1996.

[169] Bejan A. Power generation and refrigeration models with heat transfer irreversibilities [J]. J. Heat Transfer Soc. Japan, 1994, 33(128): 68-75.

[170] Bejan A. Method of entropy generation minimization, or modeling and optimization based on combined heat transfer and thermodynamics [J]. Rev. Gen. Therm. , 1996, 35(418/419): 637-646.

[171] Bejan A. Notes on the history of the method of entropy generation minimization (finite time thermodynamics) [J]. J. Non-Equilib. Thermodyn. , 1996, 21(3): 239-242.

[172] Bejan A. Fundamental optima in thermal Science [J]. Int. J. Mech. Eng. Edu. , 1997, 25(1): 33-47.

[173] Bejan A. Thermodynamic optimization alternatives: Minimization of physical size subject to fixed power [J]. Int. J. Energy Res. , 1999, 23(13): 1111-1121.

[174] Bejan A, Lorente S. Thermodynamics optimization of flow geometry in mechanical and civil engineering [J]. J. Non-Equilib. Thermodyn. , 2001, 26(4): 305-354.

[175] Bejan A. Fundamentals of exergy analysis, entropy generation minimization, and the generation of flow architecture [J]. Int. J. Energy Res. , 2002, 26(7): 545-565.

[176] Bejan A, Heperkan H, Kesgin U. Thermodynamic optimization and constructal design [J]. Int. J. Energy Res. , 2005, 29(7): 557-558.

[177] Narayan G P, Lienhard V J H, Zubair S M. Entropy generation minimization of combined heat and mass transfer devices [J]. Int. J. Thermal Sci. , 2010, 49(10): 2057-2066.

[178] Mistry K H, Mcgovern R K, Thiel G P, et al. Entropy generation analysis of desalination technologies [J]. Entropy, 2011, 13(10): 1829-1864.

[179] Oztop H F, Al-Salem K. A review on entropy generation in natural and mixed convection heat transfer for energy systems [J]. Renew. Sustain. Energy Rev. , 2012, 16(1): 911-920.

[180] Bejan A. Entropy generation minimization, exergy analysis, and the constructal law [J]. Ara. J. Sci. Eng. , 2013, 38(2): 329-340.

[181] Demirel Y. Thermodynamic analysis [J]. Ara. J. Sci. Eng. , 2013, 38(2): 219-220.

[182] Gielen R, van Oevelen T, Baelmans M. Challenges associated with second law design in engineering [J]. Int. J. Energy Res. , 2014, 38(12): 1501-1512.

[183] Awad M M. A review of entropy generation in microchannels [J]. Adv. Mech. Eng. , 2015, 7(12): 1-32.

[184] Sciacovelli A, Verda V, Sciubba E. Entropy generation analysis as a design tool-A review [J]. Renew. Sus. Energy Rev. , 2015, 43: 1167-1181.

[185] Wenterodt T, Redecker C, Herwig H. Second law analysis for sustainable heat and energy transfer: The entropic potential concept [J]. Appl. Energy, 2015, 139: 376-383.

[186] Bejan A. Advanced Engineering Thermodynamics [M]. New York: Wiley, 1997.

[187] Bejan A, Tsatsaronis G, Moran M. Thermal Design and Optimization [M]. New York: John Wiley Sons Inc, 1996.

[188] Bejan A, Vadasz P, Kroeger D G. Energy and Environment [M]. Dordrecht: Kluwer Academic Publishers, 1999.

[189] 黄一也, 杨光, 吴静怡. 以最佳温度均匀度和最小熵产为目标的航天器热循环试验系统运行参数优化[J]. 化工学报, 2016, 67(10): 4086-4094.

[190] 陈林根, 孙丰瑞, Wu C. 有限时间热力学理论和应用的发展现状[J]. 物理学进展, 1998, 18(4): 395-422.

[191] Chen L G, Bi Y H, Wu C. Influence of nonlinear flow resistance relation on the power and efficiency from fluid flow [J]. J. Phys. D: Appl. Phys. , 1999, 32(12): 1346-1349.

[192] Rubin M H. Optimal configuration of a class of irreversible heat engines [J]. Phys. Rev. A. , 1979, 19(3): 1272-1287.

[193] Bejan A. Models of power plants that generate minimum entropy while operating at maximum power [J]. Am. J. Phys. , 1996, 64(8): 1054-1059.

[194] Salamon P, Hoffmann K H, Schubert S, et al. What conditions make minimum entropy production equivalent to maximum power production? [J]. J. Non-Equilib. Thermodyn. , 2001, 26(1): 73-83.

[195] Salamon P, Nitan A, Andresen B, et al. Minimum entropy production and the optimization of heat engines [J]. Phys. Rev. A, 1980, 21(6): 2115-2129.

[196] Salamon P, Nitzan A. Finite time optimizations of a Newton's law Carnot cycle [J]. J. Chem. Phys. , 1981, 74(6): 3546-3560.

[197] Bejan A. The equivalence of maximum power and minimum entropy generation rate in the optimization of power plants [J]. Tans. ASME, J. Energy Res. Tech. , 1996, 118(1): 98-101.

[198] 柳雄斌, 孟继安, 过增元. 换热器参数优化中的熵产极值和㶲耗散极值[J]. 科学通报, 2009, 53(24): 3026-3029.

[199] Feidt M. Does minimum entropy generation rate correspond to maximum power or other objectives? [C]. 12th Joint European Thermodynamics Conference. Brescia: University of Brescia, 2013: 16-20.

[200] Bispo H, Silva N, Brito R, et al. On the equivalence between the minimum entropy generation rate and the maximum conversion rate for a reactive system [J]. Energy Conver. Manage. , 2013, 76: 26-31.

[201] Cheng X T, Liang X G. Applicability of the minimum entropy generation method for optimizing thermodynamic cycles [J]. Chin. Phys. B, 2013, 22(1): 10508.

[202] 程雪涛, 梁新刚. 熵产生最小化理论在传热和热功转换优化中的应用探讨[J]. 物理学报, 2016, 65(18): 180503.

[203] Bejan A. Second law analysis in heat transfer [J]. Energy, 1980, 5(8-9): 720-732.

[204] 郭江峰, 程林, 许明田. 㶲耗散数及其应用[J]. 科学通报, 2009, 54(19): 2998-3002.

[205] 许明田, 程林, 郭江峰. 㶲耗散理论在换热器设计中的应用[J]. 工程热物理学报, 2009, 30(12): 2090-2092.

[206] 柳雄斌, 过增元. 换热器性能分析新方法[J]. 物理学报, 2009, 58(7): 4766-4771.

[207] Guo Z Y, Liu X B, Tao W Q, et al. Effectiveness-thermal resistance method for heat exchanger design and analysis [J]. Int. J. Heat Mass Transf. , 2010, 53(13-14): 2877-2884.

[208] 过增元, 程新广, 夏再忠. 最小热量传递势容耗散原理及其在导热优化中的应用[J]. 科学通报, 2003, 48(1): 21-25.

[209] 过增元, 梁新刚, 朱宏晔. 㶲——描述物体传递热量能力的物理量[J]. 自然科学进展, 2006, 16(10): 1288-1296.

[210] Guo Z Y, Zhu H Y, Liang X G. Entransy-A physical quantity describing heat transfer ability [J]. Int. J. Heat Mass Transf. , 2007, 50(13-14): 2545-2556.

[211] 李志信, 过增元. 对流传热优化的场协同理论[M]. 北京: 科学出版社, 2010.

[212] 中国科协学会学术部. 热学新理论及其应用——新观点新学说学术沙龙文集(38)[M]. 北京: 中国科学技术出版社, 2010.

[213] Xu M T. Entransy dissipation theory and its application in heat transfer[M]. Dos Santos Bernardes M A. Developments in Heat Transfer. Rijeka: InTech-Open Access Publisher, 2011: 247-272.

[214] 陈林根. 㶲理论及其应用的进展[J]. 科学通报, 2012, 57(30): 2815-2835.

[215] Chen Q, Liang X G, Guo Z Y. Entransy theory for the optimization of heat transfer-A review and update [J]. Int. J. Heat Mass Transf. , 2013, 63(15): 65-81.

[216] 纪军, 刘涛, 张兴, 等. 热质理论及其应用研究进展[J]. 中国科学基金, 2014, (6): 446-454.

[217] Guo Z Y, Chen Q, Liang X G. Entransy theory for the analysis and optimization of thermal systems [C]. Proceedings of the 15th International Heat Transfer Conference. Kyoto: Kyoto University, 2014.

[218] He Y L, Tao W Q. Chapter Three - Convective heat transfer enhancement: Mechanisms, techniques, and performance evaluation [J]. Advances in Heat Transfer, 2014, 46: 87-146.

[219] 付荣桓, 许云超, 陈群. 制冷空调系统性能优化的㶲耗散热阻法研究进展[J]. 科学通报, 2015, 60(34): 3367-3376.

[220] 刘晓华, 张涛, 江亿. 空气除湿处理过程性能改善分析从理想到实际流程[J]. 科学通报, 2015, 60(27): 2631-2639.

[221] Chen L G. Progress in optimization of mass transfer processes based on mass entransy dissipation extremum principle [J]. Sci. China: Tech. Sci. , 2015, 57(12): 2305-2327.

[222] 陈林根, 冯辉君. 流动和传热传质过程的多目标构形优化[M]. 北京: 科学出版社, 2016.

[223] Zhang T, Liu X H, Tang H D, et al. Progress of entransy analysis on the air-conditioning system in buildings [J]. Sci. China: Tech. Sci. , 2016, 59(10): 1463-1473.

[224] 夏少军, 陈林根, 孙丰瑞. 换热器㶲耗散最小优化[J]. 科学通报, 2009, 54(15): 2240-2246.

[225] Xia S J, Chen L G, Sun F R. Optimal paths for minimizing entransy dissipation during heat transfer processes with generalized radiative heat transfer law [J]. Appl. Math. Model. , 2010, 34(8): 2242-2255.

[226] Xie Z H, Xia S J, Chen L G, et al. An inverse optimization for minimizing entransy dissipation during heat transfer processes[C]. 2017 American Society of Thermal and Fluids Engineers (ASTFE) Conference and 4th International Workshop on Heat Transfer (IWHT). Las Vegas: CRC Press, 2017

[227] 夏少军, 陈林根, 戈延林, 等. 热漏对换热过程㶲耗散最小化的影响[J]. 物理学报, 2013, 63(2): 020505.

[228] Xia S J, Chen L G, Xie Z H, et al. Entransy dissipation minimization for generalized heat exchange process [J]. Sci. China: Tech. Sci. , 2016, 59(10): 1507-1516.

[229] 夏少军, 陈林根, 孙丰瑞. 液—固相变过程㶲耗散最小化[J]. 中国科学: 技术科学, 2010, 40(12): 1521-1529.

[230] 夏少军, 陈林根, 戈延林, 等. 等温节流过程积耗散最小化[J]. 物理学报, 2013, 62(18): 180202.

[231] 夏少军, 陈林根, 孙丰瑞. 一类单向等温传质过程积耗散最小化[J]. 中国科学: 技术科学, 2011, 41(4): 515-524.

[232] Xia S J, Chen L G, Sun F R. Entransy dissipation minimization for one-way isothermal mass transfer processes with a generalized mass transfer law [J]. Scientia Iranica, Trans. C –Chem. Eng. , 2012, 19(6): 1616-1625.

[233] Xia S J, Chen L G, Sun F R. Optimization of equimolar reverse constant- temperature mass-diffusion process for minimum entransy dissipation [J]. Sci. China: Tech. Sci. , 2016, 59(12): 1867-1873.

[234] 夏少军, 陈林根, 孙丰瑞. 扩散传质定律结晶过程㶲耗散最小化[J]. 机械工程学报, 2013, 49(24): 175-182.

[235] Cheng X T, Liang X G. Entransy loss in thermodynamic processes and its application [J]. Energy, 2012, 44(1): 964-972.

[236] 程雪涛, 梁新刚. 㶲理论在热功转换过程中的应用探讨[J]. 物理学报, 2014, 63(19): 190501.

[237] Yang A B, Chen L G, Xia S J, et al. The optimal configuration of reciprocating engine based on maximum entransy loss [J]. Chin. Sci. Bull. , 2014, 59(14): 2031-2038.

[238] Zhou B, Cheng X T, Liang X G. Power and heat-work conversion efficiency analyses for the irreversible Carnot engines by entransy and entropy [J]. J. Appl. Phys. , 2013, 113(12): 124904.

[239] Cheng X T, Liang X G. Entransy analyses of heat-work conversion systems with inner irreversible thermodynamic cycles [J]. Chinese Physics B, 2015, 24(12): 120503.

[240] Han C H, Kim K H. Entransy and exergy analyses for optimizations of heat-work conversion with Carnot cycle [J]. J. Thermal Sci. , 2016, 25(3): 242-249.

[241] 周兵, 程雪涛, 梁新刚. 斯特林循环输出功率优化分析[J]. 中国科学: 技术科学, 2013, 43(1): 97-105.

[242] Zhou B, Cheng X T, Wang W H, et al. Entransy analyses of thermal processes with variable thermophysical properties [J]. Int. J. Heat Mass Transf. , 2015, 90: 1244-1254.

[243] Maheshwari G, Patel S S. Entransy loss and its application to Atkinson cycle performance evaluation [J]. IOSR Journal of Mechanical and Civil Engineering, 2013, 6(6): 53-59.

[244] Li T L, Yuan Z H, Xu P, et al. Entransy dissipation/loss-based optimization of two-stage organic Rankine cycle (TSORS) with R245fa for geothermal power generation [J]. Sci. China: Tech. Sci., 2016, 59(10): 1524-1536.

[245] 陈林根, 夏少军. 不可逆过程的广义热力学动态优化[M]. 北京: 科学出版社, 2017.

[246] Cutowicz-Krusin D, Procaccia J, Ross J. On the efficiency of rate process: Power and efficiency of heat engines [J]. J. Chem. Phys., 1978, 69(9): 3898-3906.

[247] Curzon F L, Ahlborn B. Efficiency of a Carnot engine at maximum power output [J]. Am. J. Phys., 1975, 43(1): 22-24.

[248] Rubin M H. Optimal configuration of an irreversible heat engine with fixed compression ratio [J]. Phys. Rev. A., 1980, 22(4): 1741-1752.

[249] Angulo-Brown F, Parga A D G, Arias-Hernandez L A. A variational approach to ecological-type optimization criteria for finite-time thermal engine models [J]. J. Appl. Phys., 2002, 35(10): 1089-1093.

[250] Angulo-Brown F. An ecological optimization criterion for finite-time heat engines [J]. J. Appl. Phys., 1991, 69(11): 7465-7469.

[251] Yan Z J. Comment on "Ecological optimization criterion for finite-time heat-engines" [J]. J. Appl. Phys., 1993, 73(7): 3583.

[252] 陈林根, 孙丰瑞, 陈文振. 热力循环的生态学品质因素[J]. 热能动力工程, 1994, 9(6): 374-376.

[253] 严子浚, 陈丽璇. 导热规律为 $q \propto \Delta(1/T)$ 时的 η_m [J]. 科学通报, 1988, 33(20): 1543-1545.

[254] Chen L X, Yan Z J. The effect of heat transfer law on the performance of a two-heat-source endoreversible cycle [J]. J. Chem. Phys., 1989, 90(7): 3740-3743.

[255] Wu C. Power optimization of a finite-time solar radiant heat engine [J]. Int. J. Ambient Energy, 1989, 10(3): 145-150.

[256] Gordon J M. Observations on efficiency of heat engines operating at maximum power [J]. Am. J. Phys., 1990, 58(4): 370-375.

[257] Wu C. Optimal power from a radiating solar-powered thermionic engine [J]. Energy Conver. Manage., 1992, 33(4): 279-282.

[258] Goktun S, Ozkaynak S, Yavuz H. Design parameters of a radiative heat engine [J]. Energy, 1993, 18(6): 651-655.

[259] Angulo-Brown F, Paez-Hernandez R. Endoreversible thermal cycle with a nonlinear heat transfer law [J]. J. Appl. Phys, 1993, 74(4): 2216-2219.

[260] Chen L G, Sun F R, Wu C. Influence of heat transfer law on the performance of a Carnot engine [J]. Appl. Thermal Eng., 1997, 17(3): 277-282.

[261] Zhu X Q, Chen L G, Sun F R, et al. Effect of heat transfer law on the ecological optimization of a generalized irreversible Carnot engine [J]. Open Sys. Inform. Dyn., 2005, 12(3): 249-260.

[262] Huleihil M, Andresen B. Convective heat transfer law for an endoreversible engine [J]. J. Appl. Phys., 2006, 100(1): 14911.

[263] Li J, Chen L G, Sun F R, et al. Power vs. efficiency characteristic of an endoreversible Carnot heat engine with heat transfer law $q \propto (\Delta(T^n))^m$ [J]. Int. J. Ambient Energy, 2008, 29(3): 149-152.

[264] Ramirez-Moreno M A, Hernandez S G, Angulo-Brown F. The role of the stefan-Boltzmann law in the thermodynamic optimization of an n-Muser engine [J]. Physica A, 2016, 444(3): 914-921.

[265] Paez-Hernandez R T, Portillo-Diaz P, Ladino-Luna D, et al. An analytical study of the endoreversible Curzon-Ahlborn cycle for a non-linear heat transfer law [J]. J. Non-Equilibrium Thermodyn. , 2016, 41(1): 19-27.

[266] Chen L G, Sun F R, Wu C. Effect of heat transfer law on the performance of a generalized irreversible Carnot engine [J]. J. Phys. D: Appl. Phys. , 1999, 32(2): 99-105.

[267] Zhou S B, Chen L G, Sun F R. Optimal performance of a generalized irreversible Carnot engine [J]. Appl. Energy, 2005, 81(4): 376-387.

[268] Chen L G, Li J, Sun F R. Generalized irreversible heat engine experiencing a complex heat transfer law [J]. Appl. Energy, 2008, 85(1): 52-60.

[269] de Vos A. Efficiency of some heat engines at maximum power conditions [J]. Am. J. Phys. , 1985, 53(6): 570-573.

[270] Callen H B. Thermodynamics and an Introduction to Thermostatics [M]. New York: Wiley, 1985.

[271] 曾丹苓. 工程非平衡热力学[M]. 北京: 科学出版社, 1991.

[272] de Vos A. Reflections on the power delivered by endoreversible engines [J]. J. Phys. D: Appl. Phys. , 1987, 20(2): 232-236.

[273] Orlov V N. Optimum irreversible Carnot cycle containing three isotherms [J]. Sov. Phys. Dokl. , 1985, 30(6): 506-508.

[274] Song H J, Chen L G, Li J, et al. Optimal configuration of a class of endoreversible heat engines with linear phenomenological heat transfer law [J]. J. Appl. Phys. , 2006, 100(12): 124907.

[275] Song H J, Chen L G, Sun F R. Endoreversible heat engines for maximum power output with fixed duration and radiative heat-transfer law [J]. Appl. Energy, 2007, 84(4): 374-388.

[276] Song H J, Chen L G, Sun F R, et al. Configuration of heat engines for maximum power output with fixed compression ratio and generalized radiative heat transfer law [J]. J. Non-Equilib. Thermodyn. , 2008, 33(3): 275-295.

[277] 宋汉江, 陈林根, 孙丰瑞. 辐射传热条件下一类内可逆热机最大效率时的最优构型[J]. 中国科学 G 辑: 物理 学 力学 天文学, 2008, 38(8): 1083-1096.

[278] Li J, Chen L G, Sun F R. Optimal configuration of a class of endoreversible heat-engines for maximum power-output with linear phenomenological heat-transfer law [J]. Appl. Energy, 2007, 84(9): 944-957.

[279] Chen L G, Song H J, Sun F R, et al. Optimal configuration of heat engines for maximum efficiency with generalized radiative heat transfer law [J]. Rev. Mex. Fis. , 2009, 55(1): 55-67.

[280] Chen L G, Song H J, Sun F R, et al. Optimal configuration of heat engines for maximum power with generalized radiative heat transfer law [J]. Int. J. Ambient Energy, 2009, 30(3): 137-160.

[281] G A D Parga, Angulo-Brown F, Navarrete-Gonzalez T D. A variational optimization of a finite-time thermal cycle with a nonlinear heat transfer law [J]. Energy, 1999, 24(12): 997-1008.

[282] Ondrechen M J, Rubin M H, Band Y B. The generalized Carnot cycles: A working fluid operating in finite time between heat sources and sinks [J]. J. Chem. Phys. , 1983, 78(7): 4721-4727.

[283] Chen L G, Zhou S B, Sun F R, et al. Optimal configuration and performance of heat engines with heat leak and finite heat capacity [J]. Open Sys. Inform. Dyn. , 2002, 9(1): 85-96.

[284] 杨爱波, 陈林根, 夏少军, 等. 基于㶲损失最大的往复式热机最优构型[J]. 科学通报, 2014, 59(11): 1033-1039.

[285] Yan Z J, Chen L X. Optimal performance of a generalized Carnot cycles for another linear heat transfer law [J]. J. Chem. Phys. , 1990, 92(3): 1994-1998.

[286] Chen L G, Sun F R, Wu C. Optimal configuration of a two-heat-reservoir heat-engine with heat leak and finite thermal capacity [J]. Appl. Energy, 2006, 83(2): 71-81.

[287] 熊国华, 陈金灿, 严子浚. 热传递规律对广义卡诺循环性能的影响[J]. 厦门大学学报, 1989, 28(5): 489-493.

[288] Chen L G, Zhu X Q, Sun F R, et al. Optimal configurations and performance for a generalized Carnot cycle assuming the generalized convective heat transfer law [J]. Appl. Energy, 2004, 78(3): 305-313.

[289] Chen L G, Zhu X Q, Sun F R, et al. Effect of mixed heat resistance on the optimal configuration and performance of a heat-engine cycle [J]. Appl. Energy, 2006, 83(6): 537-544.

[290] 李俊, 陈林根, 孙丰瑞. 复杂传热规律下有限高温热源热机循环的最优构型[J]. 中国科学 G 辑: 物理学 力学 天文学, 2009, 39(2): 255-259.

[291] Rubin M H, Andresen B. Optimal staging of endoreversible heat engines [J]. J. Appl. Phys. , 1982, 53(1): 1-7.

[292] Amelkin S A, Andresen B, Burzler J M, et al. Maximum power process for multi-source endoreversible heat engines [J]. J. Phys. D: Appl. Phys. , 2004, 37(9): 1400-1404.

[293] Amelkin S A, Andresen B, Burzler J M, et al. Thermo-mechanical systems with several heat reservoirs: Maximum power processes [J]. J. Non-Equlib. Thermodyn. , 2005, 30(2): 67-80.

[294] Tsirlin A M, Kazakov V, Ahremenkov A A, et al. Thermodynamic constraints on temperature distribution in a stationary system with heat engine or refrigerator [J]. J. Phys. D: Appl. Phys. , 2006, 39(19): 4269-4277.

[295] Chen L G, Li J, Sun F R. Optimal temperatures and maximum power output of a complex system with linear phenomenological heat transfer law [J]. Thermal Sci. , 2009, 13(4): 33-40.

[296] Orlov V N, Berry R S. Power output from an irreversible heat engine with a non-uniform working fluid [J]. Phys. Rev. A, 1990, 42(6): 7230-7235.

[297] Orlov V N, Berry R S. Analytical and numerical estimates of efficiency for an irreversible heat engine with distributed working fluid [J]. Phys. Rev. A, 1992, 45(10): 7202-7206.

[298] Orlov V N, Berry R S. Power and efficiency limits for internal combustion engines via methods of finite time thermodynamics [J]. J. Appl. Phys., 1993, 74(7): 4317-4322.

[299] 夏少军, 陈林根, 孙丰瑞. 线性唯象传热定律下具有非均匀工质的一类非回热不可逆热机最大功率输出[J]. 中国科学 G 辑: 物理学 力学 天文学, 2009, 39(8): 1081-1089.

[300] Chen L G, Xia S J, Sun F R. Maximum efficiency of an irreversible heat engine with a distributed working fluid and linear phenomenological heat transfer law [J]. Rev. Mex. Fis. , 2010, 56(3): 231-238.

[301] Chen L G, Xia S J, Sun F R. Performance limits for a class of irreversible internal combustion engines [J]. Energy & Fuels, 2010, 24(1): 295-301.

[302] 严子浚. 卡诺热机的最佳效率与功率关系[J]. 工程热物理学报, 1985, 6(1): 1-6.

[303] 孙丰瑞, 赖锡棉. 热源间热机的全息热效率——功率谱[J]. 热能动力工程, 1988, 3(3): 1-9.

[304] 孙丰瑞, 赖锡棉. 工质与低温热源工作温度的有限时间热力学分析[M]. 北京: 科学出版社, 1988.

[305] 陈文振, 孙丰瑞, 陈林根. 热源间热机工作参数选择的有限时间热力学准则[J]. 科学通报, 1990, 35(3): 237-240.

[306] Blanchard C H. Coefficient of performance for finite-speed heat pump [J]. J. Appl. Phys. , 1980, 51(5): 2471-2472.

[307] Goth Y, Feidt M. Optimum COP for endoreversible heat pump or refrigerating machine [J]. C. R. Acad. Sc. Pairs, 1986, 303(1): 19-24.

[308] 孙丰瑞, 陈文振, 陈林根. 二源间反向内可逆卡诺循环全谱分析及最佳参数的选择[J]. 海军工程学院学报, 1990, (2): 40-45.

[309] 陈文振, 孙丰瑞, 陈林根. 两源制冷和泵热循环参数选择的有限时间热力学准则[J]. 科学通报, 1990, 35(11): 869-870.

[310] Bejan A. Theory of heat transfer-irreversible power plant [J]. Int. J. Heat Mass Transf. , 1988, 31(6): 1211-1219.

[311] Wu C, Kiang R L. Finite-time thermodynamic analysis of a Carnot engine with internal irreversibility [J]. Energy, 1992, 17(12): 1173-1178.

[312] 陈林根, 孙丰瑞, 陈文振. 不可逆热机的功率、效率特性: 以内热漏为例[J]. 科学通报, 1993, 38(5): 480.

[313] 陈林根, 孙丰瑞. 不可逆卡诺热机的最优性能[J]. 科技通报, 1995, 11(2): 128.

[314] Chen L G, Wu C, Sun F. A generalized model of real heat engines and its performance [J]. J. Energy Ins. , 1996, 69(481): 214-222.

[315] Chen L G, Wu C, Sun F. The influence of internal heat leak on the power versus efficiency characteristics of heat engines [J]. Energy Conver. Manage. , 1997, 38(14): 1501-1507.

[316] 陈林根, 孙丰瑞, 陈文振. $q \propto \Delta(T^{-1})$ 传热情况下卡诺热泵的最佳供热系数与供热率间的关系[J]. 热能动力工程, 1990, 5(3): 48-52.

[317] Wu C. Specific heating load of an endoreversible Carnot heat pump [J]. Int. J. Ambient Energy, 1993, 14(1): 25-28.

[318] Chen W Z, Sun F R, Cheng S, et al. Study on optimal performance and working temperature of endoreversible forward and reverse Carnot cycles [J]. Int. J. Energy Res. , 1995, 19(9): 751-759.

[319] Chen L G, Wu C, Sun F. Heat transfer effect on the specific heating load of heat pumps [J]. Appl. Thermal Eng. , 1997, 17(1): 103-110.

[320] Sun F R, Chen W Z, Chen L G, et al. Optimal performance of an endoreversible Carnot heat pump [J]. Energy Conver. Manage. , 1997, 38(14): 1439-1443.

[321] Zhu X Q, Chen L G, Sun F R, et al. The optimal performance of a Carnot heat pump under the mixed heat resistance condition [J]. Open Sys. Inform. Dyn. , 2002, 9(3): 251-256.

[322] Li J, Chen L G, Sun F R. Heating load vs. COP characteristic of an endoreversible Carnot heat pump subjected to heat transfer law $q \propto (\Delta(T^n))^m$ [J]. Appl. Energy, 2008, 85(2-3): 96-100.

[323] Li J, Chen L G, Sun F R. Fundamental optimal relation of a generalized irreversible Carnot heat pump with complex heat transfer law [J]. Pramana J. Phys. , 2010, 74(2): 219-230.

[324] Sánta R, Garbai L, Fürstner I. Optimization of heat pump system [J]. Energy, 2015, 89: 45-54.

[325] 陈林根, 孙丰瑞, 陈文振. 考虑热漏影响的热泵装置有限时间热力学性能[J]. 热能动力工程, 1994, 9(2): 121-125.

[326] 陈林根, 孙丰瑞, 陈文振. 一类两热源不可逆循环的有限时间热力学性能[J]. 科技通报, 1995, 11(2): 126.

[327] Cheng C, Chen C. Performance optimization of an irreversible heat pump [J]. J. Phys. D: Appl. Phys. , 1995, 28(12): 2451-2454.

[328] Ait-Ali M A. The maximum coefficient of performance of internally irreversible refrigerators and heat pumps [J]. J. Phys. D: Appl. Phys. , 1996, 29(4): 975-980.

[329] Chen L G, Wu C, Sun F R. Heat pump performance with internal heat leak [J]. Int. J. Ambient Energy, 1997, 5(3): 129-134.

[330] 薛蒙, 陈林根, 孙丰瑞, 等. 热漏、内不可逆性和导热规律对卡诺热泵最优性能的影响[J]. 工程热物理学报, 1997, 18(1): 25-27.

[331] Wu C, Chen L G, Chen J C. Recent Advances in Finite Time Thermodynamics[M]. New York: Nova Science Publishers, 1999: 299-306.

[332] Ni N, Chen L G, Sun F R, et al. Effect of heat transfer law on the performance of a generalized irreversible Carnot heat pump [J]. J. Energy Ins. , 1999, 72(491): 64-68.

[333] Zhu X Q, Chen L G, Sun F R. Optimal performance of a generalized irreversible Carnot heat pump with a generalized heat transfer law [J]. Phys. Scr. , 2001, 64(6): 584-587.

[334] Sieniutycz S. Hamilton-Jacobi-Bellman theory of dissipative thermal availability [J]. Phys. Rev. E, 1997, 56(6): 5051-5064.

[335] Sieniutycz S. Irreversible Carnot problem of maximum work in a finite time via Hamiton-Jacobi-Bellman theory [J]. J. Non-Equilib. Thermodyn. , 1997, 22(3): 260-284.

[336] Sieniutycz S. Generalized Carnot problem of maximum work in finite time via Hamilton-Jacobi-Bellman theroy [J]. Energy Conver. Manage. , 1998, 39(16-18): 1735-1743.

[337] Sieniutycz S. Hamilton-Jacobi-Bellman theory of irreversible thermal exergy [J]. Int. J. Heat Mass Transf. , 1998, 41(2): 183-195.

[338] Sieniutycz S. Thermodynamic framework for discrete optimal control in multistage thermal systems [J]. Phys. Rev. E, 1999, 60(4): 1520-1534.

[339] Wu C, Chen L G, Chen J C. Recent Advances in Finite Time Thermodynamics[M]. New York: Nova Science Publishers, 1999: 189-219.

[340] Sieniutycz S, Spakovsky M. Finite time generalization of thermal exergy [J]. Energy Conver. Manage. , 1998, 39(14): 1423-1447.

[341] Wu C, Chen L G, Chen J C. Recent Advances in Finite Time Thermodynamics[M]. New York: Nova Science Publishers, 1999: 221-237.

[342] Sieniutycz S, Szwast Z. Work limits in imperfect sequential systems with heat and fluid flow [J]. J. Non-Equilib. Thermodyn. , 2003, 28(2): 85-114.

[343] Sieniutycz S. Limiting power in imperfect systems with fluid flow [J]. Archives in Thermodyn. , 2004, 25(2): 69-80.

[344] Sieniutycz S. Development of generalized (rate dependent) availability [J]. Int. J. Heat Mass Transf. , 2006, 49(3-4): 789-795.

[345] Li J, Chen L G, Sun F R. Extremal work of an endoreversible system with two finite thermal capacity reservoirs [J]. J. Energy Instit. , 2009, 82(1): 53-56.

[346] Li J, Chen L G, Sun F R. Optimum work in real systems with a class of finite thermal capacity reservoirs [J]. Math. Comput. Model. , 2009, 49(3/4): 542-547.

[347] Sieniutycz S, Kuran P. Nonlinear models for mechanical energy production in imperfect generators driven by thermal or solar energy [J]. Int. J. Heat Mass Transf. , 2005, 48(3-4): 719-730.

[348] Sieniutycz S, Kuran P. Modeling thermal behavior and work flux in finite-rate systems with radiation [J]. Int. J. Heat Mass Transf. , 2006, 49(17-18): 3264-3283.

[349] Sieniutycz S. Thermodynamic limits in applications of energy of solar radiation [J]. Drying Tech. , 2006, 24(9): 1139-1146.

[350] Sieniutycz S. Hamilton-Jacobi-Bellman equations and dynamic programming for power-maximizing relaxation of radiation [J]. Int. J. Heat Mass Transf. , 2007, 50(13-14): 2714-2732.

[351] Sieniutycz S. Dynamical converters with power-producing relaxation of solar radiation [J]. Int. J. Thermal Sci. , 2008, 47(4): 495-505.

[352] Sieniutycz S. Dynamic programming and Lagrange multipliers for active relaxation of resources in nonlinear non-equilibrium systems [J]. Appl. Math. Model. , 2009, 33(3): 1457-1478.

[353] Sieniutycz S. Dynamic bounds for power and efficiency of non-ideal energy converters under nonlinear transfer laws [J]. Energy, 2009, 34(3): 334-340.

[354] Li J, Chen L G, Sun F R. Maximum work output of multistage continuous Carnot heat engine system with finite reservoirs of thermal capacity and radiation between heat source and working fluid [J]. Thermal Sci. , 2010, 13(4): 33-40.

[355] Xia S J, Chen L G, Sun F R. Hamilton-Jacobi-Bellman equations and dynamic programming for power-optimization of radiative law multistage heat engine system [J]. Int. J. Energy Environ. , 2012: 3(3): 359-382.

[356] 夏少军, 陈林根, 孙丰瑞. 广义对流传热定律下多级热机系统功率优化的 Hamilton-Jacobi-Bellman 方程和动态规划法[J]. 科学通报, 2010, 55(29): 2874-2884.

[357] Xia S J, Chen L G, Sun F R. Endoreversible modeling and optimization of a multistage heat engine system with a generalized heat transfer law via Hamilton-Jacobi-Bellman equations and dynamic programming [J]. Acta. Phys. Polon. A, 2011, 119(6): 747-760.

[358] Xia S J, Chen L G, Ge Y L, et al. Optimization for minimizing power- consumption of a real multistage heat pump system under a generalized heat transfer law via Hamilton-Jacobi-Bellman theory[C]. 2017 American Society of Thermal and Fluids Engineers (ASTFE) Conference and 4th International Workshop on Heat Transfer (IWHT). Las Vegas: CRC Press, 2017.

[359] Chen L G, Xia S J, Sun F R. Maximum power output of multistage irreversible heat engines under a generalized heat transfer law by using dynamic programming [J]. Sci. Iran. , Trans. B: Mech. Eng. , 2013, 20(2): 301-312.

[360] Xia S J, Chen L G, Sun F R. Power-optimization of non-ideal energy converters under generalized convective heat transfer law via Hamilton-Jacobi-Bellman theory [J]. Energy, 2011, 36(1): 633-646.

[361] de Vos A. Endoreversible Thermodynamics of Solar Energy Conversion [M]. Oxford: Oxford University, 1992.

[362] de Vos A. Thermodynamics of Solar Energy Conversion [M]. New York: John Wiley & Sons, 2008.

[363] de Vos A. Endoreversible thermodynamics and chemical reactions [J]. J. Phys. Chem. , 1991, 95(18): 4534-4540.

[364] de Vos A. Entropy fluxes, endoreversibility and solar energy conversion [J]. J. Appl. Phys. , 1993, 74(6): 3631-3637.

[365] de Vos A. Is a solar cell an endoreversible engine? [J]. Sol. Cells, 1991, 31(2): 181-196.

[366] de Vos A. The endoreversible theory of solar energy conversion: A tutorial [J]. Sol. Energy Mater. Sol. Cells, 1993, 31(1): 75-93.

[367] de Vos A. Thermodynamics of photochemical solar energy conversion [J]. Sol. Energy Mater. Sol. Cells, 1995, 38(1-4): 11-22.

[368] Gordon J M. Maximum work from isothermal chemical engines [J]. J. Appl. Phys. , 1993, 73(1): 8-11.

[369] Gordon J M, Orlov V N. Performance characteristics of endoreversible chemical engines [J]. J. Appl. Phys. , 1993, 74(9): 5303-5308.

[370] Chen L G, Sun F R, Wu C. Performance characteristics of isothermal chemical engines [J]. Energy Conver. Manage. , 1997, 38(18): 1841-1846.

[371] Chen L G, Sun F R, Wu C, et al. Maximum power of a combined cycle isothermal chemical engine [J]. Appl. Thermal Eng. , 1997, 17(7): 629-637.

[372] Chen L G, Sun F R, Wu C. Performance of chemical engines with a mass leak [J]. J. Phys. D: Appl. Phys. , 1998, 31 (13) : 1595-1600.

[373] Chen L G, Duan H, Sun F R. Performance of a combined-cycle chemical engine with mass leak [J]. J. Non-Equilib. Thermodyn. , 1999, 24 (3) : 280-290.

[374] Lin G X, Chen J C, Bruck E. Irreversible chemical-engines and their optimal performance analysis [J]. Appl. Energy, 2004, 78 (2) : 123-136.

[375] Chen L G, Xia D, Sun F R. Optimal performance of an endoreversible chemical engine with diffusive mass transfer law [J]. Proc. IMechE, Part C: J. Mech. Eng. Sci. , 2008, 222 (C8) : 1535-1539.

[376] Xia D, Chen L G, Sun F R. Optimal performance of a generalized irreversible chemical engine with diffusive mass transfer law [J]. Math. Comp. Model. , 2010, 51 (1-2) : 127-136.

[377] Xia D, Chen L G, Sun F R. Ecological optimization of an endoreversible chemical engine[J]. Int. J. Energy & Environ. , 2011, 2 (5) : 909-920.

[378] Chen L G, Xia D, Sun F R. Ecological optimization of generalized irreversible chemical engines[J]. Int. J. Chem. Reac. Eng. , 2010, 8 (1) : 47-54.

[379] Xia D, Chen L G, Sun F R. Ecological optimisation of chemical engines with irreversible mass transfer and mass leakage[J]. J. Energy Instit. , 2010, 83 (3) : 151-159.

[380] Xia S J, Chen L G, Sun F R. Maximum power configuration for multi-reservoir chemical engines [J]. J. Appl. Phys. , 2009, 105 (12) : 124905.

[381] Xia S J, Chen L G, Sun F R. Optimal configuration of a finite mass reservoir isothermal chemical engine for maximum work output with linear mass transfer law [J]. Rev. Mex. Fis. , 2009, 55 (5) : 399-408.

[382] 夏少军, 陈林根, 孙丰瑞. 有限势库化学机最大输出功时循环最优构型[J]. 中国科学 B 辑: 化学, 2010, 40 (5) : 492-500.

[383] Lin G X, Chen J C. Optimal analysis on the cyclic performance of a class of chemical pumps [J]. Appl. Energy, 2001, 70 (1) : 35-47.

[384] 林比宏, 林国星. 质量漏和传质不可逆性对化学泵循环性能的影响[J]. 科技通报, 2003, 19 (2) : 121-125.

[385] Lin G X, Chen J C, Brück E, et al. Optimization of performance characteristics in a class of irreversible chemical pump [J]. Math. Comput. Model. , 2006, 43 (7-8) : 743-753.

[386] Xia D, Chen L G, Sun F R. Optimal performance of a chemical pump with diffusive mass transfer law [J]. Int. J. Sustainable Energy, 2008, 27 (2) : 39-47.

[387] Xia D, Chen L G, Sun F R. Ecological optimization of an endoreversible chemical pump[J]. Int. J. Low-Carbon Tech. , 2010, 5 (4) : 283-290.

[388] Xia D, Chen L G, Sun F R. Optimal performance of an endoreversible three-mass- reservoir chemical pump with diffusive mass transfer law[J]. Appl. Math. Model. , 2010, 34 (1) : 140-145.

[389] Xia D, Chen L G, Sun F R, et al. Optimal performance of an endoreversible three-mass-reservoir chemical potential transformer with diffusive mass transfer law[J]. Int. J. Ambient Energy, 2008, 29 (1) : 9-16.

[390] Xia D, Chen L G, Sun F R, et al. Endoreversible four-reservoir chemical pump[J]. Appl. Energy, 2007, 84 (1) : 56-65.

[391] Xia D, Chen L G, Sun F R, et al. COP limit of an irreversible four-reservoir isothermal chemical pump[J]. Int. J. Ambient Energy, 2008, 29 (4) : 181-188.

[392] Chen L G, Xia D, Sun F R. Fundamental optimal relation of a generalized irreversible four-reservoir chemical pump[J]. Proc. IMechE, Part C: J. Mech. Eng. Sci. , 2008, 222 (C8): 1523-1534.

[393] Xia D, Chen L G, Sun F R. Effects of mass transfer and mass leakage on performance of four-reservoir chemical pumps[J]. J. Energy Institu. , 2009, 82 (3): 176-179.

[394] Xia D, Chen L G, Sun F R. Endoreversible four-mass-reservoir chemical pump with diffusive mass transfer law[J]. Int. J. Energy & Environ. , 2011, 2 (6): 975-984.

[395] Xia D, Chen L G, Sun F R, et al. A fundamental optimal relation of an endoreversible four-reservoir chemical potential transformer[J]. Int. J. Ambient Energy, 2009, 30 (1): 33-44.

[396] Chen L G, Xia D, Sun F R. Performance limits of real four-reservoir chemical potential transformer[J]. J. Energy Instit. , 2009, 82 (3): 144-149.

[397] Xia D, Chen L G, Sun F R. Endoreversible four-reservoir chemical potential transformer with diffusive mass transfer law[J]. Acta. Phys. Polon. A, 2011, 120 (3): 378-383.

[398] Xia D, Chen L G, Sun F R. Performance of a four-reservoir chemical potential transformer with irreversible mass transfer and mass leakage[J]. Appl. Thermal Eng. , 2007, 27 (8-9): 1534-1542.

[399] Xia D, Chen L G, Sun F R. Optimal performance of a generalized irreversible four-reservoir isothermal chemical potential transformer[J]. Sci. China Ser. B: Chem. , 2008, 51 (10): 958-970.

[400] Xia D, Chen L G, Sun F R. Performance optimization for a generalized irreversible four-mass- reservoir diffusion transformer[J]. Proc. IMechE, Part C: J. Mech. Eng. Sci. , 2008, 222 (C4): 689-702.

[401] Xia D, Chen L G, Sun F R. Unified description of isothermal endoreversible chemical cycles with linear mass transfer law [J]. Int. J. Chem. Reac. Eng. , 2012, 9: A106.

[402] Sieniutycz S, Kubiak M. Dynamical energy limits in traditional and work-driven operations II. Systems with heat and mass transfer [J]. Int. J. Heat Mass Transf. , 2002, 45 (26): 5221-5238.

[403] Sieniutycz S. Optimal control framework for multistage endoreversible engines with heat and mass transfer [J]. J. Non-Equilib. Thermodyn. , 1999, 24 (1): 40-74.

[404] Sieniutycz S. Thermodynamics of simultaneous drying and power production [J]. Drying Tech. , 2009, 27 (3): 322-335.

[405] Sieniutycz S. Complex chemical systems with power production driven by heat and mass transfer [J]. Int. J. Heat Mass Transf. , 2009, 52 (11-12): 2453-2465.

[406] Sieniutycz S. Finite-rate thermodynamics of power production in thermal, chemical and electrochemical systems [J]. Int. J. Heat Mass Transf. , 2010, 53 (13-14): 2864-2876.

[407] Sieniutycz S. Identification and selection of unconstrained controls in power systems propelled by heat and mass transfer [J]. Int. J. Heat Mass Transf. , 2011, 54 (4): 938-948.

[408] Sieniutycz S. Maximizing power yield in energy systems-A thermodynamic synthesis [J]. Appl. Math. Model. , 2012, 36 (5): 2197-2212.

[409] Sieniutycz S. Maximization of power yield in thermal and chemical systems[C]. Proceedings of the World Congress on Engineering. London, 2009, 2.

[410] Cai Y H, Su G Z, Chen J C. Influence of heat- and mass-transfer coupling on the optimal performance of a non-isothermal chemical engine [J]. Rev. Mex. Fis. , 2010, 56 (5): 356-362.

[411] 蔡燕华, 苏国珍. 非等温化学机的最大功率输出特性[J]. 厦门大学学报 (自然科学版), 2010, 49 (4): 462-464.

[412] Sieniutycz S. A simple chemical engine in steady and dynamic situations [J]. Arch. Thermodyn. , 2007, 28: 57-84.

[413] Sieniutycz S. Thermodynamics of chemical power generators [J]. Chem. Proc. Eng. , 2008, 39(2): 321-335.

[414] Sieniutycz S. Analysis of power and entropy generation in a chemical engine [J]. Int. J. Heat Mass Transf. , 2008, 51(25-26): 5859-5871.

[415] Sieniutycz S. Optimization analysis of power limits in flow energy systems [J]. Int. J. Simul. Process. Model. , 2012, 7(3): 168-183.

[416] Sieniutycz S. Modeling and simulation of power yield in thermal, chemical and electrochemical systems: Fuel cell case[C]//International Conference on Computer Aided Systems Theory. Berlin: Springer, 2011: 593-600.

[417] Sieniutycz S, Błesznowski M, Zieleniak A, et al. Power generation in thermochemical and electrochemical systems-A thermodynamic theory [J]. International Journal of Heat and Mass Transfer, 2012, 55(15-16): 3984-3994.

[418] Sieniutycz S. Thermodynamics of power production in fuel cells [J]. Chem. Proc. Eng. , 2010, 31(1): 81-105.

[419] Sieniutycz S. Thermodynamic aspects of power generation in imperfect fuel cells: Part I [J]. Int. J. Ambient Energy, 2010, 31(4): 195-202.

[420] Sieniutycz S. Thermodynamic aspects of power generation in imperfect fuel cells: Part II [J]. Int. J. Ambient Energy, 2011, 32(1): 46-56.

[421] Sieniutycz S. Thermodynamic basis of fuel cell systems [J]. Cybernet. & Phys. , 2012, 1(1): 67-72.

[422] Sieniutycz S. Thermodynamic basis of thermo-chemical energy systems and fuel cells [J]. Strojarstvo, 2013, 55(1): 57-72.

[423] Sieniutycz S. An unified approach to limits on power generation and power consumption in thermo-electrio-chemical systems [J]. Entropy, 2013, 15(2): 650-677.

[424] Sieniutycz S. Power yield and power consumption in thermo-electro-chemical systems-A synthesizing approach [J]. Energy Conver. Manage. , 2013, 68(3): 293-304.

[425] Sieniutycz S. Synthesizing modeling of power generation and power limits in energy systems [J]. Energy, 2015, 84: 255-266.

[426] Chen L G, Xia S J, Sun F R. Maximum power output of multistage continuous and discrete isothermal endoreversible chemical engine system with linear mass transfer law [J]. Int. J. Chem. Reac. Eng. , 2011, 9: A10.

[427] Xia S J, Chen L G, Sun F R. Endoreversible modeling and optimization of multistage isothermal chemical engines under linear mass transfer law via Hamilton-Jacobi-Bellman theory[J]. Int. J. Low-Carbon Tech. , 2016, 11(3): 349-362.

[428] Chen L G, Xia S J, Ge Y L, et al. Dynamic programming for power-optimization of multistage isothermal irreversible chemical engines with diffusive mass transfer law[C]. 2017 American Society of Thermal and Fluids Engineers (ASTFE) Conference and 4th International Workshop on Heat Transfer (IWHT). Las Vegas: CRC Press, 2017.

[429] Chen L G, Xia S J, Sun F R. Dynamic performance limits for a class of multistage chemical power-consumption system[J]. J. Energy Instit. , 2013, 86(2): 71-77.

附录 A 最优化理论概述

A.1 引　　言

从数学上来讲，最优就是寻求函数的极值(极大或极小)问题。17 世纪，微积分的创立从根本上推动了极值问题的研究。设多元函数 $y = f(\boldsymbol{x}) = f(x_1, x_2, \cdots, x_n)$ 在某个开区间连续可微，求其极值时，首先求 y 的全微分，然后令 $\mathrm{d}y = 0$，即得到该函数极值的一组必要条件(但非充分条件)，至于究竟是极大还是极小，则需要考察函数 y 的二次微分 $\mathrm{d}^2 y$，于是函数求极值问题主要归结为求解方程组问题。

所谓泛函，可以看作普通函数的推广。设一个变量 v，如果对某一类函数向量 $\{y(x) = [y_1(x), y_2(x), \cdots, y_3(x)]\}$ 中的每个函数 $\boldsymbol{y}(x)$，有一个 v 的值与之对应，那么变量 v 称为依赖于函数 $\boldsymbol{y}(x)$ 的泛函，记作 $v = v[\boldsymbol{y}(x)]$，因此泛函也可称为函数的函数。研究泛函极值的方法称为变分法或变分学。如同函数 $y = f(\boldsymbol{x})$ 的增量 $\Delta y = y(x + \Delta x) - y(x) = f'(x)\Delta x + r(\boldsymbol{x}, \Delta x)$，第一项是 Δy 的线性主部，第二项是关于 Δx 的高阶无穷小，当 $\Delta x \to 0$ 时，线性主部称为函数 y 的微分 $\mathrm{d}y = f'(\boldsymbol{x}) \cdot \Delta \boldsymbol{x}$，在泛函 $v = v[\boldsymbol{y}(x)]$ 中，泛函 v 的增量 $\Delta v = v[\boldsymbol{y}(x) + \delta \boldsymbol{y}] - v[\boldsymbol{y}(x)] = L(\boldsymbol{y}, \delta \boldsymbol{y}) + r(\boldsymbol{y}, \delta \boldsymbol{y})$，第一项 $L(\boldsymbol{y}, \delta \boldsymbol{y})$ 是泛函增量 Δv 的线性主部，$r(\boldsymbol{y}, \delta \boldsymbol{y})$ 是关于 $\delta \boldsymbol{y}$ 的高阶无穷小，那么当 $\delta \boldsymbol{y} \to 0$ 时，线性主部 $L(\boldsymbol{y}, \delta \boldsymbol{y})$ 称为泛函 $v[\boldsymbol{y}(x)]$ 的变分 δv。同样，一次变分 $\delta v = 0$ 只是求泛函极值的必要条件，要想判断泛函极值是极大还是极小，则需要考察泛函 v 的二次变分 $\delta^2 v$。与函数极值问题是寻求变量 $\boldsymbol{x} = [x_1, x_2, \cdots, x_n]$ 使函数 $y(\boldsymbol{x})$ 达到最小(或最大)不同，泛函极值问题是寻求函数 $\boldsymbol{y} = [y_1(x), y_2(x), \cdots, y_n(x)]$ 使泛函 $v[\boldsymbol{y}(x)]$ 达到最小(或最大)。因此，求泛函的极值问题将面临求解微分方程组的两点边值问题，这类问题仅在极少数情形下存在解析解，对于其他大多数情形需要借助于计算机求其数值解。

在 20 世纪 50 年代以前，解决最优化问题的数学方法只限于古典微分求导方法和变分法(求无约束极值)，或用拉格朗日(Lagrange)乘子法解决等式约束的条件极值问题。为区别于近代发展起来的最优化理论(如极小值原理和动态规划)，这类函数极值的求导法或泛函极值的变分法称为古典最优化理论或方法。由于科学技术和生产的迅速发展，实践中越来越多的最优化问题已经无法用古典方法来解决。自 50 年代末以来，一方面，最优化理论在原来古典最优化理论的基础上取得长足发展，另一方面，由于大型快速电子计算机的出现和发展，形成了许多计算机算法解决相应的最优化问题。从最优化理论方面看，其中有代表性的是库恩 (H. W. Kuhn) 和塔克 (A. W. Tucker) 两人推导的关于不等式约束条件下非线性最优的必要条件即库恩-塔克定理、贝尔曼 (Bellman) 的最优化原理和动态规划理论、庞特里亚金 (Pontryagin) 的极大值原理，以及卡尔曼 (Kalman) 的关于随机控制系统最优滤波器等，这些构成了现代化最优化技术及最优控制理论的基础。

当前，最优化理论发展得越来越成熟，并形成了许多学科分支解决相应的最优化问题。按照最优化问题的解的类型，可分为静态最优化问题和动态最优化问题，静态最优化问题即前述函数极值问题，动态最优化问题即前述泛函极值问题或最优控制问题，附录 A 的目的不在于对最优化理论进行详尽的描述和讨论，而在于力求用最简洁的文字和相关数学推导对本书所涉及的相关最优化理论作一概述。

A.2 静 态 优 化

静态优化问题又称为函数极值问题，问题的最优解均为确定的变量值。根据约束条件的类型，可分为无约束函数极值优化、仅含等式约束函数极值优化和含不等式约束函数极值优化。

A.2.1 无约束函数极值优化

对于无约束函数极值优化，考虑一个多变量目标函数 $y(\boldsymbol{x})$ 如下：

$$y = f(\boldsymbol{x}) = f(x_1, x_2, \cdots, x_n) \tag{A.2.1}$$

定义于区域 Ω 中，且 $\boldsymbol{x}^0 = (x_1^0, x_2^0, \cdots, x_n^0)$ 是这区域内的一点。若点 $\boldsymbol{x}^0$ 有一个邻域

$$0 < \left| x_i - x_i^0 \right| < \delta, \ i = 1, 2, \cdots, n \tag{A.2.2}$$

使对于其中一切点 $\boldsymbol{x}$，不等式 (A.2.3) 成立：

$$f(\boldsymbol{x}) < f(\boldsymbol{x}^0) \quad \left(\text{或} \ f(\boldsymbol{x}) > f(\boldsymbol{x}^0) \right) \tag{A.2.3}$$

则称函数 $f(\boldsymbol{x})$ 在点 $\boldsymbol{x}^0$ 处有极大值 (或极小值)。

极值存在的必要条件：假定 $f(\boldsymbol{x})$ 在区域 Ω 内存在有限偏导数，若在点 $\boldsymbol{x}^0 \in \Omega$ 处函数有极值，则必有一阶偏导数：

$$\frac{\partial f(\boldsymbol{x}^0)}{\partial x_2} = \frac{\partial f(\boldsymbol{x}^0)}{\partial x_2} = \cdots = \frac{\partial f(\boldsymbol{x}^0)}{\partial x_n} = 0 \tag{A.2.4}$$

或

$$\nabla f(\boldsymbol{x}^0) = \left[\frac{\partial f(\boldsymbol{x}^0)}{\partial x_1}, \frac{\partial f(\boldsymbol{x}^0)}{\partial x_2}, \cdots, \frac{\partial f(\boldsymbol{x}^0)}{\partial x_n} \right]^{\mathrm{T}} = 0 \tag{A.2.5}$$

式中，"∇"为梯度算子；上标"T"为向量的转置，所以极值只能在使式(A.2.4)或式(A.2.5)成立的点达到，这种点称为稳定点。

极值存在的充分条件：设点 $\boldsymbol{x}^0 = (x_1^0, x_2^0, \cdots, x_n^0)$ 为函数 $f(\boldsymbol{x}) = f(x_1, x_2, \cdots, x_n)$ 的稳定点，并且函数 $f(\boldsymbol{x})$ 在稳定点内有定义、连续并有一阶和二阶连续偏导数。定义函数 $f(\boldsymbol{x})$ 在点 $\boldsymbol{x}^0$ 处的黑塞(Hessian)矩阵行列式 H_i 为

$$H_i \equiv \begin{vmatrix} \dfrac{\partial^2 f(\boldsymbol{x}^0)}{\partial x_1^2} & \dfrac{\partial^2 f(\boldsymbol{x}^0)}{\partial x_1 \partial x_2} & \cdots & \dfrac{\partial^2 f(\boldsymbol{x}^0)}{\partial x_1 \partial x_i} \\ \dfrac{\partial^2 f(\boldsymbol{x}^0)}{\partial x_1 \partial x_2} & \dfrac{\partial^2 f(\boldsymbol{x}^0)}{\partial x_2^2} & \cdots & \dfrac{\partial^2 f(\boldsymbol{x}^0)}{\partial x_2 \partial x_i} \\ \vdots & \vdots & & \vdots \\ \dfrac{\partial^2 f(\boldsymbol{x}^0)}{\partial x_1 \partial x_i} & \dfrac{\partial^2 f(\boldsymbol{x}^0)}{\partial x_2 \partial x_i} & \cdots & \dfrac{\partial^2 f(\boldsymbol{x}^0)}{\partial x_i^2} \end{vmatrix} \tag{A.2.6}$$

对 n 个变量依次计算 n 个行列式 $H_1, H_2, \cdots, H_n$，那么

(1)稳定点 $\boldsymbol{x}^0$ 是极小值点的充分条件是：所有的行列式都是正的，即

$$H_i > 0, \ i = 1, 2, \cdots, n \tag{A.2.7}$$

(2)稳定点 $\boldsymbol{x}^0$ 是极大值点的充分条件是：所有标号为奇数的行列式是负的，所有标号为偶数的行列式是负的，即

$$\begin{aligned} H_i < 0, \ i = 1, 3, 5, \cdots \\ H_i > 0, \ i = 2, 4, 6, \cdots \end{aligned} \tag{A.2.8}$$

如果上述两条件均不满足，那么稳定点可以不是极值点。如果所有的 H_i 都是零，就必须考察更高阶的偏导数。

A.2.2　仅含等式约束函数极值优化

对于含等式约束函数极值优化，令 $g(\boldsymbol{x}) = g(x_1, x_2, \cdots, x_n)$，优化问题为在 $m\,(m < n)$ 个等式约束条件

$$g_k(\boldsymbol{x}) = 0, \ k = 1, 2, \cdots, m \tag{A.2.9}$$

下求函数式(A.2.1)的极值。求解方法主要有直接代入法和拉格朗日乘数法。对于直接代入法，从约束条件的 m 个方程[即式(A.2.9)]中将其 m 个变量解出，用其余 $n-m$ 个变量表示，然后直接代入目标函数式(A.2.1)中去，这样优化问题变为一个求 $n-m$ 个变量的函数的无约束条件的极值问题。如果从约束方程式(A.2.9)能够将 m 个变量解出，那么采用直接代入法是可行的。

一般地，对于含等式约束函数极值优化问题，通常采用的是拉格朗日乘数法。引进变更的拉格朗日函数 L：

$$L = f + \sum_{k=1}^{m} \lambda_k g_k \tag{A.2.10}$$

式中，λ_k 为拉格朗日乘子，均为待定常数。把 L 当作 $n+m$ 个变量 $x_1, x_2, \cdots, x_n$ 和 $\lambda_1, \lambda_2, \cdots, \lambda_m$ 的无约束函数，对这些变量求一阶偏导数得稳定点所要满足的方程：

$$\frac{\partial L}{\partial x_i} = 0, \ i = 1, 2, \cdots, n \tag{A.2.11}$$

$$\frac{\partial L}{\partial \lambda_k} = g_k = 0, \ k = 1, 2, \cdots, m \tag{A.2.12}$$

A.2.3   含不等式约束函数极值优化

对于含不等式约束函数极值优化，令 $g(\boldsymbol{x}) = g(x_1, x_2, \cdots, x_n)$，优化问题为在 m 个约束条件式

$$g_k(\boldsymbol{x}) \geqslant 0, \ k = 1, 2, \cdots, m \tag{A.2.13}$$

下求函数式(A.2.1)的极小值，此处 m 不必小于 n。对于满足条件式(A.2.13)的解 $\boldsymbol{x}$ 称为可行解或可行点，使目标函数式(A.2.1)取极值的可行解称为最优解或最优点。设 $\boldsymbol{x}^0$ 是优化问题的一个可行解，它当然满足所有约束。考虑某一不等式约束条件 $g_k(\boldsymbol{x}) \geqslant 0$，$\boldsymbol{x}^0$ 满足它有两种可能：其一为 $g_k(\boldsymbol{x}^0) > 0$，这时点 $\boldsymbol{x}^0$ 不是处于由这一约束条件形成的可行域边界上，因而这一约束对 $\boldsymbol{x}^0$ 点的微小摄动不起限制作用，从而称这个约束条件是 $\boldsymbol{x}^0$ 点的不起作用约束或无效约束；其二为 $g_k(\boldsymbol{x}^0) = 0$，这时 $\boldsymbol{x}^0$ 点处于该约束条件形成的可行域边界上，它对 $\boldsymbol{x}^0$ 的摄动起到了某种限制作用，故称这个约束是 $\boldsymbol{x}^0$ 点的起作用约束或有效约束。显然，等式约束对于所有可行点来说都是起作用约束。

对于含不等式约束函数极值问题的求解，需要用到库恩-塔克条件，它是确定某点为最优点的必要条件。现将库恩-塔克条件叙述如下。

设点 $\boldsymbol{x}^0 = (x_1^0, x_2^0, \cdots, x_n^0)$ 为函数 $f(\boldsymbol{x}) = f(x_1, x_2, \cdots, x_n)$ 的极小值点, 而且在点 $\boldsymbol{x}^0$ 处各起作用约束的梯度线性无关, 则存在向量 $\boldsymbol{\lambda} = (\lambda_1, \lambda_2, \cdots, \lambda_m)^{\mathrm{T}}$, 使下述条件成立:

$$\begin{cases} \nabla f(\boldsymbol{x}^0) - \sum_{k=1}^{m} \left[\lambda_k \cdot \nabla g_k(\boldsymbol{x}^0) \right] = 0 \\ \lambda_k \cdot g_k(\boldsymbol{x}^0) = 0, \quad k = 1, 2, \cdots, m \\ \lambda_k \geqslant 0, \qquad\qquad k = 1, 2, \cdots, m \end{cases} \qquad (\text{A.2.14})$$

式中, $\lambda_1, \lambda_2, \cdots, \lambda_m$ 称为广义拉格朗日乘子, 条件式(A.2.14)常简称为 K-T 条件, 满足这个条件的点称为库恩-塔克点或 K-T 点。只要是最优点, 就必须满足这个条件。但一般来说它并不是充分条件, 因而满足这个问题的点不一定就是最优点, 但对于具有明确物理意义的函数极值优化问题, 它既是最优点存在的必要条件, 也是充分条件。

A.3 动 态 优 化

动态优化问题又称为泛函极值问题或最优控制问题, 一般可表述为: 根据已建立的被控对象的时域数学模型或频域数学模型, 选择一个容许的控制律, 使得被控对象按预定要求运行, 并使给定的某一性能指标达到最优值。从数学观点来看, 最优控制问题是求解一类带有约束条件的泛函极值问题, 属于变分学的理论范畴。经典变分理论只能解决容许控制属于开集的一类最优控制问题, 通过欧拉方程和横截条件, 可以确定不同情况下的极值控制, 而工程实践中所遇到的多是容许控制属于闭集的一类最优控制问题。对这类问题, 古典变分法是无能为力的。为了适应工程实践的需要, 20 世纪 50 年代中期出现了现代变分理论。在现代变分理论中, 最常用的两种方法是极小值原理和动态规划。苏联科学院院士庞特里亚金于 1956~1958 年首先猜想并随之加以严格论证的极小值原理, 以哈密顿方式发展了经典变分法, 以解决常微分方程所描述的控制有约束的变分问题为目标, 结果得到了用一组常微分方程组表示的最优解所满足的必要条件。美国学者贝尔曼于 1953~1958 年提出的动态规划, 以 Hamilton-Jacobi 方式发展了经典变分法, 可以解决比常微分方程所描述的更具一般性的最优控制问题, 对于连续系统, 给出了一个用偏微分方程表示的最优解所满足的充分条件, 即 HJB 方程。在应用变分法、极小值原理和 HJB 方程等求解不显含时间变量的最优控制问题时, 由于最优性能指标、状态变量、协态变量和控制变量等均是时间相关函数, 这样导致问题求解过程较为复杂。80 年代, 俄罗斯学者 Rozonoer 和 Tsirlin 等在研究热力学最优控制问题时进一步发展了古典变分法和极小值原理，用状态变量替换时间变量，将传统的最优控制问题求解转化为一类时间平均最优控制问题的求解，极大地简化了最优控制问题的求解过程，形成了平均最优控制理论(average optimal control theory)。本节将对古典变分法、极小值原理、动态规划和平均最优控制理论进行一一介绍。

A.3.1　古典变分法

A.3.1.1　无约束泛函极值优化

首先考虑无约束泛函极值问题：求函数向量 $\boldsymbol{y}(x)=[y_1(x),\, y_2(x),\cdots,\, y_n(x)]$，使如下泛函

$$v=\int_{x_0}^{x_1} F[x,\boldsymbol{y}(x),\boldsymbol{y}'(x),...,\boldsymbol{y}^{(n)}(x)]\,\mathrm{d}x \tag{A.3.1}$$

达到极小值的问题。假定 F 是 $n+2$ 阶可微分的，函数向量 $\boldsymbol{y}(x)$ 有 $2n$ 阶连续导数。考虑固定边界条件，其对应的边界条件为

$$\boldsymbol{y}(x_0)=\boldsymbol{y}_0,\quad \boldsymbol{y}'(x_0)=\boldsymbol{y}_0',\cdots,\boldsymbol{y}^{(n-1)}(x_0)=\boldsymbol{y}_0^{(n-1)} \tag{A.3.2}$$

$$\boldsymbol{y}(x_1)=\boldsymbol{y}_1,\quad \boldsymbol{y}'(x_1)=\boldsymbol{y}_1',\cdots,\boldsymbol{y}^{(n-1)}(x_1)=\boldsymbol{y}_1^{(n-1)} \tag{A.3.3}$$

式中，$\boldsymbol{y}^{(i)}(x)$ 表示函数向量 $\boldsymbol{y}$ 对变量 x 的 i（i 为小于 n 的正整数）阶导数向量即 $\boldsymbol{y}^{(i)}(x)=\mathrm{d}^i\boldsymbol{y}/\mathrm{d}x^i$。极值曲线 $\boldsymbol{y}(x)$ 必须满足下面的微分方程：

$$\frac{\partial F}{\partial \boldsymbol{y}}-\frac{\mathrm{d}}{\mathrm{d}x}\left(\frac{\partial F}{\partial \boldsymbol{y}'}\right)+\frac{\mathrm{d}^2}{\mathrm{d}x^2}\left(\frac{\partial F}{\partial \boldsymbol{y}''}\right)+\cdots+(-1)^n\frac{\mathrm{d}^n}{\mathrm{d}x^n}\left(\frac{\partial F}{\partial \boldsymbol{y}^{(n)}}\right)=0 \tag{A.3.4}$$

式(A.3.4)即对应于泛函式(A.3.1)的欧拉方程。这是 $2n$ 阶微分方程，它的通解含有 $2n$ 个任意常数，这些常数可以由式(A.3.2)和式(A.3.3)中的 $2n$ 个边界条件确定，因此是一个两点边值问题。欧拉方程是泛函极值的必要条件，但不是充分的。在处理实际泛函极值问题时，一般不去考虑充分条件，而是从实际问题的性质出发，间接地判断泛函极值的存在性，直接应用欧拉方程求出极值曲线。若式(A.3.1)中的被积函数 $F[x,\boldsymbol{y}(x),\boldsymbol{y}'(x),\cdots,\boldsymbol{y}^{(n)}(x)]$ 变为 $F[x,y(x),y'(x)]$，欧拉方程式(A.3.4)相应地变为：

$$\frac{\partial F}{\partial y}-\frac{\mathrm{d}}{\mathrm{d}x}\left(\frac{\partial F}{\partial y'}\right)=0 \tag{A.3.5}$$

当 F 只依赖于 y 和 y' 时 $F = F(y, y')$，注意到 F 不依赖于 x，于是有

$$
\begin{aligned}
\frac{\mathrm{d}}{\mathrm{d}x}\left(F - y'\frac{\partial F}{\partial y'}\right) &= \frac{\partial F}{\partial y}y' + \frac{\partial F}{\partial y'}y'' - y''\frac{\partial F}{\partial y'} - y'\frac{\mathrm{d}}{\mathrm{d}x}\left(\frac{\partial F}{\partial y'}\right) \\
&= y'\left[\frac{\partial F}{\partial y} - \frac{\mathrm{d}}{\mathrm{d}x}\left(\frac{\partial F}{\partial y'}\right)\right] \\
&= 0
\end{aligned}
\tag{A.3.6}
$$

其首次积分为

$$
F - y'\frac{\partial F}{\partial y'} = a_1 = \mathrm{const}
\tag{A.3.7}
$$

由此可解出 $y' = \varphi(y, a_1)$，积分后得极值曲线簇：

$$
x = \int \frac{\mathrm{d}y}{\varphi(y, a_1)} + a_2
\tag{A.3.8}
$$

式中，a_1 和 a_2 均为待定积分常数，联立已知边界条件 $y(x_0) = y_0$ 和 $y(x_1) = y_1$ 可解得极值曲线。

A.3.1.2 有约束泛函极值优化

现在考虑最简单的条件极值问题：求函数向量 $\boldsymbol{y}(x) = [y_1(x), y_2(x), \cdots, y_n(x)]$，使泛函

$$
v[y(x)] = \int_{x_0}^{x_1} F(x, y, y')\,\mathrm{d}x
\tag{A.3.9}
$$

达到极值，且满足附加条件

$$
G(x, y, y') = 0
\tag{A.3.10}
$$

及固定边界条件 $\boldsymbol{y}(x_0) = \boldsymbol{y}_0$ 和 $\boldsymbol{y}(x_1) = \boldsymbol{y}_1$。如果引入拉格朗日乘子变量，可以把有约束的泛函极值问题化为无约束的泛函极值问题，那么由式 (A.3.5) 立即得有约束泛函极值的必要条件。在式 (A.3.10) 的约束下，泛函式 (A.3.9) 取极值的必要条件为下列欧拉-拉格朗日方程：

$$
\frac{\partial L}{\partial \boldsymbol{y}} - \frac{\mathrm{d}}{\mathrm{d}x}\left(\frac{\partial L}{\partial \boldsymbol{y}'}\right) = 0
\tag{A.3.11}
$$

式中，

$$L(x, \lambda, y, y') = F(x, y, y') + \lambda^{\mathrm{T}}(x)G(x, y, y') \tag{A.3.12}$$

在式(A.3.12)中，$\lambda \in \mathbf{R}^n$，为待定拉格朗日乘子向量。

在有约束泛函极值问题中，还存在一类等周问题：在使积分 $\int_{x_0}^{x_1} G(x, y, y')\,\mathrm{d}x$ 等于已知常数 a 和满足边界条件的一切曲线 $y(x)$ 中，确定这样一条曲线，使泛函 $\int_{x_0}^{x_1} F(x, y, y')\,\mathrm{d}x$ 达到极值，这样的优化问题称为等周问题。构造变更的拉格朗日函数式(A.3.12)，此时式(A.3.12)中的拉格朗日乘子不再随变量 x 变化，而为一待定的常数。欧拉方程(A.3.11)的通积分含有三个任意常数，即两个积分常数及常数 λ。这些常数由两个边界条件及等周条件确定，但要注意只有当所得曲线 $y(x)$ 不是等周条件中的积分 $\int_{x_0}^{x_1} G(x, y, y')\,\mathrm{d}x$ 的极值曲线时才是等周问题的解答。

求解欧拉方程，需要由横截条件提供两点边界值。前面推导的积分限 x_0 和 x_1 固定及容许曲线在边界上的值 $y(x_0)$ 和 $y(x_1)$ 同时固定只是一种最简单的情况。在实际工程问题中，情况要复杂得多。例如，积分下限 x_0 和积分上限 x_1 可以自由；容许曲线边界值 $y(x_0)$ 和 $y(x_1)$ 可以自由也可以受约束。在本书研究的控制问题中，积分下限 x_0 和初始边界值 $y(x_0)$ 往往是固定的，因此附录 A 仅给出积分上限 x_1 和末端边界值 $y(x_1)$ 变动的情况。

(1)若积分上限 x_1 自由，末端边界值 y_1 固定，对应于欧拉方程式(A.3.11)的横截条件为

$$y(x_0) = y_0, \quad \left(L - y'^{\mathrm{T}} \frac{\partial L}{\partial y'} \right)\bigg|_{x=x_1^*} = 0, \quad y(x_1^*) = y_1 \tag{A.3.13}$$

(2)若积分上限 x_1 自由，末端边界值 y_1 受约束 $y_1(x_1) = c(x_1)$，对应于欧拉方程式(A.3.11)的横截条件为

$$y(x_0) = y_0, \quad \left[L - (c' - y')^{\mathrm{T}} \frac{\partial L}{\partial y'} \right]\bigg|_{x=x_1^*} = 0, \quad y(x_1^*) = y_1 \tag{A.3.14}$$

(3)若积分上限 x_1 固定，末端边界值 y_1 自由，对应于欧拉方程式(A.3.11)的横截条件为

$$y(x_0) = y_0, \quad \frac{\partial L}{\partial y'}\bigg|_{x=x_1} = 0 \qquad (A.3.15)$$

A.3.1.3 可用变分法求解的最优控制问题

在控制变量的取值不受约束,即容许控制向量的集合可以充满整个函数空间,同时控制向量为时间连续函数的情况下,可以应用变分法求解最优控制问题。设系统的状态方程为下列时变非线性向量微分方程:

$$\dot{x}(t) = f(x, u, t) \qquad (A.3.16)$$

固定边界条件为

$$x(t_i) = x_i, \quad x(t_f) = x_f \qquad (A.3.17)$$

式中, $x(t)$ 为 n 维的状态向量; $u(t)$ 为 m 维的控制向量;参数上加点表示对时间的导数即 $\dot{x}(t) = \mathrm{d}x / \mathrm{d}t$ 。系统的性能指标为

$$v(u) = \int_{t_i}^{t_f} F(x, u, t)\mathrm{d}t \qquad (A.3.18)$$

最优控制的目的是确定控制向量 $u(t)$ ($t_i \leqslant t \leqslant t_f$)在满足约束条件式(A.3.16)和式(A.3.17)下,使性能指标式(A.3.18)取极小值。这是一个条件极值问题。作变更的拉格朗日函数 L 如下:

$$L[x(t), \dot{x}(t), \lambda(t), u(t), t] = F(x, u, t) + \lambda^{\mathrm{T}}[f(x, u, t) - \dot{x}] \qquad (A.3.19)$$

式中, λ 为与时间相关的拉格朗日乘子向量,是一个 n 维列向量。式(A.3.19)取极值的欧拉方程为

$$\frac{\partial L}{\partial x} - \frac{\mathrm{d}}{\mathrm{d}t}\left(\frac{\partial L}{\partial \dot{x}}\right) = 0 \qquad (A.3.20)$$

$$\frac{\partial L}{\partial u} - \frac{\mathrm{d}}{\mathrm{d}t}\left(\frac{\partial L}{\partial \dot{u}}\right) = 0 \qquad (A.3.21)$$

为了便于求解,定义如下哈密顿函数 H :

$$H[x(t), \lambda(t), u(t), t] = F(x, u, t) + \lambda^{\mathrm{T}} f(x, u, t) \qquad (A.3.22)$$

将式(A.3.22)代入式(A.3.19)得

$$L[\boldsymbol{x}(t), \dot{\boldsymbol{x}}(t), \boldsymbol{\lambda}(t), \boldsymbol{u}(t), t] = H(\boldsymbol{x}, \boldsymbol{\lambda}, \boldsymbol{u}, t) - \boldsymbol{\lambda}^{\mathrm{T}} \dot{\boldsymbol{x}} \qquad (\text{A.3.23})$$

将式(A.3.23)代入式(A.3.20)和式(A.3.21)可分别得

$$\frac{\partial H}{\partial \boldsymbol{x}} + \dot{\boldsymbol{\lambda}}(t) = 0 \qquad (\text{A.3.24})$$

$$\frac{\partial H}{\partial \boldsymbol{u}} = 0 \qquad (\text{A.3.25})$$

可见引进哈密顿标量函数式(A.3.22)后,极值条件中的如下两个方程具有正则形式:

$$\dot{\boldsymbol{x}}(t) = \frac{\partial H}{\partial \boldsymbol{\lambda}} = f(\boldsymbol{x}, \boldsymbol{u}, t) \qquad (\text{A.3.26})$$

$$\dot{\boldsymbol{\lambda}}(t) = -\frac{\partial H}{\partial \boldsymbol{x}} \qquad (\text{A.3.27})$$

式(A.3.26)和式(A.3.27)的右端都是哈密顿函数的适当偏导数,故称为正则方程。式(A.3.16)或式(A.3.26)称为状态方程,式(A.3.27)称为协态方程或共轭方程,相应的乘子向量 $\boldsymbol{\lambda}(t)$ 称为协态向量或共轭向量。正则方程式(A.3.26)和式(A.3.27)是 $2n$ 个一阶微分方程组,边界条件式(A.3.17)正好为正则方程提供了 $2n$ 个边界条件。对于确定的 $\boldsymbol{x}(t)$ 和 $\boldsymbol{\lambda}(t)$,哈密顿函数 H 是 $\boldsymbol{u}(t)$ 的函数。必要条件式(A.3.25)表明,极值控制 $\boldsymbol{u}^*(t)$ 使哈密顿函数 H 取极值。因此,式(A.3.25)通常称为极值条件或控制方程。式(A.3.25)为 m 个代数方程,可以确定极值控制 $\boldsymbol{u}^*(t)$ 与极值轨线 $\boldsymbol{x}^*(t)$、协态向量 $\boldsymbol{\lambda}^*(t)$ 之间的关系。应当指出,正则方程式(A.3.26)和式(A.3.27)通过极值条件式(A.3.25)成为变量互相耦合的方程,其边界条件中的一部分是初始条件,另一部分为末端边界条件。因此求最优控制归结为解微分方程组的两点边值问题。

在求最优解过程中,经常使用哈密顿函数的下列性质:取哈密顿函数对时间的全导数,得

$$\frac{\mathrm{d}H}{\mathrm{d}t} = \left(\frac{\partial H}{\partial \boldsymbol{x}}\right)^{\mathrm{T}} \dot{\boldsymbol{x}}(t) + \left(\frac{\partial H}{\partial \boldsymbol{u}}\right)^{\mathrm{T}} \dot{\boldsymbol{u}}(t) + \left(\frac{\partial H}{\partial \boldsymbol{\lambda}}\right)^{\mathrm{T}} \dot{\boldsymbol{\lambda}}(t) + \frac{\partial H}{\partial t} \qquad (\text{A.3.28})$$

在最优轨线($\boldsymbol{x} = \boldsymbol{x}^*$, $\boldsymbol{u} = \boldsymbol{u}^*$, $\boldsymbol{\lambda} = \boldsymbol{\lambda}^*$)上,将式(A.3.25)~式(A.3.27)代入式(A.3.28)得

$$\frac{\mathrm{d}H}{\mathrm{d}t} = \frac{\partial H}{\partial t} \qquad (\text{A.3.29})$$

若哈密顿函数不显含 t 即 $\partial H / \partial t = 0$，由式 (A.3.29) 得

$$H(t) = \text{const}, \ t \in [t_i, t_f] \tag{A.3.30}$$

因此，哈密顿函数 H 的性质是：沿最优轨线，H 对时间的全导数与对时间的偏导数相等；当 H 不显含 t 时，H 沿最优轨线保持为常数。与横截条件影响欧拉方程的求解一样，边界条件同样影响正则方程和极值条件的求解，类似地考虑初始时刻 t_i 和初始状态 x_i 均固定，分析末端时刻 t_f 和末端状态 x_f 的变化的情形。

(1) 当末端时刻 t_f 自由、末端状态 x_f 固定时，对应的边界条件变为

$$x(t_i) = x_i, \quad x(t_f^*) = x_f \tag{A.3.31}$$

同时哈密顿函数 H 在最优轨线末端满足

$$H(t_f^*) = 0 \tag{A.3.32}$$

(2) 当末端时刻 t_f 自由、末端状态 x_f 受约束 $\psi(x_f, t_f) = 0$ 时，对应的边界条件变为

$$x(t_i) = x_i, \quad \lambda(t_f^*) = \frac{\partial \psi^{\mathrm{T}}}{\partial x_f} \gamma(t_f^*), \quad \psi(x_f, t_f^*) = 0 \tag{A.3.33}$$

式中，$\gamma(t)$ 为待定拉格朗日乘子向量。同时哈密顿函数 H 在最优轨线末端满足

$$H(t_f^*) = -\gamma^{\mathrm{T}}(t_f^*) \frac{\partial \psi(t_f^*)}{\partial t_f} \tag{A.3.34}$$

(3) 当末端时刻 t_f 固定、末端状态 x_f 自由时，对应的边界条件变为

$$x(t_i) = x_i, \quad \lambda(t_f) = 0 \tag{A.3.35}$$

A.3.2　极小值原理

应用经典变分法求解最优控制问题时，只有控制向量不受任何约束，其容许控制集合充满整个 m 维控制空间，用经典变分法处理等式约束下的最优控制问题才是行之有效的。然而，在实际物理系统中，控制向量总是受到一定的限制，容许控制只能在一定的控制域内取值，可以预料，应用经典变分法将难以处理这类问题。苏联学者庞特里亚金等在总结并应用古典变分法成果的基础上，提出了极小值原理，成为控制向量受约束时求解最优控制问题的有效工具，最初用于连续系统，以后又推广用于离散系统。

A.3.2.1　连续系统的极小值原理

问题的提法：考虑系统的状态方程为式(A.3.16)，已知初始条件 $x(t_i) = x_i$，至于末端状态 $x(t_f)$ 可以是固定的、自由的或者满足目标集

$$\psi(x_f, t_f) = 0 \tag{A.3.36}$$

系统的性能指标为一类复合型性能指标：

$$v(u) = \varphi[x(t_f), t_f] + \int_{t_i}^{t_f} F[x(t), u(t), t] \mathrm{d}t \tag{A.3.37}$$

假设 $f(x, u, t)$、$F(x, u, t)$ 和 $\varphi(x, t)$ 都是其自变量的连续函数，对 x 连续可微，并且 f、$\partial f / \partial x$ 和 $\partial F / \partial x$ 有界；Ω 为容许控制域，控制向量 $u(t)$ 是在 Ω 内取值的任何分段连续函数，在端点 t_i 和 t_f 处也是连续的。要求从容许控制 Ω 中求出一个控制 $u^*(t)$，使系统(A.3.16)满足初始条件 $x(t_i) = x_i$ 的轨线，在终态达到目标集即式(A.3.36)，并使性能指标式(A.3.37)取极小值。

极小值原理：若 $u^*(t)$ 和 t_f^* 是使性能指标取最小值的最优解，$x^*(t)$ 为相应的最优轨线，则必存在 n 维向量函数 $\lambda(t)$，使得 $u^*(t)$、$x^*(t)$、t_f^* 和 $\lambda(t)$ 满足如下必要条件：① $x^*(t)$ 和 $u^*(t)$ 满足正则方程式(A.3.26)和式(A.3.27)，哈密顿函数为式(A.3.22)；②若末端时刻和末端状态均固定，则边界条件为 $x(t_i) = x_i$ 和 $x(t_f) = x_f$，对应于其他不同情形的边界条件分别为式(A.3.31)~式(A.3.35)；③哈密顿函数相对最优控制取绝对极小值

$$H[x^*(t), \lambda(t), u^*(t), t] = \min_{u(t) \in \Omega} H[x^*(t), \lambda(t), u(t), t] \tag{A.3.38}$$

将上述极小值原理与经典变分法的结果相比，可以发现，两者的差别仅在于式(A.3.38)。当控制 $u(t)$ 无约束时，相应的条件为 $\partial H / \partial u = 0$，即哈密顿函数 H 对最优控制 $u^*(t)$ 取驻值；当控制有约束时，$\partial H / \partial u = 0$ 不再成立，而代之为

$$H[x^*(t), \lambda(t), u^*(t), t] \leqslant H[x^*(t), \lambda(t), u(t), t] \tag{A.3.39}$$
$$\scriptstyle u(t) \in \Omega$$

即对所有 $t \in [t_i, t_f]$，$u(t)$ 取遍 Ω 中的所有点，$u^*(t)$ 使 H 取绝对极小值。

A.3.2.2　离散系统的极小值原理

随着计算机的普及，对于离散系统的最优控制问题的研究显得十分重要。其原因是：一方面，许多实际问题本身就是离散的，如经济与资源系统的最优化问

题，其控制精度高于连续系统；另一方面，即使实际系统本身是连续的，但为了对连续过程实行计算机控制，需要把时间整量化，从而得到一个离散化系统，使得连续最优控制中难以求解的两点边值问题，可以化为易于用计算机求解的离散化两点边值问题。离散极小值原理可以叙述如下。

设离散系统状态方程

$$x(i+1) = f[x(i), u(i), i], \quad x(0) = x_{\mathrm{i}}$$
$$i = 0, 1, 2, \cdots, N-1 \tag{A.3.40}$$

性能指标为

$$v(u) = \varphi[x(N), N] + \sum_{i=0}^{N-1} F[x(i), u(i), i] \tag{A.3.41}$$

式中，f、φ 和 F 都是其自变量的可微函数，$x(i) \in \mathbf{R}^n$，$u(i) \in \mathbf{R}^m$。控制有不等式约束：$u(i) \in \Omega$，Ω 为容许控制域。末端状态受下列等式约束限制：

$$\psi[x(N), N] = 0 \tag{A.3.42}$$

式中，$\psi \in \mathbf{R}^r$，$r \leqslant n$。若 $u^*(i)$ 是使性能指标式（A.3.41）为最小的最优控制序列，$x^*(i)$ 是相应的最优状态序列，则必存在 r 维非零向量 γ 和 n 维向量函数 $\lambda(i)$，使得 $u^*(i)$、$x^*(i)$ 和 $\lambda(i)$ 满足如下必要条件。

（1）$x^*(i)$ 和 $\lambda(i)$ 满足下列差分方程：

$$x^*(i+1) = \frac{\partial H(i)}{\partial \lambda(i+1)} \tag{A.3.43}$$

$$\lambda(i) = \frac{\partial H(i)}{\partial x^*(i)} \tag{A.3.44}$$

式中，离散哈密顿函数

$$\begin{aligned} H(i) &= H[x(i), u(i), \lambda(i+1), i] \\ &= F[x(i), u(i), i] + \lambda^{\mathrm{T}}(i+1) f[x(i), u(i), i] \end{aligned} \tag{A.3.45}$$

（2）$x^*(i)$ 和 $\lambda(i)$ 满足边界条件：

$$x(0) = x_{\mathrm{i}}, \quad \psi[x(N), N] = 0, \quad \lambda(N) = \frac{\partial \varphi[x(N), N]}{\partial x(N)} + \frac{\partial \psi^{\mathrm{T}}}{\partial x(N)} \gamma \tag{A.3.46}$$

(3) 离散哈密顿函数对最优控制 $u^*(i)$ 取极小值

$$H[x^*(i), \lambda(i+1), u^*(i), i] = \min_{u(i) \in \Omega} H[x^*(i), \lambda(i+1), u(i), i] \tag{A.3.47}$$

若控制变量不受约束，即 $u(i)$ 可以在整个控制空间 $\mathbf{R}^m$ 取值，则极值条件变为

$$\frac{\partial H(k)}{\partial u(k)} = 0 \tag{A.3.48}$$

若末端状态自由，边界条件式 (A.3.46) 变为

$$x(0) = x_i, \quad \lambda(N) = \frac{\partial \varphi[x(N), N]}{\partial x(N)} \tag{A.3.49}$$

A.3.3　动态规划

　　动态规划，从本质上讲是一种非线性规划方法，其核心是贝尔曼最优性原理。贝尔曼指出，多级决策过程的最优策略具有这样的性质：不论初始状态和初始决策如何，当把其中任何一级和状态再作为初始级和初始状态时，其余的决策对此必定也是一个最优策略。换言之，整体策略最优时，每一级的策略也必须最优，过程的无后效性是最优性原理成立的一个前提条件，其数学描述则是贝尔曼递推方程。与极小值原理相反，动态规划最初应用于时间离散系统，即多阶段决策问题，后来又推广到了时间连续系统。

A.3.3.1　离散系统的动态规划

　　考虑由式 (A.3.40) 和式 (A.3.41) 所表述的离散动态系统最优控制问题，这是一个 N 阶段决策过程，如图 A.1 所示，目标函数的最小值必为初始状态 $x(0)$ 和阶段长度 N 的函数，如果把它记作 $V_N[x(0)]$，则

$$V_N[x(0)] = \min_{\{u(0), \cdots, u(N-1)\} \in \Omega} \left\{ \varphi[x(N), N] + \sum_{i=0}^{N-1} F[x(i), u(i), i] \right\} \tag{A.3.50}$$

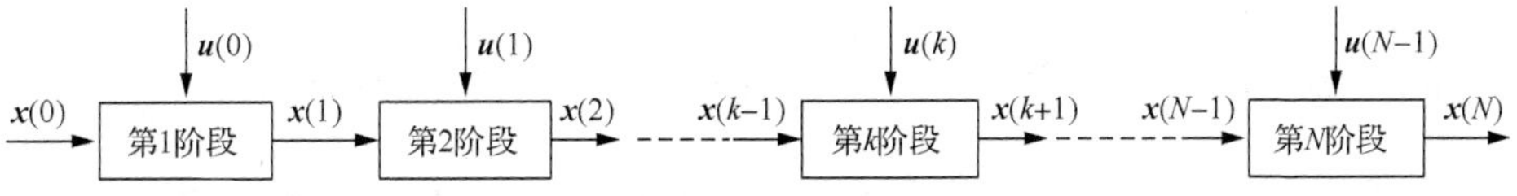

图 A.1　多阶段决策示意图

根据最优性原理将式 (A.3.50) 写成

$$V_N[\boldsymbol{x}(0)] = \min_{\boldsymbol{u}(0) \in \Omega} \left\{ F[\boldsymbol{x}(0), \boldsymbol{u}(0), 0] + V_{N-1}[\boldsymbol{x}(1)] \right\} \tag{A.3.51}$$

式中，

$$V_N[\boldsymbol{x}(1)] = \min_{\{\boldsymbol{u}(1), \cdots, \boldsymbol{u}(N-1)\} \in \Omega} \left\{ \varphi[\boldsymbol{x}(N), N] + \sum_{i=1}^{N-1} F[\boldsymbol{x}(i), \boldsymbol{u}(i), i] \right\} \tag{A.3.52}$$

这是一个函数方程，可以逆推求解，每次都是求一个 $\boldsymbol{u}(N-k)$ 的最优解，其求解步骤如下。

(1) 令 $V_0[\boldsymbol{x}(N)] = \varphi[\boldsymbol{x}(N), N]$。

(2) 对任一个 $\boldsymbol{x}(N-1)$，由

$$V_1[\boldsymbol{x}(N-1)] = \min_{\boldsymbol{u}(N-1) \in \Omega} \left\{ F[\boldsymbol{x}(N-1), \boldsymbol{u}(N-1), N-1] + V_0[\boldsymbol{x}(N)] \right\} \tag{A.3.53}$$

式中，$\boldsymbol{x}(N) = f[\boldsymbol{x}(N-1), \boldsymbol{u}(N-1), N-1]$，求出使式(A.3.53)的右端取最小值的 $\boldsymbol{u}^*(N-1)$，则

$$\begin{aligned} V_1[\boldsymbol{x}(N-1)] = {} & F[\boldsymbol{x}(N-1), \boldsymbol{u}^*(N-1), N-1] \\ & + V_0 \left\{ f[\boldsymbol{x}(N-1), \boldsymbol{u}^*(N-1), N-1] \right\} \end{aligned} \tag{A.3.54}$$

(3) 对任一个 $\boldsymbol{x}(N-2)$，由

$$V_1[\boldsymbol{x}(N-2)] = \min_{\boldsymbol{u}(N-2) \in \Omega} \left\{ F[\boldsymbol{x}(N-2), \boldsymbol{u}(N-2), N-2] + V_1[\boldsymbol{x}(N-1)] \right\} \tag{A.3.55}$$

式中，$\boldsymbol{x}(N-1) = f[\boldsymbol{x}(N-2), \boldsymbol{u}(N-2), N-2]$，求出使式(A.3.55)的右端取最小值的 $\boldsymbol{u}^*(N-2)$，则

$$\begin{aligned} V_1[\boldsymbol{x}(N-2)] = {} & F[\boldsymbol{x}(N-2), \boldsymbol{u}^*(N-2), N-2] \\ & + V_0 \left\{ f[\boldsymbol{x}(N-2), \boldsymbol{u}^*(N-2), N-2] \right\} \end{aligned} \tag{A.3.56}$$

(4) 一般地，如果已经算出 $V_{N-(k+1)}[\boldsymbol{x}(k+1)]$，则对任一 $\boldsymbol{x}(k)$，由

$$V_{N-k}[\boldsymbol{x}(k)] = \min_{\boldsymbol{u}(k) \in \Omega} \left\{ F[\boldsymbol{x}(k), \boldsymbol{u}(k), k] + V_{N-(k+1)}[\boldsymbol{x}(k+1)] \right\} \tag{A.3.57}$$

式中，$\boldsymbol{x}(k+1) = f[\boldsymbol{x}(k), \boldsymbol{u}(k), k]$，可求出使式(A.3.57)的右端取最小值的 $\boldsymbol{u}^*(k)$，

则

$$V_{N-k}[\boldsymbol{x}(k)] = F[\boldsymbol{x}(k), \boldsymbol{u}(k), k] + V_{N-(k+1)}\left\{ f[\boldsymbol{x}(k), \boldsymbol{u}^*(k), k] \right\} \tag{A.3.58}$$

(5) 重复 (4)，由 $k = N-2$ 算到 $k = 0$ 为止。这样，便可算出最优策略 $\boldsymbol{u}^*(0)$，$\boldsymbol{u}^*(1)$，$\cdots$，$\boldsymbol{u}^*(N-1)$ 和目标函数的最优值 $V_N[\boldsymbol{x}(0)]$。

A.3.3.2 连续系统的动态规划与 HJB 方程

考虑由式 (A.3.16)、式 (A.3.36) 和式 (A.3.37) 所表述的连续动态系统最优控制问题，其他假设保持不变。将性能指标看作初始时刻 t_i 和初始状态 $\boldsymbol{x}_i$ 的函数 $V(\boldsymbol{x}_i, t_i)$，由式 (A.3.37) 得

$$V(\boldsymbol{x}_i, t_i) = \varphi[\boldsymbol{x}(t_f), t_f] + \int_{t_i}^{t_f} F[\boldsymbol{x}(t), \boldsymbol{u}(t), t]\mathrm{d}t \tag{A.3.59}$$

为了使讨论的问题具有一般性，采用 $V[\boldsymbol{x}(t), t]$ 作为优化问题的性能指标函数。只要确定了最优性能指标 $V^*[\boldsymbol{x}(t), t]$ 及其相应的最优控制 $\boldsymbol{u}^*(t)$ 和最优轨线 $\boldsymbol{x}^*(t)$，则优化问题对应于 t_i 和 $\boldsymbol{x}_i$ 的最优解 $V^*[\boldsymbol{x}_i, t_i]$ 也就随之而定。设 $\boldsymbol{u}[t, t_f]$ 为在区间 $[t, t_f]$ 上的控制函数，则最优性能指标为

$$V^*[\boldsymbol{x}(t), t] = \min_{\boldsymbol{u}[t, t_f] \in \Omega}\left\{ \varphi[\boldsymbol{x}(t_f), t_f] + \int_t^{t_f} F[\boldsymbol{x}(\tau), \boldsymbol{u}(\tau), \tau]\mathrm{d}\tau \right\} \tag{A.3.60}$$

将最优控制 $\boldsymbol{u}^*(t)$ 的选择分为两步：先选择区间 $[t+\Delta t, t_f]$ 上的最优控制；再选择区间 $[t, t+\Delta t]$ 上的最优控制。根据最优性原理，式 (A.3.60) 可写为

$$V^*[\boldsymbol{x}(t), t] = \min_{\boldsymbol{u}[t, t+\Delta t] \in \Omega}\left\{ \begin{array}{l} \displaystyle\min_{\boldsymbol{u}[t+\Delta t, t_f] \in \Omega}\left\{ \int_t^{t+\Delta t} F[\boldsymbol{x}(\tau), \boldsymbol{u}(\tau), \tau]\mathrm{d}\tau \right\} \\[2mm] + \displaystyle\int_{t+\Delta t}^{t_f} F[\boldsymbol{x}(\tau), \boldsymbol{u}(\tau), \tau]\mathrm{d}\tau + \varphi[\boldsymbol{x}(t_f), t_f] \end{array} \right\} \tag{A.3.61}$$

在式 (A.3.61) 中，因为 $\displaystyle\int_t^{t+\Delta t} F[\boldsymbol{x}(\tau), \boldsymbol{u}(\tau), \tau]\mathrm{d}\tau$ 与在区间 $[t+\Delta t, t_f]$ 上的控制 $\boldsymbol{u}[t+\Delta t, t_f]$ 无关，且因最优性原理指出

$$V^*[\boldsymbol{x}(t+\Delta t), t+\Delta t] = \min_{\boldsymbol{u}[t+\Delta t, t_f] \in \Omega}\left\{ \int_{t+\Delta t}^{t_f} F[\boldsymbol{x}(\tau), \boldsymbol{u}(\tau), \tau]\mathrm{d}\tau + \varphi[\boldsymbol{x}(t_f), t_f] \right\}$$

$$\tag{A.3.62}$$

所以式(A.3.61)可表示为

$$V^*[\boldsymbol{x}(t),t] = \min_{\boldsymbol{u}[t,\,t+\Delta t]\in\Omega}\left\{\int_t^{t+\Delta t}F[\boldsymbol{x}(\tau),\boldsymbol{u}(\tau),\tau]\mathrm{d}\tau + V^*[\boldsymbol{x}(t+\Delta t),t+\Delta t]\right\}$$

$$(A.3.63)$$

对式(A.3.63)右端中的第一项应用积分中值定理得

$$\int_t^{t+\Delta t}F[\boldsymbol{x}(\tau),\boldsymbol{u}(\tau),\tau]\mathrm{d}\tau = F[\boldsymbol{x}(t+\varepsilon\Delta t),\boldsymbol{u}(t+\varepsilon\Delta t),t+\varepsilon\Delta t]\Delta t \qquad (A.3.64)$$

式中，$0<\varepsilon<1$。由于对 $V^*[\boldsymbol{x}(t),t]$ 连续可微的假设，式(A.3.63)可以展开成如下泰勒级数：

$$\begin{aligned}&V^*[\boldsymbol{x}(t+\Delta t),t+\Delta t]\\&=V^*[\boldsymbol{x}(t),t]+\left[\frac{\partial V^*[\boldsymbol{x}(t),t]}{\partial\boldsymbol{x}(t)}\right]^{\mathrm{T}}\frac{\mathrm{d}\boldsymbol{x}(t)}{\mathrm{d}t}\Delta t+\frac{\partial V^*[\boldsymbol{x}(t),t]}{\partial t}\Delta t+O[(\Delta t)^2]\end{aligned}$$

$$(A.3.65)$$

式中，$O[(\Delta t)^2]$ 为关于 Δt 的高阶小量。将式(A.3.64)和式(A.3.65)代入式(A.3.63)，经过整理得

$$\frac{\partial V^*[\boldsymbol{x}(t),t]}{\partial t}=-\min_{\boldsymbol{u}[t,\,t+\Delta t]\in\Omega}\left\{\begin{array}{l}F[\boldsymbol{x}(t+\varepsilon\Delta t),\boldsymbol{u}(t+\varepsilon\Delta t),t+\varepsilon\Delta t]\\+\left[\dfrac{\partial V^*[\boldsymbol{x}(t),t]}{\partial\boldsymbol{x}(t)}\right]^{\mathrm{T}}f[\boldsymbol{x}(t),\boldsymbol{u}(t),t]+\dfrac{O[(\Delta t)^2]}{\Delta t}\end{array}\right\}$$

$$(A.3.66)$$

在式(A.3.66)中，令 $\Delta t\to 0$，考虑到 $O[(\Delta t)^2]$ 是关于 Δt 的高阶无穷小量，故有

$$\frac{\partial V^*}{\partial t}=-\min_{\boldsymbol{u}(t)\in\Omega}\left\{F[\boldsymbol{x}(t),\boldsymbol{u}(t),t]+\left(\frac{\partial V^*}{\partial\boldsymbol{x}}\right)^{\mathrm{T}}f[\boldsymbol{x}(t),\boldsymbol{u}(t),t]\right\} \qquad (A.3.67)$$

式(A.3.67)称为 HJB 方程，属于泛函与偏微分方程的一种混合形式。令 $t=t_{\mathrm{f}}$，由性能指标式(A.3.59)得

$$V[\boldsymbol{x}(t_{\mathrm{f}}),t_{\mathrm{f}}]=\varphi[\boldsymbol{x}(t_{\mathrm{f}}),t_{\mathrm{f}}] \qquad (A.3.68)$$

式(A.3.68)对任意的 $\boldsymbol{u}(t)$ 均成立，故必有

$$V^*[\boldsymbol{x}(t_f),t_f] = \varphi[\boldsymbol{x}(t_f),t_f], \quad \forall(\boldsymbol{x}(t_f),t_f) \in \psi[\boldsymbol{x}(t_f),t_f] \tag{A.3.69}$$

式(A.3.69)即 HJB 方程式(A.3.67)的边界条件。由于 HJB 方程的求解十分困难，且其解不一定存在，所以 HJB 方程只是最优性能指标的充分而非必要条件。当 HJB 方程可解时，构造哈密顿函数

$$H(\boldsymbol{x},\boldsymbol{u},\boldsymbol{\lambda},t) = F(\boldsymbol{x},\boldsymbol{u},t) + \boldsymbol{\lambda}^{\mathrm{T}}(t)f(\boldsymbol{x},\boldsymbol{u},t) \tag{A.3.70}$$

式中，拉格朗日乘子向量 $\boldsymbol{\lambda}(t)$ 为

$$\boldsymbol{\lambda}(t) = \frac{\partial V^*}{\partial \boldsymbol{x}} \tag{A.3.71}$$

将式(A.3.70)和式(A.3.71)代入式(A.3.67)得

$$-\frac{\partial V^*}{\partial t} = -\min_{\boldsymbol{u}(t) \in \varOmega} H\left(\boldsymbol{x},\boldsymbol{u},\frac{\partial V^*}{\partial \boldsymbol{x}},t\right) \tag{A.3.72}$$

然后按下列步骤求取最优解。

(1)求最优控制的隐式解。若 $\boldsymbol{u}(t)$ 有约束，令

$$H\left(\boldsymbol{x},\boldsymbol{u}^*,\frac{\partial V^*}{\partial \boldsymbol{x}},t\right) = \min_{\boldsymbol{u}(t) \in \varOmega} H\left(\boldsymbol{x},\boldsymbol{u},\frac{\partial V^*}{\partial \boldsymbol{x}},t\right) \tag{A.3.73}$$

若 $\boldsymbol{u}(t)$ 无约束，令

$$\frac{\partial H}{\partial \boldsymbol{u}} = \frac{\partial F}{\partial \boldsymbol{u}} + \frac{\partial f^{\mathrm{T}}}{\partial \boldsymbol{u}}\frac{\partial V^*}{\partial \boldsymbol{x}} = 0 \tag{A.3.74}$$

$$\frac{\partial^2 H}{\partial \boldsymbol{u}^2} = \frac{\partial^2 F}{\partial \boldsymbol{u}^2} + \frac{\partial}{\partial \boldsymbol{u}}\left(\frac{\partial f^{\mathrm{T}}}{\partial \boldsymbol{u}}\frac{\partial V^*}{\partial \boldsymbol{x}}\right) > 0 \tag{A.3.75}$$

由式(A.3.73)或式(A.3.74)得最优控制 $\boldsymbol{u}^*$：

$$\boldsymbol{u}^* = \boldsymbol{u}^*\left(\boldsymbol{x},\frac{\partial V^*}{\partial \boldsymbol{x}},t\right) \tag{A.3.76}$$

由于此时 $V^*[\boldsymbol{x}(t),t]$ 尚未求出，故式(A.3.76)为隐式解。

(2)求最优性能指标。将式(A.3.76)代入哈密顿函数式(A.3.70)可消去 $\boldsymbol{u}^*(t)$ 得

$$H^*\left(\boldsymbol{x}, \frac{\partial V^*}{\partial \boldsymbol{x}}, t\right) = H\left(\boldsymbol{x}, \boldsymbol{u}^*, \frac{\partial V^*}{\partial \boldsymbol{x}}, t\right) \tag{A.3.77}$$

于是最优解充分条件为如下一阶偏微分方程:

$$\frac{\partial V^*}{\partial t} + H^*\left(\boldsymbol{x}, \frac{\partial V^*}{\partial \boldsymbol{x}}, t\right) = 0 \tag{A.3.78}$$

其边界条件为式(A.3.69)。由式(A.3.69)和式(A.3.78)可解出性能指标$V^*[\boldsymbol{x}(t),t]$。

(3)求最优控制显式解。将求得的$V^*[\boldsymbol{x}(t),t]$代入式(A.3.76),得最优控制的显式解$\boldsymbol{u}^*[\boldsymbol{x}(t),t]$。

(4)求最优轨线,将求得的$\boldsymbol{u}^*[\boldsymbol{x}(t),t]$代入系统状态方程式(A.3.16)得最优轨线$\boldsymbol{x}^*(t)$,而$\boldsymbol{u}^*[\boldsymbol{x}(t),t]$即所求的最优控制。

在上述HJB方程的求解过程中,还可以发现连续系统的动态规划与极小值原理存在密切的联系,式(A.3.73)即极小值原理中的极小值条件,由式(A.3.70)得

$$\dot{\boldsymbol{x}} = \frac{\partial H}{\partial \boldsymbol{\lambda}} = f(\boldsymbol{x}, \boldsymbol{u}, t) \tag{A.3.79}$$

式(A.3.79)显然为极小值原理中状态方程。将式(A.3.71)对t求全导数,有

$$
\begin{aligned}
\dot{\boldsymbol{\lambda}}(t) &= \frac{\mathrm{d}}{\mathrm{d}t}\left[\frac{\partial V^*(\boldsymbol{x},t)}{\partial \boldsymbol{x}}\right] = \frac{\partial^2 V^*(\boldsymbol{x},t)}{\partial \boldsymbol{x}\partial t} + \frac{\partial^2 V^*(\boldsymbol{x},t)}{\partial \boldsymbol{x}\partial \boldsymbol{x}^{\mathrm{T}}}\dot{\boldsymbol{x}} \\
&= \frac{\partial}{\partial \boldsymbol{x}}\left[\frac{\partial V^*(\boldsymbol{x},t)}{\partial t}\right] + \frac{\partial}{\partial \boldsymbol{x}}\left[\frac{\partial V^*(\boldsymbol{x},t)}{\partial \boldsymbol{x}}\right]^{\mathrm{T}} f(\boldsymbol{x},\boldsymbol{u},t)
\end{aligned} \tag{A.3.80}
$$

将式(A.3.70)、式(A.3.71)和式(A.3.78)代入式(A.3.80)得

$$\dot{\boldsymbol{\lambda}}(t) = -\frac{\partial H}{\partial \boldsymbol{x}} \tag{A.3.81}$$

式(A.3.81)即极小值原理中的协态方程,这样在连续系统动态规划导出的HJB方程基础上,进一步导出了极小值原理的全部必要条件,从而揭示了连续系统的极小值原理和动态规划之间的内在联系。这对于某些条件下HJB方程的求解有较大帮助。例如,式(A.3.78)中的偏微分方程的求解一般是很困难的,但是当控制无约束(或容许控制Ω对于控制$\boldsymbol{u}$不起作用)和哈密顿函数不显含时间t(即$\partial H / \partial t = 0$)时,由式(A.3.29)可知哈密顿函数具有性质$\mathrm{d}H / \mathrm{d}t = \partial H / \partial t$,因此该

哈密顿函数是自治的，$H^*(\boldsymbol{x}, \partial V^* / \partial \boldsymbol{x})$ 沿最优轨线随时间 t 保持为常数。令该常数为 h，式(A.3.77)变为

$$H^*\left(\boldsymbol{x}, \frac{\partial V^*}{\partial \boldsymbol{x}}\right) = h \tag{A.3.82}$$

由式(A.3.82)可解得性能指标 $V^*[\boldsymbol{x}, h]$，后续求解过程与前述相同，通过式(A.3.82) 避免了求解偏微分方程式(A.3.78)的困难。

A.3.4 平均最优控制理论

问题的提法：对于不显含时间变量 t 的最优控制问题，假设系统的运动方程式为

$$\dot{\boldsymbol{x}}(t) = f(\boldsymbol{x}, \boldsymbol{u}) \tag{A.3.83}$$

性能指标为

$$v(\boldsymbol{u}) = \int_{t_i}^{t_f} J(\boldsymbol{x}, \boldsymbol{u}) \cdot X(\boldsymbol{x}, \boldsymbol{u}) \, \mathrm{d}t \tag{A.3.84}$$

边界条件为

$$\int_{t_i}^{t_f} J(\boldsymbol{x}, \boldsymbol{u}) \, \mathrm{d}t = \boldsymbol{Q} \tag{A.3.85}$$

式中，$\boldsymbol{Q}$ 为常向量。假设 $f(\boldsymbol{x}, \boldsymbol{u})$、$X(\boldsymbol{x}, \boldsymbol{u})$ 和 $J(\boldsymbol{x}, \boldsymbol{u})$ 都是其自变量的连续函数，对 $\boldsymbol{x}$ 连续可微；Ω 为容许控制域，控制向量 $\boldsymbol{u}(t)$ 是在 Ω 内取值的任何分段连续函数，在端点 t_i 和 t_f 处也是连续的。优化问题为从容许控制 Ω 中求出一个控制 $\boldsymbol{u}^*(t)$，使系统(A.3.83)满足初始条件 $\boldsymbol{x}(t_i) = \boldsymbol{x}_i$ 的轨线，在终态达到目标集即式(A.3.85)，并使性能指标式(A.3.84)取极小值。

平均最优控制理论求解：由式(A.3.83)得

$$\mathrm{d}t = \frac{\mathrm{d}\boldsymbol{x}}{f(\boldsymbol{x}, \boldsymbol{u})} \tag{A.3.86}$$

作变量代换，令 $\tau = t_f - t_i$，$\bar{\boldsymbol{Q}} = \boldsymbol{Q} / \tau$，$\bar{v} = v / \tau$，将式(A.3.86)分别代入式(A.3.83)～式(A.3.85)可分别得

$$\frac{1}{\tau} \int_{x_i}^{x_f} \frac{1}{f(\boldsymbol{x}, \boldsymbol{u})} \, \mathrm{d}\boldsymbol{x} = 1 \tag{A.3.87}$$

$$\bar{v} = \frac{1}{\tau} \int_{x_i}^{x_f} \frac{J(x, u) \cdot X(x, u)}{f(x, u)} \, \mathrm{d}x \tag{A.3.88}$$

$$\frac{1}{\tau} \int_{x_i}^{x_f} \frac{J(x, u)}{f(x, u)} \, \mathrm{d}x = \bar{Q} \tag{A.3.89}$$

可见，平均最优控制理论将最优控制问题的求解转化为一类时间平均最优控制问题的求解。优化问题变为在式(A.3.87)和式(A.3.89)的约束下，求解式(A.3.88)的极值。建立变更的拉格朗日函数 L 如下：

$$\begin{aligned} L &= \frac{J(x, u) \cdot X(x, u)}{f(x, u)} + \lambda_1 \frac{1}{f(x, u)} + \lambda_2 \frac{J(x, u)}{f(x, u)} \\ &= \frac{J(x, u) \cdot [X(x, u) + \lambda_2] + \lambda_1}{f(x, u)} \end{aligned} \tag{A.3.90}$$

式中，λ_1 和 λ_2 为拉格朗日乘子，均为待定常数。最优性条件为拉格朗日函数 L 对于给定的 x 处处取极小值，则有

$$L(x, u^*, \lambda_1, \lambda_2) = \min_{u(t) \in \Omega} L(x, u, \lambda_1, \lambda_2) \tag{A.3.91}$$

当控制变量 u 无约束时，由式(A.3.90)和极值条件 $\partial L / \partial u = 0$ 得

$$(X + \lambda_2)\left(f \frac{\partial J}{\partial u} - J \frac{\partial f}{\partial u} \right) + Jf \frac{\partial J}{\partial u} - \lambda_1 \frac{\partial f}{\partial u} = 0 \tag{A.3.92}$$

由 $\partial \bar{v} / \partial x_f = 0$ 得

$$L(x_f, u_f, \lambda_1, \lambda_2) = 0 \tag{A.3.93}$$

由式(A.3.87)、式(A.3.89)、式(A.3.92)和式(A.3.93)可确定 $u^*(x)$、x_f、λ_1 和 λ_2。

由式(A.3.87)~式(A.3.93)可见，平均最优控制理论用状态变量 x 替代时间变量 t，将原来的微分方程约束变为优化问题的等周约束条件，同时与古典变分法和极小值原理优化时需引入时间相关函数的拉格朗日乘子 $\lambda(t)$ 和求解协态方程相比，平均最优控制理论只需引入待定常数的拉格朗日乘子 λ，与极小值原理和变分法需要求解复杂的微分方程组相比，平均最优控制理论只需要求解简单的代数方程组，这极大地简化了最优控制问题的求解过程。同时从求解结果上看，与极小值原理和变分法得到的是控制变量 u 随时间 t 的最优变化规律不同(时间控制)，平均最优控制理论得到的最优解反映的是控制变量 u 随状态变量 x 的最优变化规律(状态控制)，这对于许多实际控制系统的最优设计更为有用。但平均最优控制理论仅

适用于一类不显含时间变量 t 的最优控制问题，在应用范围上与古典变分法和极小值原理相比具有一定局限性。

A.4   附录 A 小结

附录 A 对热力学优化的主要研究工具——最优化理论作了简要的回顾，按照最优化理论研究的问题分为静态优化问题和动态优化问题分别介绍相应的优化理论，重点介绍了本书动态优化问题所涉及的古典变分法、极小值原理、HJB 方程与动态规划以及目前在国内最优控制理论教材中鲜见的平均最优控制理论，并分别阐述了各种优化方法的优缺点。

附录 B　主要符号说明

英文字母

A（或 A）	反应物	
	横截面积	m^2
	泵入热流率系数项常数	W/s
a	积分常数	
	加速度	m/s^2
B（或 B）	生成物 自定义常数	
	泵入热流率指数项常数	s
C	热容；热容率	J/K；W/K
	电容	F
	经济容量	kg/\$
	广义势容	
	气缸容积变化率	s^{-1}
C_f	末态热容	J/K
C_i	初态热容	J/K
C_M	气缸容积的变化率最大值	s^{-1}
C_m	气缸容积的变化率最小值	s^{-1}
C_p	定压热容	J/K
C_V	定容热容	J/K
c	浓度	
c_p	比定压热容	J/(kg·K)
	摩尔定压热容	J/(mol·K)
c_V	比定容热容	J/(kg·K)
	摩尔定容热容	J/(mol·K)
D	广义泛化流；自定义函数	
d	气缸内径	m

E	热力学能；电能	J
E_C	生态学函数	
$\bar{E}_C$	无量纲生态学函数	
E_m	理想气体的终态热力学能	
E_p	泵入系统的总能量	J
e	内能密度	J/m^3
F	机械力	N
	传热/传质面积	m^2
	广义力；燃烧分量	
f	摩擦力	N
	微元传热面积/传质面积	
	广义耗散力	
	泵入热流率	W
G	传质量	mol
	吉布斯自由能	J
g	传质流率	kg/s；mol/s
H	哈密顿函数	
H_{TU}	广义传热单元高度	m
	传质单元高度	m；J·m/mol
	广义传输单元高度	
h	传质系数	mol/s
	加热函数	
	比焓；摩尔焓	J/kg；J/mol
I	电流	C/s
i	级数	
ind	指示函数	
J	广义流率	
$J_{\Delta h}$	气缸出口与进口焓流率之差	W
$J_{\Delta s}$	气缸出口与进口熵流率之差	W/K
J'	广义速率	
k	普适热导率；广义势导率；反应速率常数	
	线性电压系数	V/s

L	位移	m
	广义位移；拉格朗日函数	
l	连杆长度	m
Le	Lewis 数	
M	混合物总质量或总物质的量	kg；mol
	基本资源数量	
m	传热/传质/商品传输指数	
	关键组分质量或物质的量	kg；mol
	活塞质量	kg
$\tilde{m}$	惰性组分质量或物质的量	kg；mol
min	最小化	
max	最大化	
N	物质的量	mol
	非基本资源(商品)数量	
	离散系统总级数	
N_i	初态物质的量	mol
N_f	末态物质的量	mol
n	广义多变指数；传热指数	
	商品流率	kg/day
P	价格	\$/kg
	功率	W
P_s	多级系统输出功率(耗功率)	W
p	压力	Pa
Q	热量	J
	广义流	
$\dot{Q}$	总热量流率	W
Q_c	燃烧热	J
Q_e	电量	C
Q_{ex1}	尾气热耗散损失	J
Q_{ex2}	不完全燃烧的热损失	J
Q_w	通过气缸壁的热漏量	J

Q_1^+	净吸热量	J
q	热流率	J/s
q_w	通过气缸壁的热流率	J/s
R	摩尔气体常数	J/(mol·K)
	热阻；质阻；电阻；商品流阻；广义流阻	
Rn	燃烧特征函数	
r	化学反应速率	mol/s
	曲柄长度	m
	基本资源的边际效用	
S	熵	J/K
	效用函数	
s	比熵	J/(K·kg)
	熵密度	J/(K·m³)
	辐射热流开关流	
sign	符号函数	
T	热力学温度	K
T'	卡诺温度	K
T_{ex}	热槽温度	K
T_w	气缸外壁温度	K
T_{c0}	压缩冲程工质初态温度	K
T_{p0}	功率冲程工质初态温度	K
T_{pf}	功率冲程工质末态温度	K
T_S	开关温度阈值	
t	时间	s
t'	减速段开始时刻	s
t_a	加速时间	s
t_b	燃料燃烧时间	s
t_d	运动延滞时间	s
t_{np}	无功冲程时间	s
t_p	功率冲程时间	s
u	时间相关函数	

	转速	rpm
	温度变化率	K
U	电势	V
	黏性应力张量	Pa
V	体积	m^3
	电压	V
	消费者收入	\$
V_m	理想气体的终态体积	m^3
v	速度	m/s
	无量纲电压	
W	功	J
	广义输出；反应产物	
W_B	曲轴摩擦损失功	J
W_{com}	压缩冲程气体压缩耗功	J
W_f	摩擦损失	J
$W_{f,t_{np}}$	无功冲程摩擦损失	J
W_{f,t_p}	功率冲程摩擦损失	J
$W_{f,\tau}$	循环总摩擦损失	J
W_p	功率冲程输出功	J
W_{rev}	可逆功	J
W_Q	由热漏造成的功损失	J
W_r	循环输出功	J
X	广义势；组分相对浓度	
	活塞位置	m
X_0	活塞初始位置	rpm
X_f	活塞末态位置	m
x	化学计量系数；温比；浓度比；价格比；电压比	
	位置变量	m
y	化学计量系数；自定义函数；无量纲容许电压	

希腊字母

| α | 普适传热系数；电子传输系数；商品传输系数 | |

	热扩散率	m^2/s
β	定义的中间参量	
	压比	
β_M	最大压比	
χ	化学泵性能系数	
δ	微分算子；无穷小量；非正参数	
ε	总能量密度	J/m^3
	转化率(无量纲浓度)	
	供需价格弹性	
ϕ	不可逆因子；自定义函数	
γ	自定义常数	
	交叉唯象系数	
η	效率	
η_C	卡诺效率	
η_{CA} 或 η_{NCCA}	CA 效率或 NCCA 效率	
κ	比热比	
λ	拉格朗日乘子；协态变量	
μ	化学势	J/mol
	黏性系数	kg/s
	拉格朗日乘子	
μ'	卡诺化学势	J/mol
μ_0	标准化学势	J/mol
ν	外部法线向量	
π	动量密度	$kg/(m^2·s)$
θ	无量纲温度；开关函数；曲轴旋转角度	
	赫维赛德函数	
ρ	质量密度	kg/m^3
σ	熵产率	W/K
	平均资本耗散	$\$/d$
σ_D	广义耗散率	
σ_s	多级系统熵产率	W/K
τ	过程总时间；循环周期	S

υ	相对浓度变化率	
	无量纲活塞速度	
ω	无量纲热流率	
ξ	吸、放热过程时间比	
	三维空间坐标向量	
	无量纲时间	
	无量纲活塞位移	
ψ	不可逆因子；自定义函数	
	协态变量	
Λ	微元面积传质系数	
Π	利润	$
Ω	控制体的边界面；可行域	
∇	梯度算子	

上标

f	正向
i	第 i 级
int	热机内部熵产率
max	最大
r	反向
0	给定值
+	输入
−	输出

下标

c	压缩冲程；扩散传质
ch	化学反应
dis	耗散
eq	平衡态
f(或 f)	摩擦损失；末态
H	上限
H	传热，高温等温分支侧
i(或 i)	向量的第 i 个分量；初始态
Inl	进口

irr	不可逆
L	下限
L	低温等温分支侧
ld	线性相关
m	传质
max	最大
min	最小
np	无功冲程
opt	最优的
out	出口
p	功率冲程
R	热源；电阻器
rev	可逆界限
S	电源
s	多级系统
T	温度
U	上限
w	气缸外壁
μ	化学势
1，2	高温侧，低温侧；高势侧，低势侧
	低价侧，高价侧；高压侧，低压侧
	高广义势侧，低广义势侧
1′，2′	热机工质高温侧，热机工质低温侧
	化学机工质高势侧，化学机工质低势侧
	商业机低价侧，商业机高价侧
3	环境侧

缩略词

EGM	熵产生最小化(entropy generation minimization)
FTT	有限时间热力学(finite time thermodynamics)
GTO	广义热力学优化(generalized thermodynamic optimization)
HJB	哈密顿-雅可比-贝尔曼(Hamilton-Jacobi-Bellman)
LIT	线性不可逆热力学(linear irreversible thermodynamics)